气候与社会

《清明上河图》中的社会危机与社会应对

麻庭光——— 著

上海科学技术文献出版社

Shanghai Scientific and Technological Literature Press

图书在版编目（CIP）数据

气候与社会：《清明上河图》中的社会危机与社会应对 /
麻庭光著 . 一上海：上海科学技术文献出版社，2021
　ISBN 978-7-5439-8282-6

　Ⅰ.①气…　Ⅱ.①麻…　Ⅲ.①气候变化—研究—中国—
宋代　Ⅳ.① P467

中国版本图书馆 CIP 数据核字 (2021) 第 034995 号

责任编辑：王　珺
封面设计：留白文化

气候与社会：《清明上河图》中的社会危机与社会应对
QIHOU YU SHEHUI: QINGMING SHANGHETU ZHONG DE SHEHUI WEIJI YU SHEHUI YINGDUI
麻庭光　著
出版发行：上海科学技术文献出版社
地　　址：上海市长乐路 746 号
邮政编码：200040
经　　销：全国新华书店
印　　刷：常熟市文化印刷有限公司
开　　本：720mm×1000mm　1/16
印　　张：24.5
字　　数：411 000
版　　次：2021 年 4 月第 1 版　2021 年 4 月第 1 次印刷
书　　号：ISBN 978-7-5439-8282-6
定　　价：98.00 元
http://www.sstlp.com

前言

自从 1950 年 8 月杨仁恺先生在辽宁博物馆发现宋本《清明上河图》以来,国内外相关的史学研究纷纷涌现,相关研究论文数达到 1 000 篇以上,另有数本专著和博士论文也从多个视角来考证真伪,形成了"百花齐放,百家争鸣"的局面。该图记录了历史的一个瞬间,而造成这一瞬间的社会、经济、文化和政治波动,却是气候变化推动的结果。因此要看懂这一瞬间,还需要有古代人口史、中医史、宗教史、货币史、经济史、贸易史、消防史、民族史、科技史等领域的基础常识才能完成。为此,我们需要通过认识环境和社会的演化规律来认识宋代各个领域的发展,通过社会的响应来认识环境的变化。

2020 年初,为了高考招生宣传工作的需要,我想到借鉴全景风俗画《清明上河图》来认识宋代各种职业岗位。该画在艺术上的成就很高,然而图中当时社会正在经历的社会革命,却没有得到深入发掘。我刚刚出版了一本《气候、灾情与应急》,因此对古代,尤其是唐宋时期的气候变化规律比较熟悉,可以根据事件发生的年代推断引发该事件的气候背景,然后整合起来寻找导致该事件的外部原因。一般而言,一次社会改革往往伴随着三类气候变化的证据:发生时段的物候学证据(what)、环境危机(why)和社会应对措施(how)。凭借气候变化的物候学证据(三类证据)来研究从图中发掘出的 9 种环境危机(四类证据)和 9 种社会应对(五类证据),因此可以更好地认识该图的创作背景和意图。

本书的创作缘起于对《清明上河图》的另类解读,原是希望通过分析宋代的职业和行会来认识宋代社会,为读者尤其是青年读者选择职业提供历史的经验和教训。希望通过我的原创理论和观察视角做到以下几点:一、从人类文明史的角度来重新解读图中城市生活的消防要素,能够看出当时社会正在进行中的消防革命(城市革命的标志之一)。二、从社会经济发展的阶段性进展来探寻气候模式变化对社会发展的贡献。三、我一直在琢磨"中欧科技大分流"的发生原因,以欧洲工业革命的6次伟大技术革命,来比照宋代的手工业发展,可以认识人类社会发生工业革命的内外条件和一般规律。从这三个视角出发,可以发掘北宋社会危机的外部原因和社会应对措施。

为何选择从《清明上河图》入手?它的诞生年代恰好是小冰河期的一个起点(起点很多,争议很大),是气候变化推动的社会变化领域的重要分水岭。北宋在中世纪温暖期前150年的长期积累中,让农业社会的人口数量、物质财富、科学技术、宗教文化和精神面貌都达到一个高点,开启了类似于欧洲在1710年前后开启的"消费革命"(生产不再是为了生存,而是为了消费,带来重商主义和经济流通致富观)的各领域发展高潮,完成了"工业革命"的第一步(消费革命和重商主义)。可以说这幅画是一个伟大时代的留影,伴随着一系列影响至今的社会变革,它的文化价值一直留存在社会文化当中。通过分析中国古代社会在社会发展高潮时段的各种外部表现,可以探究社会发展的外部动力和兴衰原因,可以认识不同国家走上不同发展道路的原因,可以更好地认识历史发展的一般规律。画作记录的仅仅是一个瞬间,造成这一瞬间的社会文明的累积,是多种环境危机和社会应对措施共同推动的结果。气候变化理论和环境史常识,可以帮助我们从图中看得更多、更广、更深。

本书把历史上所有重复性的社会变革都归因于社会响应周期性气候挑战的应急结果,观点貌似很简单,却很少有人干过。本书的主导思想是一百多年前E.亨廷顿首创的"气候脉动论"的自然延续,通过竺可桢的方法来证明气候的周期性,通过司马迁的"天运周期"来认识历史的脉动性,通过气候的周期性来认识社会、经济和政治的发展规律和"李约瑟难题"。这对史学界的研究方法带来一套新的研究思路,为历史学习和社会研究提供了全新的视角。就此而论,历史就是人类社会响应环境危机的应对方式的重复和整合。

本书的读者群是青年读者。本书特地增加一章,细述图中的艺术设计思路,列举多种可能性和争议,探究最符合气候模式的选择,通过图像处理之后对图中要素的定位和分析,为更深入全面地欣赏该图提供了一套宏观的读图思路。本书深入解构古代人口史、医学史、宗教史、货币史、经济史、贸易史、消防史、能源史和民族史的气候危机与社会对策。掌握了气候变化规律,可以更好地记住年代(年代隐含气候模式信息),理解社会发展的趋势,掌握气候响应模式和政治变革方向。社会的每一项重大改变,都是响应气候变化的结果,历史就是上一个气候周期应急手段的继承和发展。

真正的艺术并不抽象,也不高远。"外行看热闹,内行看门道",在热闹的画面背后,有巧妙的艺术构思和丰富的社会文化,值得深入挖掘。透过本书的气候史和文化史常识,可以更好地欣赏和理解当时以九种社会危机形式表现出来的环境危机,因此可以更好地理解当时社会的各种决策和应对,对理解当代社会的各种现象也是不无裨益的。选择什么对象入画,反映什么社会危机,气候变化是决定社会文化的"无形之手",需要通过环境危机和响应模式来鉴别。就此而论,伟大的艺术就是伟大的作者对环境危机和响应模式的抽象记录。

最后,感谢上海应用技术大学,给我的两门通识课"气候与文明"(世界文明史)、"气候与社会"(中国文明史)提供长期的支持,让我的爱好得以变成学问,让我的研究成果顺利转入通识,让我在消防文化中研究文明进程。气候常识可以让历史学习更加有趣,沟通文理、古今和中外更加顺畅。

目录
CONTENTS

1 气候脉动与社会响应 1

  1.1 气候与社会 1

  1.2 气候脉动律 4

  1.3 本书的内容 8

2 气候变化的五种证据 12

  2.1 测量结果与代理数据 13

  2.2 气候脉动的物候表现 14

  2.3 周期性的环境危机 24

  2.4 常平仓的周期性 30

  2.5 气候如何影响社会 39

3 宋代社会的惊鸿一瞥 42

  3.1 读图细节 42

  3.2 读跋背景 66

  3.3 创作时间 77

  3.4 常见疑团 84

4 人口危机与社会福利 97

  4.1 米价波动和溺子危机 99

  4.2 历代的人口危机 108

  4.3 历代的社会救助 113

  4.4 福利革命 120

5　瘟疫危机与医学革命 125

　　5.1　瘟疫危机 127

　　5.2　医学突破 132

　　5.3　医学革命 141

6　信仰危机与宗教革命 146

　　6.1　佛教的兴衰 148

　　6.2　民间信仰危机 156

　　6.3　宗教革命 166

7　经济危机和商业革命 178

　　7.1　农业社会的税收改革 181

　　7.2　历代的盐法改革 191

　　7.3　历代的酒类专营 203

　　7.4　历代的茶叶专营 213

　　7.5　商业革命与经济周期 221

8　货币危机与纸钞革命 226

　　8.1　货币的起源 227

　　8.2　货币危机 234

　　8.3　纸钞革命 248

9　丝路危机与贸易革命 262

　　9.1　海外香料贸易 264

　　9.2　市舶司的兴衰 271

　　9.3　陆上丝绸之路 280

　　9.4　海外贸易革命 282

10　火灾危机与消防革命 287

　　10.1　侵街危机 290

　10.2　火灾危机 290

　10.3　消防革命 295

11　民族危机和国防革命 304

　11.1　文明冲突与国防压力 305

　11.2　南疆安定与土司制度 313

　11.3　兵制改革与国防革命 324

　11.4　统一与北伐 328

12　燃料危机与能源革命 331

　12.1　能源危机 333

　12.2　能源革命 337

　12.3　宋代工业革命为何没有完成 341

13　气候危机与社会文明 348

　13.1　一次非常规的气候冲击 349

　13.2　社会革命的回响 356

　13.3　李约瑟难题 369

　13.4　当环境史成为一门显学 373

后记 376

引图清单

图 1 （唐）李思训《明皇幸蜀图》（局部）反映了当时的气候危机 17

图 2 宁静的远郊 43

图 3 惊驴与骚动 44

图 4 漕船与水运 45

图 5 繁忙的汴河 48

图 6 热闹的虹桥 50

图 7 码头与街市 54

图 8 交通与枢纽 56

图 9 威武的城楼 58

图 10 繁华的市廛 61

图 11 金代张著的点评 67

图 12 金代张公药的尾跋 67

图 13 金代郦权的尾跋 68

图 14 金代王磵与张世积的尾跋 69

图 15 元代杨准的尾跋 69

图 16 元代刘汉的尾跋 71

图 17 元代李祁的尾跋 71

图 18 明代吴宽的尾跋 72

图 19 明代李东阳的第一次尾跋 73

图 20 明代李东阳的第二次尾跋 74

图 21 明代陆完的尾跋 75

图 22　明代冯保的尾跋 76

图 23　明代厦门如寿和尚的尾跋 76

图 24　宋徽宗的双龙小印和宣和印章 78

图 25　宋初观音菩萨像（左）和太原晋祠圣母殿塑像（右）的褙子样式 78

图 26　宋本《清明上河图》中的"盘福龙"（便眠觉）发饰和短褙样式 79

图 27　宋本《清明上河图》中新旧党争中被废黜的文人书迹 79

图 28　宋本《清明上河图》中的"王家纸马店" 80

图 29　宋本《清明上河图》中的"树瘤柳树" 82

图 30　北宋小钞引用了"千斯仓" 83

图 31　宋本《清明上河图》中当街展开的"纸马铺" 92

图 32　宋代开封的城市规划与布局图 94

图 33　宋本《清明上河图》中的粮食漕运代表农业革命的成果 97

图 34　宋本《清明上河图》中的乞丐场景 98

图 35　宋本《清明上河图》中的乞讨儿童 99

图 36　宋代米价与经济周期 100

图 37　南宋苏汉臣的《长春百子图·莲叶戏婴》（局部） 105

图 38　宋代人口的历史分布图 121

图 39　宋本《清明上河图》中的"赵太丞家"代表医官 125

图 40　宋本《清明上河图》中的"杨家应诊"代表坐堂医 126

图 41　宋本《清明上河图》中汴河边的游方郎中代表走方医 126

图 42　宋本《清明上河图》中城内的草药贩子代表僧道医 127

图 43　宋代瘟疫的时域分布图 128

图 44　中国国家博物馆复原的宋针灸铜人 136

图 45　根据古籍复原的《欧希范五脏图》 137

图 46　《烟萝子五脏图》（左为内境背面图，右为内境正面图） 137

图 47　宋本《清明上河图》中萧索衰败的佛寺 146

图 48　宋本《清明上河图》中船家祭行神（祭祀水神）的场景 147

图 49　宋本《清明上河图》中城门处杀黄羊祭路神送贵客的情景 147

图 50　宋本《清明上河图》中神课、算命与决疑，代表着神权高涨的社会风气 148

图 51　《北魏孝文帝礼佛图》，现在收藏于美国纽约大都会艺术博物馆 150

图 52　清·焦秉贞·耕织图册·耕第 23 图·祭神 ⋯⋯⋯⋯⋯⋯⋯⋯ 156

图 53　人教社编版四年级语文上册第 26 课《西门豹治邺》⋯⋯⋯⋯ 157

图 54　宋本《清明上河图》中两处出现儒释道合流的场面 ⋯⋯⋯⋯ 168

图 55　宋本《清明上河图》城门处的征税部门 ⋯⋯⋯⋯⋯⋯⋯⋯⋯ 179

图 56　宋本《清明上河图》中的运酒驴车反映宋代榷酒法的运行 ⋯ 180

图 57　宋本《清明上河图》中的牙人经济 ⋯⋯⋯⋯⋯⋯⋯⋯⋯⋯⋯ 180

图 58　历代农业税改革的趋势 ⋯⋯⋯⋯⋯⋯⋯⋯⋯⋯⋯⋯⋯⋯⋯⋯ 189

图 59　鄂尔多斯高原外围长城大边与二边的相对位置 ⋯⋯⋯⋯⋯⋯ 199

图 60　五代卫贤绘制的《闸口盘车图》(局部)突出彩楼欢门和酒招 203

图 61　宋本《清明上河图》中木器店门前突出的远行货物 ⋯⋯⋯⋯ 213

图 62　宋刘松年的《撵茶图》代表了宋代茶文化的高峰 ⋯⋯⋯⋯⋯ 216

图 63　《宣和元年贡茶录》中作为贡茶的团茶(茶饼)图案 ⋯⋯⋯⋯ 219

图 64　经济发展与文明发展的周期性 ⋯⋯⋯⋯⋯⋯⋯⋯⋯⋯⋯⋯⋯ 225

图 65　宋本《清明上河图》中的货币供应 ⋯⋯⋯⋯⋯⋯⋯⋯⋯⋯⋯ 226

图 66　第一种纸钞"行在会子库"的青铜版和印刷效果 ⋯⋯⋯⋯⋯⋯ 250

图 67　元代"中统钞"与"至元钞" ⋯⋯⋯⋯⋯⋯⋯⋯⋯⋯⋯⋯⋯⋯ 252

图 68　明代"大明通行宝钞"及其钞版 ⋯⋯⋯⋯⋯⋯⋯⋯⋯⋯⋯⋯ 253

图 69　宋本《清明上河图》中的骆驼商队代表陆上丝绸之路 ⋯⋯⋯ 263

图 70　宋本《清明上河图》中的拣香铺代表海上丝绸之路 ⋯⋯⋯⋯ 263

图 71　宋泉州市舶司遗址 ⋯⋯⋯⋯⋯⋯⋯⋯⋯⋯⋯⋯⋯⋯⋯⋯⋯⋯ 275

图 72　宋本《清明上河图》的反侵街表柱(左右各一) ⋯⋯⋯⋯⋯⋯ 287

图 73　宋本《清明上河图》中的军巡铺 ⋯⋯⋯⋯⋯⋯⋯⋯⋯⋯⋯⋯ 288

图 74　宋本《清明上河图》中的休闲亭或送别亭 ⋯⋯⋯⋯⋯⋯⋯⋯ 296

图 75　《盛世滋生图》中符合《营造法式》的望火楼 ⋯⋯⋯⋯⋯⋯ 297

图 76　宋本《清明上河图》中的守城士兵较为懒散 ⋯⋯⋯⋯⋯⋯⋯ 304

图 77　章怀太子墓壁画中最右边一位是靺鞨(宋辽称肃慎)族的使者 ⋯⋯ 307

图 78　北宋《大驾卤簿图书》(局部)中的弓弩军队 ⋯⋯⋯⋯⋯⋯⋯ 326

图 79　宋本《清明上河图》中的运炭(也可能是石炭/煤)场景 ⋯⋯ 332

图 80　宋本《清明上河图》中出现的是"王家罗明匹帛铺" ⋯⋯⋯⋯ 332

图 81　宋本《清明上河图》中的典型宋代建筑(不够保温和防火) ⋯ 335

图 82 《武经总要》中的唧筒代表着来自希腊的技术传统 344

图 83 （元）王祯《农书》中的水转大纺车是棉花纺织技术推动的结果 346

图 84 冰岛赫克拉火山的位置 350

图 85 中世纪温暖期钱荒的成因和对社会的影响 354

图 86 中世纪气候变暖和脉动对宋代社会的影响 371

1

气候脉动与社会响应

我们今天生活的社会,是数千年文明发展沉淀的结果。文明是如何层层推进、阶跃发展的,史学界并没有达成定论。詹姆斯·瓦特改良了蒸汽机,开启了工业革命。瓦特的发明是基于纽可门蒸汽机的技术改进,那么纽可门的发明从哪里来?一直追溯下去,可以发现公元前三世纪的特西比乌斯发明的水钟,水钟是由空气压缩的原理制成,后来又发明了水压机,经过 2 000 多年的流传和改进才推动了蒸汽机技术。人类为什么要改进技术?当然是为了应对某种社会危机。那么,社会危机又是从哪里来?这就是本书的主题,社会危机是从气候变化带来的挑战和应对中来。

1.1 气候与社会

在讨论气候变化之前,我们需要明确几种概念:天气(气象)、气候变化、气候脉动和气候冲击。

天气预报员告诉人们未来的温度、阳光(阴晴)、湿度以及未来几天降雨的概率。天气预报,是每天各种气象参数的集合,因其波动性和易变性而缺乏准确的预报。同一时间,各地的气象内容可能毫不相干。在世界的某个地方可能是炎热和晴天,而在另一个地方却是寒冷和下雪。由于天气的地方波动性可能远超气候变化的整体波动性,所以人们很难对地方气候做出长期的预报。

气候(Climate)一词源自古希腊文,本意是倾斜,指各地气候的冷暖与太阳光入射地球的倾斜角度有关。由于欧洲更靠近北极,日照的倾斜角度大,吸收的阳光少,所以欧洲人的皮肤更白。以西欧为中心的地方文化,总是把北大西洋的浮冰当作欧洲气候变化的重大危机,因为浮冰总是伴随着恶劣的气象灾害,阿尔卑斯山的冰川扩张会影响农作物的收成,让中世纪以来的欧洲饱受气候灾害的折磨和损失。所以,气候是天气的长期和累积效应,是该地区多年来的平均天气参数集合,并排除了一年四季的差异性(或波动性)。尽管天气可能会在几小时内发生变化,但气候变化需要几十、数百、上千甚至数百万年的时间,给我们寻找气候变化的证据增加了难度。通常我们用树木年轮、水源沉积物、冰川的史前沉淀等代理性证据来推测气候的变化,真正的气候参数如气温和降水,却因时间有限和数据不足而无法得到推广。

气候变化是指气候的长期变化趋势,如长达百万年的"冰河期"和数百年的"小冰河期"危机。人们大多对百万年尺度的气候变化加以讨论(因为积累更明确,辨识更清楚),对几千年的人类文明史反而缺乏有效的手段来认识。无论研究者如何引用代理数据,大多数是点测量结果,很难与社会的具体应对措施联系起来,因此不能做出很好的规律性发现。政治家总是拿百万年前的气候危机来说现在和将来正在发生的危机,因此充满了各种各样的争议。本书把气候变化定义为气候模式的局部调整,而不是全球的、剧烈的气候突变,才能认识数千年文明史中的可重复事件。

气候脉动是指气候的周期性变化。自从地理学家 E. 亨廷顿(有别于另一位更知名的政治学家 S. 亨廷顿)在 1919 年首次提出气候的脉动性变化以来,在这个方向的学术研究不多,关键的原因还是定义上的问题。什么代表气候?对某些地方可以是温度的变化,有些地方是降雨的变化,这些参数在温度计发明之前,是缺乏详细记录的。其次,即使有各种代理数据,也会因为气候变化的反常性特征(比如暖相气候有寒潮,冷相气候有干旱,这些都是反常的现象)让气候变化的规律性难以发掘。第三,人类对异常变化不会坐视不管,利用一切的气候变化时机进行开发,如冷相气候有利于大规模"毁林造田",暖相气候有利于大规模"填湖造田",让环境的改变对气候的影响难以评估。所以气候脉动理论仍然是一种假设,仅存在于一部分坚持研究的学术群体中。

气候冲击是指气候的异常表现,如潮灾、涝灾、旱灾(黑灾)、雪灾(白灾)等。如2008 年的南方雪灾,就是一次典型的气候冲击,类似冲击历史上发生过很多次。通常气候恶化的根源来自北冰洋,表现为北冰洋的异常,通过全球的洋流把北冰洋的影响散布到全世界。然而,北冰洋是如何变化的,仍然是未解之谜。我们只知道地球外部的影响(太阳黑子和地球轨道)和内部的影响(火山爆发)会改变气候,然而改变气候的方式也是未解之谜。通常距离北冰洋越远,受到气候冲击的影响越小,所以非洲可以 60 年或 120 年经历一次下雪,云南可以 60 年遭遇一次雪灾,这些都是气候冲击经过长距离的过滤作用给特殊地区带来的影响。

通常气候变化是非常缓慢的,难以觉察。那些突然发生的、立即辨识的气候危机和灾情症状,往往是气候冲击,如雪灾、潮灾、洪灾、饥荒、瘟疫等。当时人们往往认为这些只是随机的、偶然性的变化,不会联想到他们的气候背景,所以很少有人直接通过灾情来认识气候变化规律。通常辨识冷相气候比较容易,因为一次异常的寒潮或一次饥荒往往代表着当时的冷相气候冲击,因此很容易辨识。然而,暖相气候带来的日照期增加,农业生产形势改善,农耕面积增加、经济扩张导致钱荒等二次社会响应特征,很难辨识,所以需要结合其他条件加以推断,给气候脉动的辨识增加了难度。

以季风主导型气候特征为中心的东亚地区,总是把影响农业生产(或造成人口危机)的自然灾害(如洪灾、旱灾、瘟疫等)当作关注中心,在此基础上,形成了以物候学(phenology)为研究对象的气候学研究。在 Climate 一词进入中国之后,立即被翻译成"气候"(从中文的字面意思上看,气候包括了"气"(刺激)和"候"(响应),因此含义更丰富一点),该词来源于《礼记·月令》,"注曰:'昔周公作时训,定二十四气,分七十二候,则气候之起,始于太昊,而定于周公也'"[1]。也就是说,影响农业生产的环境条件(主要是温度和降雨)就是气候,表现为节气和物候的变化。从始修农学转入气象研究的竺可桢,最早注意到中国历史上物候学证据的丰富特征,提出了以物候学来考察气候变化的思路,受到众人的追随,最新的成果就是葛全胜主编的《中国历朝气候变化》[2],本书的物候学证据(见 2.2 节)大多来自该书的系统整理。

然而,美国著名的环境史学家约翰·麦克尼尔(John R.McNeil)认为,中国人仍然没有用好自己的物候学证据。他在谈及中国环境史研究的资料与方法时[3],对中国历史文献中有关人口、农业、水利、渔业、森林、牧场以及其他方面的"丰富讯息"印象极为深刻。他认为,如果要用文字记录来重建环境史,世界上大部分地区都无法与中国相提并论,因为"在非洲、大洋洲、美洲以及亚洲的大部分,除了最晚近的时期以外,对其他时期有兴趣的历史学家们必须依赖考古学家、气候学家、地

---

① (宋)高承,事物纪原·正朔历数·气候。
② 葛全胜.中国历朝气候变化[M].北京:科学出版社,2011.
③ 刘翠溶,伊懋可,主编.积渐所至:中国环境史论文集[C].台北:中央研究院经济研究所,1995:53—54.

质学家、地质形态学家等等之工作",唯有在中国,"历史学家可扮演较重要的角色"。关键的问题是,学术界通常强调气候的连续变化特征,靠曲线来发表规律;而社会科学领域只有离散的事件,缺乏渐变的数据,因此不能很好地利用自然科学领域的成果,造成社会领域对气候变化的响应很难辨识,环境史对历史研究的推动作用不大。人们立足于王朝兴衰的人祸论来解释文明发展,却没有深入研究气候变化对文明的影响和推动作用。本书首先发现了自然灾害与社会响应的周期性,然后来反推寻找气候的脉动性,其中充分利用了古代的物候学证据。为了发掘气候与社会的关联性,需要从气候变化的规律性开始。

1.2　气候脉动律

气候变化学说古已有之。早在古希腊时代,人们就意识到气候的差异性和影响。希波克拉底(Hippocrates)认为人类特性产生于气候;柏拉图(Plato)认为人类精神生活与海洋影响有关;公元前 4 世纪亚里士多德(Aristotle)认为地理位置、气候、土壤等影响个别民族特性与社会性质,希腊半岛处于炎热与寒冷气候之间而赋予希腊人以优良品性,故天生能统治其他民族。这些论点无法解释当时希腊半岛各民族的历史进程,但却因"事后诸葛亮"效应而影响深远。16 世纪初期法国历史学家、社会学家博丹(Jean Bodin)在他的著作《论共和国》中认为,民族差异起因于所处自然条件的不同;不同类型的人需要不同类型的政府。近代决定论思潮盛行于 18 世纪,由哲学家和历史学家率先提出,被称为社会学中的地理派,或历史的地理史观。

20 世纪初,美国地理学家 E. 亨廷顿(1876—1947)在考察中亚和中东地区之后,写出《亚洲的脉搏》一书,其中提出了气候脉动导致民族迁徙,推动文明进步的观念。在 1914 年出版的成名作《气候与文明》中,他进一步提出:

> 如果历史上发生气候变化,那么就一定会对人类造成影响……历史事件和气候变化之间的紧密关系超乎所有人的想象。以往诸多大民族的兴亡,都与气候条件的优劣呈正向相关。

然而,亨廷顿并没有提炼出气候变化的规律性,其对气候变化推动文明的解释,陷入了简单的推理:因为人种、地理和气象条件差异,结合当时正在流行的物种进化论观点,得到"某些人勤快,某些人懒惰"的歧视性观点。这被认为是种族歧视论者,他的假说也因此被批判为违背科学原理的伪科学。

不过,他对气候脉动影响社会的基本假设,值得深入挖掘。英国历史学家汤因比在其洋洋大作《历史研究》中提出,文明兴衰离不开环境挑战。而文明发展的三种驱动力,生态、生存和技术,都离不开气候脉动带来的挑战。所以我们要从古人对气候周期的认识开始。

气候周期的认识

大约公元前90年,史学大师司马迁就注意到气候的变化性特征,他提出"夫天运三十岁一小变,百年中变,五百年大变,三大变一纪,三纪而大备,此其大数也"[①]。虽然司马迁并不知道天运变化的发生原因是什么,但他对变化的周期性有深刻的认识。百年之后的史学家班固也赞同这一社会变化的周期论观点。这一规律性更被吴敬梓总结为"三十年河东,三十年河西"[②],获得社会大众的认可。

他们的说法并不是凭空产生,中国历史上一直有干支纪年的60年周期。《娄景书》是我国最早预测天气的地方性预报手册,相传为西汉年间湖南人娄景所作的一本以预测农业气象为主的古书,该书运用干支60年周期对每一年的气象条件进行了预测,虽然是湖南一隅的天时变化,其周而复始的特征,说明当事人非常相信气候的60年周期性和可重复性。该书成书时间大概是汉高祖元年(公元前206年)前后,能够保存2000多年是因为人们相信气候的周期性。这是一种西方没有的、假设气候不断重复的地方认识和文化,有着地理和气候(即环境)特征的贡献。

在经济学领域,有一套著名的经济周期理论。英国的经济统计学家克拉克(H.Clarke)在1847年从英国以往的经济轨迹中发现了饥荒危机以10—11年周期和54—55年周期不断重复出现的现象。1927年,俄国经济学家康德拉季耶夫(Nikolai D.Kondratievff)在研究计划经济的过程中,提出了经济波动的54—60年周期,被广泛命名为康波周期、经济景气周期或长波周期[③]。不过,经济学家熊彼特认为,英国经济学家托克(Tooke)在1830年代也有类似的看法,比他们两人更早提出经济的周期性。在此基础上,美国政治学家莫德尔斯基(George Modelski)又

---

① 同一句话出现在(汉)司马迁《史记·天官书》,(汉)班固《汉书·天文志》。
② (清)吴敬梓,儒林外史·第四十六回:"大先生,'三十年河东,三十年河西',就像三十年前,你二位府上何等优势,我是亲眼看见的。"
③ Tylecote A.. The long wave in the world economy:the current crisis in historical perspective[M]. Routledge,1993.

提出 100—120 年的霸权（政治）周期①，获得政治经济学领域的广泛认可和深入探讨。

气候的规律性

本书并不是把气候作研究对象，而是深入研究司马迁"天运周期"在社会各领域的回响。严格地说，30 年的周期不足以表达气候变化的波动性，历史上的气候变化概念通常都是上百年的周期，如"中世纪温暖期"（约 400 年）和"小冰河期"（约 600 年）。所以，更准确的说法是气候模式的周期性变化或者说气候脉动的变化周期。我们所面临的是气候模式的正常变化（冷相气候日照期缩短，灾情增加；暖相气候日照期增加，灾情减少），不是气候的异常变化，而是气候模式的调整或脉动，对此我们应当清醒。气候永远是气象参数的长期平均值，如果采样率不足，有可能看不出波动的趋势。我们只关心气候模式（从暖相到冷相交替发生的）变化和代表气候模式变化的环境响应和社会决策，至于模式变化的过程和原因，在这里不是研究重点。

那么，从物候证据、环境危机和社会应对中我们可以推断出什么样的气候模式？1715 年苏州织造李煦在康熙的支持下连续 8 年试验种植双季稻，终于获得成功。然而，公元 1805 年维苏威火山爆发后，1806 年的一场洪水结束了苏州地区种植双季稻的 90 年历史。到 1830 年前后苏州地方官林则徐继续鼓励双季稻种植试验时，第二季水稻总是在收割前毁于霜降或天灾，这说明当时的冷相气候导致了日照期缩短，相当于年度太阳能输入减少，降低了农作物的产量，而农产品产量减少，必然会溢出到其他各个领域，造成各行业之间可以参与交易的贸易量减少，如此在社会形成了一连串的连锁反应，导致所谓的"道光萧条"。所以，我们关注的气候模式，其实是日照期长短变化而形成的气候模式变化（冷相和暖相），因此不是常规意义上的气候变化。目的是关注以日照期长短和气候冲击形式出现的生态（环境）危机溢出到全社会，在多个领域形成的社会危机，及其对城市（文明）的影响。

古代中国是农业主导的社会。为了开发农业，中国的历法和历史充满了物候学证据。在上一本书②中，我已经总结了气候脉动的症状和经验性规律，即很多生

---

① Modelski, G.. Long Cycles in World Politics[M]. Palgrave Macmillan UK, 1987.
② 麻庭光. 气候灾情与应急[M]. 匹兹堡：美国学术出版社，2019.

态上的、经济上的、政治上的事件,都存在有 30 年的半周期或 60 年的气候周期。该规则可以简单地用两个常数来表达。**如果公历中的某一年可以被 60 整除,则它是全球变暖的峰值节点,该节点附近发生了暖相气候特征,如日照增加、降水减少、缺乏寒潮等。否则,如果该年不能被 60 整除,但可以被 30 整除,则它是全球降温的峰值节点。在这个节点周围发生了很多冷相气候特征,如气候变冷、降水增加、南方寒潮等。**众多生态事件(例如饥荒、农业日历调整、物种迁徙等)、经济事件(例如经济危机、技术转让和价格波动等)和政治事件(例如灌溉工程、政治改革、战争与和平、朝代兴衰等)大体符合这一规律性。按照这个气候变化的基本原则,我们可以更好地认识中国社会的各种危机和改革。它源自 60 多套时间序列的观察和验证结果(见 2.3 节),其具体的论证过程篇幅太长(40 万字),在下节会简要讨论支持周期性的三种证据。

气候周期的可行解释

关于气候周期性变化的原因,司马迁已经间接提出了答案,这是由于"天运(天体运动)"造成对人类社会的影响。为什么天体运行周期会影响气候周期? 地球系统(包括日、月和地球)有三个基础性的周期,分别是朔望月(太阳会合自转周期,29.530 589 天)、近点月(近地点到近地点的周期,27.554 550 天)和交点月(交汇点到交汇点的周期,27.212 221 天)。他们的组合,构成了决定日食的周期,也是中国古代众多历法的基石。

这三个周期的最小公倍数,就是沙罗周期,即 223 个朔望月,239 个近地月或242 个交点月。这是因为

223 朔望月 　　 = 6 585.322 3 日 　　 = 6 585 d 07 h 43 m

239 近地月 　　 = 6 585.537 5 日 　　 = 6 585 d 12 h 54 m

242 交点月 　　 = 6 585.357 5 日 　　 = 6 585 d 08 h 35 m

也就是说,在一个大约是 6 585.32 天的沙罗周期之后,曾经发生的日食会再次出现。不过,由于地球的自转运动,在可以观察到日食的观察点会延误 8 个小时,即由于自转效应,可以观察到日食的观察点会发生在相同纬度,但不同经度的地点。也就是说,虽然日食有可能在 18.6 年后在同一地点发生,但存在 8 小时的滞后,因此不是完整的周期。

为了保证日食观察点重复出现在相同的纬度和经度,有 Inex 周期,大约是

358 朔望月(约为 29 年欠 20 天)或 388.5 个交点月。

358	朔望月	= 10 571.950 9 日	= 10 571 d 22 h 49 m
388.5	交点月	= 10 571.947 9 日	= 10 571 d 22 h 55 m

这额外的 0.5 个交点月意味着,相隔一个 Inex 周期的日食会出现在不同的地点。结果是,北半球可见的日食,在一个 Inex 周期之后,在南半球发生。反之亦然。也就是说,两个相隔一个 Inex 的周期的日食,会出现在相同的经度,相反的纬度上。或者说,经过一个 Inex 周期,日食会发生极性的改变。经过两个 Inex 周期,才会发生一个完整的日食周期。安德鲁·克伦梅林(1865—1939)最早在1901 年描述了 Inex 周期,而荷兰法学教授和业余天文学家乔治·范登伯格在1955 年命名了这一周期①。

该天文周期可以解释气候模式的周期性和极性的变化,因此可以解释很多社会现象,如经济的扩张与收缩(长波周期)。然而该周期如何影响地球上的气候,仍然有很多未解之谜。因为在该天运周期之外,还有两个因素难以控制,一个是太阳黑子(或太阳的输出功率,是造成数百年尺度气候变化的原因),另一个是地球上的火山爆发(充满偶然性,是短期气候冲击的原因),所以日食周期对社会的影响,在物候领域不够显著,充满了各种异常的扰动。但奇妙的是,气候与社会发生互动之后,社会的被动响应(环境危机)和主动响应(政策变革)表现出了令人惊讶的周期性,比物候学证据更能体现气候的周期性。

1.3 本书的内容

《清明上河图》大约发生在 1107 年前后(见 3.3 节),因此图中的人物与社会受到当时气候节点附近气候危机的困扰,产生的种种社会现象和危机,是唐宋以来各种环境危机脉动式推动的结果。本书延续亨廷顿和竺可桢开辟的思路,充分参考英国气候学家 Lamb 收集的欧洲气候史料②和中国葛全胜收集的中国气候史料③,对《清明上河图》中的北宋社会进行了全面深入的解读,目的是为了认识气候脉动对文明发展的推动作用和文明发展的规律性。

---

① Van Denbergh G.Periodicity and variation of solar(and lunar) eclipses[J]. Haarlem H.d.Tjeenk Willink,1955.
② Lamb,H.H.. Climate,history and the modern world,Routledge,1995.
③ 葛全胜.中国历朝气候变化[M].北京:科学出版社,2011.

在直接利用气候脉动律考察社会之前,我们需要认识社会响应气候变化的不同证据。为此,第二章提出一些唐宋时期的物候学证据(气候影响动植物的物候学表现是一手证据)、环境危机(社会发生的社会危机是二手证据)和社会应对(社会采取的政策变革是三手证据)来验证该气候变化规律,这样避免了以后多次重复利用证据的弊端。有了针对气候节点附近的气候模式的认识,才有可能认识气候节点附近发生的各领域(经济上、农业上、信仰上、医学上、商业上、手工业上)社会响应措施,因此第二章是全书的入口和观景台。

第三章是对宋本《清明上河图》内容的全面解读。自从郑振铎①首次解读了该画的内容之后,各种解读文章非常丰富,通常是一个物品、一点细节都会导致一份考据文章,需要高度的专业背景才能认识。本章通过对场景的综合性全面解读,是为了引入当时社会正在发生的9种社会危机(从第四章开始,每章讨论一个)。通过《清明上河图》这个影像入口,我们才能有明确的研究对象来看待社会史、经济史、文化史、政治史等领域的各种响应和变化。

第四章引入宋代农业革命对人口的影响。由于气候变暖,宋代引入原产越南的占城稻,抗旱早熟,有效提升了山区旱区的土地利用率,带来了新一轮人口的持续增长,打破了中国近千年的人口停滞状态。然而,气候波动的冲击和政策的滞后,导致当时的人们出现了薅子习俗、丧葬危机、人口危机等一系列社会危机。通过这些危机,我们可以认识当时的福利革命。

第五章引入宋代瘟疫对医学革命的贡献。由于宋代的人口增加,城市化率上升,城市人口的主要风险瘟疫问题特别突出。在技术革命(印刷术)的推动下,宋代的医书出版异常繁荣,共同推动了宋徽宗时期以太医学、医学教育、医书出版和医学突破为中心的医学革命。

第六章引入环境危机对社会信仰的推动作用。徽宗时代是中国民间信仰的一道分水岭,在此之前,推崇佛教和毁淫祠是社会的主流信仰;徽宗时,不仅道教获得"政教合一"的崇高地位,妈祖崇拜、关公崇拜、五显崇拜等过去受到打压的民间信仰也获得新生。从此中国的民间信仰异常繁荣,构成了拦阻科学发展的多神教文化背景。

---

① 郑振铎.《清明上河图》研究[M]//辽宁博物馆.《清明上河图》研究文献汇编.沈阳:万卷出版公司,2010:157—169.

第七章讨论古代社会的税收问题。农业社会主要靠农税维持运转，而那些改革农税的政策和办法，都是在响应某种气候变化造成的社会危机。宋代商品经济大发展之后，非农税种得到了高度的重视，如唐宋时期的盐法、酒法和茶法。这些有时专营（榷法）、有时放开（商法）的高利润行业，构成了农耕文明维护官僚体系、稳定"宏寄生"模式的重要手段。它们的改革和兴衰，都是在响应气候变化。

第八章引入宋代的货币危机和纸钞革命。自从唐中叶两税法改革之后，货币化的商业经济在国家经济中的地位日渐上升，在北宋时期达到一个顶点。为了应对"冗兵冗官冗费"，政府不得不开源节流，利用纸币进行通货替代，并控制铜钱的流出。这些控制通货的政府行为是为了解决气候推动的两种钱荒。顺道，本章通过分析货币的四种属性，解决了中国与西方在货币起源认识差异性上的本源问题。

第九章引入香料贸易和海上丝绸之路。香料这种商品，本身价值高、来源少、难仿造、可耐久，因此可以补偿宋代整体通货不足的局面，曾经作为通货进入以食盐为主导的经济体系，成为宋代货币经济的一部分。把香料看作是通货，我们就可以认清宋元时期"冷相邀请客户、暖相规范市场"的贸易模式，都是为了响应和解决当时的货币危机。顺道可以认识"郑和下西洋"的兴衰，也和当时政府的通货危机有关。

第十章讨论宋代城市化过程中发生的侵街难题和火灾难题。城市文明的标志是消防，宋代军巡铺的出现，相当于消防革命，在城市文明史上有重要的里程碑意义。元代停办消防，与城市化人口下降的趋势一道，构成了中国社会响应"小冰河期"的应对方式，对中国科技史和"中欧科技大分流"产生重大的影响。

第十一章介绍宋代的民族危机和文明冲突，强调气候脉动对生产方式的影响是导致民族冲突的外部原因，即文明冲突来源于气候脉动。在应对危机的过程中，宋代分别采取了灵活的"改土归流"和"改流设土"政策，为后世解决南疆问题奠定了基本模式。要认识南方边疆问题，需要认识火耕文明对气候的依赖性，气候脉动是认清火耕文明衰落过程的入口。

第十二章通过区分两种不同性质的燃料危机（取暖危机和樵采危机），引入了能源革命（煤铁革命）的外部原因。并与西方的工业革命作对比，发掘宋代工业革命未能成功的原因，结论仍然是外因的、客观的"环境决定论"。

最后，第十三章总结诞生清明上河图的社会背景（或环境危机），强调当时的环境危机对社会变革的推动作用以及对当代社会的影响。通过这些危机和应对措施,认识宋代科技领先于欧洲的奥秘,即汤因比提出的"文明发展挑战说"。结论是,文明来自挑战,挑战来自气候。经过一系列政治经济、商业货币、社会文化、国防军事等方面的变革,北宋终于发展出城市文明的一座高峰,成就了《清明上河图》中的繁盛世界。

所以,研究该图,不仅仅是观察那一瞬间的文化和艺术,而是要看造就社会文化的环境危机和趋势,以及背后上千年的社会演化。

2

气候变化的五种证据

如何验证气候脉动规律？通常我们通过五类数据来认识气候的规律性。

第一类是测量结果，最常见的是仪表读数代表的气象参数，如各地气象站都有温度、风速和降水的历史数据，往往反映气候的某个方面。不过通常只有一百来年的测量数据，再往前温度计没有出现，也就没有量化的结果。

第二类是代理数据，例如通过研究树木年轮、水底沉积物、冰块的放射性元素组成等，经过与已知温度数据序列进行校订修正之后，也可以推导出几百年甚至上百万年的气候历史信息。

第三类是物候学证据，从自然界的被动响应中寻找气候变化的影响，这是气象学家竺可桢提出的方法，在中国浩如烟海的历史书中记录了大量的物候学证据，构成了今天推导古代气候特征的一种方法，例如，《中国历朝气候变化》[①]汇总了数百人收集的物候学证据，是认识古代气候的重要入口。

第四类是人类社会对气候变化的被动响应，从社会寻找气候变化的线索，包括气候危机、物种变化、人口危机等被动发生的现象。通过琢磨环境危机的源头和特征，也可以认识气候的脉动特征。

第五类是人类社会对气候变化做出的主动应对，主要包括社会的应对措施如应对环境危机时的政治和经济应对决策。如果我们对气候变化的因果链熟悉的话，那么通过政治经济改革措施的针对性也可以反推出当时气候的模式和特征来。总之，社会是环境决定的结果，推动社会变化的源头是环境条件（包括地理和气候）的变化。掌握了气候变化的规律性，通过社会响应的规律性可以反推和重建环境的变化。

---

① 葛全胜. 中国历朝气候变化［M］. 北京:科学出版社,2011.

本书不是气候学专著,因此并没有采取学术界通用的气象参数和代理参数(第一第二类,相当于一手证据),如池塘沉积物、树木年轮、冰雪同位素含量等,而是从丰富的物候学证据(第三类,仍然是一手证据)和社会响应(第四类,相当于二手证据)中选取气候变化的信息,并通过社会的反制措施(如经济改革和政策变化,第五类,相当于三手证据)加以校验。这样做,可以把原发性的物候学证据、被动响应的环境危机和主动响应的社会措施联系起来,解读出气候对社会的短期和长期影响。

注意,本书括号内的数字有两种,一种是单独的(数字),表明这是从中国古代的纪年法翻译成公历(格里高利历)的年份(即公元年);另一种是(某年,数字节点,气候模式)或(数字节点,气候模式),这是根据气候脉动律对气候背景做出的判断,有助于我们推断该事件发生的气候背景。利用时间节点推导气候模式,对此我们有 70% 的信心[①]。

2.1 测量结果与代理数据

今天的学者基本达成共识,气候变化的源头或许未知,但气候冲击对全球的影响,是通过洋流来实现的,因此研究洋流的周期,可以反映气候的周期。Mantua[②]提出太平洋十年洋流振荡(PDO)理论,提出气候变化的 30 年周期性。当太平洋洋流以"暖相"形式出现时,北美大陆附近海面的水温就会异常升高,而北太平洋洋面温度却异常下降。与此同时,太平洋高空气流由美洲和亚洲两大陆向太平洋中央移动,低空气流正好相反,使中太平洋海面升高。当太平洋洋流以"冷相"形式出现时,洋流情况正好相反,这种洋流模式推动了气候模式的形成。该理论最早用于解释历史上的大马哈鱼收获危机,如 Mantua 等人[③]用 PDO 周期来解释大马哈鱼的收获周期,有人[④]把年度鱼类收获的脉动性前推到公元 270 年。日本海洋学者 Minobe[⑤]的海洋温度测量研究已经表明,20 世纪的 PDO 波动是最有

① 麻庭光.气候灾情与应急[M].匹兹堡:美国学术出版社,2019.

② Mantua,M.J.,Hare,S.R. The Pacific Decadal Oscillation,Journal of Oceanography,Vol.58,2002:35—44.

③ Mantua,N.J.,S.R.Hare,Y.Zhang,J.M.Wallace,and R.C.Francis. 1997:A Pacific interdecadal climate oscillation with impacts on salmon production. Bull. Amer. Meteor. Soc.,78,1069—1079.

④ Baumgartner,T.R.,A.Soutar and V.Ferreira-Bartrina,Reconstruction of the history of Pacific sardine and northern anchovy populations over the past two millennia from sediments of the Santa Barbara basin,California,CalCOFI Reports 33,1992:24—40.

⑤ Manobe,S.,A 50—70 year climatic oscillation over the North Pacific and North America. Geophys. Res. Lett.,24,683—686.

活力的,存在两个通用的周期性:15—25 年和 50—70 年的周期。

其他研究者也从代理数据来证明了这一脉动性或周期性,如约翰逊[①]等人使用极地冰雪的稳定同位素(氘和氧-18)的浓度分析找到了公元 1240 年到 1930 年之间的 63 年的气候周期。Biondi 等人[②]利用树木年轮发掘了 1661 年以来的 PDO 周期性。令人感到奇妙的是,2 000 多年来流经罗马的提伯河水灾也存在 28 年的周期性[③],让吴敬梓的"三十年河东,三十年河西"具有普适性,显得环球降水具有同步性。从能量守恒的角度来说,如果太阳能输入稳定,降水在总量上是差不多的,差在降雨的分布上。如果黄河存在 30 年的洪水周期,其他河流也应当存在类似的周期性。

值得一提的是,最近美国加州经常爆发的山火危机与 1960 年代困扰加州的山火危机是类似的,从另一方面证明了气候模式的可重复性和 60 年周期性。注意,本书讨论的是 30 年的气候模式变化,而不是数百年或上万年的气候变化。气候模式变化仍然处于正常的气候波动范围内,所以至今无人深究。

2.2　气候脉动的物候表现

在缺乏一类二类证据的前提下,本书主要谈论三大类证据,物候表现是三类证据,环境危机是四类证据,政策变革是五类证据。

上一本书《气候灾情与应急》从《中国历朝气候变化》提取了发生在 71 个气候节点上的 198 条物候证据,其中有 43 条证据和 22 个节点存在反面的趋势,意味着气候脉动律可以解释 155/198≈78% 的气候脉动证据,或 49/71≈69% 的时间节点。事实上,气候节点就是气候扰动比较大的时段,干扰有可能超越本来的平均趋势,造成第三类证据预报周期不准。这是人们无法利用物候学证据来发现气候周期的主要原因。

通常冷相时段的潮流大,台风多,气候变化剧烈,容易产生大霖雨和大降雪。暖相气候时段的对流多,潮流少,降雨少,因此天气变化缓慢,日照增加,农田出产

---

① Johnson,S.J.,Dansgard,W,Clausen,H.B.,Climatic Oscillations 1200—2000 AD[J]. Nature,August 1,1970,Vol.227:482.

② Biondi,Franco,Alexander Gershunov,and Daniel R.Cayan. North Pacific decadal climate variability since 1661[J]. Journal of Climate 14.1 (2001):5—10.

③ Aldrete,G.S.,Floods of the Tiber in ancient Rome. The Johns Hopkins University Press,Baltimore,2007:73.

增加。这是一条粗略的经验性总结,大致解释了小冰河期(明清时期)中国水灾多的整体趋势,对唐代宋代(中世纪)因气候温暖而降水减少的趋势也可以解释。背后的原因是,导致全球气候变冷的洋流从北冰洋带来气候变冷信息,洋流强则水灾多,洋流弱则旱灾多。因此,暖相气候怕旱灾,冷相气候怕水灾,背后有着深刻的能量守恒原理。

下面把重要的唐宋时期发生在气候节点的物候学证据简要复述如下,以避免在其他章节需要时发生重复引用。也就是说,在其他章节遇到论断"当时的气候模式是暖相(或冷相)"时,我们需要到这一节来查找物候学证据。

唐代的气候脉动

贞观(公元627—649)初,中国东部气候曾短暂变冷,但旋即复为温暖。"贞观二年,天下诸州并遭霜涝,蒲、虞等州户口就食邓州"①,"贞观之初,频年霜旱"②。贞观元年(627),突厥"其国大雪,平地数尺,羊马皆死,人大饥"③。这一寒潮与公元626年的不知名火山爆发有关④。在这场贞观寒潮中,李靖冒雪突击,只率领三千精锐打败了东突厥,奠定了初唐的辉煌战功。这一轮气候危机,也导致了罕见的人口危机(见4.2节)和佛教改革(见6.1节)。

唐高宗在位时,气候非常温暖。当时西安各处林苑中广泛种有梅树,高宗李治(649—683)、中宗李显(705—710)、太子时的玄宗李隆基以及书法家卢藏用(664—713)等都曾为西安梅花之娇艳而欣然赋诗。梅花是对环境敏感的植物,在宋代的长安就很少见了。宋代苏轼有诗"关中幸无梅",王安石咏梅诗"北人初不识,浑作杏花看",都是强调当时关中地区缺乏梅花。麟德二年(665),唐廷颁用天文学家李淳风制定的《麟德历》⑤。该历将春季节气顺序调整为"启蛰—雨水—清明—谷雨",与北魏《正光历》以来诸家历法以及现今的历法所使用的"雨水—惊蛰—谷雨—清明"之时令次序颇有不同。从中可推断出,唐前期初春气温回升快,"蛰虫始振"日期比北魏《正光历》时以及现今早了15天左右,因此是反映当时暖相气候特征的物候学证据。在这轮气候变暖的形势下,推动了经济的扩张,于是有唐代的常

---

① (后晋)刘昫等撰,旧唐书·列传135·良吏上。

② (唐)李世民,贞观政要·慎独。

③ (后晋)刘昫,旧唐书·卷194。

④ 费杰.历史时期火山喷发与中国气候研究[M].上海:复旦大学出版社,2019:11—17.

⑤ 葛全胜.中国历朝气候变化[M].北京:科学出版社,2011:305.

平仓(见 2.4 节)和甲类(市场)钱荒(见 8.2 节)。

永昌元年(689)十一月初一,武则天大赦天下,宣布历法改用周正(复用正光历),以建子月为岁首,改永昌元年十一月为载初元年正月,以十二月为腊月,正月为一月。《正光历》在历书体例中纳入了七十二候的内容,且春季物候较表征温暖气候的《逸周书·时训解》中晚了 1—2 候(一候代表 5 天之差),因此是冷相气候模式的典型表现①。在这轮冷相气候危机中,有武则天的"佛教造神"运动(见 6.1 节)和狄仁杰的"毁淫祠"之行动(见 6.2 节)。

开元九年(721)因《麟德历》所推算的日食不准,唐玄宗命僧一行重新造历,一行全面研究了我国历法的结构,并且参考了当时天竺国(印度)的历法,在此基础上大胆创新,于开元十五年(727)发行了《大衍历》。大衍历弃用表征寒冷气候的《正光历》"七十二候"时令,复用西汉后期使用的《逸周书·时训解》中的时令,在该时令中,山桃的始花日(3 日前后)要比 1961～2000 年平均日期早 4 天以上,因此代表了当时的暖相气候特征②。玄宗在位时的物候及作物分布证据表明,公元 712—740 年仍是一个持续的温暖期,东中部地区冬半年气温可能比 1961—2000 年高 0.3 ℃。唐玄宗开元二年(714),"天下诸州,今年稍熟,谷价全贱"。这一轮气候变暖导致了府兵制的衰落(见 11.3 节)、开征盐税(见 7.2 节)、第四次铸币权争议(见 8.2 节)和唐代应对人口危机的救助机构"悲田坊"(见 4.3 节)。

公元 741 年的一场提早 38 天的降雪拉开了气候变冷的序幕③,并让唐玄宗改元天宝。天宝三年(744),由于当时的秋熟期在阴历九月三十(阳历 10 月 29 日)结束,较唐初提前了 30 天,唐代秋粮税制不得不加以调整,以适应气候变冷④。在这一气候危机中,743 年,突厥管理下的一个部落回纥攻灭突厥,统一铁勒诸部,回纥逐渐成为铁勒诸部的统称。"安史之乱"爆发后的天宝十六年(756),玄宗仓皇逃至蜀中(见图 1),当地初霜较今蜀中地区竟提前了 54 天,表明当年四川气候相当寒冷。也就在这一年,实施了 29 年的《大衍历》因为物候不准遭到普遍质疑,取而代之的是唐朝郭献之编纂的、唐代宗宝应元年(762 年)施行的《五纪历》。该历法仅仅是对《大衍历》稍作修改,根据当时的物候学特征判断,这是一部适应冷相气候的历法。值得一提的是,大历二、三年(767—768),杜甫在三峡奉节观察物候"楚江

---

① ②　葛全胜. 中国历朝气候变化[M]. 北京:科学出版社,2011:305.
③　葛全胜. 中国历朝气候变化[M]. 北京:科学出版社,2011:306—307.
④　(后晋)刘昫等撰,旧唐书·卷 52·食货志。

巫峡冰入怀,虎豹哀号又堪记""冰雪莺难至,春寒花较迟",又于大历四年过洞庭湖时观察到"寒冰争倚薄,云月递微明",这样的江湖封冻程度在现在的长江流域非常罕见①。在这一轮气候危机中,有酒禁、榷酒(见 7.3 节)和茶文化的崛起(陆羽茶经,见 7.4 节)。

图 1　(唐)李思训《明皇幸蜀图》(局部)反映了当时的气候危机

随后气候逐步转暖,公元 770—800 年,东中部地区的气候出现了明显的回暖,其中,公元 781—800 年东中部地区冬半年气温比 1961—2000 年高约 0.65 ℃。公元 773、777、780 三年,西安地区连续出现"冬无雪"的现象。建中元年(780),唐廷将夏秋粮的税收时间改回到 744 年之前的旧例"夏税六月内毕,秋税十一月内纳毕",说明公元 780 年以前的气候已回暖至与唐初相仿的程度②,约比 1961—2000 年高 0.97 ℃。因气候转暖,成都地区曾广泛种植荔枝。诗人卢纶在大历十四年(779)前有诗云,"晚程椒瘴热,野饭荔枝阴",同时代的张籍(公元 766—830)亦云:"锦江近西烟水绿,新雨山头荔枝熟。"兴元元年(784)改用《正元历》,这是一部代表暖相气候的历法。这一轮暖相气候,导致了市场钱荒(见 8.2 节)、两税法改革(见 7.1 节)、酒法改革(见 7.3 节)和茶法改革(见 7.4 节)。

公元 801—820 年,气候再次转冷③,东中部地区温暖程度大致与今相当。据

---

①② 葛全胜. 中国历朝气候变化[M]. 北京:科学出版社,2011:307.
③ 葛全胜. 中国历朝气候变化[M]. 北京:科学出版社,2011:310.

史料记载,公元 801、803、804 年等 11 年异常初、终霜雪现象增多;公元 815 年冬季,九江附近的江面甚至出现冻结(现今九江一带是中国河流出现冰情的南界)。与公元 807 年关中地区极早初霜的记载相对应,白居易诗云"田家少闲月,五月人倍忙,夜来南风起,小麦伏陇黄",这表明盩厔(今陕西西安周至县)当年的夏粮收获期为阴历五月(即阳历 6 月 10 日左右),晚于现今的 6 月 5 日。元和四年(809)发生的寒潮和雪灾,导致白居易创作了"心忧炭贱愿天寒"的《卖炭翁》,柳宗元创作了"独钓寒江雪"的《江雪》,令文学史上这一年因寒冷而非常知名。随着气候在 9 世纪初再次进入冷相周期,于是有司天徐昂献新历法,称之为《观象历》,元和二年(807)颁布发行。从当时的物候特征判断,这是一部代表冷相气候的历法。鉴于气候持续转冷,在公元 821 年制成的《宣明历》[①]中,司天徐昂将先前唐代诸历法(包括)普遍使用的"启蛰—雨水—清明—谷雨"的暖相节气次序调整恢复到"雨水—惊蛰—清明—谷雨"(冷相次序)。宣明历一直使用到 892 年,代表了晚唐气候整体偏冷的趋势。在这一轮气候危机中,有唐代的第二次人口危机(见 4.2节)、唐代的乙类(政府)钱荒、税收政策调整(见 8.2 节)和原始纸钞"飞钱"危机(见 8.2 节)。

唐中后期的气候在公元 841 年以后再度回暖[②]。史载,会昌年间(公元 841—846),长安皇宫及南郊曲江池都有梅和柑橘生长,长安皇宫内移栽的柑橘树大面积结果,橘果还曾被武宗赏给大臣,今天的柑橘只能在浙江黄岩一带结果了,因此是气候变暖的典型表现。这一轮暖相气候导致了甲类(市场)钱荒(见 8.2 节)、第三次佛教危机"会昌法难"(见 6.1 节)、民间信仰危机(见 6.2 节)等政治经济危机,也同时导致了吐蕃内乱、回鹘瓦解、党项内乱、契丹内乱和法兰克王国分裂,充分体现了"暖相分裂,冷相统一"的社会趋势(见 11.1 节)。

晚唐的气候缺乏典型症状,但在 880 年之后再次发生变冷[③]。史载,公元863 年和公元 875 年,冬雷不断;乾符元年(874),河北道沧州乾符县"生野稻水谷二千余顷,燕、魏饥民就食之";公元 876 年,"冬无雪";公元 880 年"十一月暖如仲春""冬,桃李华,山华皆发";公元 881 年秋,"河东早霜,杀稼";中和二年(882),"七月丙午(7 月 24 日)夜……宜君磐(今陕西铜川),雨雪盈尺,甚寒"。从此唐朝气候

---

①② 葛全胜. 中国历朝气候变化[M]. 北京:科学出版社,2011:310.
③ 葛全胜. 中国历朝气候变化[M]. 北京:科学出版社,2011:311.

愈发寒冷。在 872 年发生一次政府控制钱荒的汇票支付危机(代表乙类政府钱荒,见 8.2 节),符合冷相气候下经济收缩的一般规律。

上述唐代气候发生脉动带来的典型症状,基本符合 30 年的变化周期。只不过 690 年和 870 年两个冷相节点的气候特征不突出(也就是缺乏特征明显的寒潮),给我们造成了唐代气候温暖的整体印象。

宋代的气候脉动

唐代之后,天成元年(926),"冬十月甲申朔,诏赐文武百僚冬服绵帛有差。近例,十月初寒之始天子赐近侍执政大臣冬服"①,给我们透露一点五代时的气候特征。

宋代的气候特征属于中世纪温暖期(大约从十世纪到十四世纪),整体趋势是温暖的。然而,在温暖的气候条件下,仍然不乏气候转化带来的气候冲击。

宋初的气候十分温暖。建隆四年(963),"甲戌,占城国遣使来献(占城稻)",抗旱早熟的占城稻的流行需要特定的暖干气候条件。

随后,气候开始转冷。太平兴国七年(982)三月"宣州雪霜杀桑害稼",雍熙二年(985)冬"南康军(今江西星子)大雨雪,江水冰,胜重载";淳化三年(992)三月,"商州霜,花皆死",九月"京兆府大雪害苗稼";咸平四年(1001)三月"京师及近能诸州雪,损桑"。在这种冷相气候危机下,有了宋太宗邀请海外贸易的行动(见 9.1 节)和茶法改革(见 7.4 节)。

然后,气候开始变暖,如"金橘产于江西,以远难致,都人初不识。明道、景祐(1032—1038)初,始与竹子俱至京师"②。橘子和竹子都是南方对生长环境温度非常敏感的物种,物种北移代表着气候变暖。在这种暖相气候下,有宋代的创办军巡铺(见 10.3 节)。

不久,气候又开始变冷,1042—1056 年的 15 年间,出现了 6 次异常寒冷年的记载,如庆历三年(1043)十二月"大雨雪,木冰";1049 年前后,北宋著名考古学家刘敞(1019—1068)从闽越回京师任职言:"秋即雪。长老或以为寡,人知其寡或共议之。"至和二年(1055)"冬自春阴霜杀桑"。嘉祐元年(1056)正月"大雨雪,大冰"。这次寒潮与 1037 年维苏威火山爆发有关,第二年西夏就独立了,时机很微妙。在

---

① (宋)薛居正,旧五代史·卷 37(唐书)·明宗纪 3。

② (宋)欧阳修,归田录·卷 2。

这种气候危机下,有宋代的铸大钱(见 8.2 节)、盐法改革(见 7.2 节)。

随后,气候再次转暖。长江三角洲地区北宋中期后也屡有暖冬记载,如 1061、1067、1085、1086、1089、1090 年等①。嘉祐四年(1059),张方平知秦州。有鉴于秦州(今甘肃天水)的物候提前现象,张方平写道"秦川节物似西川,二月风光已不寒。犹去清明三候远,忽惊烂漫一春残",说明当时气候开始转暖。熙宁十年十月三日至次年正月二十八日(1077 年 10 月 22 日至 1078 年 2 月 13 日),苏颂(1020—1101)在出使辽国的途中所作 28 首纪事诗中,不仅详细地记录了辽境类似中原的农业景象,而且多次提到了当时异乎寻常的暖冬状况。在这种暖相气候的推动下,有宋代的海外贸易革命(见 9.4 节)和能源革命(见 12.2 节)。

辽天祚帝乾统二年(1102),辽地"大寒,冰复合",此次寒冷事件拉开了北宋末年中国气候转冷的序幕。乾统九年(1109)"秋七月,陨霜,伤稼",也是《辽史》中仅有的一次早霜灾害记录。"大观庚寅(1110)季冬二十二日,余时在(福建)长乐,雨雪数寸,遍山皆白,土人莫不相顾惊叹,盖未尝见也";"是岁,荔枝木皆冻死,遍山连野,弥望尽成枯。至后年春,始于旧根株渐抽芽蘖,又数年,始复繁盛。谱云:荔枝木坚理难老,至今有三百岁者生结不息。今去君谟殁又五十年矣,是三百五十年间未有此寒也"②。这次大寒后的一至二年,福建一带荔枝"始于旧根复生",之后,降雪逐渐成为福建一带司空见惯之事。公元 1110 年,华南经历寒冬,导致柑橘和橙子被全部冻死③,第二年太湖结冰,人们可以在冰上行走。竺可桢④特地指出,12 世纪只发生过两次这样的寒潮,另一次发生在 1178 年。政和二年(1112)西夏御史大夫宁克任曾感叹:"国家自青、白两盐不通互市,膏腴诸壤,寝就式微,兵行无百日之粮,仓储无三年之蓄,而惟恃西北一区与契丹交易有无,岂所以裕国计乎?"在这种寒潮作用下有宋代的医学革命(见 5.3 节)、宗教革命(见 6.3 节)、钞法改革(见 8.3 节)、盐法改革(见 7.2 节)、茶文化的发展高峰(见 7.4 节)。

这一轮冷相气候,一直持续到下一个气候节点,"二浙旧少冰雪,绍兴壬子(1132),车驾在钱塘,是冬大寒屡雪,冰厚数寸。北人遂窖藏之,烧地作荫,皆如京

---

① 葛全胜.中国历朝气候变化[M].北京:科学出版社,2011;387.
② (宋)彭乘.墨客挥犀·卷 121。
③ 葛全胜.中国历朝气候变化[M].北京:科学出版社,2011;394—395.
④ 竺可桢.中国近五千年来气候变迁的初步研究[J].考古学报,1972(1);15—38.

师之法。临安府委诸县皆藏,率请北人教其制度"①。绍兴五年(1135)冬,江陵一带"冰凝不解,深厚及尺,州城内外饥冻僵仆不可胜数"。绍兴七年(1137)二月庚申,"霜杀桑稼"。此后数年间,江南运河苏州段,冬天河水常常结冰,破冰开道的铁锥成为冬季舟船的常备工具。这应当是暖相气候节点,却表现出冷相气候特征,因此产生了人口危机(见4.2节)。不过当时的社会响应,如纸钞革命(第8.3节)和海上贸易(第9.4节),还是符合暖相规律的。

然而,真正气候变冷发生在下一个气候节点。隆兴二年(1164)冬,"淮甸流民二三十万避乱江南,结草舍遍山谷,暴露冻馁,疫死者半,仅有还者亦死"②。乾道元年(1165)二月,"行都及越、湖、常、润、温、台、明、处九郡寒,败首种,损春蚕;二年春,大雨,寒,至于三月,损春蚕,夏寒"。乾道八年(1172),时在广西钦州任职的地理学家周去非(1135—1189)也写道:"盖桂林尝有雪,稍南则无之。他州土人皆莫知雪为何形。钦之父老云,数十年前,冬常有雪,岁乃大灾。盖南方地气常燠,草木柔脆,一或有雪,则万木僵死,明岁土膏不兴,春不发生,正为灾雪,非瑞雪也。"③成书于宋孝宗淳熙五年(1178)的《橘录》载:"大抵柑植立甚难,灌溉锄治少失时,或岁寒霜雪频作,柑之枝头殆无生意,橘则犹故也。"所有证据表明当时的冷相气候特征非常显著,在这种气候危机下,有了佛法的兴盛(见6.1节)、乙类钱荒(见8.2节)和会子发行(见8.3节)。

到1195—1220年期间,杭州暖冬记录次数明显增加,连续9年冬春无冰雪记载,如庆元四年(1198)冬,"无雪。越岁,春燠而雷";六年(1200),"冬燠无雪,桃李华,虫不垫";嘉定元年(1208),"春燠如夏"。承安三年(1198),金朝政府有鉴于购买茶叶"费国用而资敌",就曾下令在其部分管辖区域内设官制造,试图实现茶叶生产的本地化(茶树也是对环境温度敏感的物种,今天国际市场上的茶叶主要产于印度和斯里兰卡)。泰和元年(1201),金章宗在该年十一月谕工部曰:"比闻怀州有橙结实,官吏检视,已尝扰民。今复进柑,得无重扰民乎?其诚所司,遇有则进,无则已。"④同时代的陆游注意到当时的暖干气候趋势,"陂泽惟近时最多废。吾乡镜湖三百里,为人侵耕几尽。阆州南池亦数百里,今为平陆,只坟墓自以千计,虽欲疏浚

---

① (宋)庄绰,鸡肋编。

② (元)脱脱等,宋史·五行志。

③ (宋)周去非,岭外代答·风土门。

④ (清)毕沅,续资治通鉴·卷第156·宋纪156。

复其故亦不可得,又非镜湖之比。成都摩诃池、嘉州石堂溪之类,盖不足道"①。登载此文的《老学庵笔记》适用于陆游晚年的 1190 年到 1210 年。这段暖相气候伴随着降水减少,所以陆游可以观察到当时的围湖造田运动。此外,庆元元年(1195)春夏,两浙路湖州、常州、秀州三州,"自春徂夏,疫疠大作,湖州尤甚,独五月少宁,六月复然"。淮南、两浙一带,"牛多疫死"。庆元五年(1199)十二月,广南东路瘴疠流行。庆元六年(1200)春,福建路邵武(治今福建邵武)"大旱,井泉竭,疫死"。嘉定二年(1209),"夏四月乙丑,诏诸路监司督州县捕蝗"②。所有特征表明当时的暖相气候特征显著。在这种暖相气候条件下,有人口危机(见 4.2 节)和南方"改流设土"政策(见 11.2 节)。

金朝正大四年(1227)八月癸亥,"是日,风、霜,损禾皆尽";天兴元年(1232)五月辛卯,"大寒如冬"。气候变冷加剧了女真金国的乙类政府钱荒(见 8.3 节),推动了渔猎文明的灭亡(见 11.1 节)。

元明的气候脉动

公元 1231—1260 年是中世纪中国东部地区过去 2 000 年最暖时段之一,冬半年平均气温较今高 0.9 ℃,故当时北京"独醉园梅数年无花",而"今岁特盛"。至元四年(1267),"印造怀孟等路司竹监竹引一万道,每道取工墨一钱,凡发卖皆给引"③,河南焦作等地不适合竹林生长,只有暖相气候才能推动北方竹林经济的兴盛,并推动元朝政府发行中统钞(见 8.3 节),以克服甲类(市场)钱荒(见 8.2 节)。

公元 1285 年发生黄河泛滥之后全球气温都显著下降,1285 年是欧洲"小冰河期"的起点之一④。元政府的竹林交易税在 1285 年取消,竹税征收停止运作,因为竹林经济在华北难以为继,税收效果不抵征税成本,只能取消。全元二十六年(1289),元政府还专门在浙东和江南、江东、湖广、福建等地设置"木棉提举司"提倡人力种植棉花,并把征收木棉列入国家的正式税收计划,按时向民间征取。棉花的种植与推广,改变了中国穿着麻衣的历史,并为纺织业的大规模发展奠定了基础。

---

① (宋)陆游,老学庵笔记·卷 2。
② 不著撰人,两朝纲目备要·卷 12。
③ (明)宋濂等,元史·志·卷 47。
④ Lamb, H.H. Climate, history, and the modern world[M]. Routledge, 1995.

另据郭松年记录①，至元十七至二十五年（1280—1288），大理点苍山积雪四时不消。人们普遍认为，小冰河时代始于 1285 年至 1300 年之间。这一轮气候危机推动了纸钞改革（见 8.3 节）和市舶司改革（见 9.2 节），旨在应对气候危机，也为了发动征服越南、缅甸、兰纳、爪哇等地的南方战争。

随着小冰河期的到来，北方气候恶化，气候冲击有 1287 年的北边大风雪，1301 年称海至北境的十二站大雪，1305 年乞禄伦地区的大雪，另有 1314 年春铁里干站的风雪沙土之灾和 1316 年冬天的风雪之灾。在连续的气候恶化时段，有几个例外。大德五年（1301）以后，北方仅有 2 个暖冬记载：皇庆元年（1312）冬无雪，延祐元年（1314）大都、檀、蓟等州冬无雪，至春草木枯焦。这两个暖冬恰好位于暖相气候节点 1320 年附近，说明当时的回暖趋势是存在的，但整体暖化趋势不明显。在这一轮非常短暂的暖相气候中，有奇怪的通货危机（见 8.2 节）和恢复市舶司（见 9.2 节）。

至正十一年（1351），南下吴越的乃贤（元末著名诗人，色目人葛逻禄氏），途经山东境内黄河段，有感于近年黄河屡修屡决，行都水监督促百姓在严寒中修筑大堤却进展缓慢而作《新堤谣》，诗曰："分监来时当十月，河冰塞川天雨雪，调夫十万筑新堤，手足血流肌肉裂，监官号令如雷风，天寒日短难为功。"而 1920 年—1950 年黄河流域水文观测记录显示，河南、山东段黄河河道出现冰块的时间是 12 月，显然，乃贤所记录黄河初冬冰块出现的时间较现代早了近一个月，所以当时的气候异常寒冷。而欧洲则在公元 1347 年至 1353 年之间的寒潮和黑死病中失去了 1/4—1/3 的人口。在这轮气候危机中，有张士诚与高丽之间的贸易邀请（见 9.2 节）。

据洪武十二年（1379）《苏州府志》以及长谷真逸的《农田余话》所记录的种稻情形看，当时苏南地区已有了早（占稻）、中、晚稻的区分，浙江永嘉（今温州）有套作双季稻种植。1388—1389 年，广西南部钦、廉、藤等山以及广东雷州地区有野象活动，经驯狎后呈贡中央政府；另据《潮州志》载，"明初，鳄鱼复来潮州"。由于占稻、大象和鳄鱼都是暖相气候相关的典型物种，它们的出现代表了当时全球变暖的气候背景。在暖相气候中，有明代的纸钞发行（见 8.3 节）和酒税改革（见 7.3 节）。

自 15 世纪初以来，沿钱塘河口的沿海洪灾变得更加严重（因为全球气候变冷是通过洋流来实现的，潮灾加剧意味着气候变冷）。早在永乐四年（1406），全国"新

---

① （元）郭松年，大理行记。

垦荒田岁收不能如数"。1416年以后,中国中部初、终霜雪异常的历史记录逐渐增多,主要河流和主要湖泊经常结冰,甚至渤海被冰冻上。从1403年到1420年,在恶劣天气的压力下,驻扎在中国东北地区的大多数卫所被撤回或迁往南方,为满洲人的崛起开放了空间。在这轮气候危机中,有明代的货币危机(见8.2节)和符合"冷相邀请贸易"的郑和下西洋(见9.2节)。

1438年,明政府重新设置了东胜卫(屯垦制度说明气候变暖),然后又取消了。自正统元年(1436)之后,屯田制度逐渐废弛,屯粮收入只为当初的三分之二,再至弘治年间时,屯粮收入更是减少甚多。在这种情况下,有了明代的通货改革(见8.3节),引进银两标志着中世纪温暖期的钱荒结束。

伴随着纸钞革命的结束,相当于中世纪温暖期结束和小冰河期加剧,"中欧科技大分流"开始,中国和欧洲分别走上不同的发展道路,《清明上河图》中的世界成为中国辉煌历史的绝响。

2.3 周期性的环境危机

以上是物种对气候模式变化的直接响应(物候学证据),从中直接可以提取气候变化的贡献,如南方橘子迁往北方、种植和竹林交易增加,就是不容置疑的气候变暖标志。然而真实世界的气候波动也是充满扰动,暖相有寒潮,冷相有高温,自然界受到的干扰非常多,因此从物候学证据提取30年周期十分困难。

然而,气候波动还会对社会造成危机,带来社会的被动响应,需要仔细鉴别才能得到。这些变化有了人类的参与,却不是积极的响应,而是被动的、立即发生的变化,因此是气候变化的四类证据,是某种形式的环境危机。环境危机能够响应气候的变化,却是被动的响应措施,无法体现人类作为大地主宰的积极应对和政治选择。人类社会面对环境危机(四类),总需要等到确认无误之后,才能做出最佳的决策(五类,至少对当时的约束条件是最佳决策,因此反映气候的峰值变化)。这些主动的响应措施,往往发生在气候模式的峰值点,因此比物候学证据更能体现气候的脉动性。四类五类发生在社会,因此都能够排除部分扰动的影响,达到被时间过滤的效果,因此更能够反映气候变化的脉动性。

上一本书①找出了下列证据来验证气候的规律性,分别包含三类(物候)、四类

---

① 麻庭光. 气候灾情与应急[M]. 匹兹堡:美国学术出版社,2019.

(危机)和五类(应对)证据。

1.(三类)汉唐时期18次气候脉动的30年周期和气候模式可以通过当时的历法或农书(提供的物候学证据)及其有效期推断出来;

2.(三类)古代著名的22次水利工程,有16次发生在暖相气候节点附近(环境张力大),因此可以得出"暖相缺水"的经验性观察;

3.(五类)唐代的缺水危机包括碾硙危机、粮食危机(就食行动),主要发生在暖相周期,本质上是降水危机;

4.(五类)历代发生的11次军屯(军事屯垦)事件,除了因为战争而发动的两次,有9次满足"暖相(因日照期增加)推动军屯,冷相停止军屯"的响应规律;

5.(四类)唐宋时期的水稻种植,满足气候节点推动稻作推广普及的规律,符合"暖相日照期增加,冷相降水增加"的一般规律性;

6.(四类)元代北方的竹林交易税,主要发生在1267到1292年之间,反映当时的暖相气候模式特征;

7.(五类)明代引进美洲作物的12次引进推广事件,都发生在气候节点;

8.(四类)道光时期的"道光萧条",完全是因为日照期减少,年度无霜期不足,水旱灾害增加造成,所以林则徐试图恢复苏州地区的双季稻种植而不果;

9.(三类)历代的老虎吃人事件和明清时期的徽州虎患,与当时的气候危机和生态危机有关;

10.(三类)历代的25次人象冲突,大多发生在气候节点,说明在气候节点的环境张力大,气候危机带来生态危机,推动了人象冲突;

11.(三类)历代的40次"鲸鱼上岸"事件,往往反映当时的环境危机,因此也是气候危机导致的生态危机;

12.(四类)公元1647年以来的11次疟疾大爆发,只有3次出现在暖相气候节点,其他都是冷相气候节点,说明冷相气候危机推动以蚊虫为媒介的传染病大爆发;

13.(四类)汉代元始二年之前,中国发生9次瘟疫,其中7次发生在暖相气候节点,说明中国古代暖相气候推动瘟疫的一般趋势;

14.(五类)先秦时期的10次经济改革,大多发生在暖相气候节点,说明暖相气候对中国造成更大的环境危机,推动了火耕文明(降水灌溉)向农耕文明(人工灌溉)的转化;

15.(五类)先秦时期的4次刑法改革,都是发生在气候节点,说明气候节点的

环境和社会危机严重,推动社会改革;

16.(五类)中国的五大农书(《齐民要术》《农桑辑要》《王祯农书》《农政全书》和《授时通考》)都是发生在暖相气候节点,说明暖相气候日照期增加有利于农业经济的扩张;

17.(五类)中国的虚拟(非金属)货币改革(或通货改革),大多发生在暖相气候节点,说明"暖相气候经济扩张"的基本趋势;

18.(四类)英国的饥荒(8次)和粮价危机,以及美国历史上的粮价波动,反映气候的30年周期规律;

19.(五类)从公元前450年到公元前58年,欧洲凯尔特人发生六次移民,都是发生在气候节点,说明气候危机推动移民,也说明欧洲的地理条件先天不足,气候弹性小,难以应对气候危机;

20.(四类)古罗马1 300年的历史中,有13次重大政治事件,统统发生在气候节点;

21.(四类)英国崛起的13次重大政治事件,统统发生在气候节点;

22.(四类)美国发生的6次经济危机,有气候危机的贡献;

23.(四类)德国和俄国的重大事件,也有气候危机的贡献;

24.(五类)工业革命中的棉花技术,曾经响应气候节点的环境危机而发生脉动式突破;

25.(四类)靠近北极、气候弹性最差的格陵兰岛,有14次重大政治事件发生在气候节点;

26.(五类)欧洲迫害女巫的狂潮,大多发生在气候节点附近,说明气候危机导致的环境危机,是推动迫害宗教运动的主要原因;

27.(四类)"小冰河期"存在有争议的5次起点和4次终点,大多符合气候脉动规律;

28.(四类)上海的潮灾、杭州湾的潮灾和海塘工程,大多响应气候危机;

29.(四类)浙西潮灾、海塘工程和太湖水患的同步性,说明气候灾情的连锁性;

30.(四类)从公元809年开始,黄河上的31次发生在气候节点的灾情更加严重;

31.(五类)从公元814年开始,黄河上的23次发生在气候节点的治河工程因其领导者而更加知名;

32.（四类）各地的雪灾当中,云南离北冰洋的距离最远,气候扰动的过滤效果最好,所以雪灾的周期性脉动更明显;

33.（四类）南方的寒潮存在 30 年的周期性,只要是气候转折,往往是一次寒潮推动和代表的;

34.（四类）古罗马的城市大火大多发生在气候节点;

35.（四类）中国的古都和经济中心（洛阳、南京、开封、杭州）都曾经遭遇 30 年周期的城市社区大火;

36.（四类）不仅外国的城市经常性遭遇周期性的城市大火,中国的 31 座历史小镇,在千年的历史中,遭遇相隔 30 年的两次城市大火;两次大火之后,建筑风格从草木转入砖瓦,完成城市文明革命;

37.（五类）中国历史上的 8 次消防改革,都发生在气候节点,说明城市消防改革是气候危机推动的,是人类社会应对环境危机的一种应对措施;

38.（四类）从公元前 842 年开始,中国北方周期性的、农耕—游牧之间的民族冲突经常发生,通常是以 30 年的周期发生或者发生在气候节点的冲突更知名、更严重;根据北方上百次的草原危机,我们可以总结的规律性是"暖相导致分裂,冷相推动统一","暖相有利北伐,冷相有利南侵";

39.（五类）从 1626 年离开到 1771 年回归,土尔扈特人在气候节点不断响应气候危机而采取不同的对策;

40.（四类）从公元 36 年开始,苗汉之间存在 36 次发生在气候节点的主要民族冲突,大体符合"暖相大起义,冷相小反抗",符合"60 年一大乱,30 年一小乱"的经验性观察;

41.（五类）针对苗地边疆有三次大起义和六次修墙事件,大起义和成功的修墙都发生在暖相,说明暖相气候对火耕文明更不利,推动他们的反抗;也就是说,气候脉动是文明冲突的推手和战争之源;

42.（四类）唐宋明清时期的内乱大多发生在气候节点,说明农耕文明也有应对气候危机不利的时段,不得已揭竿而起,通过农民起义来响应气候危机;也就是说,气候脉动是农耕文明内乱的源头;

43.（四类）其他国家,如朝鲜和日本的政治危机,也都发生在气候节点,说明气候危机推动社会危机,推动文明的发展;

44.（五类）人类历史上的战争,如果时间较长,往往内嵌气候周期,如 30 年的战争有 34 次;60 年的战争有 14 次;120 年的战争有 11 次;180 年的战争有 4 次;240 年的战争有 2 次。此外,历史上著名的 6 次和平时段,也符合气候的 30 年基础周期及其整数倍;

45.(五类)西周东周时期的 69 次兼并战争(兼并和灭国事件),大多发生在气候节点,说明气候危机推动了战争与兼并;

46.(五类)明代之前的 14 次修正长城事件,大多发生在气候节点;

47.(五类)明代的长城修筑,每一个气候节点都会发生,响应着某种环境危机;

48.(五类)古代冶炼技术的突破,大多发生在气候节点;

49.(五类)蒸汽消防车发展史上的 8 次里程碑事件,都是响应气候危机推动的火灾危机;

50.(五类)电学领域的 8 次重大突破,也都是发生在气候节点,说明气候节点的环境危机是技术突破的源头和动力;

51.(五类)300 年来发生的 6 次技术革命,都是以冷相气候节点的突破更显著,反映"冷相技术突破,暖相技术推广"的大趋势;

52.(五类)在重大理论领域,也有响应气候危机的 10 次理论突破;

53.(四类)欧洲的瘟疫,大多发生在气候节点;

54.(四类)天花的肆虐,在气候节点更严重;

55.(五类)早期的基督教传播有 10 次"大迫害",其中有 8 次发生在气候节点,说明气候危机导致的信仰危机,也是宗教迫害的"无形之手";

56.(五类)中国的妈祖崇拜、火神崇拜都有气候脉动的贡献;

57.(五类)保险事业和共产主义运动,都是人类社会响应气候危机的应对措施,也就是说意识形态差异来源于环境危机和响应模式;

58.(五类)李约瑟发现的"中欧科技大分流"有不同的表现:中欧军事大分流、中欧消防技术大分流、中欧航海技术大分流、中欧民族政策大分流、中欧产品经济大分流。它们大多发生在气候节点,因此有气候脉动的贡献,是顺应小冰河期气候恶化的应对和响应;

59.(五类)唐代剑南道(四川)的 19 次水利工程,大多发生在气候节点,符合"冷相排水,暖相缺水"的一般趋势;

60.(四类)各个文明的代表,越南(火耕)、中国(农耕)、渤海国(渔猎)、蒙古(游牧)都曾经因为气候危机而发生异动。文明冲突就是不同文明(生产方式)响应气

候危机的一种办法;

61.(五类)21次北伐代表着农耕与游牧文明之间的冲突,大多发生在暖相,发生在冷相的北伐注定不能成功;

62.(四类)中国的南部边疆是苗汉冲突主导的,代表着气候危机推动火耕与农耕文明之间的冲突;

63.(四类)满蒙之间120年的战争,每30年一次大冲突,代表着渔猎与游牧文明的冲突;

64.(四类)中国古代王朝建立初期,通常都会经历120年左右的扩张期,如汉、唐、元、明、清都是如此。

根据上述的物候学、社会学和政治学证据,我们可以把自然界和人类社会的21种响应模式分别对应气候响应规律,如下面三张表所示。

表1 六种灾情响应气候模式变化的规律

		暖相气候模式	冷相气候模式
1	降温趋势	日照增加,物候提早,物产增加,双季稻可行	日照减少,物候推出,物产减少,双季稻不可行
2	降水趋势	多旱灾、多水利工程 粮食危机(就食洛阳) 水磨危机(渭河缺水)	多降水,多排水工程,寒潮增加(雪霜杀桑害稼),潮灾加剧
3	浮冰冰川	(欧洲)冰川收缩	(欧洲)冰川扩张
4	雪灾寒潮	降雪少,旱蝗增加,双季稻增加,大象北返	多雪灾,寒潮深入南方,柑橘荔枝在寒潮中冻死,大象、鳄鱼南迁
5	潮灾河患		多潮灾,建海塘
6	火灾消防	多蔓延大灾	多点火小灾

表2 五种文明响应气候模式变化的规律

		暖相气候模式	冷相气候模式
1	游牧文明	多分裂与扩张	多统一南侵
2	火耕文明	多大乱暴动(起义)	多矛盾冲突(动乱)
3	农耕文明	多旱灾、饥荒、内乱、北伐;变法改革	多水灾,有利经济和社会强盛
4	渔猎文明	收缩/解体/移民	扩张/迁都
5	商贸文明	多饥荒/移民	多侵略/扩张

表3　十种农耕社会变化响应气候模式变化的规律

		暖相气候模式	冷相气候模式
1	历法改革	节气调整(惊蛰早于谷雨)	节气调整(谷雨早于惊蛰)
2	生态响应	物候提前	物候推迟
3	屯垦行动	扩张	收缩
4	经济周期	经济扩张、纸钞供应增加	经济收缩
5	技术革命	技术普及、农书总结	技术突破、引进新物种
6	认知革命	思想普及	思想突破、认知革命
7	水利工程	多引水工程	多排水工程、海塘工程
8	长城建设	保卫扩张	防御侵略
9	瘟疫灾情	多肺炎(温病)	多疟疾(伤寒)
10	宗教传播	排斥宗教	欢迎宗教

在这里,历史不是可重复事件的简单积累,但灾难和危机的挑战和相关的社会响应对策确实会重复发生。通过这些有条件重复发生的社会响应事件,给我们提供了观察气候模式变化规律的窗口。

2.4　常平仓的周期性

针对气候的脉动性变化带来的社会危机,政府或社会需要做出应对办法,主要是经济和政治上的应对措施(政策)。这些政策往往对社会带来主动的、长期的影响,因此是气候变化的五类证据。通过这些应对措施,也可以推断气候的脉动性。相关内容很多,是本书的重点内容,将在第3—11章分别讨论。这里引入貌似不相关的、实际上是气候推动的常平仓改革(即五类气候变化证据),作为气候变化规律性的验证。也就是说,如果有气候的周期性变化,就会有周期性的社会响应。四类和五类都是社会对气候变化的响应,主要差别在于被动和主动,短期和长期,原因和结果。

常平仓作为一种贯彻中国古代治世救灾的重要工具,曾经在历史上发挥重要的调剂功能。"常平"的概念,源于战国时李悝在魏所行的"平籴"法(魏文侯时期,约公元前445年以后),即政府于丰年购进粮食储存,避免"谷贱伤农";歉年卖出所储粮食以稳定粮价,避免"谷贵伤农"。正是由于中国气候的脉动性幅度比较大(相对欧洲,这是地理条件的限制),所以才需要对因气候脉动造成的丰歉收成进行再保险的政府性对策,就是常平仓。

在李悝之前,是范蠡首先提倡的平准思想,不限于粮食交易,后来出现的《管子》中亦有"准平"之词。在李悝之后,汉武帝时桑弘羊发展了上述思想,在公元前110年创立平准法,依仗政府掌握的大量钱帛物资,在京师贱收贵卖(政府赚钱)和平抑物价(稳定市场)的市场调剂活动,分别用于对付乙类(政府)钱荒和甲类(市场)钱荒(见8.2节),可以说是常平仓的预演。值得一提的是,武帝时气候从公元前104年开始变冷,改用代表冷相气候的《太初历》,所以当时还是暖相气候,需要进行市场调节,而不是增加政府收入。

为什么需要常平?当然是为了社会稳定。可以这么说,但更重要的关键是气候脉动带来的农业产出变化,是导致市场波动的原因。为了避免"谷贵伤农,谷贱伤农"的局面,需要国家出面来赎买,这就是中国式货币起源的救灾功能或国家支付功能(见8.1节)。由于地理原因和降水原因,古代欧洲的农业税收就缺乏这种波动性,因此欧洲的货币起源就缺乏救灾和国家支付相关的说法。从金融货币的观点来看,常平仓的谷物相当于是一种通货,发挥通货的储存功能和国家支付功能,来调剂通货市场的稳定性,是救灾的常见办法,有其内在的必然性和经济上的合理性。

在这里,我们并不关心常平仓的运作方式和管理内容,而是通过兴废常平仓的时机和气候背景,辨识那些建立或废除常平仓的背景气候原因,通过常平仓的兴废规律认识气候脉动对中国社会经济领域的影响。这里收集的20次置废事件覆盖汉代到元代,明清以降的常平仓是社会的常态,缺乏典型的置废事件,在此略过不提。

通常我们把汉宣帝时代的常平仓当作第一次,然而在此之前的公元前110年到公元前81年之间,中国曾经在桑弘羊的指挥下,大规模进行"平准均输"行为,对象不限于谷物,是国家专营层面对社会生产进行调剂干涉的行为,为常平仓运行的理论和实践进行了奠基。

汉宣帝时,岁数丰穰,谷至石五钱,农人少利。五凤四年(前54年,60,暖相),大司农中丞耿寿昌请令边郡皆筑仓,"以谷贱时增其价而籴以利农,谷贵时减价而粜,名曰'常平仓',人便之"[①]。汉代常平仓首先把粮食向京畿集中,然后又向边境

---

① 班固,颜师古注.汉书:第24卷[M].北京:中华书局,1962:1141.

地区供粮,因此是一种漕运辅助措施,以解决当时粮多价贱的难题。先筑仓后收储,注重的是常平仓稳定物价、调节供需平衡的两大功效。当时的历法书《逸周书·时训解》中的物候特征反映了公元前75—前45年之间的气候特征(春早秋迟),也说明当时的暖相气候背景①。在这种变暖的气候条件下,有宣帝元康年间(前65—前61年,60,暖相),赵充国提出的"屯田奏",始置西域都护,系统确立了西汉军屯制度。军屯制度需要气候变暖、日照期增加的帮助,才可以在过去无法耕种的土地上开垦,所以军屯扩张活动往往伴随着气候变暖。

元帝初元五年(前44),在位儒臣借口关东连年灾荒,常平仓与民争利②,遂与盐铁官、北假(今内蒙古河套以北、阴山以南地区)田官等一同废罢。据《汉书》中的冷暖事件记载以及农书《氾(fán)胜之书》中的物候资料看,在元帝初元四年(前45)后,气候即已转寒③。也就是说,在寒冷加剧、灾情增加、收成减少的时段强制推行常平仓,就会发生"与民争利"的后果,这是废止常平仓的主要理由。

东汉明帝时期,"天下安宁,民无横徭,岁比登稔。永平五年(62年,60,暖相)作常满仓,立粟市于城东,粟斛直钱二十"④。常满仓的功能和背景与常平仓类似,都是数岁丰收后谷价较低,政府设立专门的仓库来经营管理多余的粮食,增加粮食积储。不过,到永平十年(67),"帝曾欲置常平仓,公卿议者多以为便,(刘)般对以常平仓外有利民之名,而内实侵刻百姓,豪右因缘为奸,小民不能得其平,置之不便,帝乃止"⑤。为什么会侵刻百姓?饥荒时政府还需要购入粮食,就是与民争利。何时买入,何时卖出,缺乏整体考量,"豪右因缘为奸,小民不能得其平",就丧失了常平的目标,这是儒家学者反对常平的主要理由。

晋武帝泰始四年(268年,270,冷相),"立常平仓,丰年则籴,岁俭则粜"⑥。根据物候学记录,公元240—270年气候相对温湿,中国东中部地区冬半年平均气温较今高0.2℃,降水也较为充沛,粮食亩产有较大提高。又据三国时吴丹阳太守沈莹所著,约成书于公元268—280年的《临海水土·异物志》载:"杨桃似南方橄榄子。其味甜。五月十日熟。谚言:杨桃无蹇。一岁二熟。"⑦由于当时的杨桃种植

①③　葛全胜.中国历朝气候变化[M].北京:科学出版社,2011:144.

②　班固,颜师古注.汉书:第24卷[M].北京:中华书局,1962:1141.

④　(汉)班固,汉书·食货志,第781页.

⑤　(刘宋)范晔,后汉书·刘般传,另见《文献通考·市籴考二》。

⑥　(唐)房玄龄,晋书·卷26·第16·食货志。

⑦　(北魏)贾思勰,齐民要术·卷10,因《临海水土·异物志》。

地点超出现今的北界,所以当时比今天温暖①。

齐武帝时,永明五年(487年,480,暖相)米谷布帛价贱,议立常平仓市买积储,"京师及四方出钱亿万,乘米谷丝棉之属,其和价以优黔首"②。永明六年(488),诏出上库钱于京师市买,令诸州各出钱于所在地市买储之。大约同时,后魏孝文帝太和十二年(488),"秘书监李彪奏请折诸州郡常调九分之二及京都度支岁用之余,各立官司,年丰籴积于仓,岁俭减私十分之二,粜之,遂颁诏施行"③。

北魏孝明帝神龟、正光之际(520年,510,冷相),"自徐扬内附之后,徐,今彭城郡。扬,今寿春郡。收内兵资,与人和籴,积为边备也"④。"令番戍之兵,营起屯田,又收内郡兵资与民和籴,积为边备"⑤。自北魏宣武帝延昌四年(515)冬开始集议新历,并立表实测日影,历时三年。孝明帝正光元年(520)改施《神龟历》(即后来《正光历》的雏形),这一历法首次在历书体例中纳入了七十二候的内容,且春季物候较表征温暖气候的《逸周书·时训解》中的物候晚了1—2候⑥,代表了当时的冷相气候特征。

东魏孝静帝天平中(534—537年,540,暖相),"常调之外,随丰稔各处折绢籴粟,以充国储"⑦。大约成书于北魏末年(533—544)的《齐民要术》建议当时的大豆播种"上时"为二月中旬,比《四民月令》所载日期提前15天(东汉时为三月),说明当时的暖相气候背景⑧。

北齐河清中(561—565年,570,冷相),"令诸州郡皆别置富人仓"。北齐武成帝河清三年(564),"初立之日,准所领中下户口数,得支一年之粮,逐当州谷价贱时,斟量割当年义租充入。谷贵,下价粜之;贱则还用所粜之物,依价籴贮"⑨。公元563年,突厥木杆可汗(sì)斤遂蔚为大国。北魏太宗亲往抵御。其时,"寒雪,士众冻死坠指者十二三"⑩。当时的冷相气候冲击导致北齐政府推动常平仓改革。

① 葛全胜.中国历朝气候变化[M].北京:科学出版社,2011:223.
② (梁)萧子显,南齐书·卷3·武帝纪。
③⑤ (北齐)魏收,魏书·食货志。
④ (唐)杜佑,通典·卷第12·食货12。
⑥ 葛全胜.中国历朝气候变化[M].北京:科学出版社,2011:227.
⑦ (宋)王钦若、杨亿、孙奭等编,册府元龟·卷502·邦计部。
⑧ 葛全胜.中国历朝气候变化[M].北京:科学出版社,2011:275.
⑨ (唐)魏征,隋书·志·卷19。
⑩ (唐)魏征,魏书·列传·卷91。

隋文帝开皇三年(583),置常平监于京都,常平仓于陕州。"陈后主时(582—589),梦黄衣人围城。后主恶之,绕城橘树,尽伐去之"①,仅从这一点(建康(南京)遍种橘树,不满足现代物候学观察)判断,当时的气候是非常温暖的②。

唐太宗贞观二年(628年,630,冷相),命州县并置义仓,凡置地亩纳二升(高宗时改为按户等出粟)储之,凶年赈给或贷民为种秋熟纳还。十三年,令洛、相、幽、徐、齐、并、秦、蒲诸州置常平仓。

高宗时,置京都东西市常平仓,并设常平署官。即永徽六年(655年,660,暖相),"京东西二市置常平仓"③。

唐玄宗开元二年(714年,720,暖相),"天下诸州,今年稍熟,谷价全贱,或虑伤农。常平之法,行之自古,宜令诸州加时价三两钱籴,不得抑敛"。玄宗开元七年(719),扩大设置常平仓的地区,并定"常平仓本上州三千贯,中州两千贯,下州一千贯;大抵谷贱时加时价三钱为籴,不得抑配,贵时减价出粜"④。

天宝四载(745年,750,冷相)丰收,命义仓亦准常平法收籴,义仓遂兼有常平职能。天宝八载,关内、河北、河东、河西、陇右、剑南、河南、淮南、山南、江南十道常平仓粮共四百六十余万石。安史之乱,常平仓废。

德宗即位(780年,780,暖相),始复京城东西市常平仓,后户部侍郎赵赞奏准于津要都会各置常平本钱,置吏征商人税并竹木茶漆等税充之,"然因军费浩大,所税随得随尽,不能用于常平"。

宪宗元和元年(806年,810,冷相),规定诸州府于每年地亩税内十分取二以充常平仓及义仓,依例籴、粜或赈、贷。自此常平仓与义仓职能合一,并称常平义仓。

文宗开成元年(836年,840,暖相),又命官民田土常赋外每亩另纳粟一升,于诸州所置常平仓逐年添储,会昌中停罢。

宋太宗淳化三年(992年,990,冷相),京畿因年成大好,物价甚贱,于是诏"分遣使于京城四门置场增价以籴,令有司虚近仓贮之,命曰常平,以常参官领之。俟岁饥,即减价粜与贫民,遂为永制"⑤。

---

① (唐)魏征,隋书·卷23·志第18·五行下。
② 葛全胜. 中国历朝气候变化[M]. 北京:科学出版社,2011:302.
③④ (后晋)刘昫等撰,旧唐书·志·卷29·食货下。
⑤ (清)徐松,宋会辑稿·食货53之6。

熙宁二年(1069),王安石推行青苗法,常平仓法遂为青苗法取代,其所积钱谷一千五百万贯石(包括广惠仓所积)亦充作青苗钱本,每岁夏秋未熟前贷放,收成后随两税偿还,出息各二分。青苗法是常平仓经济功能的异化,把唐代的无息贷款改进为有息贷款,增加了类似银行的金融放贷功能。当时缺乏典型的气候特征,但从宋神宗急于经济改革来看,这是一个经济紧缩的时段,常平仓的经济调控功能转化为政府的放贷行为,可以看作是冷相气候的应对行为。因此等经济转好之后,1086 年废除青苗法,转回到常平仓的正常功能。

绍兴五年(1135)冬,江陵一带"冰凝不解,深厚及尺,州城内外饥冻僵仆不可胜数"[1]。绍兴九年(1139 年,1140,暖相),南宋重建常平仓后,恢复籴粜散敛旧法。绍兴十二年(1142)南宋政府开始了为时七载的"措置经界"运动,改革了南宋赋役制度,并大规模兴修好田、推广精耕细作技术,使得这一时期长江流域农业经济空前繁荣,粮食产量不断提高,形成了"苏湖熟,天下足"的局面。

随着气候的变冷,隆兴二年(1164 年,1170,冷相)冬,"淮甸流民二三十万避乱江南,结草舍遍山谷,暴露冻馁,疫死者半,仅有还者亦死"。乾道元年(1165)二月,"行都及越、湖、常、润、温、台、明、处九郡寒,败首种,损春蚕";"二年春,大雨,寒,至于三月,损春蚕,夏寒"。在这种长期的冷相气候作用下,常平仓发生大规模的亏空,如乾道三年(1167),诸路常平、义仓所积,计有米三百五十七万九千石,钱二百八十七万一千贯,其中绝大部分是虚数。如信州,帐籍所载为九万三千石,上报之数为六万八千石,复经盘量只有一万二千九百石。常平仓已经名存实亡。

在冷相气候多灾的推动下,金世宗大定十四年(1174 年,1170,冷相),曾定常平仓之制,丰年增市价十分之二以籴,俭年减市价十分之一以粜,命全国推行,但不久即废。然而,随着气候变暖,章宗明昌元年(1190),复立,按郡县户口数储足三月之粮即可,令提刑司、诸路计司兼领。可以参考的是,公元 1189 年金国取消了金交钞的 7 年流动限制,随后出现了通货膨胀和贬值。而南宋在绍熙元年(1190)让宋会子的第 7、第 8 界进行展界[2],这说明当时暖相气候带来的市场扩张是同步且大范围的。

元代,宪宗七年(1257 年,1260,暖相)初立常平仓,不久停废。

---

① (宋)李心传,建炎以来系年要录·卷98·绍兴六年二月庚戌条。
② (元)脱脱,《宋史·食货志下三》。

元世祖至元八年(1271)复命各路立仓,由本处正官兼管,按户数收贮米粟,增时价十分之二经常收籴,不得摊派百姓。当时收贮至八十余万石,后仓粮起运尽空,不行收籴,名存实亡。十九年(1282),命依旧设立,其仓官人等于近上户内选差,免其杂役;地方官仍按月将发到籴本价钞及收籴支纳情况上报户部。但因官吏多不尽责,实际上或存或亡。值得一提的是,奎罗托(Quilotoa)火山在1280年的爆发,气候逐步转冷,常平仓难以为继。世界范围的"小冰河期"发生在1285—1300年之后①。

元文宗天历二年(1329年,1320,暖相)复命各地官司设立(常平仓)。该年曾经遭遇寒潮,所以,是一次寒潮导致复立常平仓②。

根据上述22次兴废常平仓事件的发生时机,我们可以把每一事件总结在下表中。

表4 常平仓置废事件及其气候背景

	常平仓置废		主办者	气候变化规律	
	建 立	废 止		气候节点	气候特征
1	前54年	前44年	汉宣帝与耿寿昌	-60	暖相
2	62年	67年	汉明帝	60	暖相
3	268年		晋武帝	270	冷相
4	488年		齐武帝	480	暖相
5	515年		北魏孝明帝	510	冷相
6	535年		东魏孝静帝	540	暖相
7	564年		北齐武成帝	570	冷相
8	583年		隋文帝		暖相
9	628年		唐太宗	630	冷相
10	719年		唐玄宗	720	暖相
11	745年		唐玄宗	750	冷相
12	780年		唐德宗	780	暖相
13	806年		唐宪宗	810	冷相

---

① Lamb, H.H. Climate, history and the modern world[M]. Routledge, 1995.
② 葛全胜. 中国历朝气候变化[M]. 北京:科学出版社,2011:454.

	常平仓置废		主办者	气候变化规律	
	建　立	废　止		气候节点	气候特征
14	836 年		唐文宗	840	暖相
15	992 年	1069 年	宋太宗	990	冷相
16	1086 年		宋哲宗	1080	暖相
17	1139 年		宋高宗	1140	暖相
18	1174 年		金世宗	1170	冷相
19	1190 年		金章宗	1200	暖相
20	1257 年		元宪宗	1260	暖相
21	1282 年		元世祖	1290	冷相
22	1329 年		元文宗	1320	暖相

从这 22 件常平仓置废事件,我们可以得出如下的观察结论:

常平仓的建立,大多数(13/22)位于暖相气候节点附近(10 年以内),是暖相气候周期带来的日照期增加,自然灾害减少,农业产出增加带来的经济扩张,导致谷贱伤农,需要政府出面来调剂干涉。这是常平仓的宏观调控功能(平抑物价),通过削峰适谷(即常平的本意)来改善经济运行。

剩余常平仓的建立或改革(9/22)位于冷相气候节点,目的是应对短期气候冲击,通过赈灾济民来改善生存概率。由于气候冲击通常非常短暂,常平政策往往不能持久。

通常,常平仓有两种功能,一是平抑物价,通常发生在生产过剩、市场扩张、物质丰富的时段,政府需要把钱花出去,解决市场货币不足的问题,也就是应对甲类钱荒(见 8.2 节),主要发生在暖相气候周期;另一是减灾挣钱,通常发生在生产不足、市场紧缩、物质紧缺的时段,通过政府的赈贷行动来干预市场,在活民的同时,也可以增加收入,提高社会的抗灾能力,这是应对乙类钱荒(见 8.2 节)的措施,主要发生在冷相气候周期。后者发展到顶点,就是政府从事的放贷行为,如王安石的青苗法,通过放贷和期货功能来改善经济。认识这两种功能对经济危机的针对性和对气候危机的依赖性,我们就可以认识到气候背景对常平仓的决定性作用。大部分常平仓的设置需要暖相气候的帮助,而气候模式一旦发生变化,常平仓的运行就会出现问题。为了弥补气候冲击下常平仓运行带来的各种问题,有针对常平仓的种种改革。通过这些改革措施,也可以更好地认识当时的气候脉动。

为什么常平仓不能长时间运行? 人们总是认为管理者的腐败是常平仓无法维持的原因,关键是气候的脉动性,让气候异常时发挥调剂作用的常平仓,在气候平稳时作用不显(人们不借贷,就会有贪官污吏冒险,发生上下其手的贪污行为),经常发生在下一段气候冲击面前"无粮可调"的局面;或者反过来,在气候异常时政府的出价高,抬高了物价,发生扰民的效果,体现了气候脉动的难以预报性和气候冲击的剧烈性。此外,谷物作为一种通货(见 8.1 节),也存在保质期短、容易腐烂的弊端,几年不用就没有了。

因此,常平仓有三大功能:削峰适谷(物价调节)、赈灾救民(国家支付)和放贷增值(金融工具)。在不同的时段,不同的灾情下,某一功能会得到重视和充分利用。

为什么明清之后,常平仓的作用不再显著? 一种常见的说法是常平仓已经在全社会普及,因此不再有置废问题。常平仓谷物的本质是当作一种通货,以借贷的形式把通货释放到社会上流通,可以对付社会的经济危机。当社会流通货币化之后,可以用钱来赈灾,就不再需要维持谷物的货币功能了,毕竟货币拥有的存储功能和流通特征比谷物强,在救灾工作中效果更显著。就此而论,常平仓的建立也是社会经济领域通货不足的一种外部表现,如果通货足够,为何要利用容易腐败的谷物来流通呢? 也就是说,常平仓的国家支付功能被货币取代了。

此外,世界进入小冰河期之后,人口暴涨,类似唐宋时期生产过剩的局面较少出现,因此常平仓的"削峰适谷"调剂功能较少得到利用,也就不再重视常平仓的经济功能,而是更看重社仓和义仓的救灾功能,常平仓也当作社仓和义仓在运行了。不过,该政策在 1930 年代的美国得到部分的恢复[①],以应对暖相气候带来的生产过剩危机,这是常平仓的宏观调控功能的回归,以便适应当时的暖相气候。

最后,青苗法是常平仓法微观增值功能的货币化(金融放贷),当冷相气候或经济紧缩严重之时,政府不得不通过放贷来转移经济危机。待经济好转之后,青苗法得到废除,而且在中国历史上再也没有恢复。由于王安石变法的经济思想被儒家学者认为是"与民争利",得到全面的反对,因此国家放贷的做法后世几乎没有出

---

① 李超民. 中国古代常平仓思想对美国新政农业立法的影响[J]. 复旦学报(社会科学版),2000(3):42—50.

现,也就是说,放弃了常平仓作为金融工具的增值功能。

由于气候的脉动性特征,常平仓的运行缺乏量化的标准,过度维持容易扰民,不足运行容易发生虚报现象。常平仓的废除,往往是气候转冷,农业产出降低,灾情支出增加导致常平仓无以为继(管理问题),或者由于常平仓的强制运行对农产品物价带来很大的扰动("与民争利"争议)。因此,常平仓的争议很大,时兴时废,体现了气候变化的脉动性特征。

此外,常平仓的运行考验政府的计划和预报能力,全球气候的脉动性变化特征为中国的计划经济传统奠定了基础。这种因为适应环境而产生的统筹协调的救灾文化,对近代中国走上国家统一和社会主义道路有着深远的影响,是另一种形式的"环境决定论"。

2.5　气候如何影响社会

那么,古代社会是如何响应气候变化的呢?

首先,气候变化的最大影响反映在日照期长短和灾情频率,对农业主导的政府而言,就是税收(见7.1节)和支出(见8.2节)的变化;

其次,日照期缩短和灾情增加带来人口危机,需要政府的资助(福利革命)(见4.4节);

第三,气候冲击带来瘟疫,瘟疫推动医学革命(见5.3节);

第四,人口危机和瘟疫危机导致信仰危机,推动宗教革命(见6.3节);

第五,农耕社会的管理阶层是靠农业税和商税来维持的,气候变化导致收税政策的挑战,带来"榷(què,专卖)法"与"商法"的不断挑战,推动农业税(见7.1节)、盐法(见7.2节)、酒法(见7.3节)、茶法(见7.4节)的改革,构成了农业社会的商业革命(见7.5节);

第六,日照期缩短和灾情增加导致政府支出的增加,产生乙类(政府)钱荒,简单说来就是"冷相救灾钱不够"(见8.2节);日照期增加和灾情减少推动农业产出增加,农业产出增加带来经济的扩张,导致甲类(市场)钱荒,简单说来就是"暖相税多钱不足"(见8.2节)。经济扩张需要货币的支持,导致对货币采取放松监管(历史上数次建议开放铸币权,很少发生),推动钱荒(见8.2节)、铜禁(防止铜币外流,见8.2节)和纸钞革命(见8.3节);

第七,货币是一种硬通货,货币不足,需要其他商品来替代补充硬通货,东南亚(南洋)和中东非洲的香料以及非洲的象牙作为一种通货引入中国(见 9.1 节),海上丝绸之路的目的之一,就是增加通货,于是有海外贸易的"潮涨潮落"(见 9.2 节)与海外贸易革命(见 9.4 节);

第八,随着人口的增加,居住密集程度增加,带来城市化必然面临的侵街难题(见 10.1 节)和火灾危机(见 10.2 节),推动建筑防火和消防队伍,导致消防和城市革命(见 10.3 节);

第九,气候冲击推动渔猎、火耕和游牧文明的超常规发展(见 11.1 节)。当气候危机到来之后,这些文明的崛起经常会挑战农耕文明的稳定性,给农耕政府带来严重的国防危机,长城建设是一种应对措施,土司制度是另一种应对措施(见11.2 节)。宋代的募兵制不亚于是一次国防革命(见 11.4 节),然而给社会带来沉重的经济负担,推动商品经济贸币化的发展。

最后,货币来源于重金属(铜和银),所以钱荒会推动采矿业的超常发展。为了跟上货币的供应,自然能源(木炭)不足(樵采危机,见 12.1 节),需要化石能源(石炭)的补充;另一方面,气候危机带来取暖危机(见 12.1 节),也需要石炭的补充,两种危机交替发生,给宋代社会带来能源革命(见 12.2 节)。

所有这些貌似偶然的事件,实质上是 9 种社会危机(四类证据):人口危机、瘟疫危机、信仰危机、货币危机、税收危机、丝路危机、火灾危机、民族危机和燃料危机。应对这些危机,产生了 9 种社会革命(五类证据):福利革命、医学革命、宗教革命、纸钞革命、商业革命、海外贸易革命、消防革命、国防革命和能源革命,背后都有气候变化规律的长期作用,因此是气候脉动的结果。观察历代社会在各个气候节点的(被动)响应和(主动)应对措施,我们可以更好地认识社会文明对气候变化的响应模式。

借鉴上一本书的经验性观察和总结①,我们把《清明上河图》中展现的唐宋社会响应气候变化的 18 种响应模式(气候证据)也提前总结成一张表,如下表 5 所示。

因为气候只有冷暖 2 种模式,社会的所有方面只能向 2 个方向发展。这种 2 分法的响应模式,构成了认识社会变化的理论基础。凭着这 18 条规律,基本覆盖古代社会的方方面面,可以完整地认识社会的演化过程。

---

① 麻庭光. 气候灾情与应急[M]. 匹兹堡:美国学术出版社,2019:430.

表5 响应气候变化的18种社会应对模式

序号	社会领域	响应模式		本书章节
		气候变暖	气候变冷	
1	常平仓	平抑物价	应对危机	2.4
2	人 口	薅子危机	薅子危机+胎养令	4.1
3	瘟 疫	肺炎+痢疾+寄生虫病	疟疾+痢疾+小肠炎	5.1
4	医 学	推 广	突 破	5.3
5	佛 教	抑佛为经济	倡佛为稳定	6.1
6	淫祠崇拜	抑制民间信仰	提倡民间信仰	6.2
7	农业税改革	改革增加政府收入	改革减少农民负担	7.1
8	盐法改革	市场扩张	制度改革	7.2
9	酒法改革	推进商法	推进榷法	7.3
10	茶法改革	规范茶消费	推动茶文化	7.4
11	钱 荒	市场缺钱(甲类钱荒)	政府缺钱(乙类钱荒)	8.1
12	铸币权	鼓励民间私铸	收归中央垄断	8.2
13	纸钞革命	制度调整,金融扩张	制度创新,通货膨胀	8.3
14	海外贸易	规范市场	邀请海外贸易	9.4
15	消防改革	加强灭火(消)	加强防火(防)	10.2
16	游牧文明	人口增加,政治分裂	人口减少,政治集中	11.1
17	火耕文明	改流设土	改土归流	11.2
18	能源危机	樵采危机	取暖危机	12.1

　　有了上述的9种社会危机和18条社会应对模式,我们就可以用来研读宋本《清明上河图》,并参考宋代的历史文献,从中发现各种危机的社会表现,以及它们的历史成因。从下一章开始,我们从读图开始逐步引入和认识9种危机和9种革命,讨论社会危机的来龙去脉和社会响应的规律性,从而开阔我们的视野,更好地认识农业社会的典型现象,更好地认清社会和文明发展的气候贡献。

3

宋代社会的惊鸿一瞥

在讨论宋代社会是如何响应气候变化之前,我们先从《清明上河图》入手来认识宋代的社会形态。该图描绘了北宋末期都城东京(今河南开封)的状况,主要是汴京以及汴河两岸的自然风光和繁荣景象。全图大致分为汴京郊外风光、汴河场景、城内街市三部分,分别以三场交通事故(驴发狂、船打横、马撞人)为中心组织材料。在这三个事故的周围,有很多反映宋代社会的经济、医学、政治、消防等环节的内容,构成了以下各个章节的入口。由于这些内容是散见于全画的各个角落,突出细节会让读者丧失对整体的把握。然而,由于原图过大(长528.7厘米,宽24.8厘米),长宽比例大(达到21∶1),墨色偏暗,展示效果很差。为了更好地认识某一场景是气候与社会互动的后果,我们需要首先给它们定位。也就是把原画的内容先简要陈述一遍,进行合理的编码。这样在文中引入时,人们可以通过编码找到原图中的位置,从而更好地理解图中的社会形态。

为了在图中插入编码,我们把原图进行了图像处理(滤镜—素描—影印),得到原图的黑白版,然后把要点评的内容用字母标识。这样读者就可以根据图中的编码和下面的解说文字来大致了解此画的内容。这是一种简单的读取社会的方法。通过这样的简化处理,可以在不失全局的前提下,兼顾图书打印、内容定位和专题解读的需要。这样的处理,是希望读者最好去欣赏高清版的原图(不管是高清电子版还是实体印刷版),可以随时定位找到宋代社会曾经发生或正在进行的社会革命,从而更好地理解气候对社会的影响和推动作用。本章可以看作是全面解读宋代社会的一个入口。

3.1 读图细节

宁静的远郊

画面是从右至左而展开的。最先映入我们眼帘的,是汴京城外的远郊农村。

广漠的田野,河渠纵横。岸边老树杈桠,新芽未吐。薄雾轻笼,略显寒意,暗示着早春天气(城外看寒潮,城内看热闹,这是此画的矛盾之处)。

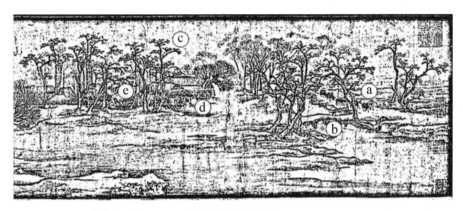

图 2　宁静的远郊

a) 小溪旁大路上有一溜运输队,远远地从远郊向汴京走来。两位年轻的驮夫,一前一后地赶着五匹负重累累的驴,准备进城。前面的驮夫把领头的牲畜赶向拐弯处的桥上,后面的驮夫用马鞭把驮队驱赶向前,驴身各驮着两篓木炭(也可能是石炭,见 12.2 节)。丧失燕云十六州(辽)和河套地区(西夏),令北宋丧失了不少养马场,不过山西和关中的养马场,还能给军方提供一些战马。在民用场合,民间只能靠驴作运输工具。

b) 紧接着是一座非常简易的草木桥,横跨直通汴河的小溪。小桥旁树蔸上拴着一只小舢板,享受着避风湾的宁静。

c) 然后是一棵棵的老树枯干矗立于田野中,接近顶端的高树枝上起码有四个鸟巢(鸦雀窝),似乎有栖鸦正在飞鸣,看起来与当代鸦雀筑窝的方式及高度别无二致。从树叶的稀疏状态可以判断,这是冬去春来的早春物候。

d) 在柳树林边,路边有茅屋便利店,作路边歇脚用途。门前搭着凉棚,摆放着椅凳,这是专为那些远道而来的商贩和苦力开设的。但木凳上空无一人,看来时候尚早,客人还没有到来,只有主人在屋后忙碌着,不知道在干什么。

e) 几户农家小院错落有序地分布在树丛中,茅檐低小,大门朝向谷场。屋前有一片平整的打谷场,上面放着谷碾等农具,闲置在那里,空寂无人。从工具(谷碾)的闲置状态大致可以认为这是冬末初春的农闲时节。

惊驴与骚动

接下来是一片柳林区和农耕区。

图 3　惊驴与骚动

a) 柳树的主干满身树瘿,有的还空了心,古老而苍劲,主干上发出的新枝,细长而茂密,连成一片葱绿,这也暗示着春天。这批柳树是 1079 年改造汴河("导洛通汴")工程之后栽种的绿化工程,到图中的时代已经大约生长了近 30 年,相当于一代人的时间了。

b) 柳树林边,有两三家瓦舍居于分叉路口,一带土墙和编篱将其围绕。

c) 沿着城墙或护城河有一队出城的人群向远处走去,内有两位骑驴者,衣着打扮像是富家翁或者是客商,穿着较多,包裹很严,似乎是女人。一人牵驴带路,另外两位仆人肩挑着行李徐徐沿着汴河走开。

d) 在三岔路口的另一端,来了一队接亲娶妻的队伍,徐徐地走在进城的大道上,后面的新郎官骑着一匹枣红马,马后面是一位挑着新娘嫁妆的脚夫、马前一人抱着新娘的梳妆物品盒,前面一乘轿子应是新娘坐的,因为轿子的外面都用各种草木花卉装饰着,此可谓"花轿"。轿子后面跟着一位挑夫,挑着一担鱼肉,代表传统的祝福,富贵有鱼(余)。也有说法,这是上坟回来,貌似不合理。宋本、明本和清院本都是从娶亲队伍开始。

e) 这支队伍前面有三人在奔跑,前呼后喊,正在追赶着一匹奔驴(只有半个身体,因为明代的最后一次装裱过程改动的效果不伦不类,不得不在 1973 年的重新装裱过程中全部剔除)。这匹受惊的奔驴,貌似可能造成一场交通事故,给周围的观众带来很大的紧张和关注。路边的两头牛，茶馆、道路上的人群都在侧目而视。这是整个画面三场交通事故的第一场，抓住动态事故的一瞬间，具有较高的艺术效果和构思水平，是第一个高潮场景。

f) 惊驴的前方，有一位拄拐杖的老者，看形势不对，急忙避开；

g) 另有一位老者，急忙去抓住正在蹒跚学步的儿童，躲避惊驴的干扰；

h) 在他背后的木杆上，有一个模糊不清的驴头。似乎这头被拴住的驴，才是上一头惊驴失控的根本性原因；

i) 瓦舍的对角有一家茅屋，卸了架的石槽放在屋檐下，一位抱小孩的妇女正在观察事故；

j) 柳阴下有两头黄牛，或卧或立，一边反刍，一边抬头望着奔驴，好奇地观察着可能发生的交通事故。

k) 卧牛背后很远处（最上方），有人正在从井里用辘轳打水浇地，田埂上有三道水渠，负责给菜地供水。辘轳的侧后方，有人则挑着水离开（也可能是去浇水施肥）。透过柳枝可以看到农田，从它所分割成的小块已经变化出不同的颜色来判断，可知这是菜地（而不是粮田）。这是典型的城乡交界处，居民们以农为主，也兼做一点小生意。菜地与粮田分离，也是社会分工细致，城市化程度高，城市文明发达的一个标志。

漕船与水运

接下来，是一片船舶停靠卸货的码头区。再过去几家店铺就是主干道汴梁大道了，主干道两边车水马龙店铺林立，都围着这风水宝地的货码头与货运栈了，这

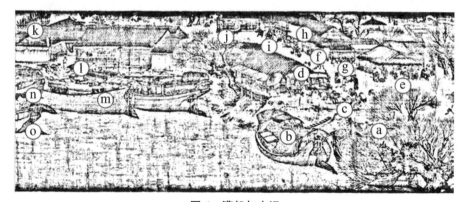

图 4　漕船与水运

座货运栈地理位置十分优越,四周街道四通八达,南边紧靠深水港湾,有好几艘船只停泊在港湾里依次装卸货物。房屋渐渐地多起来,人烟也逐渐地稠密起来。

a) 进入汴河,我们首先看到的是两艘从东南方上水而来的重载大船(漕船)已经靠岸,其中一条靠码头的船正在卸货,在大树枝叶缝隙中,可以看到粗大的帆桅及绳索,也应是六、七十吨左右排水量的大船了。该漕船已经放下踏板,加固与码头的对接,正在卸货。四个码头工人正把大麻袋(当时棉花还没有普及,只能是麻袋)背扛下船(两人还在踏板上,两人已经要交货)。从船身吃水还很深来看,装卸工作才刚刚开始。

b) 另一艘船的踏板已经展开,但没人,吃水较深,貌似还在等待交货。

c) 岸上货物堆旁有 3 人接应,一人持记账本验收点货,另一人指挥脚夫卸货,还有一位管理者坐在麻袋上指挥整个卸货过程的进行。从布袋有点瘪、脚夫没有弯腰(意味着重量不是很大)来判断,这里面不是粒状的粮食或盐巴,很可能是块状货物(比如团茶),而且是私人货物,所以老板亲力亲为,亲自下场指挥。

d) 管理者背后是一家准备开门的茶馆,老板正在把彩旗广告张起来,老板娘正在摆好桌子,除此以外店内空无一人,显然这是开门比较迟的茶馆,还没有什么客人。

e) 货船上方(对面)也有一家茶馆,茶馆里大约有 6 人,其中 4 人外加一头驴盯着正在发生的交通事故(惊驴奔走)。宋代茶文化异常发达,可见一斑(见7.4 节)。

f) 这个船码头正对着一条街道口。这是入城的第一条街,是沿着河岸走向的,可以叫"沿河街"或"沿河大道"。街道宽阔平整,两边店铺也较为讲究,经营的主要是餐饮业,以小吃为多,店铺里已经坐了不少客人。这很符合城市规划原理,有人的地方有服务需求,就有社区服务业出现。因为这片服务区靠近码头,主要对象是刚入城的客人和一些靠码头生活的苦力。

g) 酒店与茶馆之间的街道中间,有一个人正在喊一位打卦算命的先生,可能要他测算一下什么事情,与婚姻、家庭还是生意有关。算卦先生听到来了生意,轻快的脚步可体现他的喜悦之情。

h) 对街有一家小店,门前笼屉里摆着馒头(宋初叫作蒸饼,为避免宋仁宗赵祯的名讳,改称炊饼,即武大郎卖的是炊饼/馒头),店主手持一个馒头正在向挑夫兜揽生意。门前一位挑着一对竹筐的人,把空筐放在地上,伸手从食物店的堂倌手里接过馒头一类的蒸食,似乎是一位已经赶完早市、卖完菜的菜农。

i) 与之右邻的是一家酒店,沿河街小酒店的店主人正在门口招揽顾客,酒旗上写着"小酒"二字。门前有两块门遮(其实就是门板,当时比较简陋),门上搭建有简易的彩楼欢门,表明这是一个娱乐消费场所。宋代的酒类商品有"小酒"和"大酒"之分。大酒是在冬天酿造,夏天出售的,经过窖藏,酒香醇厚,自然好喝,价钱也相对贵一些。小酒则是从春天到秋天随酿随卖的散酒,由于价钱低,一般老百姓也消费得起。这里的"小酒"店是服务中下层社会,消费水平不高的场所(见 7.3 节)。

j) 再过去的一家,铺面比较宽广,店前当路堆着纸盒类货物,路口竖着一块招牌,上书"王家纸马"。这是家专营纸人、纸马、纸扎楼阁和冥钱的铺子。虽然纸马店是必需品,但此时此刻当地正在经历一场寒潮带来的丧葬危机(见 4.3 节),因此纸马店的出现更有象征人口危机的意义。

k) 沿街走下去,画的上角又有一处"彩楼欢门",其酒旗飘飘,预示着另一处酒店,面向虹桥(西方),规模较大;

l) 除了前 2 艘正在卸货的大船,码头边还停靠了四艘大航船,吃水很高,意味着已经卸货完毕。从右到左,第一艘船已经卸空,船头有人在生火烧饭。货栈前面的船老大刚结完账正要上船,半路中正巧遇见了一个熟人,心中记挂着赶路行船,但又不能怠慢了熟人或朋友,在急切中与之寒喧家常,最后抱拳行礼告辞。这时脚步早已转向,急奔船上去的样子已昭然若现。

m) 第二艘船正在卸货,从伙计们趴在船篷上聊天来看,货物已卸得差不多了。

n) 第三第四艘船紧密停靠在一起,第三艘船上有一处祭祀神龛,方便随时祭(水)神的需要,代表着当时的民间信仰(见 6.2 节)。这两艘紧靠货栈码头停泊着的船舶,等船老大上船后就吃饭开船,临河的是店房的后门。

o) 第四艘客船在河中心正在被拉纤,在这部分上只露出一个船尾。

繁忙的汴河

接下来是行船区,仍然是码头区的延续,突出了河中的两艘行船。

a) 在这一组船只外面,是一艘正在行进的客船,一条纤绳通向远方。船上可以看到有十一个人物。这是一艘客货混装的大船,因为他的船窗板中间与两头是不同的。前后舱的窗门是向里支开的,中间舱则向外支开。看来其货物除了装在底舱之外,中间的上层舱也堆放货物,所以这艘船载重量也很大。正由于货多船

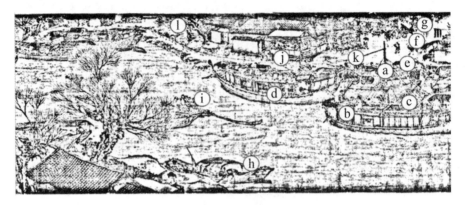

图5　繁忙的汴河

重,又行进在船舶密集的河道上,所以船主和船工们都很紧张。

b) 右舷上的三个船工,正轮流用篙将船往外推移,以避免与停泊的船只碰撞,站在左舷和船头上的两个船工,手中紧握篙杆,准备随时使用,而船老大则在船头指挥,似在大声叫喊,提醒前面船上人注意虹桥下的交通事故。

c) 另外有三位搭船的客人,第一人站在篷顶的前部,在身后有一张小桌,放着杯盘之属,可能是他正喝着酒,看到前面(虹桥事故)有些紧张,便站起身来帮着叫喊;第二人在船尾敞篷里,背着双手,踱着方步,心情像是很急迫,也许他还嫌船走得慢哩;第三个在尾舱内露出大半个身子,快要到岸了,他是想出来看看。在船的前舱内,一位妇女带着小孩趴在窗口往外看,应当是船主的家眷,全船最没事的就是她俩了。十一个人,各不重复,松紧张弛,各尽其态。画家高度熟悉生活,观察入微,体现了较高的艺术修养和观察力。

d) 该船前方停泊着一艘装潢特别华丽的船,吃水不深,装饰着清一色的花格窗子,前后有两个门楼,船舷也比较宽。透过窗子,可以看到舱内有餐桌之类的家具,估计这是一艘以饮食消费为目的的游船,不但有舒适的客舱,而且还可以在船上用餐。船主可能上岸去了,留下四个伙计(两男两女)在忙活收拾打点,等着贵客的到来。这里仍然是早晨做开业准备的场景。

e) 游船后方,有一艘正在卸货的大船。在水阁上,有几个人悠闲地坐在椅子上,其中一人似在隐几而卧,听到什么话,便又抬起头来。

f) 这艘船外有一群脚夫,正在把货物背到岸上,他们手里拿着长竹签,代表着自己完成的任务量,随后结账,是一直沿用至今的管理办法。一位手持一束竹签的管理者,站在船上负责给脚夫发签。从这些脚夫弯腰很深,口袋都很饱满来判断,这里面装的是粒装、密度大的货物(比如粮食)。所以,这是官方的漕船,运送的是大批量的、固定的货物,验收方法固定,送货地点固定,一切都按照流程在走。

g)脚夫的上方,有一台两头毛驴拉的"串车",正停在一家店门口。该车已经像现代起重机一样张开了两边的四根辅助支撑脚,等待有人卸货。前面有两只驴正在休息,车上大面积覆盖着有文字的苫布,一人正把苫布掀开,以便搬出货物来。

h)几乎所有的船只都是逆水而行,水流方向从左到右。在画面近处(汴河左岸)有一只小船,从船上正在晾晒的衣服判断,船妇已经洗完了衣服,衣服展开晾晒在船篷上,船妇正在往外倒洗衣水,因此这是一艘私家小船。一艘大船刚从他身边驶过,大橹拨动的漩涡,一个一个向他袭来,使小艇的船身仿佛在晃动。

i)这艘大船是一艘有着前后双橹的载重船,船尾八位船工在使劲地摇着大橹。船头也应该配有八位船工,只是被一棵大柳树把他们和船身遮挡住了。该船没有风帆,船尾划船者非常吃力,这也是一艘上行(逆水行舟)的船。

j)沿河靠近码头的地方还有一家酒店,档次要高一些,里边还有雅座。窗户敞开正对着河面,客人一边聊天一边欣赏风景。

k)街角处的茶馆(没有彩楼欢门,意味着没有酒类消费),显然是刚刚开门不久,没什么消费者。一位伙计头顶食物篮子,手执"行几"(小或矮的桌子称作几,如茶几。行几就是可折叠的方便桌,又叫胡床或马扎,见李白的诗句"床前明月光"。图中一共出现四次,这里是第一次),正在出门,找地方摊开,进行店外零售的生意。

l)前方远处有五人在岸上拉纤,拉纤的人个个向前俯身弯腰、用力地呼喊着劳动号子,以便协调各人的出力。

热闹的虹桥

接下来,虹桥是整个画面的中心,也是全画中人物画得最密集、最热烈、也是最精彩的一段。虹桥横跨汴河的南北两岸,两头都连接着街道,尤其是靠近城门的南岸,房屋店铺比较稠密。虹桥上下,是剧情发展设计的第二个高潮。

a)现在让我们来看看虹桥本身。这是一座木结构的桥梁(学名是编木拱桥),桥面宽敞,桥身婀娜,直接连接两岸,中间没有桥墩、桥柱。桥上涂有红漆,彩虹的桥面设有护栏,以保护行人安全。从画面上清晰可数地看到,这座桥的横断面差不

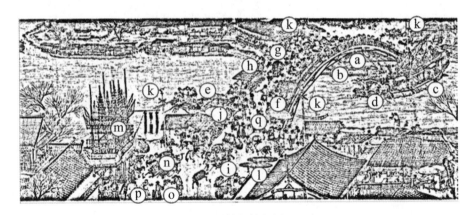

图 6　热闹的虹桥

多是由 20 根巨木紧密排列而架设起来的,如果我们以每根巨木 40 厘米直径计算,
这座桥面至少也有 8 米宽。即使置之于现代,也是一座规模不小的桥。虹桥出现
不久("天禧元年(1017)正月,罢修汴河无脚桥。初,内殿承制魏化基言:汴水悍
激,多因桥柱坏舟,遂献此桥木式,编木为之,钉贯其中。诏化基与八作司营造。
至是,三司度所费工逾三倍,乃请罢之[①]"),桥的架设,虽然用了铁码,但没有榫
卯,在当时算是一项重要的发明。编木拱桥只适用于那些木材普及、成本低廉的
场所,宋代发生能源革命之后,采矿和手工业发展让周围林木一扫而空,造编木
拱桥就是一种奢侈,目前只存在于某些交通不便、林木充足的山区,如福建山区。

　　b) 桥下两岸用石砌成,巨石之间连以铁细腰(俗称银链),并设有人行道和上
下台阶及护栏,这是专为纤夫而设计的。

　　c) 桥下正在发生一场近乎失控的交通事故。在汴河上,许多载重货船一艘紧
接一艘沿汴河溯流而上,其中一艘正待穿过桥洞。由于拉纤的纤夫没有提醒,这里
河面较狭窄,水流湍急,桥梁又低,给风帆高树的漕船带来很大的麻烦。毁船(桅
杆)、毁桥、毁堤、搁浅,都是不可接受的结果。因此船工们都一齐紧张忙碌起来,有
的在放倒桅杆,有的在用力撑篙(防止撞击堤岸),有的则用黑白相间的测量杆测量
桥梁的高度,有的在呼喊前面的行船注意。虹桥上有人往下抛着绳索,船篷上则有
人接应,就连在船舱里的妇女也扒住窗往外看。船工们的紧张呼喊,引来了周围许
多看热闹的人群,跟着叫喊者有之,指手画脚出主意者有之,急得伸手而帮不上忙
者有之,总之所有围观的人们都在关心着这一即将发生的水上交通事故。连邻舟

---

① 《宋会要·方域》一三之二一;《长编》卷89,天禧元年正月壬戌。

的好些人也都在指指点点地帮着忙,共有三十多个人神色紧张地为这只船而忙碌着。桥上桥下,人声水声,连成一片。面对这个紧张的事故场景,我们观画者也心情紧张起来。这艘船是否能安全通过桥洞呢?从桥下湍急的流水来判断,是不成问题的。因为船是逆水行舟,水流湍急,只要纤夫停止拉纤,船只就会停下或回头。船夫们关心的是不要让船乱动,破坏了两岸的码头。因为在桥头的河床,岸边一般要放置一些大石头,以免流水冲刷桥头坡岸防止发生垮塌,所以在此位置移船要特别小心谨慎,以免搁浅、损坏船只或者毁坏桥梁。

d) 这是一艘客船,船顶有一妇人(有人说这象征着曾经指定赵佶做皇帝的向太后,纯属一家之言),带着一位儿童,正在指挥伙计们撑船,调整船位,放下桅杆,避免与桥或堤岸相撞。船上大开的窗子里,有妇人紧张地看着外面。

e) 在它前面的一艘双橹大船已经经过了瓶颈地带,立在船头的六位船夫,除两人在拨动着橹外,其余的人都显得很轻松,有的在与桥上的人搭话,有的则还在关心着后面的船。也有一把大桨,但空闲着没有使用。从船头的多条缆绳来看,似乎该船已经下锚停船。

f) 虹桥上的交通也是异常繁忙。这是河岸两地的咽喉要道,桥面上车水马龙熙熙攘攘,由于过往行人多人气旺盛,商贩不失时机地占道经营,有的摆地摊,有的卖食品,还有一家卖刀剪、牛尾锁等小五金的摊子。为了使商品更加醒目,把货摊设计成斜面。这样的场面,一直延伸到桥头,形成了一片特色商贸区。因此不少的小"个体户"商贩便在桥的两侧搭起了竹棚,支起了遮阳伞,摆上了地摊。卖小吃的、卖刀剪工具的、卖日用杂货的,有的在谈生意,还有的在争抢客人。桥面再宽,一经被商贩们占用,也会变得狭窄起来。这是宋代因为城市人口高涨而导致的"侵街危机"(见 10.1 节)。

g) 桥的两侧护栏边挤满了看热闹的人群,只有中心地带才是过往行人的通道,有骑马乘轿的,有推车赶驴的,有肩挑背负的,南来北往,络绎不绝。在人声嘈杂、拥挤不堪中,有两个人骑马而来(不符合当代的右行原则),但马夫不得不拉住了马头,以免撞倒人。有一乘轿子正往北行要通过桥顶,迎面却来了一个骑马的客人,眼看就要迎头碰撞上了,又是另一场潜在的交通事故。各自的马夫和轿夫为保护其主,都在以手示意对方靠边行走,两旁的行人见势也都在让道。骑马象征着武官,坐轿象征着文官,互不相让,象征着宋代朝堂经常发生的文武之争,宋代的"积贫积弱",在很大程度上,来自"重文轻武"的国策。

h) 恰好这时，有一个持竹杖的盲人似欲横过桥面，一头被驱赶的毛驴正朝他冲来，急得那个赶驴的小伙摊开双手，大声吆喝，让盲人让路。

i) 桥下十字路口中央，有一辆独轮车，前面用一匹驴子拉着，并用一个人挽着，一个人后推着，车上满满地载着货物，刚刚从虹桥上下来。这是当时的主要交通工具串车，串车是一种特殊的独轮车，相当于诸葛亮时代的"木牛流马"中的"马"（木牛是单人操作，流马是双人操作），前后有人维持平衡。前后都有驾车的车把式（善于驾车的人），一人在前拉，一人在后推，另外还有毛驴帮套（驴曳）。可是，他们刚刚下坡，可以看出毛驴的绳子是松弛的（不让毛驴出力），但车前车后的两人非常紧张，这是为了减速，需要反向用力，避免下坡失速、失控伤人。

j) 靠西一边的桥面，在地上或摊子上陈列着许多货物。有卖绳索的地摊，有卖食物的摊子，有卖点心的小贩，有卖小木器的，有卖刀、剪和其他小件铁器的。这些流通中的小商品突出展示了宋代手工业的发达（见 12.1 节）。

k) 虹桥两端的对称位置设立了四根华表（用来标示空间位置，防止侵街占道行为发生）。由于商品经济发达，宋代的城市"侵街"问题比较严重，所以才用表木来管理空间（见 10.1 节）。也有一种说法这是为航行者指示风向的风信竿，但那样就不需要在虹桥两侧设置四根。

l) 从桥上下来是一条大街，左前方对角是一座两层楼的店铺，虽然看不到牌子，但透过二楼的窗户看到摆有桌椅，可能是一家旅店。大门口支有遮阳伞，上面悬着书有"饮子"的幌子。"饮子"是凉茶一类饮料，是用中草药煎熬出来的，专供过往行人消暑解渴的。路边有两个挑夫正在购买，可见这种饮料是很接地气，是劳动人民的常见消费品，这又体现了当时的夏秋之交的环境氛围。

m) 从桥上下来是一条大街，街角有一家脚店。在酒楼中，脚店次于正店，相当于是正店的特许经销店。与正店相比，只能承销不能酿酒。开封有七十二家正店，数以千计的脚店和"小酒"，共同组成政府的酒类专卖体系（见 7.3 节）。但这一家脚店占的地理位置特别好（交通要道），客人超多，建筑的装修也非常豪华。其大门口用榰木杆扎起了一个高大的楼阁式的架子，这叫"彩楼欢门"，是酒类消费的特有标志。欢门的中部还用红、蓝两色布围了起来，有的木杆还用红漆油饰，上面高悬着一面酒旗，上书"新酒"二字（强调是新粮食酿造不久的果酒或米酒，宋代还没有蒸馏酒）。檐下两侧则挂着"天之"、"美禄"两块牌子。按《汉书·食货志》上说："酒者，天之美禄，帝王所以颐养天下，享祀祈福，扶衰养疾。"另外李白也有"金樽清酒斗十千"的说法,形容美酒价高。故此店老板将此摘录下来作为广告,以招徕顾客。彩楼欢门下部有围栏,栅栏内似乎放着一个落地广告灯,白纸黑字地写着"十千"、"脚店",表示这才是真正的店名"十千脚店"。脚店大门的门楣上写着"□□稚酒"(亦作"釅酒",就是新酒。宋苏轼《酒子赋》提道:"吾观釅酒之初泫兮,若婴儿之未孩。")。进门以后是大堂,之后有一栋双层的楼房。透过窗户可以看到客人们正在饮酒,还可以看到楼梯口,伙计们正在上菜。脚店门前十分热闹。栅栏外拴着一匹马,不知是楼上哪位客人的,马夫则在栅栏内坐在地上休息。

n) 一辆独轮车正停歇在门口。从所画货物的形状看,似是一串串铜钱。一串是一千个,称为一贯,也有一串七百七十个铜钱,代表"省陌"。从运钱这一细节来看,这一家脚店的生意还不错,一个人在捧着五贯铜钱(五贯一扎),供另一人点验,还有一个人也捧着几贯钱出来。这部独轮车正在装载上这些钱币,这是古代的运钞车,正在把货款打包运走。从画面看,当时的金融市场貌似平稳运行,没有爆发金属货币短缺危机("钱荒")(见 8.2 节)。

o) 一个卖玩具之类的人,头戴草笠子,一手提包,一手执着用竹竿悬挂着的种种小玩具在街上叫卖。一个市民手牵着一个小孩子,正喊住他要买些什么。

p) 这家酒店的一位堂倌,一手捧着两碗食物,一手拿着筷子,正在给点餐的食客们送去,反映出宋代高度发达的外卖经济。

q) 桥头有两位穿着超长袖子,不露手的人,通常是牙行交易员。他们通过袖子下面的手势来传递价格信息,替外地来的雇主完成问价和还价的过程,赚取一点服务费。这又是宋代商品经济发达、分工细致的标志之一。

河边的街市

过了这家脚店,汴河在这里拐了一个急弯,这既符合汴水在汴京的流经方向,但又拐弯不会这么急,这是画家有意这么安排的,好使我们观赏者尽快到城里去看看。把汴河做一个交代尽快结束,这是从脚店楼上看到的汴河远景。

a) 主航道中有一艘船在顺水下行,应该有两队橹工在前后划桨,保证船行的稳定性。

b) 最远处的被拉纤的大漕船,其前方有一片空旷地带,若要停泊靠岸,尽可不用再拉纤了,而画中纤夫们仍在尽力拉纤,船上持篙者还在指点并配合着,且其右

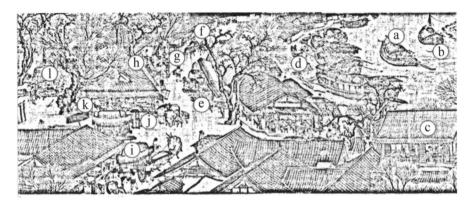

图 7　码头与街市

侧的水岸突入水中,显然,此大漕船此刻是要向更高更远处出发,且前进得十分吃力。汴河是一条在隋炀帝时期开凿运河基础上改造的人工水道,应该不会有这么大的拐弯,说明这是艺术加工的结果,以便尽快结束汴河的影响,过渡到市廛生活。

c) 在"十千脚店"的主体酒楼上,客人不少,有人凭栏远望(令人想起《天龙八部》中乔峰与段誉初次相见,段誉凭栏醒酒的故事,金庸或许受此启发),有人谈天说地,有人送货进房。一个堂倌把一蒸笼的包子或其他蒸食送上桌来。只有一个空房间等待客人。

d) 河的北岸安静得多了,在宽阔河面的转弯处,停靠着多艘船只,有客船,也有货船,有人挑着担子通过跳板正在送货上船,从船身吃水很深来看,似是已装满了货物要启航。所有停泊着的船只都与正在行驶的船方向一致,表明汴河水运必有行规,且此地为大码头,不是一般的渡口,有专业人员(引水员)引导船舶上汴河的业务,以便充分利用码头空间。

e) 沿河大道上众多的服务业小店中,有一家大车修理店。木工作坊的两位技工正在紧张地赶制一辆辀马车。门口堆积了许多木料,一个工人双手持着榔头,正在修整车轮,另一人用刨子刨平木材。地上有一把工字锯,外形与千年之后的今天没有什么不同。

f) 街中有三头毛驴荷物而来,前后各有一人维持队伍的秩序。汴河两侧都有输运燃料的驴队,说明当时的燃料危机严重(见 12.1 节)。

g) 有小贩一手擎着屈笼,一手执着行儿(第二次出现),正走向街心。

h) 大车修理店的对面,对街有一簇人围着一个席地而坐的老者,似在听他的讲说,他面前摆放着不少药草一类的东西。旁边一观众掀起自己的长衫,露出大腿,让主人诊断,意味着这很可能是卖草药和狗皮膏药的游方郎中。这里突出的是宋代第三类医生,走方医(见 5.3 节)。

i)就在这个十字路口,一停一走两辆大棕盖车就十分抢眼。这种车有如今天的平板车,只是在平板上加了栏杆支架,并用棕榈毛做上顶盖,车尾有门及帘。从图中看,那辆走在大街中的棕盖,车后门内一个妇女低着头撩起门帘正在向外看,与车后骑马者进行交流。车前一牛驾辕,一牛拉套,前后各有一位车夫在控制牛车的方向和出力。车后有三个人跟随,两个是仆从,一个头顶托盘,另一个肩挑盒子,大概是食品,这样的挑担形状,我们在前面看到的一支回城队伍中也有。第三个人戴着帽子,骑着骏马,估计是车中妇女的丈夫。这是一户有钱的人家出远门,大车是当时最好的房车。

j)在对角处有一家餐馆,餐馆内中央有一处规则的招牌,很可能是当时供应的菜单。餐馆前有一乘轿子,一位妇女站在轿边,也许是在和轿内人隔帘说话,也可能是正在雇轿,准备出发。旁边有一马一驴,一人正在上驴,另一人(很可能是驴的主人)在旁十分关心地看着,另有两个仆夫在帮助递东西,看样子他们是在为租用交通工具而商谈价格。因此,这似乎是一处共享交通工具(驴和马)的出租站,符合城外交通要道汇流点的定位。

k)茶馆外的树下,有一个乞丐,正在无助地望着茶馆内的过客,代表着当时的乞丐危机或人口危机(见 4.3 节)。

l)继续往前走,在一株老柳树的遮掩下,有一个用竹席搭起来的小棚子,在一条绳子上挂着三块布条,上面分别写着"神课""看命""决疑"。北宋末年配合当时的环境危机,民间信仰增长很多(见 6.3 节),导致此类术士也很多,影响较大。周辉的《清波杂志》卷三说:"政和、宣和间,除擢侍从以上,皆先命日者推步其五行休咎,然后出命。故一时术者谓:士大夫穷达,在我可否之间。朝士例许于通衢下马从医卜。因是,此辈得以凭依。"看相算命是一个古老的行业,直至今日都还在某些地方存在,不过当代更合适的说法是心理咨询业或决策咨询业。

交通的枢纽

接下来是护城河外边的场景。因为地处交通要道,方便人力资讯流通,所以分布着多处功能独特的单位:消防站、劳务市场、批发零售店、寺庙。

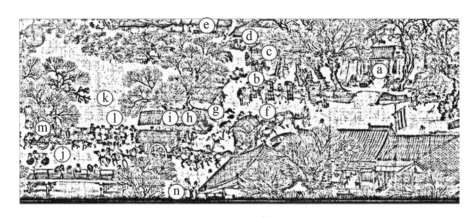

图8　交通与枢纽

a) 有一个大院落,大红门上有门钉,张贴着布告,土围墙上扦着竹扦(或铁丝网),看来像是一家国防重点单位(兵站)。大门口外或坐或卧有一群人,他们的枪矛、旗帜、伞等物都倚靠在围墙上,看来像是士兵,但一个个都显得十分疲乏,仿佛经过一番劳累之后才到达这里,在等待着差遣。这一处地点的功能,有人说是递铺(驿站),还有一种说法是脚行,更合理的说法是军巡铺(消防站)。门前有不少军人(劳工),有的坐着休息,有的在打瞌睡,还有的干脆躺下休息。有一人脱掉了外裤,趴在地上休息,他的裤子在另一人的手中进行缝补。脚行里面还有一匹马拴在那里,看来他们是在养精蓄锐,以便来了生意后精力充沛地工作,虽然还没有事做,但也不会哄抢别人的生意,是很遵守脚行规矩的。虽然有三种可能性(递铺、军巡铺和脚行),可能性最大的是军巡铺,因为只有消防工作才需要团体行动,才会配有军马,才会"越休息,越光荣",符合本画的主旨(见 10.3 节)。一个发达的社会才能养得起"闲人",这是社会文明程度高的标志之一。

b) 院落的外面空地上有一处不大的劳务广场,这是进城的必经之路,因此商务活动频繁。有人在雇轿,一乘轿子已起肩上轿,另一乘轿子也在待租;有人在租马;还有挑着工具箱的两位匠人在等候雇主。古代的劳务市场与今天没有什么不同。

c) 劳务市场后面有四头担着货物的毛驴在休息,街道的拐弯处一位货主租用毛驴,驮工正在把地上的货物上驮。屋旁有一妇人抱着一小孩在闲看市井发生的各种热闹,旁边不远有几头肥猪在大街上漫步,寻找吃食。

d) 抱小孩的妇女之后有一家批发零售店,店主人正在把货物拆散,进行称重,重新包装。这里分开出售的货物很可能是食盐，也是一种政府专营的商品。

e）批发零售店之后有一所寺庙，大门紧闭，但有两位门神，一个僧人正从旁门走入寺内。根据《东京梦华录》："每日交五更，诸寺院行者打铁牌子，或木鱼，循门报晓，亦各分地分，日间求化。诸趋朝入市之人，闻此而起。"所以，这位和尚是打更报时之后回到基地的寺院行者。当时的气候有利于民间信仰，但宋徽宗抑佛崇道，所以佛教信徒和从业者也倍感压抑（见6.3节）。

f）正中央路口有两辆已经出城的牛车，都是被三头牛拉着，两位驾车人在旁边驱赶。这是一种豪华大车，虽然慢，但遮风挡雨，非常舒适。很可能是"宅眷坐车"，有棕作盖及前后拘栏门，垂帘，私密性非常好，是宋代版的"劳斯莱斯"级豪华房车。

g）牛车旁，有一人拿着团扇（又叫便面，是一种社交工具）坐在马上，前面有人牵着，后面有挑夫挑着行李，正准备进城。

h）牛车旁，城门前护城河桥前的摊位花农在向顾客展示花苗，贩卖中产阶级的生活情趣。宋朝市民以插花为生活时尚，汴京的春天"万花烂漫，牡丹芍药，棠棣香木，种种上市，卖花者以马头竹篮铺开，歌叫之声，清奇可听"①。

i）一个桥头摊贩摆的，上有很多圆形货物，大约是灯笼，这种灯笼点上灯烛后既明亮又防风，是夜间照明的好伙伴，有人买了一个转身正要离去，小贩又在招呼另一个买主。另一说这是卖西瓜的摊贩，但似乎当时西瓜主要在辽国种植，还没有引入中国。

j）劳务广场拐弯就是护城河大桥，生意人不失时机地在这里摆摊贩卖。桥上行人如梭，桥的两边护栏还有不少人向河里观看，看看是否有人在河里钓上了什么大鱼。

k）内城墙虽因年久失修而变得矮小，但是护城河仍然完整保留，两岸的杨柳在春日阳光下欣欣向荣，因而是城内难得的一处休闲之所。当时城内的园林不是皇室的，就是达官贵人的，一般居民享受不到，所以在这座城楼外的平桥两侧，挤满了看风景的人们。

l）另外在护城河桥边的栏杆旁，有两个乞儿正伸着手向看风景的人乞讨。其中两人任凭小乞儿怎么哀求，只装没听见。另外两人也许怕乞儿破坏他们看风景

---

① （宋）孟元老，《东京梦华录》。

的雅兴,就伸出手给一个较大的乞儿一点钱,打发他快走。当时的寒潮引发的瘟疫严重,成年人死亡率居高不下,所以需要成立居养院来管理老人,那些进不了居养院的孤儿,只能乞讨过活(见 4.3 节)。

m) 在护城桥上,也有一辆出城的"串车",在写满书法文字的苫布下,是托运的货物。由于独轮车缺乏围护装置,为了避免货物散架,不得不用苫布加以保护起来,是现代搬家公司的常见做法。上面的书法很可能是一些广告和祷告的内容,也可能是防火防灾的标语或咒语。该串车出现两次,都有苫布保护,说明市政工程对运输业的规范相当仔细。另一说法,在 1102 年到 1106 年之间,新党排斥旧党,新党领袖(蔡京)把被废黜的旧党(如苏东坡、米芾等人)书写的大字屏风当作苫布,包裹着旧党人的其他书籍文字装上串车,奉主人之命推到郊外销毁。这一说法虽然反映了当时政治斗争的残酷性和对文化艺术的破坏性,但"党争"不符合"社会清明"的本意,基本可以排除。

n) 画面的中下方路口有一位带小孩的男人正在与熟人聊天,小孩不胜烦恼,拖着他离开。

威武的城楼

接下来就是城门附近发生的第三场交通事故,形成第三个高潮。

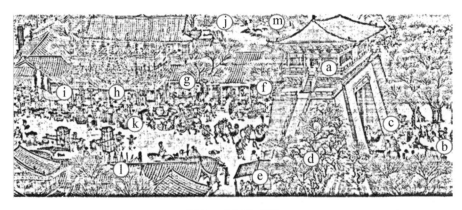

图 9　威武的城楼

a) 画中的城门楼非常高大而有气势,为单檐庑殿顶,檐下三层斗拱。所有的木结构部分,都被油漆成红色,显得华丽而气派。城楼有斜坡马道,可以骑马而上。城楼室内陈设着一面大鼓(唐代"晨钟暮鼓"的遗迹),城内侧有人凭栏俯视街景(被收税部门的争吵所吸引)。城楼有一块匾,隐约写着"正门"两字(也有新郑门一说)。这是作者故意模糊背景,让读者看不清发生的地点。

b) 城门口是一处很关键的地方,人来人往十分热闹,就在这密集的人群中,有一位老者坐在地上,因为他的羊死于交通事故,所以他正在向过往行人讨回公道。而过往行人呢,都在躲着他走,没有一个人肯帮忙或掏出钱来施舍。画家还特别描绘了一个骑马的官人,他已走过了行乞者,只是回过头来看了看,而毫无停下来给点小钱的意思。另一种说法,这是宋代送贵客远行之前的杀羊祭祀路神(见 6.2 节),这种说法貌似更合理。

c) 一支骆驼队伍正在走出城门,为首的一匹骆驼已探出了多半个身子快要出城,而尾驼仍留在城内。画家实际上只画了两匹半骆驼,而在观赏者脑海里,却是一支很壮观的驼队,并不因为城楼的遮掩而产生割断,而是当时人涌如潮,川流不息的热闹场景。牵骆驼的人,大约是全部人群中的唯一一位胡人,应该是西域商人来东京做生意的,是往来于(陆上)丝绸之路的国际贸易商团(见 9.3 节)。就此而论,这应该是朝西的城门(胡人向西旅行),而不是虹桥(真实的虹桥位于开封城东南角的下游 7 里处,见 3.4 节)。1104 年,北宋通过"河湟之战"(见 11.4 节),打败了吐蕃,收回了青海,通往西域的"陆上丝绸之路"刚刚打开,方兴未艾。

d) 连接城门楼两侧的城墙是土筑的,城墙上长满了老树,从其老态龙钟的形态来看,非一年两年所能长成,而是在宋初奉命栽种的柳树,有 150 年历史了。当时汴京有内外两道城墙。汴京作为都城自五代以来人口渐渐增多,后来扩展才有了外城的建筑。据孟元老《东京梦华录》记载:"东都(汴京)外城,方圆四十余里。城壕曰护龙河,阔十余丈,濠之内外,皆植杨柳,粉墙朱户,禁人往来。城门皆瓮城三层,屈曲开门。……新城(外城)每百步设马面、战棚,密置女头,旦暮修整,望之耸然。"根据这一描写与图中的城楼与城墙比较,显然画的不是外城而应该是内城。内城因有外城,在军事防守上已作用不大了,所以便失去修理整治的价值,才会任其杂树与灌木丛生。

e) 一进城的城墙根(图中下方),有一处十分简陋的支棚,一位理发师在那里设摊,正给一个顾客修面,十分生动传神。在他们的对面,有一个人抱着大伞,正在向摊主商量着,准备借占一点空间做生意。另一个头顶砧板,上有纱巾遮盖的食物,手提行儿(第三次出现),在寻找地点准备设摊零售。

f) 城门下最重要的地点是一处税收部门,在街北紧贴城墙的第一家,面阔三间。中间有一人坐在案前,旁边一人站立,在向他说些什么。而门前堆积着一包又一包的货物(很可能是食盐或团茶,因为盐茶厚利,才能如此块状包装)(见 8.2 节),一人手持一板状物,另两人似是货主或搬运工,对面者手护货物,背面者手点货物,都在和持板者说话。他们是在干什么呢?在做交易买卖吗?但是这家门面并不大,并没有柜台等陈设,因此有的研究者认为这是税物所。城门边,税务官指着麻包说出了一个想要的数字,引起货主们的不满,一车夫急得张大了嘴嚷嚷了起来,吵声之高,惊动了城楼上的更夫向下张望。北宋的商业经济非常发达,当时正在经历经济危机,所以各种商业税制都进行了改革,加重手工业者的负担。冗税制度激发了官民之间的对立情绪,也是当时社会富裕、税收发达的标志,代表着当时的商业经济和城市文明。

g) 税收所旁边,是一家木器店,只有两种木器产品:一种是弓箭,有人正在开弓试用;另一种是酒桶,正好为孙记正店的酒类批发供应酒桶。木器店门前货物庞杂,毛驴众多,正在等待税收所的验收和征税,货运物流已具雏形。也有说法,这是酒类批发中心或物流站,为酒类批发准备的。不过,酒类运输一定要靠酒桶来进行,低价值的物品不值得长途贩运,所以门前货物更大可能是茶叶或食盐。

h) 木器店旁边是一家招牌为"香□"的店铺,存在三种可能性。如果是"香醪(láo)",表明这是出售酒酿的批发店,门前就是物流服务,门前酒桶与门后酒缸配合,表明该处的酒类批发商身份;如果是"香汤",表明这是一家洗浴铺;如果是"香丰",就是一家卖香药的时尚店。从大门两旁的"红栀子灯"(代表色情服务)和门口一位驮着光身小儿的父亲身上,大致可以判断这是一家高档洗浴场所。门前有两家花摊,随时提供着鲜花和美女一条龙服务。

i) 香汤隔壁(很可能是同一主人),是"孙记正店"。和虹桥南岸的一家脚店酒楼相比,显然这家政府注册授权的"正店"要豪华气派很多。一是门面装饰华丽,彩楼欢门不但高大,而且缀满了绣球、花枝,还有像是鹅类家禽饰物的图像。底下有栅栏,三个地灯上分别写着"香□"、"正店",另一个因被柱子和人挡着,可视部分是一个"孙"字还有可能是"记"字或"丰"。(欢门上斜挑的酒旗上写着"孙羊店",大概是孙姓人家开的羊肉消费为主的酒店)。二是顾客盈门,透过窗户可以看到里面坐满客人,桌上菜肴丰富;大门口还有新来的客人正往里走,可见生意火爆。羊肉是北宋社会的高档肉食,苏东坡吃不起羊肉,只好努力开发猪肉消费市场,"黄州好猪肉,价钱如粪土"。

j) 店后空地上码放着五层覆扣的大瓦缸,可见这家酒店是允许自己酿酒的(正店的标志),屋后酒缸应为储酒器或酿酒工具,由此可想见店后就是酿酒的作坊。《东京梦华录》载:"在京正店七十二户","其余皆谓之脚店"。其中最有名的叫"白矾(fán)楼",后改为"丰乐楼","宣和间更修三层相高,五楼相向,各用飞桥栏槛,明暗相通,珠帘绣额,灯烛晃耀"。[①]张择端画的这一家"孙羊店",应是七十二家的一处代表。这些京中酒楼除了商贾和中下层官吏之外,也同时接待宫中的达官贵人。宋人刘子翚曾有诗曰:"梁园歌舞足风流,美酒如刀解断愁。忆得少年多乐事,夜深灯火上矾楼"。北宋对酒类消费存在垄断专营制度,即所谓的榷酒制度(见 7.3 节),尤其是寒潮降临时节,酒类消费猛增,榷法日趋严格,政府税收多多。

k) 孙羊店门前非常热闹,有一位貌似风尘女子,与路过的轿夫发生目光交流,让轿夫脱离了原来的行进方向,充分发挥了吸引客户上门的效果。

l) 孙羊店对面,是一家较小的酒店,背对着读者。门前的彩楼欢门颇为简陋,但说明里面有合法的酒类消费。门前隐约的标识是"曹三",这是另一处档次不高的酒店,服务对面酒店挑剩下的客人市场(利基市场)。

m) 城内水池旁有一大一小两头水牛。

繁华的都市

最后一段是繁华的都市。沿着孙羊店往西是一个十字路口,这里的热闹程度

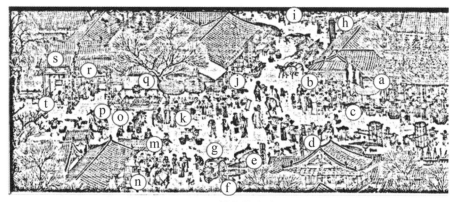

图 10　繁华的市廛

① 引自《东京梦华录》卷二。

与城外的十字路口大不一样。一是四角店铺所经营的货物要高等些,二是从街上行人的衣着打扮来看也要高一档次。这是开封的高档社区,因此店铺风格与城外显著不同。

a) 东北拐角处,紧靠着"孙记正店"的是一家肉铺"孙羊店",这是零售羊肉的场所。檐下挂一条幌子,上书"斤六十足"(由于钱荒,宋代以串钱消费记账有两套系统,省陌和足陌,省陌是打折付款,这里足表示不打折的意思。一斤羊肉60文,一宋斤大约是600克,当时普通当兵的一年收入大约是50贯,大约是50 000文,与今天的消费水平大致相当,一文可以当作一块钱来理解)。店内有一人在操刀工作,大概是伙计,另一人则坐在门首板凳上,身体肥胖,应是老板,很像《水浒传》里面的"镇关西"。

b) 在这家门口围着一大堆人,在听一个大胡子在讲说什么,可能是在说书。北宋娱乐业高度发达,有杂剧、唱曲、杂耍、傀偏(木偶)、舞蹈、讲史、小说等等,而且有许多名角。配合唐代传奇、宋代话本小说的流行,在这里感受得到宋代的娱乐休闲文化。在站立的听众当中,有一位和尚、道士和儒士,因此这是一处儒释道合流的场景,象征着当时的宗教革命环境较为和谐的社会现状(见6.3节)。

c) 在孙羊店的门前,有肩挑的小贩在兜揽生意,有卖点心食品的摊贩在接待顾客……煞是热闹。这一条街的南面店铺因背对观者,使我们看不到其门市的状况。但是画家把南街店铺压得稍低一些,是为了突出街上行人和一些平常不被注意的生意。从砧板上食物的形状和白布盖看,可能是切糕(古代寒食节最常见的食物是饧(táng,通糖),即现代饴糖,麦芽糖,是古代寒食节的专备食品。"海外无寒食,春来不见饧""市远无饧供寒食""箫声吹暖卖饧天""粥香饧白杏花天",看起来有一种亲切之感。

d) 在孙羊店对面,是两家商铺,一家是"李家输卖上……",可惜下半部被遮挡住了,不知其经营什么。有一个有"上"字,那一定是"上色"或"上等",表示他的货物是最好的,相当于"王婆卖瓜,自卖自夸"。这是一家批发店,供远方的客户消费。

e) 另一家是"久住王员外家",是一家旅店。"久住",含有"长住"和"商业租住"之意,不服务那些短期的客人。这家旅店也不小,有着两层楼,透过窗户可看见里面已住了人,这人独占一间房,墙上还挂着书法艺术品,正在埋头苦读。当时正当废除科举期间,崇宁三年(1104),"然州郡犹以科举取士,不专学校。遂诏,天下取士,悉由学校升贡,其州郡发解及试礼部法并罢"①。虽然科举不进行了,但学校的地位增加了,所以还需要学生的努力。

f) 旅店门口有"香饮子"小卖铺(也有一说是"暑饮子",字迹难辨),服务各方的客人。饮子是类似于凉茶的饮料,也是一种中药的剂型,中药方剂中有些名方如地黄饮子、小蓟饮子等,现在仍然是临床常用之方。不过,能够在街市上支个摊,当街来售卖,这个"饮子"应该属于大众保健饮料。宋人有"客至啜茶,去则啜汤"的风俗。由于宋代经常发生的瘟疫危机,海外贸易又提供各种异域香料,宋人喜香药,啜香汤,饮子中的原料也是多是紫苏、甘草等甘香之品,所以又叫"香饮子"。

g) 一辆双驴拉套的平板大车正从"香饮子"店门口经过,大车上装着两只大木桶,大车正在拐弯,它的行进方向好像是朝着孙羊店去的,因此是前来取货的酒类消费零售商。酒税是历代的一项重要税收途径(见 7.3 节),这里突出展示的是宋代的分销承包管理办法。宋代对酒业管理非常严格,造酒售酒是朝廷税收的重要来源,而画卷之中多次描绘对繁荣的酒业的消费场景,说明酒在东京市场经济中的中心地位,而更深一层地说明了宋代粮食的富足、有效的市场管理与得力的漕运保障,与全图的"社会清明"思路是一致的。

h) 再转过去,是一家私人诊所,门前招牌上写着"杨家应症"和"杨大夫往风",说明是一杨姓医生开的诊所。门前一人站立,似乎在迎接招呼前来就诊之人,服务之热情可见一斑。还有两人在大门外"热聊",好像是大夫在送一位刚刚在此就医的病人,反复交代服药剂量和方法,病人有些依依不舍。右侧一位老者牵引着一个孩童正在去药铺就诊。前方一辆马车拉着一位病愈者急着赶路回家。这是医生的第二类,坐堂医(见 5.3 节)。

i) 再远处是一家绸缎铺,横招牌写"王家罗明匹帛铺",竖牌上书"□□罗锦匹帛铺"。这家绸缎庄店面很宽,里面放满各色彩绸景帛,有人正在选货,可见当时的养蚕织锦业非常发达。从罗锦匹帛的畅销程度判断,宋代的气候是整体温暖的,没有棉布也能过冬,寒潮比较短暂,对过冬的能源带来特殊的需求(见 12.1 节)。

j) 街的对角是家香铺,招牌上写着"刘家上色沉檀拣香",门前也扎着彩楼欢门(代表酒类消费),很可能也有高档的酒类消费在内。大门上方横匾额上也有一行

---

① (元)脱脱.宋史·志 108·选举一·科目上。

字,但是不甚清晰,"沉檀、丸散、香铺"几个字依稀可辨。从门前车水马龙,人群熙熙攘攘的情形看,此店应为一个规模很大的香药铺,以大宗批发为主,兼营零售,生意十分兴隆。宋代医方推崇"香药",比如《局方》"治一切气"方常以香药为主,如丁香、檀香、麝香、乳香、沉香等,各种《香谱》记载香药多达近百种。这是供应进口货物的高档消费区,供应来源于海外的香料和酒类(见 9.1 节)。香铺前有一位拿着"行几"(第四次出现)的伙计,头顶货物,正在准备"摆摊设点",计划进行"侵街占道"。

k) 其南面拐角处,是一个大摊点,货柜上堆满了一盒一盒的东西,围满了选购者。究竟是什么货? 从货柜上打开的小漆盒来看,似乎是零食糕点之类。也有一种可能性是"纸马",按《东京梦华录》"纸马铺皆于当街用纸衮叠成楼阁之状"。当时面临瘟疫危机,一种畅销的消费品是清明上坟用的"纸马"(见 4.3 节)。

l) 有一个竹棚,有许多人围坐着在听一个老人说书,好像在与对角孙羊店的说书唱对台戏。当时说书的内容很多,有讲史的、有说佛经的、有讲公案的还有讲志怪的,各有专长。不过,从观众大多是正装(长衫)来看,也有可能是一群书生在咨询情况。当时政府不开科举(限于 1104 年到 1120 年之间),只能通过上学来获得功名,是中国古代科举文化的异类时段。

m) 十字街的西南角,面西的一家门口挑出一个"解"字招牌,专家们研究的结论是三种,一种说法是书院,解就是进京考试的意思(不符合当时废除科举的政治大环境);第二种解释是一家当铺,门遮下的木桶里存放着水,是为了停水防火用途的消防水源;第三种解释是"解命之地",也就是替人算命的地方。这里认为第二种解释比较合理,当时的重要货仓需要采取必要的消防手段,宋代商品经济发达,火灾问题特别突出,"停水"是常见的放火手段(见 10.2 节)。

n) 十字街头的行人,除了小贩、挑夫、推车赶驴的之外,还有一些身着长袍、头戴幞头的士大夫阶层人物。有的骑着马护送家眷,轿中的妇女也忍不住掀开轿帘看看街市的热闹。最引人注目的有一僧、一儒、一道走在十字路口的最中心,身后还跟着书童。当时的宋徽宗提倡三教合流(见 6.3 节),高僧与士大夫们有很好的关系,和尚们也作诗,用诗来阐发佛义;士子们则爱谈禅,成为一种时尚。比如,有名的僧人佛印与苏轼、苏辙兄弟经常在一起颂诗谈禅为乐,成为文坛佳话,传颂四方。这里画的也可能是一个和尚和两个士人,使观者很自然地联想起苏氏兄弟和佛印来,也可以说象征着当时的儒释道合流氛围。

o) 在他们身后不远的地方,还有一个行脚僧人,他身上背着一个竹篓,通常内装经书和手杖。竹篓的手把向后弯曲,扣着一顶竹笠,背上后可以遮阳避雨。这一身装扮,很像是按照敦煌壁画里描绘的唐僧玄奘取经图。这说明从唐代到北宋,游方僧人的装束没有多大改变。这是医生的第四类,僧道医(见 5.3 节)。

p) 从内城方向走来一行人马,前面有两人牵马,一人抱着仪仗(大伞)开道,身后有人挑着行李,后面还有人替他拿着一把关刀。两位牵马的侍从两手拉着嚼口,这是害怕惊马或失前蹄最有效的方法。似乎这是某位官员准备到远方任职的场面。

q) 从十字街口往西去的街道,首先我们看到的是一口水井。有三个水夫在那里取水,一个左手提绳,右手正把吊桶往井中扣,另一个则在摆动绳索沉水。他们两人都把扁担挂在柳树枝杈上,第三人则刚刚到场,正在放下水桶。

r) 紧靠水井是又一家医诊所,门面上招牌写着"赵太丞家"。"赵太丞家"的名字表明这是一家的主人或者祖上曾经是有官阶的,太丞即太医丞,宋朝为太医局所属主管医药的官员,为从七品。可见这家药铺为赵姓医官所办,既是皇姓,又有官方背景,所以所处位置非常优越。这一家医院与"杨家应症"不同,一是他可能带有专科,因为在室内前来看病的是两位妇女并抱着婴儿,可能专门是看妇科和儿科的诊所。大门左右两侧立有高大招牌,西面上写"治酒所伤真方集香丸",东面上写"大理中丸医肠胃"。集香丸和大理中丸均为中医方剂名,出自《御药院方》和《太平惠民和剂局方》,集香丸具有消秋滞之功效,主治伤生冷硬物不消。大理中丸可用于脾虚胸膈痞闷,心腹撮痛,不思饮食。旁边招牌还有"五劳七伤""理小儿贫不计利"等字样。中医学上五劳指心、肝、脾、肺、肾五脏的劳损;七伤指大饱伤脾,大怒气逆伤肝,强力举重,久坐湿地伤肾,形寒饮冷伤肺,忧愁思虑伤心,风雨寒暑伤形,恐惧不节伤志。从这些广告语可以看出赵太丞擅长内科、儿科,而且杏林春暖,医德高尚。专长儿科,符合当时的瘟疫危机(见 5.1 节);专长消化,则说明当时的生活质量高,酒食肉食都成医学问题了,从另一方面说明社会的繁荣发达,符合"社会清明"之意。此外,室内中心有一柜台,柜台上放着一张纸,上面写了字,可能就是药单吧。另外有一长方形物,看起来很像是一个珠算盘,可惜画得太模糊,不能确认,否则我们也许就可以把珠算的发明与应用提早到北宋时代。这是医生的第一类,医官(见 5.3 节)。

s) 赵太丞家的隔壁是一所深宅大院。前厅竹帘高高卷起,可以看到室内高大的屏风,屏前正中放一把大围椅,这气势就不是普通百姓住的。大门也不一般,檐下有斗拱，门前有上马的台阶。门柜门板都用红漆油饰，门板上有辅首。门槛很高，可以拆卸，打开时可以将门槛卸下，关着时则可以安上，从石质门墩上所刻出的凹槽，就可以看出它的结构。门的一侧有围墙，用石灰粉刷。墙外有护栏，可知围墙下有沟渠。有人正在走入大门，但是在向右拐，因为在这有一堵砖砌的墙屏，也是白灰粉刷，墙屏前有石案（屏风），里面内宅有一张太师椅，背后有书法屏风。这一场景配置是为了使过路行人不能直接看到院内。门口外有三名门卫看守。在这所院子里虽然没有看到人物，但可以想象不是普通百姓居住的，应该是某个京官的府第。在京城，除了皇室宫殿之外，宰相及其他文武百官都有府第，散居于城内各条街巷。这一点张择端通过画一所深宅大院，来点缀当时的官僚府第。半露的太师椅，有画龙点睛之笔。

t）最后，在这所宅院的门口，有一人在问路（暗示前途未已）。这个人右手提着食盒，肩上扛着一个大包袱，看他的这身打扮，知道是个外地人，或者是乡下人，或许他是到汴京来投亲访友的。在这繁华热闹、纵横交错的街市中迷失了方向。看到这家门卫比较悠闲，肯定是当地人，就上前去打听。门卫们倒是很热心，一边告诉他，一边用手指着方向。问路人便扭转头看着他要去寻找的地方。可是当我们也顺着他转头的方向望去时，只见两侧街树相合，朦胧一片，画卷却在这里突然而止，给人意犹未尽之感，也让人感到作者的匠心独具。

3.2 读跋背景

题跋，又称题款，是书画创作和鉴赏的一个专用名词，通常是指是题写在书籍、字画、碑帖上，以品评、鉴赏、考证、记事为主的文字。在一般情况下，题款专门用于创作，而题跋则专门用于鉴赏用途。广义的"题跋"是题写在书籍、字画、碑帖上用于品评、鉴赏、考证、记事的文字的统称。包括引首、标题、题记、跋文和署款。狭义的"题跋"单指观者的跋文，后来也有作者自己题写跋文的，目的都是引导读者尽快掌握内容和主旨。"题"本义是"额"，发下眉上为额。也有题写的意思。"跋"原意为跌倒，引申为"足"。段玉裁《说文解字注·足部》有云："题者，标其前，跋者，系其后也。"所以也可以把题跋理解为题于画前的为"题"，题于画后的为"跋"。

在张择端的《清明上河图》上共有 13 个人 14 个题跋，其中明代李东阳留下了两段题跋。这些题跋不仅给我们留下了书法作品，还有他们当时读图的心得体会，虽然是文言，仍然值得玩赏琢磨。一个能够喜欢《清明上河图》的人，起码具备足够的古文修养,应该是能够随意解读文言文,因此这里把所有的题跋都展示出来,可以帮助我们做出更好的、更全面的赏析。下面是题跋全文和题跋者简介。

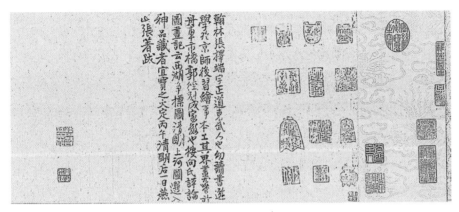

图 11　金代张著的点评

第一条尾跋,内容是1186年金人张著题写的:

> 翰林张择端字正道,东武人也。幼读书,游学于京师,后习绘事。本工其界画,尤嗜于舟车市桥郭径,别成家数也。按向氏评论图画记云:"西湖争标图,清明上河图,选入神品"。藏者宜宝之。大定丙午(1186)清明后一日,燕山张著跋。

张著,金代官员,善书画,金章宗泰和五年(1205)授监御府书画,是鉴定书画的行家。据刘勋《中州集》卷七中记:张著"字仲扬,永安人。泰和五年以诗名,召见应

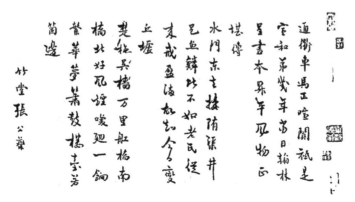

图 12　金代张公药的尾跋

制,称旨,特恩授监御府书画。"此题跋于金大定丙午,即 1186 年 3 月 30 日,距北宋灭亡近六十年。张著是第一个在《清明上河图》题跋者,对张择端生平进行了介绍,这是有关张择端生平资料较为可靠的,也是唯一的文字资料。

> 通衢车马正喧阗,只是宣和第几年。当日翰林呈画本,升平风物正堪传。水门东去接隋渠,井邑鱼鳞比不如。老氏从来戒盈满,故知今日变丘墟。楚柂吴樯万里舡,桥南桥北好风烟。唤回一饷繁华梦,箫鼓楼台若个边。竹堂张公药。

张氏名公药,金代地方官员,字元石,号竹堂,滕阳人(今山东滕县)。孝纯子,以文荫入仕,曾为郾城县(今河南许昌县)令,著有《竹堂集》。约金世宗大定十年前后在世。

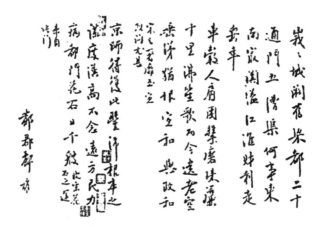

图 13　金代郦权的尾跋

> 峨峨城阙旧梁都,二十通门五漕渠。何事东南最阗溢,江淮财利走舟车。车毂(gū,通辖)人肩困击磨,珠帘十里沸笙歌。而今遗老空垂涕,犹恨宣和与政和(宋之奢靡,至宣政间尤甚)。京师得复比丰沛,根本之谋度汉高。不念远方民力病,都门花石日千艘(晚宋花石之运,来自此门)。邺郡郦权。

郦权,金代官员,字元舆,号坡轩,邺郡或临漳人(即今河南省安阳),金章宗明昌(1190～1196)初,以著作郎召之,未几卒。作诗有笔力,多有佳句为人传诵,与王庭筠、党怀英齐名,著有《坡轩集》。权父琼,字国宝,宋宣和间弃文从武。后降于金,仕至武宁军节度使。郦权跋诗署"邺郡郦权",邺郡,三国魏置,后改为临漳(在今河北)。

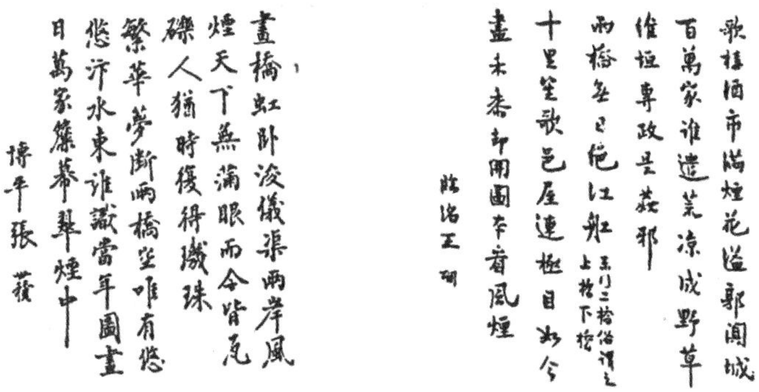

图14 金代王磵与张世积的尾跋

歌楼酒市满烟花,溢郭阗城百万家。谁遣荒凉成野草,维垣专政是奸邪。两桥无日绝江舡(东门二桥,俗谓之上桥下桥),十里笙歌邑屋连。极目如今尽禾黍,却开图本看风烟。临洺王磵(jiàn,古同"涧")。

王磵,字逸滨,号遗安,临洺(今河北永年县)人。博学能文,不就科举。金章宗明昌末,以德行才能为荐,特赐同进士,授鹿邑县(今河南省)主簿,时已七十,以老疾乞致仕。泰和三年卒。为人循循醇谨,与名士如张公药、师拓、郦权等交游。

画桥虹卧浚仪渠,两岸风烟天下无。满眼而今皆瓦砾,人犹时复得玑珠。繁华梦断两桥空,惟有悠悠汴水东。谁识当年图画日,万家帘幕翠烟中。博平张世积。

张世积,金代博平(今山东聊城)人,生平事迹不详。

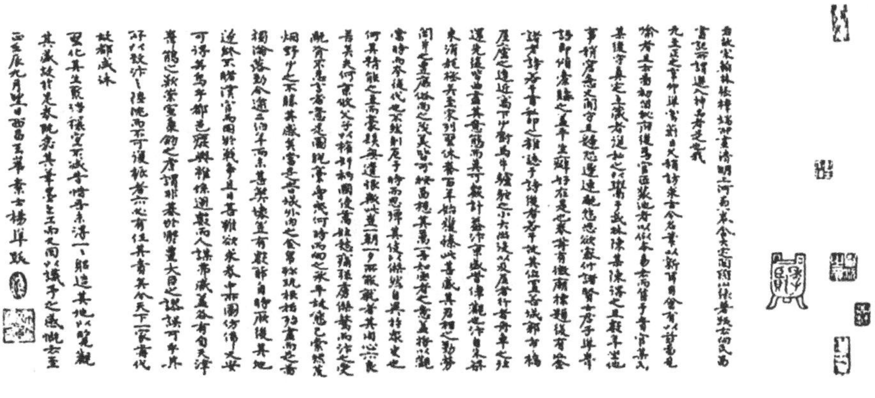

图15 元代杨准的尾跋

　　右故宋翰林张择端所画《清明上河图》一卷。金大定间。燕山张著跋云"向氏图画记所谓'选人神品'者"是也。我元至正之辛卯,准寓蓟日久,稍访求古今名笔,以新耳目。会有以兹图见喻者,且云图初留秘府。后为官匠装池者以似本易去,而售于贵官某氏。某后守真定,主藏者复私之,以鬻于武林陈某。陈得之且数年,坐他事稍窘急,又闻守且归,恐遂速祸怨,思欲密付诸贤士君子。准闻语,即倾橐购之,盖平生癖好在是也。卷前有徽庙标题,后有亡金诸老诗若干首,私印之杂志于诗后者若干枚。其位置,若城郭市桥屋庐之远近高下,草树马牛驴驼之小大出没,以及居者行者舟车之往还先后,皆曲尽其意态,而莫可数计。盖汴京盛时伟观也,汴自朱梁来,消耗极矣。至宋列圣休养百年,始获臻此甚盛。其君相之勤劳,闾井之丰庶,俗尚之茂美,皆可按图想其万一。吾知画者之意,盖将以观当时而夸后代也。不然则厄于时而思殚其伎,以杰然自异于众史也。何其精能之至,而毫发无遗恨欤!此岂一朝一夕所能就者,其用心亦良苦矣。夫何京攸父子,以权奸柄国,使万姓愁痛。强虏桀骜而汴之受祸有不忍言者,意是图脱稿,曾几何时,而向之承平故态已索然,荒烟野草之不胜其感矣。当是时,城外内之金帛珍玩,根括殆尽。而是图独沦落到今,逾二百年而未甚弊坏,岂有数耶?自时厥后,其地遂终不睹汉官,而困于战争且日甚,虽欲求卷中所图仿佛,又安可得矣!乌乎,都邑废兴,虽系运数,而人谋弗臧,盖各有自。天津闻鹃之叹,崇宣秉钧之虐,谓非基于熙丰大臣之谬误可乎,其所以致汴之陆沉,而不可复振者,亦必有任其责矣。今天下一家,前代故都,咸沐圣化。其生聚浩穰,宜不减昔。惜吾未得一一躬造其地,以览观其盛。故于是卷既嘉其笔墨之工,而又因以识予之感慨云。至正壬辰九月望日。西昌玉华素士杨准跋。

杨准,元代人,字公平,号玉华居士,四川西昌人。吴澄门下弟子,履行修洁,文章高古。

　　余自幼喜画学,业之四十年。平生所见古今画,以轴计者,奚啻累千百。其精粗高下,要皆各擅一绝,往往不能兼备。壬辰秋,避地来西昌,杨君公平以余之专门也,出所藏清明上河图以示。其市桥郭径,舟车邑屋,草树马牛,以及于衣冠之出没远近,无一不臻其妙。余熟视再四,然后知宇宙间精艺绝伦,有如此者。向氏所谓"选入神品",诚非虚语。而或者犹以井蛙之见,妄加疵类,

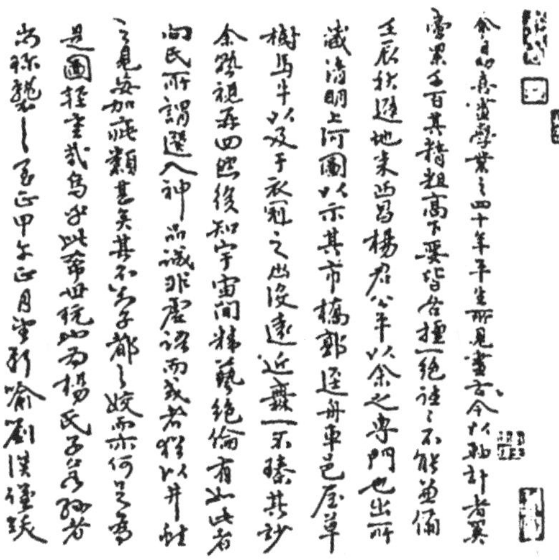

图 16　元代刘汉的尾跋

甚矣其不知子都之姣，而亦何足为是图轻重哉？乌乎！此希世玩也。为杨氏子若孙者，当珍袭之。至正甲午正月望。新喻刘汉谨跋。

刘汉，元代江西新喻人。自幼喜欢绘画，从事丹青四十年，存世作品罕见。

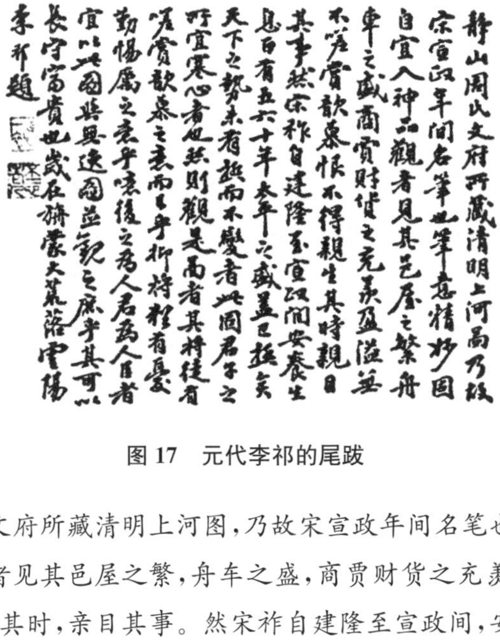

静山周氏文府所藏清明上河図乃故
宋宣政年间名筆也筆意精妙固
自宜入神品観者見其邑屋之繁舟
車之盛商賈財貨之充羨盈溢無
不嗟賞歆慕恨不得親生其時親目
其事然宋祚自建隆至宣政間安養生
息百有五六十年太平之盛蓋已極矣
天下之勢未有極而不變者此固君子之
所宜寒心者也然則観是図者其將徒有
嗟賞歆慕之意而已乎抑將惕然有憂
勤惕厲之意乎噫後之為人君為人臣者
宜以此図與迭図並観之庶乎其可以
長守富貴也歟在旃蒙大荒落雪陽
李祁題

图 17　元代李祁的尾跋

静山周氏文府所藏清明上河图，乃故宋宣政年间名笔也。笔意精妙，固自宜入神品。观者见其邑屋之繁，舟车之盛，商贾财货之充羡盈溢，无不嗟赏歆慕，恨不得亲生其时，亲目其事。然宋祚自建隆至宣政间，安养生息，百有五六

十年。太平之盛,盖已极矣。天下之势,未有极而不变者。此固君子之所宜寒
心者也。然则观是图者,其将徒有嗟赏歆慕之意而已乎?抑将犹有忧勤惕厉
之意乎?噫!后之为人君、为人臣者,宜以此图与无逸图并观之,庶乎其可以
长守富贵也。岁在旃蒙大荒落,云阳李祁题。

李祁,元代官员,字一初,别号希蘧,又号危行翁,湖南茶陵人。著有《云阳集》
十卷。元亡,自称不二心老人,不仕明朝,年七十余乃卒。曾书写过《公方弱冠帖》
和《苏轼乐地帖跋》。

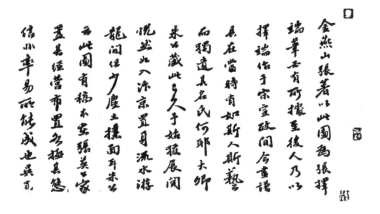

图18　明代吴宽的尾跋

金燕山张著以此图为张择端笔,必有所据,至后人乃以择端作于宋宣政
间。今画谱具在,当时有如斯人斯艺,而独遗其名氏何耶?大卿朱公藏此已
久,予始获展阅,恍然如入汴京,置身流水游龙间,但少尘土扑面耳。朱公云此
图有稿本,在张英公家,盖其经营布置,各极其态,信非率易所能成也。吴宽。

吴宽,明代诗人、散文家、书法家。字原博,号匏庵,直隶长州(今江苏苏州)人。
工诗文,善书。成化八年,会试、廷试皆第一,授翰林修撰。孝宗时,预修《宪宗实
录》,累官礼部尚书。其品行高洁,博学多闻,性嗜金石,诗文亦能。工书,亦长书
论,收藏甚丰。著有《匏庵集》七十八卷。

宋家汴都全盛时,万方玉帛梯航随。清明上河俗所尚,倾城士女携童儿。
城中万屋翚甍起,百货千商集成蚁。花棚柳市围春风,雾阁云窗粲朝绮。芳原
细草飞轻尘,驰者若飘行若云。虹桥影落浪花里,捩舵撇蓬俱有神。笙歌在楼

图 19　明代李东阳的第一次尾跋

游在野,亦有驱牛种田者。眼中苦乐各有情,纵使丹青未堪写。翰林画史张择端,研朱吮墨镂心肝。细穷毫发夥千万,直与造化争雕镌。图成进入缉熙殿,御笔题签标卷面。天津回首杜鹃啼,倏忽春光几时变。朔风卷地天雨沙,此图此景复谁家。家藏私印屡易主,赢得风流后代夸。姓名不入宣和谱,翰墨流传藉吾祖。独从忧乐感兴衰,空吊环州一抔土。丰亨豫大纷此徒,当时谁进流民图?乾坤俯仰意不极,世事荣枯无代无。宋张择端《清明上河图》,今大理卿致仕鹤坡朱公所藏也。族祖希蘧先生之遗墨在焉,予三十年前见之,今其卷帙完好如故,展玩累日,为之叹惋不能已,因题其后。弘治辛亥九月壬子,太常寺少卿兼翰林院侍讲学士,云阳李东阳识。

李东阳,字宾之,号西涯。明朝长沙府茶陵州人(今属湖南)。明代中后期,茶陵诗派的核心人物,诗人、书法家、政治家。历任弘治朝礼部尚书兼文渊阁大学士。于正德七年辞官。深居简出,以诗酒自娱。十一年(1516)病卒,年69。著有《怀麓堂集》一百卷、《怀麓堂诗话》一卷,又有《燕对录》《东祀录》等(据《四库总目》)。《明史》有传。

　　右《清明上河图》一卷,宋翰林画史东武张择端所作。上河云者,盖其时俗所尚,若今之上冢然,故其盛如此也。图高不满尺,长二丈有奇,人形不能寸,小者才一二分,他物称是。自远而近,自略而详,自郊野以及城市,山则巍然而高,陨然而卑,洼然而空;水则澹然而平,渊然而深,迤然而长引,突然而湍激;树则槎然枯,郁然秀,翘然而高耸,蓊然而莫知其所穷;人物则官、士、农、贾、医、卜、僧、道、胥隶、篙师、缆夫、妇女,臧获之行者坐者,授者受者,问者答者,

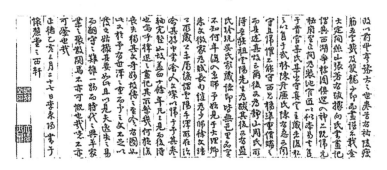

图20　明代李东阳的第二次尾跋

呼者应者,骑而驰者,负者戴者,抱而携者,导而前呵者,执斧锯者,操畚锸者,持杯罂者,袒而风者,困而睡者,倦而欠伸者,乘轿而搴帘以窥者,又有以板为舆、无轮箱而陆曳者。有牵重舟溯急流,极力寸进,圜桥匼岸,驻足而旁观,皆若交欢助叫,百口而同声者。驴骡马牛橐驼之属,则或驮或载,或卧或息,或饮或秣,或就囊龁草首人囊半者。屋宇则官府之衙,市廛之居,村野之庄,寺观之庐,门窗屏障篱壁之制,间见而层出。店肆所鬻,则若酒若馔,若香若药,若杂货百物,皆有题扁名氏,字画纤细,几至不可辨识。所谓人与物者,其多至不可指数,而笔势简劲,意态生动,隐见之殊形,向背之相准,不见其错误改窜之迹,殆杜少陵所谓毫发无遗憾者。非殚作夜思,日累岁积,不能到,其亦可谓难已。此图当作于宣政以前,丰亨豫大之世,卷首有祐陵瘦筋五字签及双龙小印,而画谱不载。金大定间,燕山张著有跋,据向氏书画记,谓与西湖争标图,俱选入神品。既归元秘府,至正间,为装池官匠,以似本易去,售于贵官某氏。某出守真定,主藏者复私之,以售于林陈彦廉氏。陈有急又闻守且归,惧不能守,西昌杨准重价购之,而具述其故云尔。后又为静山周所得,吾族祖云阳先生为跋其后,又有蓝氏珍玩、吴氏家藏诸印,皆无邑里名字,不知何年复入京师。予始见于大理卿朱文征家,为赋长句,继为少师徐文靖公所藏。公未属纩,谓云阳手泽所在,治命其孙中书舍人文灿以归于予。其卷轴完整如故,盖四十余年,凡三见而后得也。呜呼! 韩退之画记,其所系几何,旋复丧失。独其文奇妙,故传之至今。有图如此,又于予有世泽之重,而予之文不足以发之,姑撮其要如此。且以见夫逸失之易而嗣守之难,虽一物而时代之兴革,家业之聚散,关焉,不亦可慨也哉! 噫,不亦可鉴也哉! 正德乙亥三月二十七日,李东阳书于怀麓堂之西轩。

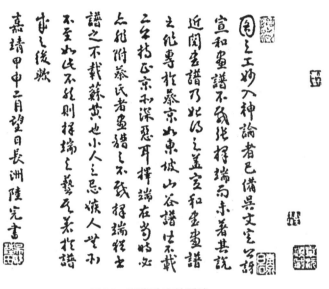

图 21　明代陆完的尾跋

图之工妙入神,论者已备。吴文定公诃宣和画谱不载张择端,而未著其说。近阅书谱,乃始得之。盖宣和书画谱之作,专于蔡京,如东坡、山谷,谱皆不载。二公持正,京所深恶耳。择端在当时,必亦非附蔡氏者。画谱之不载择端,犹书谱之不载苏黄也。小人之忌嫉人,无所不至如此。不然,则择端之艺其著于谱成之后欤? 嘉靖甲申二月望日,长洲陆完书。

陆完,明代人,字金卿,长洲(今江苏苏州)人。成化二十三年进士,后官至吏部尚书。善收藏古书、画。

余侍御之暇,尝阅图籍,见宋时张择端《清明上河图》。观其人物界划之精,树木舟车之妙,市桥村郭,迥出神品,俨真景之在目也,不觉心思爽然。虽

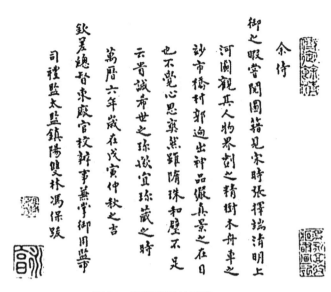

图 22　明代冯保的尾跋

隋珠和璧，不足云贵，诚希世之珍钦，宜珍藏之。时万历六年，岁在戊寅，仲秋之吉，钦差总督东厂官校办事，兼掌御用监事，司礼监太监，镇阳双林冯保跋。

冯保，字永亭，号双林，河北深州（今深县）人，明代太监。冯保于嘉靖年间入宫，隆庆初年掌管东厂兼理御马监。万历皇帝即位，历任司礼秉笔太监和司礼监掌印太监，与张居正合作推动改革，取得显著效果。张居正死后，冯保失势，被放逐到南京，因病而死，家产亦被抄收。

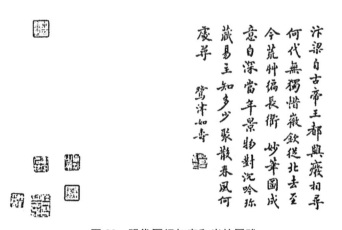

图 23　明代厦门如寿和尚的尾跋

汴梁自古帝王都,兴废相寻何代无。独惜徽钦从北去,至今荒草遍长衢。妙笔图成意自深,当年景物对沉吟。珍藏易主知多少,聚散春风何处寻。鹭津如寿。

根据历代传说,古时候的厦门——四面环海的岛屿上,栖息着许多涉禽类的白鹭,因而取名"鹭屿"。这些白鹭朝出暮归,三五成群,或漫步于田野,或翱翔于海空。直至今日,人们仍爱用"鹭岛""鹭门""鹭津"等雅号称呼厦门。"鹭津如寿"即"厦门如寿",如寿姓傅,字济翁,生活在明末清初,福建厦门人。清康熙二年(1663),清军攻占厦门之后,出家于中左所(厦门)开元寺为僧,改僧名如寿。其在《清明上河图》后的跋诗可能题于清康熙二年(1663)之后,但根据跋诗的意境结合当时的时代背景分析,此跋诗题写于清康熙二十二年(1683),收复台湾之后的可能性更大[1]。

3.3 创作时间

宋本《清明上河图》最大的谜团是其创作的时间,因画上无名款年月,对此学术界争议很大。根据这幅画后面的题跋,首先是金代的张著,他认为这是张择端的作品并为作者写了简单的传记。张公药、郦权等人的题诗都说明了这画所描绘的是北宋末期政和至宣和年间(1111—1125)的汴京繁华景象。元代的杨准在至正十二年(1352)的长篇跋文,除了记载他得到此画的经过,以及对作品内容和艺术技巧的感叹、赞美以外,也提到卷前有宋徽宗赵佶的标题。李祁的跋文也肯定这是宣、政年间的作品。根据各人的经历和视角,现代人有的说是北宋初期,有的说是中期,有的说是后期,还有说是南宋人画的,甚至有说是金朝人的手笔。我们今天怎么去判定《清明上河图》创作的精确时间? 仅从一瞬间来判断当时的时代特征是困难的,但是,我们知道气候规律,知道当时社会响应气候变化的规律性,因此把这些证据一点一点地拼接起来,或许可以给大家一个完整的认识。以下是从9个角度对该场景发生时间的分析。

宋徽宗的审图习惯

首先,我们要参考古人的意见。在该图后面的跋文里,有一个明朝的著名文人叫李东阳(见图20),他认为该图作于政和年(1110)前,理由是他看到卷首有宋徽宗题写的五字题签,只钤有双龙小玺,按照宋徽宗的习惯,他凡在政和、宣和年以后的题记、

---

① 尚琼.《清明上河图》最后一跋者"鹭津如寿"考[J]. 中国书画报(国画学术理论版),2011(77、78):5.

署款,都要盖上"政和"印或"宣和"印(见图24)。在李东阳之后,卷首渐渐被磨损了,明末的裱画师把它裁掉了,成了今天这个样子。所以,这是政和年前的作品。

图 24　宋徽宗的双龙小印和宣和印章

妇女服装的时代特征

故宫文物专家余辉认为,可以根据图中人物所穿衣冠的流行时段来判断。如果我们有宋代流行服装的时间序列做参考,就可以根据清明上河图中的服装特征来对时域进行定位了。据记载,南宋遗民徐大焯曾在《烬余录》中总结了宋代妇女时装的变化特征:"崇宁大观间,衣服相尚短窄;宣靖之际,内及闺阁,外及乡僻,上衣偪(同逼)窄,其体襞开四缝而扣之,曰密四门。"[1]从崇宁元年到宣靖之际,不过短短十几年,妇女的外衣却经历了从长及过膝至相尚短窄、上衣偪窄的变化。

褙子,又名背子、绰子、绣襦,是汉服的一种,始于隋朝。褙子直领对襟,两侧从腋下起不缝合,多罩在其他衣服外穿着。流行于宋、明两朝。宋朝褙子直领对襟,两腋开叉,衣裾短者及腰,长者过膝。宋朝女性多以褙子内着抹胸为搭配,北宋初中期的妇女服饰流行的是长褙,也就是长外套(前有对襟,侧、后开衩),这个外套有多长呢?可以长到接近脚面,有图片为证(见图25),这座观音像穿着当时妇女流

图 25　宋初观音菩萨像(左)
和太原晋祠圣母殿塑像
(右)的褙子样式

---

[1]　(元)徐大焯,烬余录。

行的长外套,长衣太长了,不得不撩起。

宋本《清明上河图》中妇女出门的例子不多,图中八百多人中只有十几位妇女,其中几位有身份的妇女穿的应该是当时最时髦的衣服——就是宽松的短外套。宋本所绘妇女的上衣(见图26),显然属于"相尚短窄",按照徐大焯的说法,这种服饰流行于崇宁大观年间(1102—1110)。

图26　宋本《清明上河图》中的"盘福龙"(便眠觉)发饰和短褙样式

北宋党争的外部表现

另一个证据就是画中发生的政治事件,在图中有两处看到运货的独轮车,前面是牲口拉,后面是用人推,都是拉向城外,车上都盖着一块大苫布,苫布上面写的是大字草书(见图27,或图5.g和图8.m)。这本来应该是一件书法艺术品,怎么会被扯来当作苫布呢? 一种说法是,这是防火辟邪的祷词,或者说广告用途的内容,以适应专业搬家公司的需要。搬家公司需要统一使用相同的苫布,避免货物的脱轨散落,以及相关部门的责罚。

图27　宋本《清明上河图》中新旧党争中被废黜的文人书迹

　　另一种说法是,当时曾经发生新党迫害元祐党人的政治运动。写字的文人可能在政治上受到严重的挫折,以至于他们写的字幅落到分文不值、集中销毁的地步。这个事件只有发生在宋徽宗登基之初的1102年,他决定继承宋哲宗的事业,大肆贬黜旧党,丞相蔡京下令销毁苏轼、黄山谷、米芾等旧党遗留下来的书籍和文字!也许画中的这两家主人曾经把旧党书写的大字裱成屏风,摆在厅堂,现在也不要了,扯下来当作苫布,裹上旧党书籍装上车,雇人一块拉到郊外焚毁,免得受到处罚。

　　不过后一种说法貌似很牵强,不可能两辆大车上的书法作品是一模一样的,也不可能用纸张放在外面(承力必破),卷纸更方便运输。而且元祐党人碑因发生星变(1106年)而毁碑,当时对元祐党人的迫害已经停止了。因此,前一种说法更合理,这是统一的货运公司在行动。

丧葬危机的时代特征

　　由于临近气候节点,当时曾经历寒潮,在这个寒潮面前,徽宗崇宁三年(1104),蔡京建议在全国推广政府替民众收尸安葬的制度,曰漏泽园,各州县均设,后又命城、砦、镇、市满千户以上并设有知监(主官)者均按州县例设漏泽园,各"置籍"即设登记簿册。又令"瘗人并深三尺毋令暴露,监司巡历检察",可能还设有管理居养、安济、漏泽事务的专官。专门代表政府处理集中死亡人口的漏泽园制度,显然有气候恶化的贡献。《清明上河图》中的王家纸马店(见图28或图4.j)和街头卖纸马的摊贩(见图33或图10.k),出现在这里,象征着当时的非正常死亡高峰。就此而论,该画应该是1104年之后,全社会面对寒潮,产生大量非正常死亡的时期。

图28　宋本《清明上河图》中的"王家纸马店"

宋代钱荒与货币危机

宋代经常发生钱荒(缺乏铜钱的现象)。元符二年(1099),"时内藏空乏"。又,凤州通判马景夷言,"当公私匮乏之时,诸路州县官私铜钱积贮万数,反无所用"[①]。徽宗政和元年(1111)四月,宋廷下令:"自今将铜钱出雄、霸州、安肃、广信军等处,随所犯刑名上,各加一等断罪"[②]。根据这两次钱荒发生的时间,和《清明上河图》中没有发生钱荒的事实(见图 6.n 和图 65),我们认为清明上河图很可能发生在 1111 年之前。

向氏画谱的时间证据

关于该画的创作时间,有两个线索很重要[③]。第一,该画没有收入 1120 年编纂的《宣和画谱》,也就是说,要么是 1120 年之后创作,要么此画很早就不在宫廷中了,很多人据此认为这是 1120 年之后的作品,甚至是南宋君臣回忆故都的作品,但宋徽宗的痕迹难以解说。第二,张著提到的《向氏评论图画记》(见图 11)的作者向宗回(向太后的弟弟,宋徽宗理论上的舅舅,代表宋徽宗的恩人向太后,所以宋徽宗赠画是合理的选择)最后一次在历史文献上出现是大观四年(1110),第二年他的职位"开府仪同三司"被郑绅占据,因此他很可能死于大观四年。这样一来,所以该画的绘制时间大约是 1106—1108 年之间,张择端绘成后,上交给宋徽宗,宋徽宗题字《清明上河图》后,转赠给他的舅舅向宗回,向宗回录入该画不久即过世。此画 70 多年后又出现在金朝宫廷内,很可能是随着"靖康之变"流入北方宫廷。

汴河治理与城墙改造

宋代曾经在 1106 年和 1116 年分两次维护城墙(见 10.1 节)。类似画中的土墙,应该作为国防工程被修理掉了。如果图中的城墙有现实的样板,那么该段城墙很可能是 1106 年之前的式样(土墙,遍植柳树)。所以该画应该是 1106 年之前绘制。

汴河两旁满是树瘤的柳树(见图 3.a 或图 29)是 1079 年随着汴河改造工程而

---

① (元)脱脱等,宋史·卷 180·志第 133·食货志下二·钱币。
② (清)徐松辑,宋会要辑稿·刑法·2 之 55,中华书局,1957 年版。
③ 陈传席.《清明上河图》创作缘起、时间及《宣和画谱》没有著录的原因[J].美术史研究,2008(4):27—31.

植入的(见 12.2 节)运河沿岸绿化工程,符合二十多年生长期的预期。

图 29　宋本《清明上河图》中的"树瘤柳树"

北宋小钞的同步验证

宋徽宗大观年间曾经发行小钞,其中的某些元素与宋本中的酒店广告相近。如果他们是同时代的流行风格,那么,通过北宋小钞的发行时间,也可以大致判断宋本的诞生时间。

"当十钱惟行于京师、陕西、河东北路,余路不行。令民于州县镇寨送纳,给以小钞"[1]及"官所铸当十钱,已令诸路以小钞换易"[2],为兑换当十钱而印制的小钞,至迟当产生于崇宁五年六月以前。小钞的行用,原意是用作小平钱来收兑,一发行便因私铸泛滥而严重贬值的虚值当十大钱。"已降指挥:当十钱给以小钞,候铸到小平钱,渐次归还。可令东南钱监额外增铸小平钱封桩,以备将来给还之用,疾速措置施行。"[3]然而,由于小钞的信用远不及小平钱,又因当十大钱改作当三使用,即一枚大钱相当于三枚小平铜钱,故人们多不愿意拿当十大钱兑换小钞。于是,在官府一再诏令民以大钱换小钞、严禁隐藏大钱而不果的情形下,小钞也渐呈式微,

---

①　(宋)李埴,皇宋十朝纲要·卷 16 崇宁五年六月条·内降札子。

②　(清)黄以周,续资治通鉴长编拾补·卷 26 崇宁五年六月乙亥条。

③　(宋)杨仲良,资治通鉴长编纪事本末·卷 136 崇宁五年七月辛亥条。

至大观四年(1110)便废止了。

北宋小钞的中部(见图 30),右边有一个"千斯仓"。"千斯仓"见于"曾孙之稼,如茨如梁;曾孙之庾,如坻如京。乃求千斯仓,乃求万斯箱",以周成王之稻穰需要"用千斯仓,万斯箱以载置之"①来昭示信用,说明此钞版乃官方所造。而《清明上河图》中的"十千脚店"(见图 6.m),按"十千"之词与"千斯仓"一词同出《诗经·小雅·甫田》。"十千"出该诗的首节:"倬彼甫田,岁取十千。我取其陈,食我农人。自古有年……"。"千斯仓"则出该诗的末节,"曾孙之稼,如茨如梁。曾孙之庾,如坻如京。乃求千斯仓,乃求万斯箱"。这种情形,当非巧合,应当是响应当时社会"丰亨豫大"的号召,顺应时代潮流、文风习俗、文化修养和审美思维、历史认知等的顺势结果。官拥"千斯仓",民有"十千脚

图 30　北宋小钞引用了"千斯仓"

店",说明自身的富足安康。假如"十千脚店"与"千斯仓"是同时对社会潮流响应的结果(因为"十千酒店"没有进入《东京梦华录》,是张择端凭空编造出来的店名,属于应景的临时设计),那么宋本应当与小钞同时诞生。而小钞的流通使用时段是崇宁五年到大观四年,即 1106—1110 年。也就是说,《清明上河图》也应该诞生于这个时段②。

大观年号与社会期望

大观(1107—1110 年)是宋徽宗赵佶的年号,出自《易·观》彖传"大观在上,顺而巽,中正以观天下。观,盥而不荐,有孚颙若,下观而化也。观天之神道,而四时不忒,圣人以神道设教,而天下服矣"。为什么要这样改?显然跟 1104 年的"河湟之战"后收复青海,1107 年南方"改土归流"(见 11.3 节),两者都是增加了国土,创造了盛世辉煌,自从 977 年统一全国之后非常罕见。所以,崇宁五年(1106),

---

① 诗经·小雅·甫田。
② 刘森. 再谈北宋的小钞[J]. 中国钱币,2018(1).

蔡京被提拔为司空、开府仪同三司、安远军节度使,改封为魏国公。"时承平既久,帑(tǎng)庾盈溢,京倡为丰、亨、豫、大之说,视官爵财物如粪土,累朝所储扫地矣。"①大约同一时期,王希孟的巨幅《千里江山图》和院画家赵伯驹创作的《江山秋色图》,也都是歌颂皇宋江山"丰亨豫大",画幅之巨、堂皇规模,在蔡京"倡为丰亨豫大之说"前是极少见的。蔡京的提议是得到宋徽宗支持的,张择端绘制的宋本,曾经被宋徽宗命名为"清明上河图",更符合全社会对"大观"(盛世)的认识,也符合蔡京提出的"丰亨豫大"之说,因此是适应政治需要和响应民意诉求的作品。就此而论,宋本只能是1106年之后的作品。

综上所述,宋本《清明上河图》诞生于崇宁末大观初,应当是1106—1108年之间创作的,配合蔡京提出、赵佶赞成的"丰亨豫大"之说的应景作品,有着鲜明的时代特征。这也表明"清明"之说是"政治清明"和"社会清明"的意思,符合当时的气候特征(见13.1节)。

3.4 常见疑团

宋本《清明上河图》是一份反映北宋都城汴梁(河南开封)社会风情的风俗画,内容很多,却没有留下作者的签名,不能不说这是很大的遗憾。只有第一处题跋提到张择端这个人,而且对张择端的出身缺乏历史记录,因此对其中的创作意图、创作时间、创作环境等充满了学术争议,导致了各种背景研究和争议文章车载斗量。这一缺陷,也因为早期的收藏者提到宋徽宗的题字"清明上河图"和双龙小印在流传中缺失而放大,所以关于该画作者的争议,从来没有尘埃落定。尽管如此,这并不影响故宫版的艺术性和历史价值。

为什么张择端版那么有名?因为后世几乎所有的摹本都是或多或少在仿造和跟随张择端版首创的环境(有山有水、有桥有舟、有城有郊),反映当时的时尚、习惯和风俗。

那么,后人凭什么肯定北京故宫版(或"石渠宝笈三编本")《清明上河图》是张择端的原始正版(也就是宋本)?

第一,古朴的画风,令鉴赏者感到该作的历史悠久。历史越早越能包含原创的要素,历史越早模仿者越多,历史越早原创作者的开创性贡献越明显。该图开创了

---

① (元)脱脱等,宋史·卷472·列传第231·蔡京传。

一种写实的风格,作为一类风俗绘画的开创之作,一直被后人所模仿借鉴。因此在社会史的原创思路方面,该版的地位显著,参考价值很大。

第二,真实的风物,符合后人对宋代社会风俗的预期。从当时的风俗和技术,可以读出社会文明的发展状态;"百闻不如一见",该图最大的贡献是还原历史;通过对画中要素的检查和审读,可以发现很多能够解开科技史谜团的内容。风俗与科技,合起来就是社会或文化。该图在科技史和文化史方面的非凡表现,有助于我们认识宋朝。

第三,该图的内容和构思非常巧妙,让很长的画卷围绕三场"交通事故"展开,有很强的动感设计,让人感叹艺术构思的美妙。从构思和布局体会"匠心",达到"活灵活现"的效果,只有张择端版做到了,而其他摹本(其实不算摹本,仅仅是场景设计的摹本或类画)都有规划设计的欠缺,因此在艺术上的高度有所不足。宋本比明本(仇英版)和清本(清院本)的内容设计复杂,构思巧妙很多,故而在艺术史上成就更高。

所以,由于北京故宫版所体现的社会史、文化史、科技史和艺术史的价值,因此更符合人们对传说中张择端正版的预期。所以,我们认为该版就是源头的宋本。不过,到目前为止,由于缺乏参照物,我们仍然无法确认张择端是谁,是否是此画作者。

谁是宋本?

作为一种山水人物的风俗画,《清明上河图》从金代开始就已经深入民间,被"争相收藏",所以历代的摹本不在少数(上千卷),存世的有五十多卷,大多收藏在各地的博物馆。最早有明确记载的摹本,就是画卷后面杨准的跋文中提到的元代宫廷装裱师傅以仿本偷梁换柱,借用临摹本替换出真迹,将《清明上河图》盗出宫外。到了明代和清代,《清明上河图》各有近两百年的时间在民间收藏,人们对这幅名作有所耳闻又难得一见,所以揣测摹仿的作品就更多了起来。一种最知名、流传最广的版本,被称为仇英版或明本《清明上河图》,以苏州城为背景,获得了市场的认可。很多摹本都是依据明本做出的仿本,因此明本的名气也很大。

在雍正年间,和硕宝亲王弘历,也就是后来的乾隆皇帝曾经得到过与《清明上河图》原作接近的仿品。他没有见过宋本,只是觉得那幅画虽然很大气,但前后衔接并不太顺畅,而且细部动态上也有些美中不足,于是决定再造一幅更完美的《清明上河图》。他组织了五位画家,对画作进行了临摹创新。新的《清明上河图》画面清晰,色彩艳丽,画面布局和其中某些人物的姿态与原作相近,推测画家们事先总结过类似场景的设计要素,继承了某些对设计模式的共识。这画现在收藏于台北故宫博物院,称为"清院本"。清院本的篇幅比宋本长出了近一半,人物也更多,场景也更复杂。而且由于绘制时间离现在比较近,所以色彩比较艳丽,观赏效果极佳。

今天我们该如何区分这三个版本?

第一,虹桥是木制"编木拱桥",代表着那个时代的桥梁风格,后世并不常见,目前仅在福建山区交通不便、木材便宜的山区仍有实物存留(现存 19 座编木廊桥);明本和清院本中绘制的都是普通石桥,虽然先进耐久,但无法体现宋代的"编木拱桥"所体现的丰沛木材资源所代表的时代特征。这是宋代曾经发生能源危机导致北方伐木毁林的结果(见 12.1 节)。

第二,宋本城门附近突出了一家税务所(见图 9.f 和图 55,强调经济和商业发展),而后两版都是突出城防所(强调国防意识)。对非农经济的重视是宋代的国情,因此税务所是当时特殊时段的文化特色和时代标志(见 7.2 节),有别于后世的国防关注。

第三,北宋时期属于中世纪温暖期,其普通民居的建筑风格刚刚脱离草木建筑阶段,还比较简陋,在舒适性和建筑节能上设计不足(见图 81)。与清代的砖瓦建筑有本质性的差别,比明代建筑也要简陋很多。从建筑风格、消防安全和节能保温等角度,北宋建筑占地大、通风好、保温差、采光差的特征,很容易识别出来。

值得一提的是,明本《清明上河图》的标志性特征是靠近城门的一把狼筅,这是戚继光在宁波组建"戚家军"时的特殊装备,当时,只有对付依赖个人武艺的"倭寇"才需要这种装备(倭人打仗依赖个人技术,戚继光队伍开发了狼筅来隔离倭寇,然后打群架消灭之),所以该图一定绘制于嘉靖三十四年(1555)之后。这一年,倭寇53 人横行南方三省共 80 余日,杀死杀伤人员四五千人,包括明朝一御史、一县丞、二指挥、二把总,史称"嘉靖倭乱"。在这种形势下,戚继光被调往浙江都司金事,并担任参将一职,防守宁波、绍兴、台州三郡,才开始组织戚家军,狼筅的发明是这一调动的结果。而仇英死于 1552 年,所以该图是否是仇英原创还有争议,狼筅的出现有历史穿越的嫌疑。

清院本《清明上河图》的标志性特征是北方建筑的节能特征。由于描绘的是北京的风景风俗,其建筑风格是统一的砖瓦建筑,既保暖节能又耐久厚重,体现了典型的北方建筑特征。该特征既体现了北方建筑因为林木资源耗尽而不得不改用砖瓦,也说明城市文明发展到一定阶段,为了防火,不得不改用砖瓦,因此标志着城市文明的突破(见10.2节)。此外,后两版的创作内容都突出展示了清明节才有的民俗元素,与宋本故意模糊地点和时间(存在大量的争议细节)、突出政治上"清明盛世"的风格有很大的区别。

是否完整?

那么,现存的画幅完整吗?这个问题困扰了很多人。

明正德十年(1515),太常寺少卿兼翰林院侍讲学士李东阳题,《清明上河图》卷启首原为"巍然而高"的郊野远山,"卷首有祐陵瘦筋五字签及双龙小印"。这是正德十年该图归为李东阳收藏时的情况,和东阳十年前初次见到此图时一样"完整如故"。可是,现在看到此图启首处的一段郊野远山和宋徽宗题瘦筋五字签、双龙小印均已不存在,说明《清明上河图》卷在李东阳收藏之后,又经过装裱,启首一段及宋徽宗题签、双龙小印在装裱时被有心人去掉了。在艺术界,宋徽宗的题签、双龙小印本身就是一件艺术品,有很高的艺术收藏价值(见图24)。

现在卷首已失,前段也没有多大开发空间(本身内容已经够稀疏了,再加一段,会更加稀释内容的整体性)。于是又有许多专家据此推测《清明上河图》后面还有一段,一直画到城西的金明池。因为明代以来许多仿品确实一直都画到了金明池。从后续仿品对昆明池的重视来看,作为原始版的《清明上河图》也应当有金明池。此外,认为《清明上河图》后面还应该有内容的依据是,卷尾结束得貌似比较唐突,有指路人的手势来暗示前路未已。

当然,大部分人认为这幅画是完整的,这是因为:

第一,"长二丈有奇"是指整个卷轴的长度。前面已失的徽宗题字部分加卷后跋文,是基本符合这一尺寸的。

第二,卷后跋文中,多有对画面内容的描述,但无一处提到金明池等宫中景色。也就是说,这些早期的鉴赏者没有对"湖光山色"的点评内容。因此,该画有城有桥,但无湖无山。

第三,从画面结构上进行分析,基本保证画面的完整性。如果把画作分成三等分,就会发现它可以成为相对独立的三部分,"郊外""虹桥"和"市廛",每一部分的中线,都有一个交通事故作为叙事中心。第一部分主要内容是(郊外)"奔马受惊",第二部分是(虹桥)"水上危机",第三部分是(城门)"行人被撞"。虹桥恰好位于整个画面的物理中心,基本上符合手卷画的中心位置,显然是精心设计的结果。三部分完成后,画面进入了六品以上官员才有的"乌头门"住宅区,偏离了张择端设想的平民区,所以用树枝自上而下地画满,形成分界。进城后的画面气氛渐趋平稳,画家在喧闹中收场是十分自然的构思结果。画作展示出明显的节奏,有始有终而又意犹未尽。

因此,这幅画的内容是完整的,从画卷后面元代杨准的跋文,介绍画面的内容及附后的前代跋文、小诗和我们现在所见是一致的,还一再强调这幅画并没有损毁缺失。

也有学者依据《清明上河图》卷尾树木的线条被切断,认为画作肯定存在残缺。事实上,宋本《清明上河图》在初次装裱后经过多次重裱,在反复装裱时被装裱师多次切边,造成卷尾有少许残缺的现象,这也是可能的,不算缺失。

清明之说

作为广为人知的传世名画,关于《清明上河图》的题名含义及画卷主题,一直众说纷纭,莫衷一是。《清明上河图》中的"清明"一词到底意味着说明?是节气、地点,还是政治?对此各有说法。

早期的观点认为,清明是指"清明节气",是描绘春天扫墓的情景;支持"清明"是节气的代表有董作宾、郑振铎等人,支撑的论据主要有以下几点:

第一,元代知名画家张著在卷后的"题跋"透露出线索。张著特别强调跋文是作于"清明后一日"(见图 11),既表明他认可该图所描绘的季节是清明时节;又间接表达了他对画坛前辈的仰慕心情。

第二,画中有几个表现清明节前后特色场景,如寒鸦、谷场、田间萧索等,透露出寒冷的气息(见图 2)。"有一队人马正在归城,好些人正在半跑地走着。有一顶轿子,乘轿子的当是一个妇人,轿顶上都装簇着杨柳杂花。有人挑着担子,挑着的可能就是'门外土仪'"[①](见图 3.d)。杨新亦引孟元老《东京梦华录》判断前段轿上插枝表明这是"一支扫墓兼带春游回城的队伍"。

---

① 郑振铎.《清明上河图》研究[M]//辽宁博物馆.《清明上河图》研究文献汇编. 沈阳:万卷出版公司,2010:157—169.

第三，有学者也提出画中有"水牛亲子"场景(见图9.m)，并解释水牛产子的时间通常在春天，间接证明画卷中描绘的时节为清明前后。

然而，宋本中也包含了大量的秋景元素，如：

第一，画中有毛驴驮炭……当是准备过冬之用，时间并非在春天的清明时节；考虑到当时的能源革命(石炭的广泛使用)，这一条可以否定。

第二，画中有人物光身与执扇……当是秋天气候余热未退的景象。

第三，画中有"饮子"茶水摊与卖瓜摊，都是暑热未消的证据。考虑到宋朝西瓜尚未进入中国，这一条证据也很难成立(可能是卖灯笼的摊位)。

第四，"十千脚店"的酒旗上有"新酒"二字(见图6.m)，有人解释为"新米上市酿新酒"(因此是秋天)，但如果理解为"旧米新酿出新酒"，可以是一年当中的任何时间。而且，五六家酒店中，只有一家挂"新酒"的酒旗，本身也是很奇怪的一件事。

第三个观点，是开封教师(孔宪易)提出的地理说，认为这是开封的一处街区，叫作"清明坊"，把画中的景物更加具体写实化，貌似证据很多，其实并不能证明画中的地点(见地点争议)，因此清明代表地理特征说，仅仅是一家之言，还无法得到普遍的认可。

第四种说法反对"清明"是节气，支持"清明盛世说"。宋徽宗的题名来自《后汉书·班彪传》，"清明之世"指东汉光武帝年间。当时经过西汉末年的衰落和绿林、赤眉的战乱后，社会逐渐安定，生产恢复，各方面生机勃勃。《后汉书·班彪转》中"清明之世"的说法，是指社会安定，生产恢复，各个方面生机勃勃。所以宋徽宗把自己的江山比作清明之世，把自己治下的汴京比作光武中兴、太平盛世，其实是在自我表扬。宋徽宗当政期间，蔡京就执行他的旨意，提倡社会的"丰亨豫大"和"普大喜奔"，因此宋徽宗题"清明"是符合主流社会意识的做法。

有西方学者认为，画作所描绘的地域并非东京实景，而是一个理想中的城市，因此会发生节气紊乱的局面。他们认为一个熟练的画家，应该能够表现出汴梁城明显的地标性建筑，包括汴梁街道尽头的木质城门。而该图刻意避免反映时代、地点和人物的特征标志，比如城门上只写了"正门"，所有的具名商店都没有出现在《东京梦华录》非常详尽的清单中，因此这是一座虚拟的城市、虚拟的地点、虚拟的场景和虚拟的社会。唯一真实的，就是作为交通大动脉的汴河。就此而论，清明之意就是"社会清明"和"政治清明"，更符合该画的时代特征"大观"。

从画卷构成来看,虹桥是中心,码头和城门各占一边,体现了"盛世繁华"的热闹场景。汴河作为南北运输的大动脉,有利于城乡结合,生产与消费结合,能源与手工业结合,因此是为了表现"太平盛世"而谋划的场景。也就是说,《清明上河图》通过汴河,把宋代的农业、手工业、税收、消费、贸易、服务、消防等行业整合在一起,符合蔡京在当时贯彻的"丰亨豫大"思想,因此是间接反映了徽宗时代的所谓"政治清明"。

从该画的诞生时机(见 3.3 节)来看,该图诞生于气候节点附近,刚刚经历了 1104 年前后的人口(瘟疫)危机,也经历了 1105 年寒潮和"河湟之战"的开疆拓土,全社会正在恢复上升的过程中(见 13.1 节),1111 年的金融危机还没有到来,确实是"风调雨顺,国富民强"的时段,因此符合人们对国家繁荣的预期。只有伟大的社会(时段),才能产生伟大的作品。张择端的幸运在于他生活在一个伟大社会的伟大时段和伟大地点,因此能够创造不朽。

值得一提的是,虽然按照气候脉动律冷相气候节点附近灾难多,但如果应对得体,仍有可能产生盛世,如光武之治、贞观之治、元和中兴等都是位于冷相气候节点附近,宋徽宗时代与此类似,只不过后期的"靖康之耻"抹杀了前期的中兴之功,造成了大多数人对徽宗治理前期成果评价的偏差。

上河之说

那么,"上河"又是什么意思呢?关于"上河"的本意,最早的解释见于明代李东阳对该作的题跋:"上河云者,盖其时俗所尚,若今之上塚然,故其盛如此也",也就是"到河边去"之意。李氏的这个说法基本得到后世的普遍认同。当时人的说法习惯,到"金明池"去,也叫作"上池",所以上河与上池的本意都是去的意思。

第二种说法,当时开封城市人口近百万,一百多万斤的口粮就靠汴河、蔡河进行漕运,把粮食从苏州等主产区运过来。所以说"苏湖熟,天下足"。这两条河对于汴京的社会生活具有很重要的作用。地图上汴河居北,处上位,故称上河。所以这幅画是描绘清明盛世中"逆水行舟"的一段景色,与上坟扫墓没有直接关系。

第三种说法,有人根据汴河的流向,从上往下(从北向南),因此是大部分南方漕运都是"逆水行舟",因此"上河"有逆水上行的意思。上汴河时,大客船、大漕船需要在河工引导、拖拽下奋力向汴河前行,形成一种奋发之气。

第四种说法,由于汴河引黄河水,泥沙沉淀多,所以汴河的堤坝相对海拔高,和当代黄河的"悬河"地势很像,所以到河边也有向上走的意思。

个人认为,古人不常看地图,没有读图才有的"上下左右"意识,所以第一种说法最合理。

发生时间

关于读图的最大争议是,图中所画是春天还是秋天?

从《清明上河图》卷首开始,首先是萧索的景色,包括树叶稀疏、处处寒鸦,画中的人以穿长袖衣服为主,只有少数劳动者、赶路的人穿短袖,或是把衣服缠在腰间。那么张择端画的到底是初春还是晚秋呢?对这个问题有三种看法。

通常《清明上河图》的证据对标的是南宋孟元老写的回忆东京繁华的《东京梦华录》。以下是《东京梦华录》中关于北宋清明节习俗的描述:

> 清明节,寻常京师以冬至后一百五日为大。寒食前一日谓之"炊熟",用面造枣䭅飞燕,柳条串之,插于门楣,谓之"子推燕"。子女及笄者,多以是日上头。寒食第三节,即清明日矣。凡新坟皆用此日拜扫。都城人出郊。禁中前半月发宫人车马朝陵,宗室南班近亲,亦分遣诣诸陵坟享祀,从人皆紫衫白绢三角子青行缠,皆系官给。节日亦禁中出车马,诣奉先寺道者院祀诸宫人坟,莫非金装绀幰,锦额珠帘、绣扇双遮,纱笼前导。士庶阗塞诸门,纸马铺皆于当街用纸衮叠成楼阁之状。四野如市,往往就芳树之下,或园囿之间,罗列杯盘,互相劝酬。都城之歌儿舞女,遍满园亭,抵暮而归。各携枣䭅、炊饼、黄胖、掉刀,名花异果,山亭戏具,鸭卵鸡刍,谓之"门外土仪"。轿子即以杨柳杂花装簇顶上,四垂遮映。自此三日,皆出城上坟,但一百五日最盛。节日坊市卖稠饧、麦糕、乳酪、乳饼之类。缓入都门,斜阳御柳;醉归院落,明月梨花。诸军禁卫,各成队伍,跨马作乐四出,谓之"摔脚"。其旗旌鲜明,军容雄壮,人马精锐,又别为一景也。①

多数研究者认为是与清明相联系的初春。其理由一是清明节是古代的春节,人们有出门踏青的习俗;二是说进城的轿子上插的有花,与清明郊外归来"轿子即

---

① (宋)孟元老,东京梦华录·清明节。

以杨柳杂花装簇顶上"的记载相符;三是有卖祭品的"王家纸马"店(见图28),代表着宋代开始的野外上坟习俗;四有"纸马铺皆于当街用纸衮叠成阁之状"(见图31);五是一部分树木枝叶枯干,一片萧条,代表冬去春来;六是孙羊店门口的摊贩正在卖寒食相关的食物(稠饧、麦糕、乳酪、乳饼),由此判断是春天。

图31 宋本《清明上河图》中当街展开的"纸马铺"

现在还有一部分研究者主张画中所描绘为秋景。理由一是画卷右首有驮负十篓木炭的驴子。因为当时汴京城是以烧煤为主(煤炭都是来自怀州,因此是顺着汴水向下运输),临近冬天才准备烤火用的木炭。《东京梦华录》有记载,每年农历十月,汴京始"进暖炉炭,帏前皆置酒作暖炉会也";二是画面上酒肆多处,酒旗上写着"新酒"二字(见图6.m),而《东京梦华录》载:"中秋节前,诸店皆卖新酒……市人争饮";三是画面中气候还很炎热,街上有卖西瓜的。另外画里拿扇子(便面)的人多,显示当时的气温不低。

第三种看法认为画中既有春景也有秋景,是因为张择端创作的时间历经前后数年,开始画的是春天,画着画着就画到秋天去了。对这个问题要解释一下。根据气象资料,张择端创作此画的北宋末年,刚好赶上了一个气候冲击(见13.1节)。自隋代至北宋,有一个四百余年的温暖期,当时浙江一带尚有甘蔗种植,开封也常常一冬无雪,在欧洲这段时间被称为中世纪温暖期。1104年,冰岛火山爆发,令欧洲气候突然转冷,对中国也有严重的影响,最著名的是1111年的太湖结冰事件(寒潮)。所以张择端作品中的冷暖矛盾,恰恰佐证了这一段时期的异常气候变化(夏天有寒潮)。

本书持第三种看法,清明作为节气不是本画的目的,清明节要素入画不多,因此发生在清明节的可能性不大,很可能发生在夏秋之际,张择端在抽取典型场景时插入了寒潮到来的场景,"不慎"记录到当时(1104—1110)的气候危机。

发生地点

关于清明上河图的发生地点,也有几种说法。

第一种说法,这是开封东水门外的虹桥,符合《东京梦华录》中描述的虹桥特征,"从东水门外七里曰虹桥,其桥无柱,皆以巨木虚架,饰以丹艧,宛如飞虹,其上下土桥亦如之"。不过,历史上真实的虹桥距离东水门有7里远,是南方漕运的中转站,且离虹桥最近的东水门上有瓮城,与图中城门的差别很大。所以,这种貌似最简单的说法是最不合理的。

第二种说法,既然城门如此简陋,肯定不是符合国防标准的外城墙(有别于"关门打狗"的瓮城设计),所以有人提出这是内城墙,开封当时跨越汴河上有13座桥梁(见图32),只有虹桥、上土桥和下土桥是编木拱桥,符合图中的虹桥特征。因此该桥很可能是《东京梦华录》中提到的13座汴河桥之一的"下土桥",因其靠近内城和城墙,大部分人都同意这一观点。

上述两种说法,都是基于开封城东南角,汴河流经开封之后的输出口,以便体现汴河漕运的逆水特征。不过,这带来两个问题:

第一,城门口有驼队,驼队只能向西方前进,目标是"陆上丝绸之路",往东南方向出发的驼队缺乏有价值的目的地和交易对象。

第二,明本和清院本,都画了代表"金明池"的湖泊,因此有人据此提出张择端版不完整的问题。摹本都有的场景,为什么作为摹本源头的张择端版反而没有?如果有,金明池一定是位于开封西面,所以发生地点位于开封的众多西门之一,很可能是"新郑门"(既靠近汴河,又没有瓮城)①。这样一来,位于城东南角的虹桥又成了很大的冲突之源。

---

① 张琳德.《清明上河图》在北宋东京的地理位置[M]//辽宁博物馆.《清明上河图》研究文献汇编. 沈阳:万卷出版公司,2010:673—689.

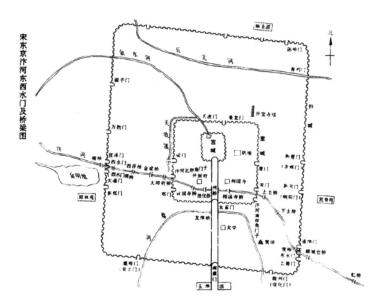

图 32 宋代开封的城市规划与布局图

张择端的城门，经过无限放大之后，有一个模模糊糊的"正门"两字。为什么张择端不能大大方方地标注地点呢？所以现在一般认为，张择端的绘画很可能不是按照真实的地图来判断分析，而是作者选取了开封东南和西面的几个典型场景，故意把几处地点、几个场景整合剪辑在一起，然后给予艺术加工的结果，因此是高于真实留影的艺术再加工，"源于生活，高于生活"。

大部分人都是从写实的角度里强调合理性，因此只能根据开封淹没之后的想象重建图（见图 32）来寻找发生地点。本书观点跟随张琳德，这是位于开封西面的"新郑门"附近的场景，只有这样才能通过汴河把海上丝绸之路（见 9.1 节）和陆上丝绸之路（见 9.3 节）联系起来，为宋代的能源革命、贸易革命、金融革命和工业革命奠定消费市场的基础，反映消费革命的本质（见 12.3 节），更符合"丰亨豫大"和"社会大观"的效果。从贸易革命、能源革命和"政治清明"的角度来认识此画的发生地点，只能把地点定位在城市的西面。如果发生在开封东南角，则偏重南方开发，远离重要的"陆上丝绸之路"，那么驼队的出现就非常突兀，显得场景设计非常不合理。

流传经过

这样，我们可以把该画定位于蔡京二次上台，提出"丰亨豫大"之说以后，该画完成之后,被张择端献给宋徽宗。可是不符合热爱花鸟艺术的宋徽宗的审美口味,所以被宋徽宗题名"清明上河图"之后转送给他的舅舅(向宗回),以答谢向太后推荐宋徽宗当皇帝的功劳。所以,关于该画的最早描述出现在1108年之前出版的《向氏评论图画记》中。然而,在战乱中该画很快就流入金国,1186年,张著给该画写了跋文,给该画定下了作者张择端。根据各方的资料,我们可以大致梳理出该版本的流传路线和时间。

1106—1108年,张择端绘制清明上河图后,进献宋徽宗,转赠向宗回。

1108年,该图收录入《向氏评论图画记》。

1128年,向氏后裔向子韶在淮宁府力战金军,城破身亡,该图流入金国。

1186年,大定丙午,张著题跋。

1190—1195年间,汴梁人王礀官主簿,在宋本上题跋。

1353年九月望日,杨准跋。

1354年甲午,刘汉跋。

1365年乙巳,李祁跋。

1470—1505年,吴宽跋。

1462年,明宣德,李贤(印)。

1491年,明孝宗弘治四年,辛亥九月壬子,李东阳诗。

1515年乙亥,三月二十七日李东阳(再跋)。

1524年甲申,陆完跋。

1559年,王伃购献严分宜(严嵩),为汤姓匠人索贿不遂而揭发,装裱匠汤臣认出画是假货,指证说,只看屋角雀是否一脚踏二瓦便可证实。

1578年戊寅仲秋,太监冯保(永享)跋。

明末曾经进行过一次装裱。

1683年前后,厦门和尚释如寿给该图题写了最后一段跋文。

1799年,清嘉庆四年,毕沅被抄家,宋本流入内府,编入石渠宝笈三编本。

1925年,溥仪携"石渠宝笈三编本"(宋本)至长春。

1950年,辽宁博物馆馆员杨仁恺重新发现并鉴定出张择端的《清明上河图》真迹,一时轰动全世界,也产生了大量的争议和考据文章。

1953年,《清明上河图》被收入北京故宫博物院,成为故宫博物院的镇馆之宝。

1973年对该画进行最后一次装裱,修复了明末劣质装裱带来的冲突问题。

2010 年前后,辽宁博物馆编制了《清明上河图研究文献汇编》,故宫博物院编制了《清明上河图新论》,给 60 年的学术研究进行了阶段性的总结。

本章是对宋本《清明上河图》的内容有一个完整的认识,以下各章分别就一种环境危机和一种社会应对作历史性的发掘。任何重大历史事件都不是凭空发生,也不是偶然一次性发生,往往需要有历史的源头和再次触发的条件。气候冲击会带来历史的源头(事件),气候脉动则会再次产生相同的挑战,带来相近的社会响应,并再次触发相同的社会应对措施。所以,我们才能从不断周期性重复发生的历史事件背后,探究气候脉动对人类社会和文明的推动和影响。

4

人口危机与社会福利

在宋本《清明上河图》中，所绘人物数百（有 500 多人和 800 多人两种说法），达官贵人、富商巨贾、小商小贩、车夫水手等等，各色人物，应有尽有，构成东京城市的繁荣壮观场面，符合人们对当时人口发展高峰的预期。中国的人口，从公元 2 年到北宋初年的 1 000 年之间，一直维持在 5 000—6 000 万之间。然而北宋打破了人口的瓶颈，人口总量飞速增长，到北宋末年已经超过了 2 000 万户，相当于一亿多人口。人们看待宋本《清明上河图》时，一个常见的问题是，为什么宋代会有那么多的人口？

在汴河边的码头上，有一艘货船正在卸下粮食（见图 33），从脚夫用力的姿势（重量较大）、手中的记账竹签（表明是按照流程，不是单批次运输，因此是官方的漕运）来看，货物是粮食。古代人口增长需要两个条件，粮食增长和医学进步

图 33　宋本《清明上河图》中的粮食漕运代表农业革命的成果

（见 5.3 节）。那么，为什么宋代的粮食会增加？这是气候的贡献，中世纪温暖期的日照期增加相当于农作物可以接受的太阳能增加，所以农业的产出增加。另一方面，暖相气候带来干旱的缺点，也需要引入抗旱早熟的占城稻来实现。占城稻的引进，不仅仅是增加了一季收成（作为双季稻的早稻），还增加了水稻的种植面积，充分发挥了水稻的抗旱特征，可以种在过去缺水的山区，几乎相当于是一次农业革命①，可以养活更多的人口，推动了宋代人口的爆发性增长。

然而，粮食的增长与人口的增长很难同步进行，存在所谓的马尔萨斯陷阱，也就是人口的增长超越粮食的增长，带来人口危机，表现为自发消灭人口的"薅子危机"。而且，当气候节点的气候冲击到来之时，也经常会出现人口危机，表现为"胎养令"和丧葬危机。

面对这些气候变化推动的自然灾害，宋代的救助机构设置相当完备，在救助方式上也有明确的规定。国家对不能维持正常生活、没有经济来源的孤寡、病残、乞丐等，往往采取一些直接性的救助，提供给他们最低基本生活需求，这相当于是"宏寄生模式"下的社会稳定措施，需要放到气候变化的背景中才能观察。

所以，宋本《清明上河图》中有一处乞丐场景，在"课命"卦摊附近处的一棵老柳树下（见图 7.1 和图 34），一老者背靠树，无聊地闲坐着，衣服破烂，面目憔悴，年龄较大（从胡须判断），应该是一个乞丐，因为无钱而不敢进入茶馆消费。该乞丐的出

图 34　宋本《清明上河图》中的乞丐场景

---

① 何炳棣. 美洲作物的引进、传播及其对中国粮食生产的影响（三）[J]. 世界农业，1979（5）：25—31.

现,暗示着当时的寒潮(见 13.1 节)给社会造成的非正常死亡(寒潮、瘟疫、饥荒、欠税),给他造成的赡养和生存危机,也给当时纷乱繁华、丰亨豫大的社会增加了一种苦涩。

此外,护城河桥上的乞讨儿童(见图 8.1 和图 35),暗示他们父母的非正常死亡(所以才有丧葬危机),也是盛世繁华下的阴影。

图35　宋本《清明上河图》中的乞讨儿童

今天我们看宋代的乞丐,首先想到的是宋代的人口和福利制度。为什么富足的宋代会大批产生乞丐?宋代政府是如何应对乞丐代表的人口危机?要认识北宋的社会救助机构,我们要从影响人口增长的米价波动和“孳子危机”开始。

4.1　米价波动和孳子危机

宋代的米价波动

一项衡量农业产出的重要指标是米价。我们选取宋代的米价波动来证明气候脉动对经济的影响。彭信威收集了每 10 年平均的粮价历史[1],如下图 36 所示。这一段时间恰好是“中世纪温暖期”,因此内外气候扰动较少(除了靖康之变),可以相对完整地观察到响应气候变化的米价波动。

---

[1]　彭信威. 中国货币史[M]. 上海:上海人民出版社,1955:329—330.

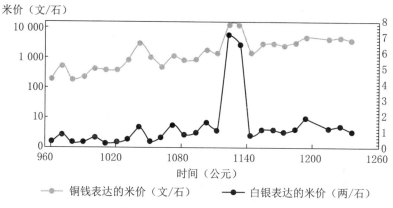

图36　宋代米价与经济周期

　　从上表的宋代米价波动可以看出,米价存在30年为周期的波动,符合司马迁和班固观察到的"天运三十岁一小变"的周期性。气候节点往往伴随着高米价代表的经济危机。经济危机往往发生在气候节点附近,意味着气候节点带来的气候冲击或气候变化,通过内政(环境危机)和外交(人为战争)两种形式表现出来,是导致经济危机的重要原因。考虑到大多数自然和人为灾难(在这种情况下为饥荒和战争)将推高物价,因此物价起伏与生态系统对气候冲击的响应密切相关。变暖的节点具有更好的日照(热量输入),而冷却的节点具有更好的雨雪(降水输入)。两者都将推动农业的产出,促进市场的扩张,推动对货币的需求,同时降低市场价格。

　　米价波动是工业革命发生之前农业社会的典型经济周期,也符合商品经济条件下的康德拉季耶夫周期(或称长波周期,康波周期)[①],对于理解市场经济活动有重要的价值。换句话说,康波周期就是气候周期在工业社会的表达,北宋米价波动周期则是气候周期在农业社会的外部表现,两者都是气候脉动在不同时段、不同社会条件下的社会响应。

宋代的薅子危机

　　北宋是一个急剧变化的时代,一方面人口迅速增加,在宋徽宗期间达到人口顶点;另一方面政府周期性得到报告,各地发生薅子危机。为此,政府提供乞丐福利,尽力维持人口的可持续发展。在气候危机造成的人口危机面前,宋代政府作出了

---

① Ayres, R.U., Technological transformations and long waves. Part I[J]. Technological Forecasting & Social Change, 1989, 37(1):1—37.

仔细的平衡和对策。

　　通常我们关注的不是人口的增长,而是人口增长大趋势之下产生的人口危机。今天人们谈论宋代人口时,经常提到"薅子"风俗。所谓薅子,就像薅草薅苗一样,把出生多余的孩子弄死,福建人叫"洗儿",书面语称"生子不举",或"不举子",现代的观念归结为"弃婴""杀婴""溺子"或"溺婴"(infanticide)。按照苏轼的观察记录,"初生,辄以冷水浸杀,其父母亦不忍,率常闭目背面,以手按之水盆中,咿嘤良久乃死"①。一般杀婴的规矩是"男四女三",就是男孩子生到第四个、女孩子生到第三个,就要弄死不留。杀婴现象,从人口高速增长的北宋一直持续到人口停滞的南宋,给我们带来了认识宋代人口危机的窗口。

　　庆历六年(1046)秋,蔡襄任福建路转运使。他在有关漳、泉、兴化军的奏札②中第一次提到了杀婴现象:"伏缘南方地狭人贫,终年佣作,仅能了得身丁,其间不能输纳者,父子流移,逃避他所。又有甚者,往往生子不举"。大约同时期的欧阳修③,也提到"闽俗贪啬,有老而生子者,父兄多不举,曰:'是将分吾赀'"。也就是说,这些早期报告的杀婴现象往往来自对遗产和经济问题考量。

　　北宋元丰二年(1079)十二月二十八日,因"乌台诗案"陷狱四个多月的苏东坡责授检校水部员外郎(北宋19级官员中最低的一级)充黄州团练副使,本州安置,不得签书公事,一共谪居黄州五年。在此期间,他亲眼看到过今湖北境内的杀子现象,称:"岳鄂间田野小人,例只养二男一女,过此辄杀之。尤讳养女,以故民间少女,多鳏夫。"④

　　宋徽宗政和二年(1112),宣州(今安徽宣城)布衣吕堂上书,"男多则杀其男,女多则杀其女,习俗相传,谓之薅子,即其土风,宣州为甚,江宁次之,饶、信又次之"⑤。公元1115年,北宋人王得臣在其著作中也有类似的记载,"闽人生子多者,至第四子则率皆不举,为其赀产不足赡也。若女,则不待三,往往临蓐贮水溺之,谓之洗儿,建、剑尤甚"⑥。

　　绍兴三年(1133)十一月,有臣僚上奏"浙东衢严之间,田野之民,每忧口众为

①④　苏轼.东坡志林[M].北京:中华书局,1981.
②　(宋)蔡襄.端明集·卷26·乞减放漳泉州兴化军人户身丁米札子.
③　(宋)欧阳修,兵部员外郎天章阁待制杜公墓志铭.
⑤　徐松.宋会要辑稿[M].北京:中华书局,1957.
⑥　王得臣.麈史[M]//王云五.丛书集成初稿:第208卷.北京:中华书局,1989.

累,及生其子,率多不举"①。绍兴六年(1136)八月戊戌,王迪奏:"臣闻闽、广之间,往往有不举子之风。以成丁之后,还为家害,故法虽设而莫能禁。"②绍兴七年(1137)十二月庚申,礼部尚书刘大中奏:"浙东之民,有不举子者。"③朱熹之父朱松④(1097—1143)在生前写成的《韦斋集·戒杀子文》提到"多止育两子,过是不问男女,生辄投水盆中杀之"。

宋孝宗乾道四年(1168)七月,范成大赴处州(今浙江丽水)任职9个月。在此期间,他把考察民间的结果写成奏疏称:"小民以山瘠地贫,生男稍多,便不肯举(养育),女则不问可知。村落间至无妇可娶,买于他州。计所夭杀,不知其几……乞令运司效苏轼遗意,措置宽剩,量拨助之"⑤。

上述的薅子事件,可以总结在下表(表6)中。

表6 宋代薅子事件的气候背景

时间	发现者	地　　点	预期节点	气候背景
1046	蔡襄、欧阳修	福建路漳、泉、兴化军	1050	冷相
1079	苏　轼	湖北黄州	1080	暖相
1112	吕堂、王得臣	安徽宣城、福建	1110	冷相
1133—1137	王迪、刘大中、朱松	浙东衢严、福建	1140	暖相
1168	范成大	浙江丽水	1170	冷相

从上述的地点可以看出,杀婴现象主要出现在南方山区,包括宋代的江苏、浙江、福建等东南沿海各省、以及湖北、湖南、江西、安徽等地,都出现了杀婴、溺婴习俗,"东南数州之地……男多则杀其男,女多则杀其女,习俗相传,谓之薅子,即其土风。宣、歙(今安徽)为甚,江宁(今南京)次之,饶、信(今江西)又次之"⑥。这些地方的共同特征是,丘陵地带,缺乏水利设施,因此难以进行集约化农业生产。如果主粮是耗水密集的小麦和水稻时,如果降水不能及时发生,当地人的生活水平就会发生急剧下降。仅在500年后,美洲农作物大规模引入中国之后,这些山区的垦殖

---

① (清)徐松,宋会要辑稿·刑法志·2之147,北京中华书局,1957。
② (宋)李心传,建炎以来系年要录·卷104·绍兴六年八月戊戌。
③ (宋)李心传,建炎以来系年要录·卷117·绍兴七年十二月庚申。
④ (宋)朱松,韦斋集·卷十"戒杀子文"辑在《宋集珍本丛刊》第40册。
⑤ (明)黄淮、杨士奇,历代名臣奏议卷108,"论不举子疏",上海古籍出版社,1989。
⑥ (清)徐松,宋会要辑稿·刑法二。

条件才开始被新物种充分利用①。这是杀婴现象的地域特征,来源于中国本地的传统物种不足以应对环境危机。

另一方面,这些报告的时域特征也很有象征性意义,分别发生在 1050、1080、1110、1140、1170 年附近。虽然"生子不举"一直在古代社会中存在,然而要让地方官上报中央政府,显然是当地社会问题恶化的结果。它们都发生在气候节点附近,显示了气候脉动对农业收成的贡献,只有气候脉动可以带来这种脉动式的人口危机。人口压力总是存在于山区,因为山区总是对气候挑战缺乏弹性。气候节点总是伴随着气候挑战,带来的环境压力导致了经济压力,导致了杀婴行为的发生。

值得一提的是,公元 1024 年,即宋代人口起飞的节点和首次报告杀婴之前的气候节点附近,一项皇家法令就要求控制某些地方的巫(巫婆)和觋(巫师)不要伤害他人,"禁两浙、江南、荆湖、福建、广南路巫觋挟邪术害人者"②。这意味着这些耕种条件不好的地方在历史上就容易受到气候冲击的影响,并且具有在外部环境挑战下进行人牺的文化传统。该法令的颁布预兆了后来的,为了缓解气候波动带来的人口压力而从事的杀婴行为,也预兆了中国民间信仰的气候依赖性和地域依赖性(见 6.2 节)。

此外,宋太宗淳化元年(990)8 月 27 日,"峡州长扬县民向祚与兄向收,共受富人钱十贯,俾之采生。巴峡之俗,杀人为牺牲以祀鬼。以钱募人求之,谓之采生。祚与其兄谋杀县民李祈女,割截耳鼻,断支节,以与富人"③。虽然具体杀人的原因不明,但发生在气候节点,说明"人牺"现象因气候波动而更加突出。在这种"人牺"的社会背景下看,"薅子危机"貌似符合当时的社会习俗和习惯应对。

从上述事件发生的时机可以看出,通常杀婴现象出现在气候节点附近,突显了气候脉动对社会和经济的影响。

关于宋代"生子不举"的原因,历来有两种说法,古人提出"地狭人稠"之说,从经济角度来认识,相当于当代的环境决定。考虑到宋代南方(包括福建)还有很多处女地没有开发(因为气候变暖造成的开发障碍和瘴疠拦阻,以及缺乏合适的山区

---

① 何炳棣. 美洲作物的引进、传播及其对中国粮食生产的影响(三)[J]. 世界农业,1979:4—6, 34—41, 21—31, 25—31.
② (元)脱脱等,宋史·本纪·卷 9·仁宗 1.
③ 宋会要辑稿·刑法.

作物,导致武夷山和徽州黄山地区都是进入明代后才能开发),这一粗略的观察结果仍然失之肤浅。今人往往从宏寄生的角度[1]来解释人口问题,认为是宋代官僚机构膨胀,带来"土地兼并、赋役的转嫁和丁身钱负担过重"导致的行政管理危机,仍然没有注意到杀婴问题的脉动性和时间特征。

从上述旁观者都是在气候节点发出的观察、建议和措施可以看出,气候节点附近的"杀婴"行为更严重,气候节点附近往往有米价的高峰(见 4.1 节),意味着环境危机或经济危机是人口危机的重要推手。也就是说,环境危机导致农业生产的经济危机,在缺乏有效的作物来利用荒山(明代引入抗旱高产的美洲经济作物后才能开发这些山区)之前,宋代的山区人口无力应对经济危机,结果就是杀婴行为。

这种现象以宋朝最为严重,为什么是宋代? 宋代气候整体趋势是温暖的(中世纪温暖期),农业革命(引进占城稻)带来了物产的增加,推动了人口的增加。在温暖期农业革命带来的高出生率面前,气候脉动带来的气候冲击有可能导致经济危机。如果政治经济上不进行改革(保持丁税负担重),就会导致自发性的"杀婴现象",这是人类社会主动响应气候脉动的一种自发性解决气候危机的办法,是发生马尔萨斯预报的"马尔萨斯人口陷阱"(人口生产超过物质生产的临界点)的外在表现,是环境危机造成的人口危机。

针对上述这些杀婴行为,政府在不同阶段采取了不同对策,包括教化管制、宣传教育、土地开发和经济支持,其中也含有气候脉动的信息。

对策之教化管制

在北宋人口持续高涨的大环境下,杀婴行为并没有给社会带来很大的困难。对杀婴行为的干涉主要以个体努力、教化管制为主,缺乏有效的干涉措施。

大约在 1044 年之后,北宋时期福建路地方官王鼎制订条例教育乡民,禁止杀婴,强调道德上的约束,"徙建州,其俗生子多不举,鼎为条教禁止"[2]。同时代的杜杞(1005—1050)强调对"孽子"行为进行法律上的制约,"杜杞,字伟长。父镐,荫补将作监主簿,知建阳县。强敏有才。闽俗,老而生子辄不举。杞使五保相察,犯者

---

[1] 威廉·麦克尼尔. 瘟疫与人[M]. 余新忠,毕会成,译. 北京:中信出版集团,2018.
[2] (元)脱脱等,宋史·王鼎传。

得重罪"①。

谢潜(1097年进士)"历知古田、弋阳、建宁三县。在建宁治声尤著,毁淫祠,禁溺子,邑人生子多以谢名"②。这件事大约发生在1110年前后。

宋徽宗大观年间(1107—1110)下诏令③,认为不举子之俗"残忍薄恶,莫比之甚,有害风教,当行禁止",并且命令福建路"走马承受,密切体量有无实状以闻,候到,立法禁止。如有违犯,州县不切究治,守倅令佐并当行窜黜,吏人决配千里"。

对策之宣传教育

当南宋政府到南方建立并与北方签订合约之后,首要的任务是恢复人口和经济生产。绍兴八年(1138年,1140,暖相)八年,礼部尚书刘大中奏:"自中原陷没,东南之民死于兵火、疫疠、水旱,以至为兵,为缁黄,及去为盗贼,余民之存者十无二三"④,在这种人口危机之下,于是有婴戏图的推广和流行。婴戏图也称戏婴图,是古代风俗画的重要题材之一,从唐代描绘妇婴的题材中脱胎而出,到南宋突然流行。下图是苏汉臣绘制的《长春百子图》的局部(见图37),描绘了众多儿童在水中

图37　南宋苏汉臣的《长春百子图·莲叶戏婴》(局部)

① (元)脱脱等,宋史·列传第59。
② (清)曾日暎,乾隆版汀州府志·人物·卷30。
③ (清)徐松,宋会要辑稿·刑法·2之582。
④ (宋)马端临,文献通考·卷11·户口考。

戏水的场面,其中的丰腴儿童和多子莲花,具有强烈的促进人口生产的暗示,隐含着当时的人口危机,因此婴戏图也是应对人口危机的一种办法。两宋之际的婴戏图绘画艺术高度繁荣,间接反映了当时严重的人口危机。

对策之土地开发

既然南宋面对的是中世纪暖相气候,那么气候节点的降水减少趋势,意味着可以围湖造田,开发更多的土地。

南宋乾道(1165—1173 年,1170,冷相)中,政府以空名官诰补授官资的方式劝谕开耕两浙荒地;淳熙年间(1174—1189),孝宗继续采取蠲放苗税的政策,奖励"两浙民户将已业土山,施用工力开垦成田"①。

大约在 1190 年到 1210 年(1200,暖相)之间,陆游发现"陂泽惟近时最多废。吾乡镜湖三百里,为人侵耕几尽。阆州南池亦数百里,今为平陆,只坟墓自以千计,虽欲疏浚复其故亦不可得,又非镜湖之比。成都摩诃池、嘉州石堂溪之类,盖不足道。长安民契券,至有云'某处至花萼楼,某处至含元殿'者,盖尽为禾黍矣。而兴庆池偶存十三,至今为吊古之地云"②。当时的暖干气候造成很多湖泊面积减少,大批良田因围湖造田而产生。

土地开发是应对人口危机的另一种办法,可以说是洪亮吉型应对人口危机的办法(即"开源节流"),而不是博斯拉普型应对人口危机的办法(即"农业集约化"或"提升效率")。这是因为中国大部分国土的地理条件优越,环境温度不低,不需要像欧洲那样经常对农田进行轮作,所以农田的开发效率一直在日常工作中改进,经常达到农田利用的最大化,因此农田效率缺乏改进空间,产生了"高水平均衡发展陷阱"③和"马尔萨斯人口瓶颈"。由于气候较冷,欧洲的农田在很长的时间里需要轮作来维持地力,给后来的农业革命预留了改进的空间,这是"中欧科技大分流"的原因之一(见 13.3 节)。

对策之经济支持

进入南宋之后,随着经济中心的南移,大量的人口移民到南方,南方的暖湿环

---

① 宋会要·食货志·6 之 29。
② (宋)陆游,老学庵笔记卷 2。
③ Elvin, M., The Retreat of the Elephants: An Environmental History of China[M]. Yale University Press, 2004:123.

境和瘟疫困境,带来严重的人口危机。早在绍兴五年(1135 年,1140,暖相),由于福建路的建、剑、汀、邵四州"细民生子多不举",地方当局遂"逐州县乡村置举子仓,遇民户生产,人给米一石"①。此为南宋"举子仓"的先声。在多方的建议下,南宋绍兴八年(1138 年,1140,暖相),高宗下诏:"禁贫民不举子,有不能育者,给钱养之","州县乡村五等、坊郭七等以下贫乏之家,生男女不能养赡者,每人支'免役宽剩钱'四千"。这笔支出来自"免役宽剩钱",是由地方政府征收并留存备用的一项财政收入。也就是说,这时候的宋朝贫民生育补贴,是由地方财政负担的。

"胎养令"施行三年后,即绍兴十一年(1141),由于地方政府的"免役宽剩钱"有限,入不敷出,一位叫王洋的地方官建议,"乞乡村之人,无问贫富,凡孕妇五月,即经保申县,专委县丞注籍,其夫免杂色差役一年。候生子日,无问男女,第三等以下给义仓米一斛。……盖义仓米本不出汆,今州郡尚有红腐(指储粮)去处,二郡岁发万斛,可活万人。通数路计之,不知所活其几何也。……又义仓之米若有不继,逐年随苗量添升斗,积以活民,民自乐从。再三审度,实可经久"②。

宋孝宗乾道五年(1169 年,1170,冷相)之后,又改为同时发送钱米,"诏,应福建路有贫乏之家生子者,许经所属具陈,委自长官验实,每生一子,给常平米一硕、钱一贯,助其养育。余路州军依此施行"③。淳熙元年(1174),太宗七世孙赵善俊知建州,"建俗往往生子不举,善俊痛绳之。给金谷,捐己俸,以助其费"④。

宋宁宗开禧元年(1205 年,1200,暖相),朝廷又重申旧令:"申严民间生子弃杀之禁,仍令有司月给钱米收养。"⑤同年,宋政府令"有司月给钱米,收养弃婴"⑥。

淳祐九年(1249 年,1260,暖相),宋理宗"诏给官田五百亩,命临安府创慈幼局,收养道路初生婴儿,仍置药局疗贫民疾病"⑦。宝祐四年(1256),又向全国推广,令天下诸州建慈幼局。次年又颁布诏谕:"朕轮念军民,无异一体,尝令天下诸州置慈幼局……必使道路无啼饥之童。"

上述事件,主要发生在 1140、1170、1200、1260 等气候峰值节点或节点之前

---

① (明)永乐大典·卷 7513·举子仓,第 3471 页.北京:中华书局,1986。
② (宋)李心传,建炎以来系年要录·卷 139·绍兴十一年三月乙巳。
③ (明)徐松,辑宋会要辑稿·食货。
④ (元)脱脱等,宋史·卷 300·善俊传。
⑤ (元)脱脱等,宋史·卷 38·本纪第 38。
⑥ (元)脱脱等,宋史·宁宗本纪·卷 3。
⑦ (元)脱脱等,宋史·理宗本纪·卷 43。

10 年的气候转折点,体现了宋代社会对气候脉动的响应措施。

所以,宋代的人口危机并不是孤立的现象,而是伴随着农业革命、人口增长而出现的,因为气候危机而引发的经济危机的集中爆发。除此以外,在气候危机与经济危机的双重打击下,政府也需要解决人口出生率下降的难题,对外的表现是政府发布的"胎养令"。

4.2 历代的人口危机

中国是人口大国,由于地理和气候的便利性,从公元 2 年到宋代初年的近千年之间,中国的人口长期停留在 5 000 万的水平,与当时的农业产出水平相匹配,即粮食决定人口。然而,在某些时间节点,会出现大范围的人口危机,表现为以关心孕妇、鼓励生育为特征的"胎养令"。这些貌似偶然发生的社会现象,其实有着气候脉动的贡献。通过梳理历代"胎养令"的发生时机及其气候背景,我们可以更好地认识人类社会面对气候脉动的响应措施。

本节需要排除三类鼓励生育的措施。一种是灾后的救助行为,如南朝宋文帝元嘉十二年(435),吴郡大水,扬州治中从事史兼散骑常侍沈演之巡行赈济,"凡有生子者,日赐米一斗"[1]。另一种是新政府改元之后的慰问行为,如唐代政府针对"鳏寡孤独"的特殊政策很多[2],但都不是针对气候导致的人口危机,因此不计入调查的范围。第三类是偶发性的针对个别人的救助行为[3],是偶然性的奖励行为,也不能算作人口危机。我们关注的是由于气候冲击带来的人口危机,表现为政府发出的、针对孕妇产子的福利政策(统称"胎养令")。根据这一标准,我们可以发现中国历史上存在如下 11 次的人口危机。

汉代人口危机

汉高祖七年(前 200 年,210,冷相)春规定:"民产子,复勿事两岁。"[4]颜师古注:"勿事,不役使也",即民产子,其父两年不负徭役。这一项措施,发生在白登之围之后,既可以看作是战场失利之后的应对,也可以看作是气候寒冷的应对。

① 陆曾禹. 康济录[M]//中国荒政全书:第 2 辑第 1 卷. 北京:北京古籍出版社,2004.
② (宋)王钦若等编修,册府元龟·卷 147·帝王部·恤下第二。
③ 甄尽忠. 中国古代生育救助措施浅论[J]. 武陵学刊,2011(05):74—76.
④ (汉)班固,汉书·高帝纪[M]. 北京:中华书局,1962.另见西汉会要·卷 47。

东汉章帝元和二年(85 年,90,冷相)正式颁布"胎养令","今诸怀妊者,赐胎养谷人三斛","人有产子者复,勿算三岁","复其夫,勿算一岁,著以为令"①。如生了儿子,免除一年的赋役,三年不交人头税;同时还免除其丈夫一年的赋役和人头税。当时的气候发生剧烈的变化,元和元年(84),汉代的历法从西汉成帝绥和二年(公元前 7 年)实施的《三统历》改为《四分历》②,"二月甲寅,始用四分历"③。该历将春季节气顺序次序调整为"雨水—惊蛰—清明—谷雨"④,这是典型的冷相历法次序,说明当时的冷相气候背景。此时的气候变化,与公元 79 年维苏威火山爆发有一定的关联⑤。由于火山爆发导致气候变冷,北方经常发生雪灾。在这一轮寒潮的推动下,匈奴部落不断向东汉投降,拉开了窦宪平定匈奴的序幕。

南北朝人口危机

魏晋南北朝时期最冷的 30 年出现在南北朝中期(481—510),频现雨土天气⑥。在这个寒潮面前,有南北朝时期的人口危机。

永明七年(489 年,480,暖相),南朝齐武帝诏⑦:"申明不举子之科;若有产子者,复其父。"值得一提的是,公元 487 年至 490 年间,正是大风阴霜极为频繁的几年。建武四年(497),南朝齐明帝诏:"民产子者,蠲(juān)其父母调役一年,又赐米十斛。新婚者,蠲夫役一年。"⑧天梁武帝监二年(503),任昉任宜兴太守⑨,"岁饥,以月俸治粥,广活饥民,禁民产子不举,有孕者辄助其资斧全活数千余家"。天监十六年(517 年,510,冷相)诏:"若民有产子,即依格优蠲。"⑩当时的气候是典型的冷相气候。自北魏宣武帝延昌四年(515 年,510,冷相)冬开始集议新历,并立表实测日影,孝明帝正光元年(520)改施《神龟历》(也是后来的《正光历》,武则天所用历法的雏形),这一历法首次在历书体例中纳入了七十二候的内容,且春季物候较表征温暖气候的《逸周

①　(晋)范晔. 后汉书·章帝纪[M]. 北京:中华书局,1965.
②　(刘宋)范晔,后汉书·卷 3·肃宗孝章帝纪第 3,另见续后汉书·律历志,东汉会要·卷 28。
③　(刘宋)范晔,后汉书·卷 3·肃宗孝章帝纪第 3。
④　葛全胜. 中国历朝气候变化[M]. 北京:科学出版社,2011:144.
⑤　Scandone, Mount Vesuvius: 2000 years of volcanological observations, Journal of Volcanology and Geothermal Research, 58 (1993) 5—25.
⑥　葛全胜. 中国历朝气候变化[M]. 北京:科学出版社,2011:255.
⑦　(唐)李延寿,南史·卷 4·齐本纪上。
⑧　(梁)萧子显,南齐书·卷 6·本纪第 6·明帝。
⑨　陆曾禹. 康济录[M]//中国荒政全书:第 1 辑第 1 卷. 北京:北京古籍出版社,2004:353.
⑩　(唐)姚思廉,梁书·武帝本纪中。

书·时训解》中的物候晚了1—2候①，因此代表了当时的冷相气候特征。

综上所述，南北朝时期从489到517年的30年间，分别发生四次人口危机，与气候最冷的30年发生大部分重合，因此是气候危机带来的人口危机。

唐代人口危机

贞观（公元627—649年）初年，中国东部气候曾短暂变冷（即经历了冷相气候冲击），"贞观二年，天下诸州并遭霜涝，蒲、虞等州户口就食邓州"②，"贞观之初，频年霜旱"③。通常人们只注意到"自贞观以来，二十有二载，风调雨顺，年登岁稔"④，而忽视贞观初年的寒潮。在这一寒潮中，唐政府出台了具体的解决人口危机的措施，贞观三年（629年，630，冷相）四月"戊戌，赐孝义之家粟五斛，八十以上二斛，九十以上三斛，百岁加绢二匹，妇人正月以来产子者粟一斛"⑤。显然，这一针对妇人产子的救助措施，是应对当时寒潮导致人口危机的一种办法。

公元801—820年，气候再次转冷⑥，东中部地区温暖程度大致与今相当。据史料记载，公元801、803、804年等11年异常初、终霜雪现象增多；公元815年冬季，九江附近的江面甚至出现冻结（现今九江一带是中国河流出现冰情的南界）。与公元807年关中地区极早初霜的记载相对应，白居易诗云"田家少闲月，五月人倍忙，夜来南风起，小麦伏陇黄"，这表明盩厔（今陕西西安周至县）当年的夏粮收获期为阴历五月（即阳历6月10日左右），晚于现今的6月5日。元和四年（809）发生的寒潮和雪灾，导致白居易创作了《卖炭翁》，柳宗元创作了《江雪》，令这些作品在文学史上因该年的寒冷而知名。在这一段气候寒潮中，唐宪宗元和二年（807年，810，冷相）诏："令诸怀妊（rèn）者赐胎养谷人三斛"⑦，并沿用汉朝的政策："令人有产子者，复勿算三岁"，"复其夫勿算一岁，著以为令"⑧。显然，这一救助措施也是针对当时的寒潮所推动的政策。

随着气候在9世纪初再次进入冷相周期，于是有司天徐昂献新历法，称之为

① 葛全胜.中国历朝气候变化[M].北京:科学出版社,2011:227.

② （后晋）刘昫等撰,旧唐书·列传135·良吏上.

③ （唐）李世民,贞观政要·慎独.

④ （晋）刘昫,旧唐书·后妃传上.

⑤ （宋）欧阳修等,新唐书·卷2·太宗本纪.

⑥ 葛全胜.中国历朝气候变化[M].北京:科学出版社,2011:310.

⑦ （宋）王钦若等编.册府元龟·卷491·邦计部·蠲复三[M].北京:中华书局,1960.

⑧ （晋）范晔.后汉书·章帝纪[M].北京:中华书局,1965.

《观象历》，元和二年（807年，810，冷相）颁布发行。从当时的物候特征判断，这是一部代表冷相气候的历法。在气候危机的推动下，公元809年，一项法令改变了税收分配①。以前的税收是在朝廷、藩镇和州之间分配。根据新政策，藩镇在治所收税，但不承担对朝廷的义务。其他州在自己和朝廷之间瓜分税收，不经过藩镇。这样恢复到唐初的形式，中央政府直接与州打交道，消除藩镇作为中间一级的行政区。这是应对气候变化的经济改革措施，以便应对当时的乙类钱荒问题（见7.2节）。

得一提的是，北宋纸钞的出现可以追溯到唐代的"飞钱"。飞钱就是可兑付的票据，是在不同地点之间进行交易的常见做法，是两百年后宋代纸钞革命的预演。但是，由于当时的冷相气候导致市场发生紧缩，元和六年（811年，810，冷相）政府禁止飞钱，"元和六年……茶商等公司便换见钱，并须禁断"②。由于飞钱的便利性，该禁令很快取消了。这也是应对气候变化的经济改革措施，以便应对当时的乙类钱荒问题。

所以，元和年间的"胎养令"，也是应对气候变冷的一种应对措施。

宋代人口危机

随着占城稻引入中国，北宋的人口发生急剧膨胀，南方产生了"薅子"现象，这说明当时的人口发生了过剩型人口危机，因此不需要鼓励人口增长。等"靖康之变"发生后，大规模的人口迁移到南方，重新开垦土地和增加税收。然而面临冷相气候冲击，人口仍然不足以应对，于是有以"胎养令"发布形式出现的不足型人口危机。

南宋绍兴八年（1138年，1140，暖相），宋高宗下诏在全国范围内实行胎养助产令，"禁贫民不举子，有不能育者，给钱养之"③。这虽然是暖相气候节点，但气候比较恶劣。绍兴五年（1135）冬，江陵一带"冰凝不解，深厚及尺，州城内外饥冻僵仆不可胜数"④。绍兴七年（1137）二月庚申，"霜杀桑稼"⑤。此后数年间，江南运河苏州段，冬天河水常常深度结冰，破冰开道的铁锥成为冬季舟船的常备工具⑥。

宋孝宗乾道五年（1169年，1170，冷相），再次重申有关胎养政策，并提高救助

---

① 陆威仪. 哈佛中国史之世界性帝国：唐朝[M]. 张晓东，冯世明，译. 北京：中信出版社，2016：57.
② （宋）王溥，唐会要·卷89·泉货，另见，新唐书·食货志："京兆尹裴武请禁与商贾飞钱"。
③ （元）脱脱. 宋史·高宗本纪六[M]. 北京：中华书局，1985.
④ （宋）李心传，建炎以来系年要录·卷98·绍兴六年二月戊条。
⑤ （元）脱脱. 宋史·卷62·五行志[M]. 北京：中华书局，1985.
⑥ （金）蔡挂，撞冰行，[金]元好问：《中州集》卷1。

标准,"诏应福建路有贫乏之家生子者,许经所属具陈,委自长官验实。每生一子给常平米一硕,钱一贯,助其养育,余路州军依此执行"①。此后,该胎养令在全国得到实施。当时的气候是典型的冷相。乾道元年(1165)二月,"行都及越、湖、常、润、温、台、明、处九郡寒,败首种,损蚕麦";"二年春,大雨,寒,至于三月,损蚕麦"、"夏寒,江、浙诸郡损稼,蚕麦不登";六年五月,"大风雨,寒,伤稼"。淳熙五年(1178)冬,福州荔枝再次因大雪严寒而枯槁②。

至宋宁宗庆元元年(1195年,1200,暖相)五月,"修胎养令,赐胎养谷,诏诸路提举司相度施行"③。这一次是暖相气候节点,不乏冷相气候特征④,如绍熙三年(1192)九月丁未,"和州陨霜连三日,杀稼。是月,淮西郡国稼皆伤"。庆元六年(1200)五月,"亡暑,气凛如秋"。

我们把历史上人口危机(11次"胎养令")的发生时机与预报时间总结成下表(表7),会发现简单的规律性。

表7 "胎养令"发生的时机与气候节点

	实际发生时间	预期气候节点	气候特征
汉代2次	前200年	210	冷相
	85年	90	冷相
南北朝4次	489年	480	暖相
	497年		
	503年	510	冷相
	517年	510	冷相
唐代2次	629年	630	冷相
	806年	810	冷相
宋代3次	1138年	1140	暖相
	1169年	1170	冷相
	1195年	1200	暖相

---

① (清)徐松辑,宋会要辑稿·食货59之45,北京:中华书局,1957。

② 竺可桢.中国近五千年来气候变迁的初步研究[J].考古学报,1972(1):15—38.

③ (宋)撰者不详,两朝纲目备要·卷4,四库全书本。

④ (元)脱脱.宋史·卷62·五行志[M].北京:中华书局,1985.

上述 11 次"胎养令",基本都是发生在冷相气候冲击的时段。有 3 次虽然发生在暖相气候节点,仍然表现出冷相气候特征,说明气候变冷带来的气候冲击,外部表现是寒潮,是导致历代政府发出"胎养令"的重要原因,尤其是南北朝时期发生在南方的 4 次人口危机,在气候恶化的 30 年之间多次发生,是对冷相气候周期的应对措施。从这些规律性发出的"胎养令",我们可以大致认为这是气候变冷会带来人口危机,"胎养令"是人类社会应对冷相气候冲击的应对措施之一。

大部分人口危机都发生在气候节点附近,说明气候脉动通常在气候节点附近更显著。有一些气候冲击我们清楚知道其触发原因,如 79 年的维苏威火山爆发扭转了当时的气候趋势,给社会带来了一连串的影响;还有一些我们不知道原因,如元和寒潮在全世界范围都有响应(玛雅文明衰败的起点,也是吴哥文明兴旺的起点),而其外部的触发原因难以确定。

宋代之后,中国不再发生人口危机,与 1300 年之后的小冰河期到来有关。小冰河期的冷相气候有利于"毁林造田",推动人口重心的南移,降低了因暖相气候导致的干旱和瘟疫带来的高死亡率,引进外来物种带来土地产出的增加,共同推动了人口的增加。"胎养令"是一种比较极端气候条件下的人口危机应对措施,农业社会应对气候危机还有一种较普遍的常规方法:常平仓(见 2.4 节)。

4.3　历代的社会救助

中国有长期的社会救助传统,早在东汉建武六年(30 年,30,冷相),"往岁水旱蝗虫为灾,谷价腾跃……其命郡国有谷者,给禀(送给)高年、鳏、寡、孤、独、无家属贫不能自存者,如《律》"[1],也就是说,国家必须照顾年老无人奉养、残障无依、穷困潦倒的人民。当时是冷相气候节点,虽然缺乏物候学证据,仍然可以判断当时的冷相气候冲击是导致赈灾的原因。

南北朝"孤独坊"

《南史》中记载,"太子与竟陵王子良俱好释氏,立六疾馆以养穷人"[2]。"六疾"之名出自《左传》,有云:"天有六气,降生五味,发为五色,徵为五声。淫生六疾。六气曰阴、阳、风、雨、晦、明也,分为四时,序为五节,过则为菑:阴淫寒疾,阳淫热疾,

---

① (刘宋)范晔,后汉书·光武帝纪。
② (梁)萧子显,南齐书·卷 21·列传第二·文惠太子。

风淫末疾,雨淫腹嫉,晦淫惑疾,明淫心疾"①。在古人看来,人禀阴、阳、风、雨、晦、明六气而生,失度则为疾,这就是所谓的"六疾",对应六种疾病:寒疾、热疾、末(四肢)疾、腹疾、惑疾、心疾。南北朝时期。魏孝文帝太和二十一年(497),令将司州、洛阳两地贫病老者别坊居住,备有药物,给以衣食。公元 480—510 年和510—540 年同为魏晋南北朝最冷的 5 个 30 年之一,频现雨土天气。在最冷的公元480—510 年里,冬半年温度较今低 1.2 ℃,雨土天气出现了 11 次。

南朝梁武帝普通二年(521)正月,梁武帝萧衍下诏宣布,"凡民有单老孤稚不能自存,主者郡县,咸加收养,赡给衣食,每令周足,以终其身。又于京师置孤独园,孤幼有归,华发不匮。若终年命,厚加料理"②。梁武帝创设的"孤独园",既收养无家可归的孤儿,也收养无人赡养的老年人,并且负责为收养的老年人料理后事。由于气候变冷,北魏于公元 520 年颁布了《神龟历》(后改为《正光历》),首次引入 72 物候,其中将《逸周书·时讯解》中的春季物候推迟了 1—2 候③,因此代表了当时的冷气候特征。

唐代"悲田坊"

自武则天长安年间"置使专知",大约是国家设官进行管理。武则天时代使用《正光历》,反映当时的典型冷相物候。在唐代最暖的四个 20 年(701—720)。期间唐玄宗开元二年(714),"天下诸州,今年稍熟,谷价全贱"。开元五年(717),宰相宋璟认为悲田养病是佛教内事务,国家不应设官干预,奏请罢专使,玄宗不允。悲田坊是中国唐代具有代表性的贫民救济机构。悲田,依据佛典的解释,意指施贫;坊为建筑物或机关之意。当时的气候模式是暖相。

开元二十二年(734),玄宗更令"京城乞儿,悉令病坊收养,官以本钱收利给之",于是养病坊主要成为官办孤儿院,虽仍由寺僧操理,但经费由国家官本放贷之利息提供。

会昌年间,武宗下令灭佛以后,因僧尼"尽已还俗",而致"悲田坊无人主领"(操办),使贫病无告者之救济大成问题。于是,宰相李德裕于会昌五年(845)底奏请,在两京及诸州"各于录事耆寿(年高者)中,拣一人有名行谨信为乡里所称者,专令

---

① 左传·召公元年。
② (唐)姚察、姚思廉,梁书·武帝本纪。
③ 葛全胜. 中国历朝气候变化[M]. 北京:科学出版社,2011:229.

勾当(主持)"。并奏请改其名为"养病坊",去掉佛教"悲田坊"原名。为了让养病坊有稳定资金粮食来源,李德裕又奏请每坊给田五至十顷,均委观察使量(当地)贫病者多少而定。田产以充被收济者之粥食。武宗从其议,下敕行之。这时的养病坊,已与佛寺没有任何关系,完全成为官办福利机构或孤老院了。当时的气候模式是暖相。

宋代"福田院"

宋初,京师即置东西两个福田院,以救济"老疾孤穷丐者",初仅接济几十人。到英宗时(1063),增置南北两个福田院,东西两院亦扩大屋舍面积,至此有四个福田院,每日可以同时接济三百人。其办院经费,起初是以内藏钱五百万给之,后又用"泗州施利钱"(大概是指泗州商港码头官设货栈即偁舍的租金或存储中转费)给之,增至八百万。或者是从全国各地的"偁舍钱"即官设商舍货栈收入中拨划一部分为福田院经费。所以,英宗曾诏"州县长吏遇大雨雪,蠲偁舍钱三日,岁毋过九日,著为令",这大概是因福田院经费充足时而适当减少征收以作为对商贾的优惠。神宗熙宁二年(1069),京师雪寒,诏:"老幼贫 疾无依(而)丐者,听于四福田院额补给钱收养,至春稍暖则止。"这表明各个福田院救济对象有名额限制,或有名册,并非随人发放。当时的气候模式是冷相。

安济坊,宋代理疗机构名。北宋元祐五年(1090),文学家苏轼在杭州领导控制流行病时始建"病坊",又名"安乐"。崇宁二年(1103),政府将"安乐"接管并易名为"安济坊"[①],其后,各地均有安济坊之设。当时的气候模式是冷相。

宋代"广惠仓"

宋代于常平仓、义仓(社仓)之外,专设广惠仓,以为社会福利救济粮的基本储备。仁宗嘉祐二年(1057),采纳枢密使韩琦建议,将原先例由官府出售的绝户(无子孙者)田产改为募人耕种,收租谷另置仓储存,以救济州县郭(城)内老幼贫疾不能自存者,曰广惠仓。由提点刑狱官主管之。具体规定:凡绝户之田,州县户不满万者,留租千石之田为广惠仓田;万户以上倍之,户二万留三千石田,三万留四千石田,每增一万户增留一千石田,至十万户留万石 田。其余田亩,仍旧由官府出售。嘉祐四年(1059),令广惠仓改隶司农寺,"州选官二人主出纳,每岁十月遣官验视"。

---

① (元)脱脱,宋史·食货志上·赈恤。

关于发放救济,规定"应受米者书名于籍,自十一月始,三日一给,(每)人米一升,幼者半之,次年二月止"。这说明广惠仓无偿发放救济粮只在冬季,春夏秋三季不救济。

神宗熙宁二年(1069),广惠仓粮发放制度有所改变,除少量仍无偿颁给老疾贫穷者外,其余粮储均与常平仓一样平粜,即"遇贵量减市价粜(卖出),遇贱量增市价籴(买入)"。为此,各路置提举常平广惠事务专官,一并管理二仓出纳之事。未几,王安石又力主将常平广惠两种仓储一并作为"青苗"本钱出贷于民,收什二之利息,而常平广惠仓之法遂变而为青苗(法矣)。不久,又令天下卖广惠仓田。哲宗时一度复广惠仓,又以章惇用事(1094年),复罢之,卖田如旧法。至此,广惠仓结束,运行了37年。

熙宁二年(1069)九月,颁布青苗法。规定以各路常平、广惠仓所积存的钱谷为本,其存粮遇粮价贵,即较市价降低出售,遇价贱,即较市价增贵收购。其所积现钱,每年分两期,即在需要播种和夏、秋未熟的正月和五月,按自愿原则,由农民向政府借贷钱物。收成后,随夏、秋两税,加息十分之二或十分之三归还谷物或现钱。青苗法使农民在新陈不接之际,不致受"兼并之家"高利贷的盘剥,使农民能够"赴时趋事",但具体实施中出现强制借贷现象,是王安石变法措施中争议最大的内容。

宋代"漏泽园"

伴随气候脉动发生的是在气候节点附近发生的乞丐和收容危机。

北宋之初,东京沿袭唐制,有东、西两个福田院以收容乞丐及其他贫而无依之人,实际上才收养24人,徒具虚名而已。所以当淳化五年(994年,990,冷相)宋太宗对大臣兴高采烈地大谈都城繁荣时,吕蒙正立即指出:"臣常见都城外不数里,饥寒而死者甚众。"①当时是冷相气候,因此饥寒造成的丧葬危机比较严重。

大中祥符九年(1016年,1020,暖相)十二月,"大中祥符九年十二月,大名、澶、相州并霜,害稼"②;天禧元年(1017年,1020,暖相)十一月,"京师大雪,苦寒,人多冻死",次年正月湖南永州"大雪六昼夜方止,江、溪鱼皆死"。天禧年间(1017—1021年,1020,暖相),杭州湾曾经连续发生潮灾③(潮灾是气候恶化的先兆)。面对

---

① (元)脱脱.宋史·列传第24·吕蒙正传。
② (元)脱脱.宋史·志·卷15。
③ 陆人骥.中国历代灾害性海潮史料[M].北京:海洋出版社,1984:28.

如此的寒潮，"天禧中(1017—1021年,1020,暖相),于京畿近郊佛寺买地,以瘗(埋葬)死之无主者"①。官府拨给棺钱,"一棺给钱六百,幼者半之",后不复给,"死者暴露于道"。

至和元年(1054年,1050,冷相),"京师大雨雪,贫弱之民冻死者甚众";嘉祐元年(1056),"大雨雪,泥途尽冰。都民寒饿,死者甚众";嘉祐三年(1058)冬天至次年春:"自去年雨雪不止,民饥寒死道路甚众";嘉祐四年(1059),仁宗责令宋廷准备大过上元灯节之际,身为开封知府的欧阳修立即上书指出:"今自立春以来,阴寒雨雪,小民失业,坊市寂寥,寒冻之人,死损不少。薪炭食物,其价倍增,民忧冻饿,何眠遨游? 臣本府日阅公事内,有投井、投河不死之人,皆称因为贫寒,自求死所。今日有一妇人冻死,其夫寻以自缢。窃惟里巷之中,失所之人,何可胜数?②"在这股寒潮面前,嘉祐七年(1062),"开封府市地于四郊,给钱瘗民之不能葬者"③。英宗1063年,东京福田院扩大为四个,可收容1 200人。"增置南北福田院,并东、西各广官舍,日廪三百人。岁出内藏钱五百万给其费,后易以泗州施利钱,增为八百万"④。

神宗变法期间,对东京乞丐收养问题亦作了一定程度的改革。宋神宗熙宁元年(1068),朝廷还专门发布御诏,要求全国所有州府"每年春首,令诸县告示村耆,遍行检视,应有暴露骸骨无主收认者,并赐官钱埋瘗,仍给酒馔祭拜"。熙宁二年(1069)闰十一月二十五日的诏书有如下记载:"京城内外,值此寒雪,应老族孤幼无依乞丐者,令开封府并拘收,分擘于四福田院住泊,于见今额定人数外收养,仍令推判官、四厢使臣依福田院条贯看验,每日特与依额内人例支给与钱养活,无令失所。至立春后,天气稍暖日,申中书省住支,所有合用钱于左藏库现管福田院钱内支拨。"⑤从这一诏令可知,东京的乞丐是相当多的,每遇大寒之时,都被官府强制性地"拘收"于福田院,立春之后,再放出福田院。这种办法在熙宁六年(1073)已形成一种制度,至熙宁十年(1077年,1080,暖相)"元丰惠养乞丐法"具体规定为,每年农历十月初一至次年三月底,大约150天,为对乞丐收容救

① (元)脱脱,宋史·卷178·食货志上六·振恤。
② (宋)李焘,续资治通鉴长编·卷189·嘉祐四年。
③ (元)脱脱,宋史·仁宗本纪。
④⑤ (元)脱脱,宋史·卷178·食货志。

济时间,"每人日给米豆(混合计算)一升,小儿半之,三日一给,自十一月朔始,止于明年三月晦"①。

徽宗崇宁之初,依宰相蔡京建议,推行一套解决乞丐问题的社会福利制度,政府直接出手救济贫民乞丐,解决寒潮造成的乞丐问题。徽宗崇宁三年(1104),蔡京建议在全国推广漏泽园,"崇宁初,蔡京当国,置居养院、安济坊。居养院给常平米,厚至数倍,差官卒充使令,志火头,具饮膳,给以衲衣絮被。……三年,又置漏泽园。初,神宗诏:'开封府界僧寺旅寄棺柩,贫不能葬,令畿县各度官不毛地三五顷,听人安厝,命僧主之……'至是,蔡京推广为园,置籍,命人并深三尺,毋令暴露,监司巡历检察。安济坊亦募僧主之,三年医愈千人"②。徽宗崇宁五年(1106),淮东提举司言:"安济坊、漏泽园并已蒙朝廷赐名,其居养鳏寡孤独等,亦乞特赐名称。诏依京西、湖北以居养为名,诸路准此。"③宣和二年(1120),开封府一次赈济东京的贫民乞丐就达2.2万人,人数之众,数量惊人,仍然有不少遗漏者。

绍兴元年(1131)十二月十四日,通判绍兴府朱璞言:"绍兴府街市乞丐稍多,被旨令依去年例日下赈济。今乞委都监抄札五厢界应管无依倚流移病患之人,发入养济院,仍差本府医官二名看治,通判二名煎煮汤药,照管粥食。"④这说明当时的气候危机导致绍兴府养济院的成立。绍兴七年(1137),又成立建康府养济院,"天气寒凛,贫民乞丐令建康疾速踏逐舍屋,于户部支拨钱米,依临安府例支散,候就绪日申取朝廷指挥,为始收养"。当时虽然靠近暖相气候节点,仍然有各种寒潮发生,表现出异常的寒冷。

绍兴十四年(1144年,1140,暖相)十二月三日,"户部员外郎边知白言:'伏睹陛下惠恤穷民,院有养济给药,惟恐失所,所存活不可数计。独死者未有所处,往往散瘗到侧,宴为可悯。居养、漏泽,盖先朝之仁政也。从来漏泽园地多为豪猾请佃,不惟已死者衔发掘之悲,而后死者失掩埋之所。欲乞旨自临安府及诸郡凡漏泽旧园悉使收还,以葬死而无归者。发政施仁之方,掩骼埋皆为大,宴中兴之要也。'上曰:'此乃仁政所先,可令临安府先次措置,申尚书省行下诸路州军一体施行'",不久,临安府上言"被旨措置漏泽旧园葬无归者,本府欲下钱塘、仁和县拘收官私见占佃元旧漏泽园四至丈尺为藩墙限隔,每处选募僧人二名主管收拾埋瘗。及二百人,

---

① (宋)李焘,续资治通鉴长编·卷189·嘉祐四年。

②④ (元)脱脱,宋史·卷178·食货志。

③ (清)徐松,宋会要辑稿·卷60·食货。

覆宴申朝廷支绛紫衣一道,逐处月支常平钱五贯、米一硕,赡给僧人。委逐县知口检察,不得因缘科率骚扰。上曰,可令诸路州军仿临安府已行事理,一体措置施行,仍令常平司检察"①。至此,漏泽园在南宋各地逐渐恢复起来。

庆元年间(1195—1200年,1200,暖相),宋廷将漏泽园制度编入法令,规定"诸父母亡,过五年无故不葬者,杖一百"②。同时规定各州县须无偿为贫民提供葬地。其中,"诸客户死,贫无地葬者,许葬系官或本主荒地,官私不得阻障"。此后,漏泽园在各地多有设置,终南宋之世基本延续不废。

如此,我们把漏泽园制度的时间列入一张表,可以看到气候脉动推动社会福利的过程。

表 8　宋代产生丧葬救助（漏泽园制度）的气候背景

	发生时间	内　容	气候节点	气候背景
1	淳化五年(994)	饥寒而死者甚众	990	冷相
2	天禧中(1017—1021)	于京畿近郊佛寺买地,以瘗(埋葬)死之无主者	1020	暖相
3	嘉祐七年(1062)	开封府市地于四郊,给钱瘗民之不能葬者	1050	冷相
4	熙宁十年(1077)	规范救济制度	1080	暖相
5	崇宁三年(1104)	又置漏泽园	1110	冷相
6	绍兴十四年(1144)	恢复漏泽园	1140	暖相
7	庆元年间(1195—1200)	规范漏泽园制度	1200	暖相

为什么宋代会发生经常性的丧葬危机或乞丐危机？因为气候节点伴随着严重的气候冲击,政府应对不当,就会带来人口危机。和唐朝一样,宋代的气候整体温暖,人们依靠木炭或石炭过冬(见图80),而不是依靠保暖棉衣(见图81)或节能建筑(见图82)。当气候冲击来临之时,经常有准备不充分的人被冻死,经常发生成年人的早夭(导致绝户田成为广惠仓的主要来源),造成了大量的社会问题。所以政府不得不出面来收容乞丐,解决气候危机。发生在气候节点的乞丐或丧葬危机,说明了气候脉动带来的环境危机,是影响人口增长的重要原因。这种气候对人口的限制效果,要等到棉花革命和火灾危机推动的建材革命(见10.2节)之

---

① (清)徐松,宋会要辑稿·食货60之9。

② (宋)谢深甫,庆元条法事类·卷77·服制门·丧葬。

后,才能得到根治。

我们把上述的社会救助机构总结成一张表,可以发现气候对人口的影响趋势。

表9　历代救助机构的气候背景

	运行时间	节点	气候特征
六疾馆	482—489	480	暖相
孤独坊	521	510	冷相
悲田坊	701—734	720	暖相
福田院	1063		
漏泽园	1019—1021	1020	暖相
	1104—1127	1110	冷相
	1144	1140	暖相
	1195	1200	暖相
广惠仓	1057—1094	1080	暖相

从上述表格内容可以判断,历代政府的救助行为发生在气候节点附近,说明救助机构也是针对气候危机带来的人口危机而做出的社会救助行为。大部分救助行为出现在暖相气候节点,说明暖相节点附近的气候危机更严重。通常我们都会假设这是针对社会危机的最佳对策,暖相是因为经济扩张,国库充足,政府有足够的预算用于民众福利,所以社会救助是人类社会应对气候危机的一种外在表现和响应措施,需要放到气候变化的背景下才能完全认识。

4.4　福利革命

宋代为何会一再发生人口危机?这是人口增长与物质增长的不匹配造成的,或者说是由于邻近马尔萨斯临界点导致的人口危机。

由于户口是最基本的税收单位,古代政府都通过户口调查而掌握全国的人口概况。根据吴松弟汇集的宋代人口历史数据①,我们可以绘制成一张历史分布图,如下图38显示。

---

① 吴松弟. 中国人口史第三卷—辽宋金元时期[M]. 上海:复旦大学出版社,2000.

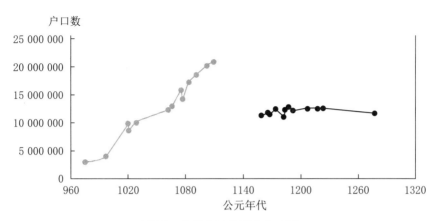

图38　宋代人口的历史分布图

从这张图可以看出,宋代人口在决定宋辽和平的澶渊之盟之后是迅速上升的,人口增长趋势明显,上升的势头持续了一个世纪。而南宋时期的人口经过短期的动乱之后保持长期的停滞状态。

北宋人口能够持续上升的原因包括:

1. 全球气候进入中世纪最暖期(950—1285),全球火山喷发数大为减少[1],气候冲击带来的扰动较少,日照期长,给农作物提供了更多的能量输入,因此农业产出增加,对人口增长提供助力。这一点与竺可桢的看法[2]恰好相反,他关注到北宋的异常寒潮,其实是暖相气候条件下的正常脉动。他注意到北宋因寒潮而大量死亡,来源于宋代建筑落后(草木建筑多,不够节能,也容易失火,达不到城市文明的基本要求)和宋代缺乏棉花(不能维持自身保暖,只能靠燃烧取暖,给燃料供应带来很大的需求)。根据欧洲的历史气候记录,当时的气候整体而言是异常温暖的,所以当时中国的气候也不应该太差。

2. 自从1004年宋辽缔结澶渊之盟之后到辽国灭亡的1124年,宋辽和平持续了120年,稳定的政治经济环境给人口的增长提供了合适的发展空间。虽然宋夏战争耗费了政府大量的物力财力,但宋夏战争在本质上是一次地方政府的反叛行为,战争主要发生在西夏的领土上,因此战争损失较少,对人民的影响较小。同期欧洲也经历了类似的人口增长大势,应对措施是主动发起十字军东征(1096—1291,约180年)来缓解当时的人口压力。

①　Lamb,H.H.,Climate,history and the modern world[M]. Routledge,1995.
②　竺可桢. 中国近五千年来气候变迁的初步研究[J]. 考古学报,1972(1):15—38.

3. 宋真宗引进推广占城稻相当于是一次针对气候变暖的农业革命。占城稻拥有抗旱、早熟、不依赖阳光时段的特征[1]，恰好可以深入缺水干旱的山区（本来就是原产印度的高地作物，适合引入缺水的地点和日照期增加的时段），并增加双季稻的复种概率（占城稻作为早稻播种，不影响正常的稻作周期），因此提升土地的复种指数和山区旱地的开发率。占城稻作为主粮引进中国的事件可以看作是中国农业发展史上的一次革命（上一次农业革命是引入小麦，大约是公元前2000年前后。下一次农业革命是引进玉米，1560年前后），有效推动人口的增长。

4. 虽然是中世纪温暖期，可是气候脉动仍然造成了多次寒潮（见2.2节），寒潮带来瘟疫，在医学比较原始、经济不充分的前提状态下，给社会带来较大的瘟疫危机（见5章）、信仰危机（见6章）、火灾危机（见10章）、燃料危机（见12章）和民族危机（见11章）。为了解决人口危机，需要更大的商业规模和通货投入，带来相关的经济危机（见7章）、货币危机（见8章）和贸易危机（见9章）。

那么，什么是宋代的福利革命？宋徽宗期间的福田院（老人）、漏泽园（死人）、"胎养令"（婴儿）、广惠仓（大众）是应对气候危机的作法，以便应对当时的人口危机，体现了社会福利的一种突破。除此以外，宋代响应气候危机的主要救助方式有以下几种：

1. 赈济

赈济主要是政府以无偿散发粮食、衣物或散碎银两等救济方法，来帮助灾民或老弱病残者渡过难关，又称赈谷、赈衣、赈银。也有灾民从事某种修建工程，给以钱和粮，不再让灾民承担无偿劳役，这是赈济。例如，孝宗乾道六年（1170年，1170，冷相）有灾，宋孝宗下令出钱米，招募受灾饥民利用秋冬之季筑堤防涝，兴修水利，这是一种"以工代赈"。

2. 调粟

调粟主要是在全国范围内，政府通过对丰收和遭灾不同的地域进行粮食的调拨和移民，解决灾年的粮食暂时性的短缺问题（即利用粮食作通货），让灾民的基本生活得到保障。其执行方式大体有三种：移民就粟（到外地就食）、移粟就民（调入

---

[1] Barker，R.，The Origin and Spread of Early-Ripening Champa Rice-It's Impact on Song Dynasty China [J]. Rice，2011(4)：184—186.

粮食)和平粜(丰买欠卖,平抑物价)。如开宝八年(975),"二月丙申,曹州饥,漕太仓米二万石赈之"①。

3. 放贷

放贷主要是放贷粮食和钱,实际是有偿救助灾民和贫民。如太宗太平兴国(976年十二月—984年十一月)时马元方为三司判官,建言,"方春民乏绝时,预给官钱贷之,至夏秋令输绢于官,和买绸绢盖始于此"②。王安石变法的青苗法,相当于把已有的政府放贷救灾办法制度化。

4. 安辑

安辑就是在灾荒发生以后,灾民流离失所,农耕废弃,导致田地荒芜,为恢复发展农业,政府往往会给受灾农民闲田耕种或征兵,并免其租、赋,通过这种方式,以达到安置灾民、稳定社会的目的。如宋仁宗天圣七年(1029),诏河北转运史,将契丹流民"分送唐、邓、汝、襄州,以闲田处之"。再如神宗熙宁八年(1075),"诏所在流民愿归业者,州县赍(jī)遣之"③。

5. 蠲(juān)缓

蠲缓是政府通过减免灾民田赋、丁赋、徭役、劳役等方式,帮助灾民复业、重建家园的积极措施。如仁宗天圣元年(1023年,1020,暖相),曾下诏对"流民能复者",其赋税只"收藏旧额之半","既而又与流民限,百日复业蠲赋役,五年减旧赋十之八"④。

6. 养恤

养恤是政府出面救助贫民、弃婴、老弱病残者,给他们提供同定的塔住场所、食物,有时还要发放寒衣,进行医药帮助等。如乾道元年(1165),浙西灾伤,饥民流入临安,约有数万人集中接受施粥赈济。到二月二十六日,臣僚报告说,城外饥民渐起疾疫。已有至少七十余人死亡,政府乃"诏令医官局于见赈济去处每处差医官二员。将病患之人诊视医治,其合用药,于和剂局取拨",对于"无所依"之人,"乃令就病坊安养从之"⑤。

---

① (清)陈梦雷,古今图书集成·经济汇编食货典·第75卷·荒政部汇考八·宋一。
② (宋)李焘,续资治通鉴长编·卷20·宋纪20,另见宋史·志128·食货上3·布帛和籴漕运。
③ (元)脱脱,宋史·神宗纪二。
④ (元)脱脱,宋史·卷173·志第126。
⑤ (清)徐松,宋会集稿·食货。

上述的资助办法，充分体现了商品经济发展之后，以人为本的社会管理理念。宋代是商品经济高度发展、专业化分工明显的时代，纳税人是商品经济发展的必要条件，救灾活民是"宏寄生"政府结构得以维系的前提条件。因此提供各种救助方式，可以更好地应对社会危机并维持社会的有效运转，因此推动了宋代社会的福利革命。今天社会提倡以人为本，也是因为社会的商品化运行模式，更尊重纳税者的个人权利和需要，这是宋代社会给我们的经验教训。

5

瘟疫危机与医学革命

在宋本《清明上河图》中,直接反映当时瘟疫危机的场景有四处,分别对应了宋代医者的四种身份。

一是医官,是官方医学体系下的医生,有品阶,入翰林医官院(元丰元年改为翰林医官局),如医馆赵太丞家(见图39或图10.r)。其中有一位在母亲陪同下抱小孩的妇女,接受赵太丞(貌似内科大夫)的诊断帮助。为什么图中要强调医生的官员身份?能当上医官,是医学水平高的标志;能当众开业,是医学见识宽的标志,两者相辅相成,才能提升个人技能的同时,为皇室健康提供高质量的服务。古今中外

图 39　宋本《清明上河图》中的"赵太丞家"代表医官

的医学制度,都重视学院教育和临床经验的双重培养。为什么在赵太丞家有一个儿童就医的画面?因为当时的社会仍然面临着严重的瘟疫危机和人口危机(见4.2节)。

二是坐堂医,如"杨家应诊"这样的医铺(见图40或图10.h),貌似是外科的大夫,代表典型的坐堂医。宋代一般是医药兼营,医生坐堂开方,然后直接在药房抓药。

图40　宋本《清明上河图》中的"杨家应诊"代表坐堂医

三是民间走方医(游医),负笈行医,如汴河旁的游方郎中(见图41或图7.h),在卖草药的同时,也提供临床诊断和健康咨询。

图41　宋本《清明上河图》中汴河边的游方郎中代表走方医

最后还有就是僧道医,在庙宇设些粥饭,施以慈善的同时也给人看病。有些僧道有些医术,云游四方,大约与走方医类似。如城内专门卖草药的僧人(见图42或图10.o)是典型的僧道医。

图 42 宋本《清明上河图》中城内的草药贩子代表僧道医

从这些宋代社会常见的四类医生,我们可以认识到宋代人口危机的来源之一是瘟疫危机,而瘟疫危机也有气候变化的贡献。

5.1 瘟疫危机

中国为什么会有那么多人口? 要回答这个问题,需要认识两点,第一,大部分传染病(瘟疫)都依赖某种动物的帮助(如鼠疫看老鼠和虱子,SARS 看蝙蝠),气候变化有利于某些动物的兴衰,推动传染病的传播;第二,为了克服人口危机,人们需要增加食货供应,需要征服和改造环境,而征服环境的最大挑战来自瘴疠。瘴疠来源于暖相气候下的各种微生物组合,暖相气候会增加微生物的组合,增加开荒的难度。一般情况下,南方的瘟疫即"千村薜荔人遗失,万户萧疏鬼唱歌",是人口上升的最大拦阻。那么,瘟疫是如何发生和消除的? 与气候变化有关。

瘟疫与气候

宋代瘟疫高发,韩毅[1]收集整理到 301 次瘟疫(剔除牛瘟和个别的个人染病案例),罗列在这里篇幅过长,因此省略。在这里,我们把它们发生的时间数据重新处理一下,假设每一次瘟疫都是前 5 年和后 5 年的气候造成的,那么可以假设一次瘟疫相当于引入一条高斯分布曲线(发生时间是高峰,两边影响时段的分布 $\delta = 5$),这样既保留了气候冲击引发瘟疫的急变特征(峰值),又保留了气候变化的慢变特征(气候影响)。然后,把所有瘟疫的响应高斯曲线都按年代逐年累加起来,得到一条宋代瘟疫的分布图(见图 43),从中可以发现 10 个瘟疫高峰的峰值时段。

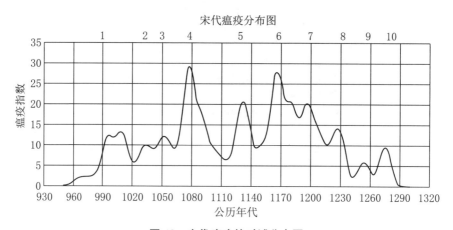

图 43 宋代瘟疫的时域分布图

宋初的气候十分温暖。建隆四年(963),"甲戌,占城国遣使来献(占城稻)",占城稻的流行需要特定的暖干气候条件[2]。同年发生宋代的第一次瘟疫,"秋七月,湖南疫"。七月癸亥,宋太祖"赐行营将校药"。

随后,气候开始转冷。太平兴国七年(982)三月"宣州雪霜杀桑害稼";雍熙二年(985)冬"南康军(今江西星子)大雨雪,江水冰,胜重载";淳化三年(992)三月,"商州霜,花皆死",九月"京兆府大雪害苗稼";咸平四年(1001)三月"京师及近甸诸州雪,损桑"。这一轮持续的寒潮,推动了图中第 1 波瘟疫。

① 韩毅. 宋代瘟疫的流行与防治[M]. 北京:商务印书馆,2015.
② Barker,R., The Origin and Spread of Early-Ripening Champa Rice-It's Impact on Song Dynasty China [J]. Rice,2011(4):184—186.

然后,气候开始变暖,如金橘产于江西,以远难致,都人初不识。明道、景祐(1032—1038)初,始与竹子俱至京师。该温暖的气候,推动了图中第2波瘟疫。

不久,气候又开始变冷,1042—1056年的15年间,出现了6次异常寒冷年的记载,如庆历三年(1043)十二月"大雨雪,木冰";1049年前后,北宋著名考古学家刘敞(1019—1068)从闽越回京师任职言:"秋即雪。长老或以为寡,人知其寡或共议之。"至和二年(1055)"冬自春阴霜杀桑"。嘉祐元年(1056)正月"大雨雪,大冰"。这一轮冷相气候,推动了图中第3波瘟疫。

随后,气候再次转暖。嘉祐四年(1059),张方平知秦州。有鉴于秦州(今甘肃天水)的物候提前现象,张方平写道"秦川节物似西川,二月风光已不寒。犹去清明三候远,忽惊烂漫一春残",说明当时气候开始转暖。熙宁十年十月三日至次年正月二十八日(1077年10月22日至1078年2月13日),苏颂在出使辽国的途中所作28首纪事诗中,不仅详细地记录了辽境类似中原的农业景象,而且多次提到了当时异乎寻常的暖冬状况。在这一轮气候变暖的条件下,发生大规模的瘟疫(第4波)。

乾统二年(1102),辽地"大寒,冰复合",此次寒冷事件拉开了北宋末年中国气候转冷的序幕。如乾统九年(1109)"秋七月,阴霜,伤稼",也是《辽史》中仅有的一次霜冻记录。这一轮冷相气候,一直持续到下一个气候节点,"二浙旧少冰雪,绍兴壬子(1132),车驾在钱塘,是冬大寒屡雪,冰厚数寸。北人遂窖藏之,烧地作荫,皆如京师之法。临安府委诸县皆藏,率请北人教其制度"。绍兴五年(1135)冬,江陵一带"冰凝不解,深厚及尺,州城内外饥冻僵仆不可胜数"。绍兴七年(1137)二月庚申,"霜杀桑稼"。此后数年间,江南运河苏州段,冬天河水常常结冰,破冰开道的铁锥成为冬季舟船的常备工具。这一轮拖了很久的冷相气候,推动了第5波瘟疫。

绍兴十二年(1142)南宋政府开始了为时七载的"措置经界"运动,改革了南宋赋役制度,并大规模兴修好田、推广精耕细作技术,使得这一时期长江流域农业经济空前繁荣,粮食产量不断提高,形成了"苏湖熟,天下足"的局面。然而,好景不长,隆兴二年(1164)冬,"淮甸流民二三十万避乱江南,结草舍遍山谷,暴露冻馁,疫死者半,仅有还者亦死"。乾道八年(1172),时在广西钦州任职的地理学家周去非写道:"盖桂林尝有雪,稍南则无之。他州土人皆莫知雪为何形。钦之父老云,数十年前,冬常有雪,岁乃大灾。盖南方地气常燠,草木柔脆,一或有雪,则万木僵死,明岁土膏不兴,春不发生,正为灾雪,非瑞雪也。"福建一带荔枝树继大观庚寅

129

(1110)冬大规模冻死之后，淳熙五年（1178）冬福州荔枝再次因大雪严寒而枯槁。这一轮寒潮，推动了第6波瘟疫。

到1195至1220年期间，杭州暖冬记录次数明显增加，连续9年冬春无冰雪记载，如庆元四年（1198）冬，"无雪。越岁，春燠而雷"；六年（1200），"冬燠无雪，桃李华，虫不垫"；嘉定元年（1208），"春燠如夏"。承安三年（1198），金朝政府有鉴于购买茶叶"费国用而资敌"，就曾下令在其部分管辖区域内设官制造，试图实现茶叶生产的本地化。泰和元年（1201），金章宗在该年十一月谕工部曰："比闻怀州有橙结实，官吏检视，已尝扰民。今复进柑，得无重扰民乎？其诚所司，遇有则进，无则已。"[1]这一轮引种茶叶和橙子代表的暖相气候，推动了第7波瘟疫。

然后，金朝正大四年（1227）八月癸亥，"是日，风，霜，损禾皆尽"；天兴元年（1232）五月辛卯，"大寒如冬"。这一轮冷相气候，推动了第8波瘟疫。

寒潮之后有春天，1231—1260年是中世纪中国东部地区过去2000年最暖时段之一，冬半年平均气温较今高0.9℃，故当时北京"独醉园梅数年无花"，而"今岁特盛"。元至元四年（1267），"印造怀孟等路司竹监竹引一万道，每道取工墨一钱，凡发卖皆给引"，元代的竹林经济，是竺可桢认定的气候变暖的特征之一[2]。这一轮气候变暖，推动了第9波瘟疫。

最后，是元政府灭宋战争造成的第10波瘟疫。值得一提的是，这一轮战争恰好发生在1280年的奎罗托（Quilotoa）火山爆发之前。该火山爆发改变了气候的温暖趋势，导致1281年元政府第二次征服日本战役中的台风提早一个月发生，因此改变了历史，也对1285年之后欧洲"小冰河期"的发生产生了推动作用。

巫医与巫术

中医的众多分支门类中，有一项是祝由科（心理救治），很容易演化成巫术和巫医。宋代的瘟疫，经常伴随着巫医的兴盛。根据韩毅的总结[3]，有下面8次巫医事件伴随着瘟疫发生。

天圣元年（1023年，1020，暖相），江南西路豫章（治今江西南昌）"大疫"。洪州知州夏竦（985—1051）积极采取应对措施，一方面"命医制药分给居民"；另一方面

---

① （清）毕沅.续资治通鉴·卷第156·宋纪156。
② 竺可桢.中国近五千年来气候变迁的初步研究[J].考古学报，1972(1):15—38.
③ 韩毅.宋代瘟疫的流行与防治[M].北京：商务印书馆，2015.

又采纳医人的建议,指出"如此则民死于非命者多矣,不可以不禁止","遂下令捕为巫者杖之,其著闻者黥隶他州"。值得一提的是,公元 1024 年,一项皇家法令就要求"禁两浙、江南、荆湖、福建、广南路巫觋挟邪术害人者"①,说明当时的巫术非常猖獗,饥荒和瘟疫是肇因之一。

康定二年(1041 年,1050,冷相),梓州路广安军(治今四川广安)"大疫",寿安县太君王氏家婢疫,"染相枕藉,他婢畏不敢近,且欲召巫以治之"。王氏不许,"亲为煮药致食膳"。左右争劝止之,王氏则说:"平居用其力,至病则不省视,后当谁使者。"

熙宁初(1068),两浙路永嘉(治今浙江温州)"大疫"。沈度"母病死,其女奴又死,家人卧疾,数辈内外皆恐,议如巫说"。沈度"独不顾触禁忌,具棺敛为服,朝夕哭泣,荐奠如礼,卒无他"。时"居邑火",沈度"闻噪作,疾趋,蹈烟焰,负其母而出"。周行己在《沈子正墓志铭》中给予了高度评价:"乡人壮其义,是可铭者。"②

元丰三年至七年(1080—1084 年,1080,暖相),苏辙除右司谏,为时人所忌,再谪知袁州未至,降朝议大夫,试少府监,分司南京、筠州居住。在任监筠州盐酒税期间,筠州(治今江西高安)"时大疫,乡俗禁往来动静,惟巫祝是卜"③,苏辙"多制圣散子及煮糜粥,遍诣病家与之,所活甚众"。

乾道二年(1166 年,1170,冷相),江南西路隆兴府"会岁大札(即疫疠),巫觋乘间惑人,禁断医药,夭横者众"。徽猷阁直学士、知隆兴府充江南西路安抚使吴芾,"命县赏禁绝,集群医分井治疗,贫者食之,全活不可计"。城旧有豫章沟,"比久湮塞,民病涂潦"。吴芾认为:"沟洫不通,气郁不泄,疫疠所由生也。"于是,"亟命疏浚,民得爽垲以居"④。

乾道七年(1171 年,1170,冷相),江南东路饶州鄱阳县(治今江西鄱阳)乡民郑小五,"合宅染疫疠,贫甚,饘粥不能给。欲召医巫买药,空无所有"⑤。

庆元元年(1195 年,1200,暖相)春夏间,两浙西路常州(治今江苏常州)"疫气大作,民疾者十室而九"。由于"常俗贵巫贱医","四巫执其柄,凡有疾者必使来致

---

① (元)脱脱等,宋史·本纪七·卷九·仁宗一。
② (宋)周行己,浮沚集·卷 7·沈子正墓志铭。
③ (清)谢旻,雍正江西通志·卷 60·名宦四。
④ (宋)朱熹. 晦庵先生朱文公文集·卷 88·龙图阁直学士吴公神道碑[M]//朱子全书:第 25 册. 上海:上海古籍出版社,2002:4107—4116.
⑤ (宋)洪迈,夷坚志·卷 295·王牙侩。

祷,戒令不得服药",故虽府中给施而不敢请。常州知州张子智在充分调查了巫师的罪行后,"即拘四巫还府,而选二十健卒,饮以酒,使往击碎诸像,以供器分诸刹。时荐福寺被焚之后,未有佛殿,乃拆屋付僧,使营之。扫空其处,杖巫而出诸境。蚩蚩之民,意张且贻奇谴,然民病益瘳,习俗稍革"①。

我们把这几次巫医事件总结在下表中。由于缺乏科学理论、培训方法和效果评价,中医在执行过程中很容易发生偏差,结果就是近巫。

表 10 宋代巫医发生的地点

时 间	地 点	预期节点	气候特征
1023 年	江南西路豫章	1020	暖相
1024 年	两浙、江南、荆湖、福建、广南路	1020	暖相
1041 年	梓州路广安军	1050	冷相
1068 年	两浙路永嘉	1080	暖相
1080 年	江南西路筠州	1080	暖相
1166 年	江南西路隆兴府	1170	冷相
1171 年	江南东路饶州鄱阳县	1170	冷相
1195 年	两浙西路常州	1200	暖相

上表表明,气候脉动造成的瘟疫,通常伴随着自然灾害,也是推动巫术高涨的原因之一,反映了"气候推动瘟疫,瘟疫推动巫术"的因果传递链。

5.2 医学突破

唐宋时期(主要是北宋)是我国人口高涨的时段,瘟疫比较集中,政府投入大,医学突飞猛进。根据气候和瘟疫的脉动性,我们可以辨识出医学突破的脉动性和规律性特征。

唐代医学的突破

《千金要方》又称《备急千金要方》《千金方》,是中国古代中医学经典著作之一,被誉为中国最早的临床百科全书,共 30 卷,是综合性临床医著。唐朝孙思邈所著,约成书于永徽三年(652 年,660,暖相)。该书集唐代以前诊治经验之大成,对后世

---

① (宋)洪迈,夷坚志·卷 374·张子智毁庙。

医家影响极大。《千金要方》总结了唐代以前医学成就,书中首篇所列的《大医精诚》《大医习业》,是中医学伦理学的基础;其妇、儿科专卷的论述,奠定了宋代妇、儿科独立的基础;其治内科病提倡以脏腑寒热虚实为纲,与现代医学按系统分类有相似之处;其中将飞尸鬼疰(类似肺结核病)归入肺脏证治,提出霍乱因饮食而起,以及对附骨疽(骨关节结核)好发部位的描述、消渴(糖尿病)与痈疽关系的记载,均显示了相当高的认识水平;针灸孔穴主治的论述,为针灸治疗提供了准绳,阿是穴的选用、"同身寸"的提倡,对针灸取穴的准确性颇有帮助。因此,《千金要方》素为后世医学家所重视。

此外,唐代为向民众普及卫生知识,改善大众卫生状态,曾常向民众颁布救病医方。

开元十一年(723 年,720,暖相)七月,"诸州置医学博士敕。敕,神农辩草,以疗人疾,岐伯品药,以辅人命,朕铨览古方,永念黎庶,或营卫内壅,或寒暑外攻。因而不救,良可难息。自今远路僻州,医术全少,下人疾苦,将何侍赖? 宜令天下诸州,各置职事医学博士一员,阶品同于录事。每州写《本草》及《百一集验方》,与经史同贮。其诸州子录事各省一员,中下州先有一员者,省讫仰州补,勋散官充"①。这是第一次提到唐政府对瘟疫的免费支持态度。

玄宗天宝二年(743 年,750,冷相),曾亲撰《广济方》颁行天下,并令郡县长官"就《广济方》中逐要者,于大板上件录,当村坊要路榜示"。值得一提的是,公元741 年一场提早的江雪是气候转冷的标志,次年改元天宝,构成了"气候变化导致瘟疫,瘟疫推动医书"的因果链。

德宗贞元年间(785—805),又令编成《贞元集要广利方》(796)五卷,颁下州府,并令"闾阎之内,咸使闻知"。唐代各州县设有医学博士及医学生,亦经常免费为贫民治病,这大概是中国最早的医疗福利制度。"贞元十五年(799)四月敕,殿中省尚药局司医,宜更置一员;医佐加置两员,仍并留授翰林医官,所司不得注拟。"②何时设置待考,这可能是中国医学史上最早设置之翰林医官。

宋代医方的搜集

出现疫情,意味着在短时间内出现症状相同的病人,一种简单的应对措施是提

---

① (宋)宋敏求,唐大诏令集·卷 114·医术·令诸州置医学博士诏。
② 王傅,唐会要·卷 65,中华书局,1955 年,p.1127。

供药方,进行简单复制,可以降低诊断的成本。通常,医生往往都会根据你的病情来给你定开什么药,药的分量应该是多少,照方买药,对症下药,在这时就显出医方学的重要性了。药方学不仅提供中药的性状特征,还有主治对象,并提供服药的效果,因此是应对流行病的常规处理办法。

太宗时期,淳化三年(992 年,990,冷相)所编成、发行 100 卷的《太平圣惠方》是一次应对瘟疫的措施。宋太宗命令医师们:"参对编类,每部以隋太医令巢元方《病源候论》冠其首,而方药次之。"①这部书共一百卷,收录了药方一万六千八百三十四首,好处在于收录的十分齐全,坏处在于篇幅过长过大,书籍价格过贵,因此普及性不高。此外,宋太宗还组织编纂了《神医普救方》1 000 卷〔宋贾黄中等撰成于雍熙三年(986 年,990,冷相)〕,目录 10 卷,是我国古代最大的方剂书。宋朝政府还对《脉经》《千金方》等医学书籍广泛印发,任人购买,这些也为人们了解医学知识提供了方便。

随着另一轮瘟疫的发生,《太平圣惠方》过于宽泛、缺乏针对性的缺点被广泛认清,皇祐初年,宋仁宗下诏翰林医官使周应编撰《皇祐简要济众方》(以下简称《简要济众方》)5 卷,于皇祐三年(1051)五月成书,以便于推广。

在宋神宗熙宁九年(1076 年,1080,暖相),宋朝设太医局(官办药局),下设"卖药所",又称"熟药(中成药)所",负责制造成药和出售中药,制成药酒、药丸等出售。元丰年间(1078—1085),太医局将其配方蓝本结集刊印,名《太医局方》②。宋代的很多药方都延续到了现代,也都是治病的好手段。元丰三年(1080 年,1080,暖相),淮南西路黄州(治今湖北黄冈)"连岁大疫"。黄州团练副使苏轼(1037—1101)用圣散子方加以治疗,"所全活者不可胜数"。

崇宁二年(1103 年,1110,冷相),官府采纳各地设熟药所的建议,官办药局逐渐普及全国。此外,大观年间(1107—1110),朝廷诏令陈师文对《太医局方》进行整理修订。绍圣四年至大观二年(1097—1108),北宋唐慎微编印了《政和经史证类本草》。

绍兴六年(1136 年,1140,暖相)正月四日,置药局四所,其一曰和剂局。如绍兴六年(1136 年,1140,暖相)诏:"熟药所、和剂局、监专公吏轮流宿值。遇夜,民间

---

① (元)脱脱.宋史·列传·卷220·方技上.
② 柴金苗,张东波.太平惠民和剂局方精要[M].贵阳:贵州科技出版社,2007:2—4.

缓急赎药,不即出卖,从杖一百科罪。"①绍兴十八年(1148),成立"惠民和剂局",专门制作药品,改熟药所为"太平惠民局",发售官方成药,并发行药方类书《太平惠民和剂局方》。此处流传于宋元两代,对瘟疫救治起到了重大作用,其中很多药方被沿用至今。

开禧二年(1206年,1200,暖相),许洪对《太医局方》进行了整理,增加序言。宝庆年间(1225—1227年,1230,冷相)和淳祐年间(1241—1252年,1260,暖相)分别增减,最终成为今天的《太平惠民和剂局方》,是宋代应对气候危机带来的瘟疫危机的经验总结,今天仍然有效。

从宋代政府对医药局和医方的整理过程中(见表11),我们发现下列气候节点附近存在很大的药方需求:990、1050、1080、1110、1140、1170、1200、1230、1260。所以,药局和药方也是宋代政府响应气候变化的一种应对办法,目的是解决瘟疫带来的人口危机。

表 11　宋代主要医书的诞生时机

时　间	地　点	预期节点	气候特征
986 年	《神医普救方》	990	冷相
992 年	《太平圣惠方》	990	冷相
1051 年	《皇祐简要济众方》	1050	冷相
1078—1086 年	首次整理《太医局方》	1080	暖相
1080 年	苏轼之《圣散子方》	1080	暖相
1097—1108 年	唐慎微《政和经史证类本草》	1110	冷相
1107—1110 年	陈师文《太医局方》	1110	冷相
1148 年	太平惠民和剂局方	1140	暖相
1206 年	许洪《太医局方》	1200	暖相
1225—1227 年	增减《太医局方》	1230	冷相
1241—1252 年	增减《太医局方》	1260	暖相

值得一提的是,北宋政府的医方学突破主要发生在冷相,因为人口中心在北方,北方政权更害怕冷相气候;南宋政府的医方学进展主要发生在暖相,因为人口中心在南方,南方政权更害怕气候变暖。

---

① (清)徐松,宋会要辑稿·职官·二七之六六。

不同时期的流行病状应当有所不同,流行病学的研究提供了一些证据。从1895年到1945年,日据台湾50年,留下了一份详细的南方气候在不同气候条件下的传染病死亡率调查记录①。从1899—1916年期间(冷相气候),台湾死亡率最高的传染病是疟疾,占死亡率的17.59%,每1 000人中有4.62人死亡。排在疟疾之后的是痢疾和小肠炎。1917年之后气候转暖,当地传染病的排序发生重大变化,首先是肺炎(千分之4.42的死亡率),其次是痢疾(千分之2.55)和寄生虫病(千分之2.5)。这一变化的时间节点(1917),是符合1920年前后气候转暖预期的。按照台湾地区在日据时代的传染病经验,中国南方社区存在"暖相多肺炎,冷相多疟疾"的流行病趋势。该规律是否普遍实用,还有待相关的研究。

宋代医学的突破

在宋代的瘟疫高峰中,中医学理论取得了很大的突破。

五代道士烟萝子绘制于公元944年以前的《烟萝子五脏图》,原名《内境图》,系五代时道士烟萝子(又称燕道人)所绘,是现存最早的人体解剖学图作。图中最大的错误在于肝在左,脾在右,而不少内脏器官的形状、位置粗疏,不准确。

**图44 中国国家博物馆
复原的宋针灸铜人**

宋仁宗天圣四年(1026年,1020,暖相),王惟一奉诏,竭心考订针灸著作。他按人形制作人体正面、侧面图(见图44),标明腧(shù)穴(就是我们一般说的穴位)的精确位置,并搜采古今临床经验,汇集诸家针灸理论,著成医书3卷,取名《铜人腧穴针灸图经》,共载腧穴657个。《铜人腧穴针灸图经》和针灸铜人(实用的医学模型)是为首次国家级的经穴大整理,以十四经为纲,三百五十四穴为目,并附有插图十五副。全书编写体例统一,结构严谨。一方面集成了古代针灸著作的理论系统,另一方面便于临证取穴治疗和研究,为针灸的

---

① Leung, A.K.C., Diseases of the Premodern Period in China, in Cambridge History of World Diseases [M].1993:356.另见梁其姿.中国近代的疾病,剑桥世界人类疾病史[M].上海:上海科技教育出版社,2007.

发展做出了很大贡献,堪称针灸学发展史上
的里程碑。

宋仁宗庆历五年(1045 年,1050,冷相),
宋军平定了欧希范起义,在处死欧希范后,欧
希范的遗体被医生解剖进行研究,并且由画
师吴简进行观察和绘制,形成了著名的医学
作品《欧希范五脏图》(见图 45),这是一次宝
贵的尝试,并且有着重要的教学示范作用。

其后,宋徽宗崇宁年间(1102—1106 年,
1110,冷相),名医杨介发现《烟萝子五脏图》等
人体解剖著作的内容有诸多错误,决心绘制一
部较准确的人体内脏介绍图谱。他将《烟萝子
五脏图》等著作进行比对,结合《黄帝内经》等医

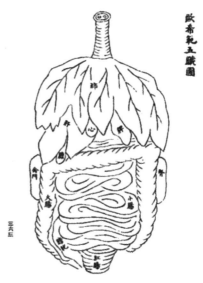

图 45　根据古籍复原的《欧希范五脏图》

典,亲自绘制了若干人体内脏图,再对各部分图片编撰文字,包括内脏的位置、大小、
形状、功能等。整理过程中,他时不时去城里找当日亲临刑场的画师面谈,以免出现
错误。这样,杨介花一年多时间绘成了人体解剖图谱——《存真图》(见图 46)。

图 46　《烟萝子五脏图》(左为内境背面图,右为内境正面图)

《存真图》,又名《存真环中图》(据传,杨介六年后在《存真图》中加入内脏的"经
络"部分,并改书名为《存真环中图》,环中即"经络"之古意,并非有的学者认为这是杨
介两部不同的医典)存真,古意即"脏腑",点明此书主要用图文方式直观介绍人体的

五脏六腑。《存真图》清晰展示了从咽喉到腹部的内脏构造情况,并对经脉联络、精血流转等进行了细致描述。书中包括肺侧图、脾胃包系图、气海横膜图(气海穴,位于肚脐正下方一寸半处)、二分水阑门图(阑门穴,位于肚脐正上方一寸半处)等若干图。

北宋内科的代表人物是朱肱,他在北宋大观元年(1107 年,1110,冷相)写成《南阳活人书》(共 22 卷),该书是在东汉神医张仲景的《伤寒杂病论》的基础上根据个人经验而创作的。

宋代妇科的代表性人物是陈自明,他所著的《妇人大全良方》是古代中医学名著。该书又名《妇人良方大全》《妇人良方集要》《妇人良方》,成书于 1237 年(1230,冷相)。

宋代解剖学的发展,为南宋宋慈在淳祐七年(1247)出版《洗冤集录》奠定了基础。宋代的主要医学突破如下表(表 12)所示。

表 12　宋代主要医学理论的突破时机

时　间	事　件	预期节点	气候特征
?—944 年	《烟萝子五脏图》	930	冷相
1026 年	王惟一《铜人腧穴针灸图经》	1020	暖相
1045 年	吴简《欧希范五脏图》	1050	冷相
1102—1106 年	杨介《存真图》	1110	冷相
1107 年	朱肱《南阳活人书》	1110	冷相
1237 年	陈自明《妇人大全良方》	1230	冷相

上述的医书出版时机,代表了医学特殊领域的突破,大都是冷相气候节点附近,体现了气候节点附近气候冲击对医学的推动作用。因为市场需要激增,推动了医学技术的突破和推广,而市场需要,则来源于环境危机。环境危机,往往又是气候模式发生变化的结果。

医学制度的改革

宋初,设太医署管理其医学教育。宋太祖于乾德元年(963)闰十二月曾"闰月己酉朔,校医官,黜其艺不精者二十二人"[①]。宋早期,对医学生的培养,由隶属于

----

① (宋)李焘,续资治通鉴长编·卷四·太祖乾德元年闰十二月乙酉条,112 页。另见:宋史·卷一·太祖本纪,16 页。

太常寺的太医署专门负责,太医署有四大职能,分别是行政、教学、医疗、药工,其教学部分有两大我们称之为院系的学科划分,分别是,医学、针学;往下又细分为九小科:大方脉科、小方脉科、风科、产科、眼科、针灸科、口齿兼咽喉科、疮肿兼伤折科、金簇兼书禁科。

有些学者认为至迟在淳化三年(992年,990,冷相)已经出现了太医局这一医学教育机构。史载太宗淳化三年(992)发生疾疫,五月,下诏"令太医局选良医十人参与救治"①。这是所见最早的记载宋代太医局活动的资料。

公元1044年(1050,冷相),宋仁宗在"太常寺"设立"太医局",开始选拔"医官"传授医学知识,首次把"医学"纳入了"官办教育"的体系之中,标志着宋代官办医学教育的正式开始。太医局设提举(校长)一人,判局(副校长)二人,教授九人及局生三百人。于翰林院选拔医官讲授医经。地方上也纷纷仿照太医局设立地方医学教学机构。嘉祐六年(1061)各道、州、府吸收本地学生习医,由医学博士教习医书,学生名额大郡以10人为限,小郡以7人为限。在学科方面,太医局课程设置分共修课和加习课两类。所有专业和科别的必修课程有:《素问》《难经》《诸病源候论》《嘉祐补注本草》和《千金要方》五种。加习课三个专业分别设置:方脉科为《脉经》《伤寒论》;针科为《针灸甲经》《龙木论》;疡科为《针灸甲乙经》《千金翼方》等医学经典。

也有不少学者依据《宋史》的记载,认为太医局始建于熙宁九年(1076)。宋神宗熙宁八年(1075年,1080,暖相),太常寺主簿单骧上言置提举太医所获准②。第二年,太医局"诏勿隶太常寺",从太常寺中分离出来,当时的主管官员包括提举太医局和管勾太医局,表明太医局的社会地位进一步提高。

公元1103年(1110,冷相),宋徽宗下令扩增医学教学的程度,而扩增的结果就是按照"比三学"(太学,画院)的思想建立了太医学。组建而成的太医学,成了中原地区医学的最高等学府。宋徽宗崇宁二年(1103),九月十五日讲议司奏:"……所有医工未有奖进之法,盖其流品不高,士人所耻,故无高识清流习尚其事。今欲别

---

① (清)徐松,宋会要辑稿·职官·二之二五,"太宗淳化三年五月,诏,以民多疾疫令太医局选良医五人,给钱五十千为市药之,宜分遣十京城要害处,听都人之言,病若给以汤药,扶疾而至者,即诊之,仍分遣内侍一人按之",第2877页。

② (宋)李焘,续资治通鉴长编·卷二七一,熙宁八年十二月癸卯条,第6644页。

置医学,教养上医难以更隶太常寺。欲比三学,隶于国子监"①。徽宗下诏"宜令遵守施行"。医学上升到了同传统经学同等的地位,称为太医学。徽宗崇宁三年(1104)六月二十日,讲议司回顾熙宁九年(1076)兴置太医局,其主要目的就包括"教养生员,分治三学诸军疾病"②。崇宁五年(1106)正月二十四日罢书画算医学,令附于国子监。大观元年(1107)二月十七日复置医学。大观四年(1110)三月庚子"诏:医学生并入太医局,算入太史司,书入翰林书艺局,画入翰林画图局,学官等并罢"③。"政和三年(1113)闰四月一日,尚书省言检会太医令裴宗元乞就太医局复置太医学,并依大观已行条例施行。"④"政和七年(1117)……朝廷兴建医学,教养士类,使习儒术者通黄素,明诊疗,而施与疾病,谓之儒医。"⑤医学的地位达到了顶峰。然而昙花一现,至宣和二年(1120)七月二十一日便下诏废除了太医学。

隆兴元年(1163 年,1170,冷相)六月,宋孝宗即位,为节省财资,下诏省并太医局,减少人员⑥。到乾道三年(1167)迫于财政支出的压力,孝宗干脆废除了太医局,仅仅保留御医诸科,由太常寺掌管其事⑦。一度中断的医学教育直到乾道七年(1171)才得以恢复。这年十二月二十三日,宰执进呈,太医局生乞附省试,试补虞允文等奏曰:"医人入仕之路三,有试补,有荫补,有荐补,今独试补之法废,恐庶民习医者,无进取之望,不复读医书,且局生请给,岁不过四千络,国用司省之过矣,上曰然。"⑧当时是冷相气候,瘟疫多发,需要提供大量的医生。

宋光宗绍熙二年(1191 年,1200,暖相)七月,"复置太医局",八月"礼部言太常寺检照太医局旧法下项,本局官二员,朝官充判,京官为主管,选人为垂,未罢局之前止差一员。教授四员于翰林医官内差。权吏额四人,未罢局之前系前行一人,手分一人,后来权令太常寺掌行存留一人行遣。局生以三百人为额,裁减一百三十一人,未罢局之前八十五人"。光宗诏"吏额依未罢局前人数,局生以一百人为额"⑨。但此后太医局步履维艰,日趋没落。

根据上述事件,我们可以把宋代政府的官方医疗队伍建设总结成下表(表 13)所示。

---

① ⑤　(清)徐松,宋会要辑稿·崇儒三·医学。
② ④　(清)徐松,宋会要辑稿·职官·二二之三八。
③　(元)脱脱,宋史·本纪·卷 20·徽宗二。
⑥　(清)徐松,宋会要辑稿·职官·二二之四〇。
⑦　(清)徐松,宋会要辑稿·职官·二二之四〇~四一。
⑧ ⑨　(清)徐松,宋会要辑稿·职官·二二之四一。

表 13　主要医学机构的改革时机

时　间	事　件	气候节点	气候特征
963 年	太医署	960	暖相
992 年	太医局	990	冷相
1044 年	太医局	1050	冷相
1076 年	太医局不再隶属太常寺	1080	暖相
1103 年	太医学	1110	冷相
1167 年	废太医局	1170	冷相
1191 年	恢复太医局	1200	暖相

宋代太医署的改革,主要发生在气候节点附近,体现了气候脉动对瘟疫的推动作用,也是在气候节点附近更显著。这是社会响应气候脉动的第三手证据(政治响应气候脉动),而医方是响应气候脉动的第二手证据(技术响应气候脉动),瘟疫是响应气候脉动的第一手证据(自然界响应气候脉动)。

5.3　医学革命

瘟疫多发的肇因

宋代瘟疫频发,大体有以下几点原因。

第一,由于农业革命,人口大幅增长,这些增长的人口,主要集中在城市,因此造就了北宋城市化率达到 22% 的奇迹。人口密度大,意味着卫生条件跟不上,很容易导致大规模的瘟疫蔓延。所以,瘟疫危机的本质还是人口危机,伴随着宋代人口高涨的形势而来。

第二,宋代位于中世纪温暖期,暖相气候较多,也不乏气候的扰动(气候冲击或寒潮)。暖相气候固然会带来很多因为昆虫繁荣而导致的传染病,冷相气候也会带来的蚊虫相关的瘟疫。中国古代人口自从公元 2 年达到 6 500 万,到北宋末期达到 1 亿人口,近千年人口基本停滞在 5 000 万的水平,最大的拦阻就是粮食瓶颈(表现为战争和内乱)和瘟疫瓶颈(司马迁总结为"江南卑湿,丈夫早夭")。中世纪全球变暖的气候在气候冲击作用下,对粮食供应的扰动大,并在瘟疫上发难。所以,瘟疫危机的本质是环境变暖带来的生态危机。

第三,宋代处于城市化的早期阶段,刚刚从草木建筑转向砖瓦建筑,在建筑的保温、通风和防火水平上缺乏经验积累,所以遇到寒潮就会产生大规模的伤亡现象、遇到火灾就会财产损失、遇到疾疫就会伤亡惨重,这是城镇化率提高造成的必然结果,欧洲在14—16世纪也经常发生。所以,瘟疫危机的本质是技术水平落后带来的社会发展危机。

所以,瘟疫危机是气候、环境与社会共同造成的社会危机。

医学革命

面对12世纪初的气候危机,北宋政府也做出了多项创新,提升医生的地位,改进医学教育方式,编纂校订医书,兴办官药局(提供廉价药物),因此对中医学的推动作用非常明显。

一、医官制度

北宋承袭唐制,设立了翰林医官院,掌管卫生行政。但是最初的医官是没有品级的,地位很低。宋徽宗政和初(公元1111年)之前,医官比同武阶,其后才改文职(文职比武职社会地位高)。政和前,医官分十四阶。政和后,增翰林医官、翰林医效、翰林医痊、翰林医愈、翰林医证、翰林医候、翰林医学,共二十二阶,大大提高了医官的地位。京城和大州设医学博士、助教各2人,小州设医学博士1人,这些博士、助教在本州医生中选医术精良者补充。如果没有合适人选,则在其他地方挑选医术高超的医生充任。博士和助教等医官实行动态管理,每年都会进行考核。如果医生医术不精,治疗出现多次失误,经查验属实后会被剥夺医官的官职,另选合格者充任。随着寒潮和瘟疫的形势恶化,这些中央设置的医官体系,也推广到了地方。今天我们对医生尊称"大夫",正是始于宋徽宗时代。

二、医学教育

北宋前期,太医局是中央一级最主要的医学教育机构,其职能主要是教导医学生,为朝廷选试医官,同时担负医疗防疫工作,以及大范围的流行性疾病的救治。虽然宋朝政府对太医局寄予了很大的期望,但是当时医学生的地位并不高,对学生的吸引力并不大。

崇宁二年(1103),宋徽宗对太医局进行了改革,将太医局中负责教育医官的职能划归国子监,将医学的地位提高到与四书五经相当的地位,将医学生与太学生放在同等的管理和待遇水平上,同时对医学生的培养从只注重理论知识转为理论与实践相结合,重视培养医学生的实践的经验。这些举措大大提高了医学教育的社会地位,也吸引了大批儒士加入到医生的队伍中,使医学教育快速普及推广。徽宗时期的医学考试称作"春试",每年录取三百名左右的学生入太医局学习。太医院的学生中,很大一部分是医官家的子弟。宋徽宗借鉴了南北朝时士族的"门荫"制度,将医官这种技术官员定为可以通过"子承父业"来获得,充分利用了医官世家的子弟。他们从小耳濡目染,对医学的领悟力较高,学生的综合素质相对平民来说也要高出不少,他们进入太医局学习的成材概率比较高。

学生们在太医学经过三年的学习,经考核合格者便可毕业。考核的内容包括理论知识和实践两大类,是对学生的综合运用能力的考核。学生通过考核毕业后,根据成绩和需要,或留在中央或地方当医官,或在太医局以等医学教育机构从事传道授业,体现了国家对医学的重视程度。

三、编撰、出版医书

宋代政府组织编撰、校订的医学书籍很多,但影响最大的是《和剂局方》和《圣济总录》。这两部恰恰都是在宋徽宗时期编撰、校订而成的。

《和剂局方》共 5 卷,记载医方 297 个,号称"大观二百九十七方",是世界上最早的国家药局法典。一般有点医学常识的人手执此书,可以不必求医,从这本医书中可以查到许多种病的治疗办法,可以对症下药,相当于现在的《赤脚医生手册》,可以立竿见影。因此给老百姓带来了很大方便,甚至成为许多乡村医生的处方手册,影响很大。在宋朝,它和《宣明论方》是学医者必读之书,上面所载的一些方剂如苏合香丸、藿香正气散、参苓白术散、五福化毒丹等等,至今还在中医临床中使用。

《圣剂总录》又名《政和圣剂总录》,是中医学重要著作之一,共有二百卷。这本书将疾病分为 66 门,每门之下再分若干病证,将疾病进行了合理的归类。这本书是征集当时民间及医家所献大量医方,又将内府所藏的秘方合在一起,由圣济殿御医整理汇编而成。全书包括内、外、妇、儿、五官、针灸、养生、杂治等,共 66 门,每门之中部有论说,其下又分若干病症。全书共收载药方约 2 万个,既有理论,又有经验,内容极为丰富,是北宋时期医学发展水平的汇总。该书编成后,宋徽宗认为可以"跻斯民于仁寿,广黄帝之传"。从这时起,《圣济总录》成为医学生的专业教材之一,并与《黄帝内经》《道德经》一起成为医博士的考试用书。

四、兴办药局

为了加强对药物的统一管理,宋徽宗在政和四年(1114)设立了官药局。它是官方经营的药业机构,其职责是收购民间药材制作并出售经炮制的药材或成药,并参与政府组织的赈济医药活动。设立官药局的初衷,主要是调峰填谷、惠民防疫,通俗地讲就是让穷人在瘟疫发生时仍然买得起药、治得起病,因为官药局的药价低、供货量大,较少受到市场关系的调节限制。这相当于是政府对医药领域的官营(但不专营)事业,也是社会福利革命的一部分,在宋徽宗期间达到高潮,以响应当时的瘟疫危机。

官药局卖药有个规定:遇到贫困之家及大水大旱、疫病之时,要免费施药,救助灾民。遇到疫病流行时,由官府统一调拨,并承担临时性免费医疗。据史料记载,都市发生疫病时,官药局则派出大夫携带药品去"其家诊治,给散汤药"。官药局内还有负责制药的医药和剂局,还有专门负责药材收购和检验的药材所。为保证质量和用药安全,官药局专设了辨验药材及负责制药的官员,是我国历史上最早的药品监督管理人员。药局除计划性常规生产成药外,还根据一些地区发病情况生产一些急需成药。宋代"官药局"的设立,对我国中成药的发展起到了很大的推动作用。它所创制的许多有名中成药,诸如苏合香丸、紫雪丹、至宝丹等,经过800多年的医疗实践检验,迄今仍具有良好的治疗效果。

所以,宋徽宗在位期间,北宋改革医官制度、兴办官药局、完善医学教育制度、改进国家救助(慈善)制度,重视医学教育,主持修订医方并亲自编撰医书。因此,在他的管理之下,中医学的发展相当于经历了一场医学革命。

那么,宋徽宗时代为何会产生医学革命?

第一,瘟疫依赖环境温度,温暖变暖导致环境微生物增加,推动更大规模的瘟疫。所以中世纪温暖期的瘟疫危机,来源于环境温度对微生物的友好环境;在温暖的背景中,仍然存在以气候危机形式出现的环境危机。无论是丧葬危机、薅子危机、经济危机、货币危机、取暖危机还是国防危机,都是响应当时冷相气候冲击的结果(见13.1节)。

第二,作为"宏寄生"结构的管理者皇帝,必须对社会稳定问题加以重视,政府出钱出人对付瘟疫,可以缓解人口危机,形成了国家投入多、医学产出多的结果。徽宗时代政府重点支持的四大领域:画院、太学、太医和道教,都取得了丰厚的成果。政府对医学的投入,貌似与环境温度成正比,环境温度越高,国家对医学的投入越多,到小冰河期来临之后,政府对医学的投入就停止了。

第三,宋仁宗时代毕昇发明活字印刷术,带来了印刷成本的大幅降低,有效降低了医学知识的流通成本。各种医书的普及和流通,有效降低了医学突破的技术门槛。

第四,考试制度健全,文人地位上升,医生进入国家公务员体系(当官分级,地位上升),有效提高了医生的社会地位,形成了重视医学的社会文化氛围。

第五,教育大发展。崇宁年间(1102—1106),蔡京主持"崇宁兴学",为北宋三次兴学运动效果之首。主要举措有:全国普遍设立地方学校;建立县学、州学、太学三级相联系的学制系统;新建辟雍,发展太学;恢复设立医学,创立算学、书学、画学等专科学校;罢科举,改由学校取士。是北宋"兴文教"政策的集中体现,对宋朝教育事业的发展起了重大作用。

医学革命的后果

那么,为什么宋代之后的医学革命没有进行到底?据医学史家梁其姿考证,进入明清之后,中国社会对医学的投入反而降低了。

> 宋代政府在 12 世纪和 13 世纪时(暖相气候)通过惠民药局等机构承担起向贫民提供医疗帮助的责任。元朝继续这一传统,在全国范围设立"医学"以训练地方医生。但这一传统从 14 世纪后期开始衰败,至 16 世纪后期类似的机构大多已经消失了①。

显然,15 世纪初小冰河期到来,气候变冷,人口暴涨,投入减少,缓解了政府为控制瘟疫而做出的努力。所以,温暖的中国更害怕温暖气候造成的瘟疫危机,而寒冷的欧洲更害怕小冰河期带来的瘟疫危机,所以宋代在温暖期发生医学革命,而欧洲在寒冷期发生医学革命,这是地理条件结合气候条件共同决定的结果。小冰河期的来临,有利于中国社会的环境改造工程,"毁林造田"带来了瘟疫形势的缓解和医学投入的减少,给中欧医学走上不同的发展道路带来深远的影响。

---

① 梁其姿.中国近代的疾病,剑桥世界人类疾病史[M].上海:上海科技教育出版社,2007:312.

6

信仰危机与宗教革命

　　气候变化给社会带来人口和瘟疫危机的同时,也给社会的信仰带来很大的冲击。宋本《清明上河图》诞生的时段,恰好是气候冲击显著、冷相气候严重的时段,因此也伴随着各种各样的信仰危机,从图中我们可以发现一些信仰相关的场景。

　　下图(图47或图8.e)是一处以僧人归寺的场景。"每日交五更,诸寺院行者打铁牌子,或木鱼,循门报晓,亦各分地分,日间求化。诸趋朝入市之人,闻此而起。"[①]这说明该僧人从外面完成打更的任务,正在返回寺庙,独自一人,未免落寞。宋代对佛寺的管理日趋严格,通过对度牒的强制收费,把佛教当作政府官营事业来专营,取得一定的规范效果,宋代之后较少发生灭佛运动,是因为佛教已经受到打压和限制,发展维艰。此外,大观元年(1107年,1110,冷相),在道教法师的诱导

图 47　宋本《清明上河图》中萧索衰败的佛寺

---

① (宋)孟元老,东京梦华录·天晓诸人入市。

下,宋徽宗曾经下令把佛寺中的释迦牟尼像移除大殿。间接造成许多佛寺被毁,相当于打击了佛教,让佛教徒人人自危,恓惶度日。该图中的佛教萧索场面,是当时受到政府打压和排挤的一个缩影。

还有两个场景透露出当时民间信仰发达的迹象。其一是船头的祭祀神位(祭水神),如图 48 所示;其二是城门口的杀黄羊祭路神送贵客的场景(也有说法是交通事故,这里祭路神送行的说法更合理),如图 49 所示。两者都体现了民间信仰无所不在的特征。

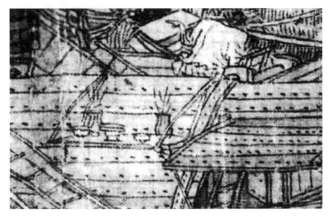

图 48 宋本《清明上河图》中船家祭行神(祭祀水神)的场景

图 49 宋本《清明上河图》中城门处杀黄羊祭路神送贵客的情景

此外,当时的气候危机也推动了民间算命事业的高涨,如下图 50 所示。

图 50　宋本《清明上河图》中神课、算命与决疑,代表着神权高涨的社会风气

　　算命和祭佛,都是古人民众面对不可知命运的一种对策,有着主观决策的偶然性。然而社会何时会信仰增加,何时会信仰减少,却有着气候脉动的贡献。下面讨论古代社会各种主流宗教的兴衰,及其气候背景,从中可以发现有趣的周期性和规律性。

6.1　佛教的兴衰

　　佛教进入中国通常有两个起点。其一是,《魏书·志释老十》云:"哀帝元寿元年(公元前 2 年,0,暖相),博士弟子秦景宪(景卢)受大月氏王使伊存口授浮屠经。"从此佛教正式开始传入中国,史称这一佛教初传历史标志为"伊存授经"。其二是,《后汉书·王英传》《后汉纪·卷十·佛祖统纪》等,均载有汉明帝夜梦金人之事。太史傅毅对以或为西方之佛。帝乃遣中郎将蔡愔、秦景、博士王遵等 18 人使西域。永平十年(68 年,60,暖相)于大月氏遇沙门迦叶摩腾、竺法兰二人,得佛像经卷,用白马载抵洛阳,明帝为其建白马寺,译《四十二章经》。是为中国有佛僧、佛寺、佛教之始。通常我国学者认为,白马传经是公认的佛教传入中国之始。

　　佛教诞生于温暖的印度,因此暖相气候有利于佛教的传播。但是,气候节点容易产生异常的气候冲击,更需要佛教的安慰,于是在冷相和暖相气候节点附近都会发生倡佛事件。然而,佛教有一个特点或缺点,就是需要土地作运行基金,需要铜材作礼器佛像,因此佛教兴盛往往会伴随着土地兼并和通货危机(钱荒),两者都干扰了农业社会的正常运行,所以我们更有可能在暖相气候节点发生通货紧缩(见

8.2 节)时发生抑佛事件。市场是"看不见的手",必要时通过政治强权来干涉社会的信仰趋势,扭转资金的流向,维持市场的正常运行,于是我们会发现历史上众多的"法难"和"毁淫祠"事件,透过这些信仰的异动事件,我们会发现气候变化的线索和规律。

唐前的佛教兴衰

公元 446 年(450,冷相),北魏太武帝"诏诸州坑沙门,毁诸佛像",佛史称"太武法难",是中国历史上首次以国家名义禁制佛教。不久,公元 452 年继位的北魏文成帝下"修复佛法诏",重振佛教。当时的气候特征是,真君八年五月(447 年 6 月 1 日至 6 月 29 日)北镇寒雪,人畜冻死。刘宋元嘉二十九年(452)南京地区"自十一月霖雨连雪,太阳罕耀",至次年"正月大风拔木,雨冻杀牛马"。这是典型的冷相气候模式,可以解释著名的阿提拉进军罗马的行动,差一点改变了全球历史的进程。

梁武帝天监六年(507 年,510,冷相),范缜所著的《神灭论》,发起了对佛教的一轮否定。梁武帝发动朝贵名僧 60 余人进行辩论,支持佛教的"神不灭论"。第二年(508),北印度菩提留支等来北魏都城洛阳,译出《十地经论》《金刚般若经论》《法华经论》等瑜伽行派论著,代表着佛教的另一波兴旺发展。当时的气候特征是,510—540 年为魏晋南北朝最冷的 5 个 30 年之一,频现雨土天气[①]。北魏孝明帝正光元年(520)改施《神龟历》(即后来《正光历》的雏形),这一历法首次在历书体例中纳入了七十二候的内容,且春季物候较表征温暖气候的《逸周书·时训解》中晚了1—2 候,因此是代表冷相气候的历法。

在这一轮寒潮中,北魏公元 499—523 年间北魏宣武帝为父母孝文帝和文昭皇太后祈求冥福而修建的、位于在洛阳附近的龙门西山北部宾阳洞的《北魏孝文帝礼佛图》(见图 51),验证了"冷相气候促进佛法传播"的一般规律。

公元 574 年(570,冷相),北周武帝诏禁"佛道二教",其境内还俗僧道 200 余万。577 年北周武帝灭北齐,同时没收齐境寺院 4 万所,还俗僧众 300 万。北朝佛教遭受严重打击,僧侣多南下逃避。当时的气候证据不多,有一条值得一提。公元563 年,突厥木杵可汗来袭,北魏太宗亲往抵御。其时,"寒雪,士众冻死坠指者十二三"[②]。

---

① 葛全胜. 中国历朝气候变化[M]. 北京:科学出版社,2011:310.

② (北齐)魏收.魏书·列传·卷九十一·蠕蠕。

图 51 《北魏孝文帝礼佛图》,现在收藏于美国纽约大都会艺术博物馆

唐代的佛教兴衰

武德九年(626 年,630,冷相)四月,唐高祖下沙汰令"州别一寺尚三十僧",秦王李世民出面为洛阳僧人讲情"以洛阳大集名望者多,奏请二百许僧住同华寺"①。六月发生玄武门之变,高祖下诏取消沙汰令,"其僧、尼、道士、女冠并宜依旧"。贞观元年(627)颁布限婚令,贞观三年(629)四月"戊戌,赐孝义之家粟五斛,八十以上二斛,九十以上三斛,百岁加绢二匹,妇人正月以来产子者粟一斛"②,鼓励男婚女嫁,早生得子。太宗为恢复和增加生产力所制定的另一措施就是淘汰僧道。沙汰僧人问题应给予充分的考虑,根据史料得知武德年间有僧尼三十万众,贞观前期、中期沙汰僧尼,只度僧三千人,即使到贞观末年僧尼人数也不过二万余,沙汰僧尼数万。贞观(公元 627—649 年)初,中国东部气候曾短暂变冷(即经历了冷相气候冲击),但旋即复为温暖。在这一寒潮中,唐政府出台了具体的解决人口危机的措施(见 4.2 节),淘汰精简僧道也是一项应对气候危机的措施。不仅化不负担国家赋税徭役的僧人为国家的编户,减少了政府和民间修寺院、供养僧人的财政支出,还为国家增加了劳动力,增多了财政收入和力役。唐高祖和唐太宗的抑佛,貌似违反了"冷相倡佛"的规律性,但仔细琢磨后,仍然属于另一套气候变化推动的人口规律在发生作用。

武则天当政期间的载初元年(689 年,690,冷相),魏国寺僧法明等人就伪造

---

① (唐)释道宣,续高僧传·卷第二十五上。
② (宋)欧阳修等,新唐书·太宗皇帝。

《大云经》称武后系弥勒佛降生,当代唐为主。武则天自己则下令天下举子罢习《老子》等道家经典,改习自己所作的《臣轨》,取消老子的"玄元皇帝"尊号,复称"老君",规定佛教位在道法之上等。当时的气候是冷相。

当气候转暖之后,李隆基即位(712年,720,暖相)之初,他即宣布执行道先佛后的政策,并接受宰相姚崇的建议,检查天下僧尼,令"(正月)丙寅,紫微令姚崇上言请检责天下僧尼,以伪滥还俗者二万余人"①,并令道士、女冠、僧尼等致拜父母。不久,又禁止百官与僧尼道士等交往,禁止民间铸佛写经等。当时的气候逐渐变暖。

公元741年的一场提早38天的降雪拉开了气候变冷的序幕②。在这个冷相的气候周期,有一位中国密宗之最重要的创始者和开拓者兼著名佛经翻译家不空和尚受到了朝廷的尊崇和礼遇。753年河西节度使哥舒翰奏请至武威传密法。756年被肃宗征召入朝,后又受到代宗的殊礼,说明冷相气候有宣传佛法、稳定社会的必要性。著名的"鉴真东渡"也在这时期,符合当时的气候模式以及当时社会在信仰上的需求。

随后气候逐步转暖,公元770—800年,东中部地区的气候出现了明显的回暖。在暖相气候危机(旱灾和战争)的作用下,唐政府面临严重的经济危机,于是有"两税法改革"。同时,大历末年(779年,780,暖相)李叔明(本姓鲜于氏,代为豪族)曾上书请淘汰东川寺观③,僧尼中只留下有道行的,其余的还俗。朝廷争议一番,"议虽上,罢之"。也就是说李叔明曾经试图主导一次灭佛运动,没有成功,但预告了60年后的"会昌法难"。

元和十四年(819年,810,冷相)上令中使杜英奇押宫人三十人,持香花,赴临皋驿迎佛骨。留禁中三日,乃送诸寺。百姓有废业破产、烧顶灼臂而求供养者④。在这种狂热之下,韩愈乃上《谏迎佛骨表》,抨击佛教,被流放。公元801—820年,气候再次转冷⑤,东中部地区温暖程度大致与今相当。

唐中后期的气候在公元841年以后再度回暖⑥。在这一暖相气候中,会昌五年(845年,840,暖相),武宗诏令毁佛达到高潮,佛教称作"会昌法难"。凡毁寺

---

① (后晋)刘昫,旧唐书·玄宗纪上。
② 葛全胜.中国历朝气候变化[M].北京:科学出版社,2011:306—307.
③ (宋)欧阳修等,新唐书·卷72·李叔明。
④ (宋)刘昫.旧唐书[M].北京:中华书局,1975:4198.
⑤⑥ 葛全胜.中国历朝气候变化[M].北京:科学出版社,2011:310.

4 600 余座、招提兰若 4 万所，收回良田数千万顷；归俗僧尼 26.05 万人，释放奴婢 15 万。这一行动，对唐代的金融或货币史有重要的里程碑意义，由于两税法改革导致的重金属缺乏危机得到缓解，结束了持续六十年的货币紧缩政策①。

唐后的佛教兴衰

后周显德二年（955 年，960，暖相），周世宗下令废除大批的寺院，迫令僧尼还俗，同时还对今后出家剃度作了严密的限制。天下寺院存者 2 694 座，废者 30 336 座，有僧 42 694 名，尼 18 756 名。在北周武帝的一次打击下，寺院经济为之衰落，寺院土地变成国家土地，寺院控制下的劳动人口也登记在国家版籍上，从而大大加强了封建国家的力量与此同时，后周还利用寺院的铜像铸造铜钱，改善了货币供应量。宋初继续了后周的政策，"两京诸州僧尼六万七千四百三人"；至"平诸国后，籍数弥广，江浙福建尤多"②。当时的气候偏暖。955 年四月，柴荣颁布了建筑外城的诏书《京城别筑罗城诏》，提到"入夏有暑湿之苦，冬居常多烟火之忧"。建隆四年（963），"甲戌，占城国遣使来献（占城稻）"。占城稻是南方抗旱早熟的品种，其北方流传意味着当时的暖相特征。

值得一提的是，"三武灭佛"，指的是北魏太武帝灭佛、北周武帝灭佛、唐武宗灭佛这三次事件的合称。这些在位者的谥号或庙号都带有个武字。若加上后周世宗时的灭佛则合称为"三武一宗灭佛"。据史书记载"三武一宗之厄"这四次灭佛的主要原因，各帝王动机不一，情况各不相同，大多是政治原因，如思想文化领域的冲突、僧团道德方面的缺陷、僧俗之间的经济利益和矛盾等问题。其实最关键的看谥号，他们都有"武"（周世宗也是以武功而青史留名），所以是政府支出危机（乙类钱荒，见 7.2 节）推动了灭佛运动。

太平兴国七年（982 年，990，冷相）三月"宣州雪霜杀桑害稼"；雍熙二年（985）冬"南康军（今江西星子）大雨雪，江水冰，胜重载"；淳化三年（992）三月，"商州霜，花皆死"，九月"京兆府大雪害苗稼"；咸平四年（1001）三月"京师及近能诸州雪，损桑"；景德四年（1007）七月，"渭州瓦亭砦早霜伤稼"。在这种偏冷的气候氛围下，形成了向佛寺施舍田产财物的高潮③。例如，"杯酒释兵权"的主角之一、"专务

① 彭信威. 中国货币史[M]. 上海：上海人民出版社，1955：220.
② （清）徐松，宋会要辑稿·道释·一之一三。
③ 漆侠. 宋代经济史[M]. 上海：上海人民出版社，1987：271.

聚敛,积财巨万"的石守信,"尤信奉释氏,在西京(即洛阳,大约是 976 年到 984 年之间)建崇德寺,募民辇瓦木,驱迫甚急,而佣直不给,人多苦之"①。另一个武将安守忠于 992 年将在永兴军万年县和泾阳县临泾的两所庄田四十七八顷,都舍给了广慈禅院②。这说明当时的冷相气候有利于佛法的兴盛,即"冷相倡佛"。

宋真宗天禧五年(1021 年,1020,暖相),全国僧道达四十七万八千一百零一人③(约占当时总人口 2.3%)。针对这种情况,张方平④曾经指出:"今释老之游者,略举天下计之,及其僮隶服役之人,为口岂啻五十万?中人之食,通其薪樵盐菜之用,月縻谷一斛,岁得谷六百万斛,人衣布帛二端,岁得一百万端",认为释老是社会的负担,提出减负的需求。宋祁则指出,"寺院帐幄谓之供养,田产谓之常住,不徭不役,坐蠹齐民"⑤,提出废罢寺院,是节省冗费的重要的办法。于是,在乾兴元年(1022),宋政府下令,"禁寺观不得市田"⑥,从而给寺观大肆兼并土地的趋势给予极大的限制,可以看作是一次抑佛运动。当时的气候非常奇怪,一方面大中祥符九年(1016)十二月,"大名、澶、相州并霜,害稼";天禧元年(1017)十一月,"京师大雪,苦寒,人多冻死";次年正月湖南永州"大雪六昼夜方止,江、溪鱼皆死"。另一方面,大中祥符五年(1012)"五月辛未,江、淮、两浙旱,给占城稻种,教民种之"。占城稻向北方的推广,离不开日照期增加的条件帮助,因此昭示着当时的暖相气候背景。这又是一次由"暖相抑佛"主导的信仰起伏。

有鉴于秦州(今甘肃天水)的物候提前现象,张方平(大约 1063 年宋英宗立之前)写道"秦川节物似西川,二月风光已不寒。犹去清明三候远,忽惊烂漫一春残",说明当时的气候已经转暖,气候变暖意味着甲类(市场)钱荒(见 8.2 节)。于是,宋英宗治平三年(1066 年)下诏,"一应无额寺院屋宇及三十间以上者,并赐寿圣为额;不及三十间者,并行拆毁"⑦,许多私人随意建立的一些小寺院被废除,这是对寺院的又一轮打击,目的是改善市场的通货供应。到宋神宗熙宁之后,僧道数量又大幅度地削减了。熙宁元年(1068),全国僧道从宋仁宗庆历二年的四十一万六千

---

① (元)脱脱,宋史·卷 250·石守信传。
② 陆耀遹,金石续编·卷 13·广济禅院芘地碑。
③ (清)徐松,宋会要辑稿·道释·一之一三至一四。
④ (宋)张方平,乐全集·卷 15·原蠹中。
⑤ (宋)李焘,续资治通鉴长编·卷 125·宝元二年十一月癸卯纪事。
⑥ (元)马端临,文献通考·田赋考·四,另可参看《宋史·卷 173·食货志》。
⑦ (宋)曾巩,隆平集·卷 1·寺观。

七百七人减至二十七万四千一百七十二人;到熙宁十年(1077)又减少了三万①。当时的气候是暖相,暖相气候下的市场扩张提升通货供应需求,没收寺院财富可提供金钱(铜和土地),可以改善通货供应,因此发生"暖相抑佛"。

北宋末年,随着气候变冷,本来应该倡佛,但由于宋徽宗的个人偏好,变成了抑佛倡道。大观元年(1107 年,1110,冷相)下令把佛寺中的释迦牟尼像移除大殿。于是许多佛寺被毁,佛教处境艰难。当时的气候变冷趋势,推动了宋徽宗向"抑佛倡道"的转变。

南渡以后,宋高宗对佛教取折中态度,既不毁其教灭其徒,也不推崇佛教,而是"不使其大盛耳"。他采取的措施之一,是停止发放度牒,以稳定僧数,使既有的出家者自然减员,其二是征收僧道"免丁钱",后又改为"清闲钱",赋金数倍于一般丁口,以此限制寺院招收新人,这种经济杠杆比唐中宗以来实行"试经度僧"的办法要有力得多。

然而,后继的宋孝宗又采取了兴佛的态度。乾道四年(1168 年,1170,冷相)召上竺寺若讷法师入内观堂行"护国金光明三昧",淳熙二年(1175),更诏建"护国金光明道场",僧人高唱"保国护圣,国清万年"。当时的气候特征是冷相模式,再次推动了佛教的兴盛。

佛教兴衰的规律

根据上述的 17 次佛教兴衰,我们可以把他们的气候背景总结在下表中。

表 14　唐宋之间的佛教兴衰与气候变化

序号	时　间	主持人	态度	气候节点	气候特征
1	446	北魏太武帝	抑佛	450	冷相
2	507	梁武帝	倡佛	510	冷相
3	574—577	北周武帝	抑佛	570	冷相
4	626/627	唐高祖/唐太宗	抑佛	630	冷相
5	690	武则天	倡佛	690	冷相
6	714	唐玄宗	抑佛	720	暖相

① (清)徐松,宋会要辑稿·道释·一之一三至一四。

序号	时　间	主持人	态度	气候节点	气候特征
7	756	唐肃宗	倡佛	750	冷相
8	779	李叔明	抑佛	780	暖相
9	819	唐宪宗	倡佛	810	冷相
10	845	唐武宗	抑佛	840	暖相
11	955	后周武帝	抑佛	960	暖相
12	982	宋太宗	倡佛	990	冷相
13	1022	宋真宗	抑佛	1020	暖相
14	1066—1077	宋英宗/宋神宗	抑佛	1080	暖相
15	1119	宋徽宗	抑佛倡道	1110	冷相
16		宋高宗	抑佛	1140	暖相
17	1168—1172	宋孝宗	倡佛	1170	冷相

上述倡佛和抑佛事件,除前四次外,都符合"冷相倡佛,暖相抑佛"的规律性。也就是说,由于气候变冷,灾难增加,社会需要稳定,宗教可以发挥稳定社会的作用,因此冷相气候有利于推动倡佛;由于气候变暖,经济扩张,社会需要佛教的财产来弥补甲类钱荒(市场缺乏通货),所以需要抑佛。这一趋势交替发生很多次,抑制了佛教地位的无限上升。这些兴衰背后,仍然离不开"气候变化推动灾情,灾情和经济主导宗教"的基本规律性,具体表现是"冷相倡佛为稳定,暖相抑佛为经济"。

此外,前四次抑佛行动,部分是因为个人的原因(统治者厌恶佛教),部分也是针对当时的冷相气候,符合佛教前期发展规律的社会响应。当气候变冷(意味着自然灾害增加和人口危机),社会对宗教的热情大增,施舍奉献大增,破坏了社会平衡,于是少数官员和帝王,从维护社会稳定的目的出发,提出了"灭佛"或"抑佛"的主张,也是对当时冷相气候的一种应对措施。因为当时的人口严重不足,打击佛教相当于"打土豪,分田地"的效果,起到"开源理财"的作用。

所以,我们可以理解宋代的翻译佛经行动。太平兴国七年(982 年,990,冷相)年宋太宗效法唐太宗故事,"置译经院,后改为传法院,隶属鸿胪寺,掌翻译佛经"①,至 1071 年(1080,暖相)废。翻译佛经的事业,"成于冷相气候,废于暖相气

---

① (清)徐松,宋会要辑稿·道释·传法院。

候",几乎一个半气候周期(90年),完全符合"冷相倡佛,暖相抑佛"的规律性,说明译经行动伴随着社会对佛教态度的变化,也是响应气候脉动的社会应对措施。

6.2 民间信仰危机

"淫祠淫祭"的现象由来已久,由于古代社会交通不便,信息停滞,知识传播成本高,所以民间多有认知不足的民众,本着"缺啥补啥"的原则,产生各种地方性的信仰和崇拜。其次,作为火耕文明的典型国家,中国的本土宗教出现很早。汉代就有"街巷有巫,闾里有祝"的说法[1],魏晋时期有"至乃宫殿之内,户牖之间,无不沃酹"[2],当时人们对巫者、术士的态度是"百姓奔趣,水陆辐辏,从之如云"[3]。隋代对扬州(南方)的认识是"俗信鬼神,好淫祀",而荆州"率敬鬼,尤重祠祀之事"[4]。今天我们认为是非正统的信仰,其实是火耕和农耕社会的常见选择。例如,宋代吴兴(今浙江)地区有恶神掠夺妇女的传说,人们因为惧怕他反而将这个恶神供奉起来。

图52　清·焦秉贞·耕织图册·耕第23图·祭神

所以,暖相气候不仅有利于微生物繁衍(带来瘟疫),也会推动迷信和崇拜(带来宗教)。那些环境比较炎热的国家,或者佛教,或者印度教,都是多神文化传统。伊斯兰教广传的地区,也曾经是多神教的影响范围,有着气候模式的贡献。

今天的台湾省寺庙多,每座寺庙供奉的神祇多,固然有外来移民的贡献(外来神),当地适合火耕的气候,也充分体现了火耕文明的多神崇拜传统(本地神)。佛教(多神崇拜)和本土的各路大神,都是符合中国古代火耕文化的多神信仰传统。图52展

---

① (汉)桓宽,盐铁论·散不足。
② (西晋)陈寿,三国志·魏书·文帝纪。
③ (唐)房玄龄,晋书·艺术传·幸灵传。
④ (唐)魏征,隋书·地理志。

示的是清代焦秉贞绘制的《耕织图册》中的祭神场景,说明民间信仰是农业社会的一部分,得到官方的默许和认可。

对古代中国社会而言,淫祠意味着本土自发成长的宗教和信仰。这些民间信仰,一直停留在底层社会,并经常受到正祠崇拜或官方宗教的排挤和打压。每一次社会性的"毁淫祠"运动,都是一次对本土信仰的打击和迫害,通常发生在气候节点,意味着气候冲击的影响。

中国历史上的第一次"毁淫祠"事件,大约是西门豹治邺期间的"河神娶媳妇"①,因为进入小学课本而让人耳熟能详。河神代表了当地的民间信仰,民间信仰昌盛代表了当时的社会危机严重。另一方面,该事件发生在公元前 422 年(420,暖相)前后,西门豹治邺的主要成果是修建漳河十二渠(又叫西门豹渠),灌溉安阳和河北磁县等地农田,因此这是古代邺城地方社会应对暖相气候下的降水危机(干旱才需要祭水神)的一种民间信仰。因此小学语文课本中的《西门豹治邺》(图 53),代表着中国历史上的一次气候危机(旱灾)和民间信仰(祭祀水神)传统。

图 53　人教社编版四年级语文上册第 26 课《西门豹治邺》

汉代

汉代的毁淫祠事件,大约发生 6 次。

1. 西汉成帝继位的第二年(前 32 年,30,冷相),丞相匡衡等依武帝敬神仙、求

---

① （汉）司马迁,史记·卷 126·滑稽列传第六十六。

不死、行封禅一十三载造成的淫祀现状上奏:"所祠凡六百八十三所,其二百八所应礼,及疑无明文,可奉祠如故。其余四百七十五所不应礼,或重复,请皆罢。"①

2. 西汉平帝时(公元 1 年,0,暖相)有"班教化、禁淫祀、放郑声"②。

3. 东汉政治家第五伦在光武帝建武二十九年(53 年,60,暖相)任会稽太守,"会稽俗多淫祀,好卜筮。民常以牛祭神,百姓财产以之困匮,其自食牛肉而不以荐祠者,发病且死先为牛鸣,前后郡将莫敢禁。伦到官,移书属县,晓告百姓。其巫祝有依托鬼神诈怖愚民,皆案论之。有妄屠牛者,吏辄行罚。民初颇恐惧,或祝诅妄言,伦案之愈急,后遂断绝,百姓以安"③。

4. 宋均迁九江(郡名,治所在今安徽寿县)太守后的中元元年(56 年,60,暖相),因蝗虫飞临九江郡界,众巫选取百姓青年男女作山公、山姬以祭山,"浚遒县(在今安徽肥东)有唐、后二山,民共祠之,众巫遂取百姓男女以为公姬,岁岁改易,既而不敢嫁娶,前后守令莫敢禁。均乃下书曰:'自今以后,为山娶者皆娶巫家,勿扰良民。'于是遂绝"④。

5. 顺帝末(144 年之前,150,冷相),栾巴自徐州迁任豫章太守,"郡土多山川鬼怪,小人常破赀产以祈祷",栾巴"乃悉毁坏房祀,剪理奸巫,于是妖异自消。百姓始颇为惧,终皆安之"⑤。栾巴是佛教名人,"栾巴噀酒"是作为佛教神迹而流传,其中已经包含了外来佛教与本土宗教的冲突。

6. 公元 184 年(180,暖相),曹操在济南,"禁断淫祀,奸宄逃窜,郡界肃然"⑥。"至魏武帝为济南相,皆毁绝之。及秉大政,普加除翦,世之淫祀遂绝。"⑦曹操所对付的,主要是山东地区纪念城阳景王刘章的祠堂。

汉代的信仰波动,基本发生在气候节点(30/0/60/150/180),各自有其具体的气候冲击。公元前 30 年前后,中国东中部地区冬半年平均气温骤降了 1.2 ℃,灾害连绵,黄河数度横决。农业因此连年歉收,粮食需求压力愈来愈大⑧。这一波灾情推动了淫祀的泛滥,让中央政府不得不出手干涉。明帝初年(58 年,60,暖相),

① (汉)班固,汉书・郊祀志。
② (汉)班固,汉书・平帝纪・卷 12,资治通鉴・卷 35。
③ (刘宋)范晔,后汉书・卷 41・第五钟离宋寒列传第 31。
④ (刘宋)范晔,后汉书・宋均传。
⑤ (刘宋)范晔,后汉书・卷五十七・杜栾刘李刘谢列传・栾巴。
⑥ (晋)陈寿,三国志・魏书・武帝纪。
⑦ (梁)沈约,宋书・卷 17・志第七。
⑧ 葛全胜. 中国历朝气候变化[M]. 北京:科学出版社,2011.

鲍昱任汝南太守时,亦整治黄淮平原多处陂塘,从而使得当地"水常饶足,溉田倍多,人以殷富"①,这是应对旱灾的典型做法。这一趋势,符合华北中原地区典型的"冷相多水灾,暖相多旱灾"的经验性观察。蝗虫成灾,也是对当地旱灾的一种响应和次生灾害。此外,曹操之所以能够到济南国做官,是因为镇压黄巾军有功。而黄巾起义本身,就是应对暖相气候下旱灾多发导致的社会应对之一。所以,气候脉动带来的气候冲击,表现为水灾或旱灾推动的自然灾害,是推动社会发生淫祠崇拜(民间信仰)的主要推手,面对吸引消耗了巨大社会资源的民间信仰,政府不得不出手干预,表现为地方官员的"毁淫祠"行为。

魏晋南北朝

魏晋南北朝时期的毁淫祠事件,大约发生 8 次。

1. 魏文帝黄初五年(224)十一月,诏曰:"先王制祀,所以昭孝事祖,大则郊社,其次宗庙,三辰五行,名山川泽,非此族也,不在祀典。叔世衰乱,崇信巫史,至乃宫殿之内,户牖之间,无不沃酹,甚矣其惑也。自今其敢设非礼之祭,巫祝之言,皆以执左道论,著于令。"此外,魏明帝青龙元年(233 年,240,暖相),又诏:"郡国山川不在祀典者,勿祠。"②

2. 晋武帝泰始二年(266 年,270,冷相),"春正月丙戌,遣兼侍中侯史光等持节四方,循省风俗,除禳祝之不在祀典者"③。

3. 东晋末年(413 年之后,420,暖相),毛修之不论为官何地皆"不信鬼神,所至必焚除房庙。时蒋山庙中有佳牛好马,修之并夺取之"④。同期,北魏太宗明元帝拓跋嗣永兴年间(409—413),频繁地发生洪涝和干旱⑤。

4. 宋武帝永初二年(421 年,420,暖相),"夏四月己卯朔,诏曰:'淫祠惑民费财,前典所绝,可并下在所除诸房庙。其先贤及以勋德立祠者,不在此例'"⑥。神瑞二年(415)又不熟,以致"京畿之内,路有行馑"⑦。

5. 北魏官员李安世(大约在 485 年均田制之后,480,暖相)出为相州刺史后,

① (刘宋)范晔,后汉书·鲍昱传。
②⑥ (梁)沈约,宋书,卷3·本纪第三·武帝下。
③ (唐)房玄龄,晋书·卷3·帝纪第三·武帝。
④ (梁)沈约,宋书·毛修之传。
⑤ (北齐)魏收,魏书·志·卷15·食货6。
⑦ (北齐)魏收,魏书·卷110·食货志。

"敦农桑,断淫祀。西门豹、史起有功于人者,为之修饰庙堂"①。公元 480—510 年为魏晋南北朝最冷的 5 个 30 年之一,频现雨土天气②。

6. 大约在 516—524 年之间(510,冷相),"神念性刚正,所更州郡必禁止淫祠"③。当时的气候特征是冷相,不仅推动了上层的历法改革(代表冷相气候的正光历),也激发推动了民间的淫祠信仰,导致王神念的"毁淫祠"行为。

7. 梁武帝时(侯景之乱前,大约是 540 年前后,540,暖相),袁君正任豫章太守,"性不信巫邪,有师万世荣称道术,为一郡巫长。君正在郡小疾,主簿熊岳荐之。师云:'须疾者衣为信命。'君正以所著襦与之,事竟取襦,云:'神将送与北斗君。'君正使检诸身,于衣里获之,以为乱政,即刑于市而焚神,一郡无敢行巫"④。这是公元 535 年喀拉喀托火山爆发带来的气候冲击⑤。

8. 公元 574 年(570,冷相),(北周)武帝下诏:"断佛、道二教,经像悉毁,罢沙门、道士,并令还民。并禁诸淫祀,礼典所不载者,尽除之。"⑥当时的冷相气候证据不多,有一条值得一提。公元 563 年,突厥木杆可汗来袭,北魏太宗亲往抵御。其时,"遇寒雪,士众冻死堕指者十二三"⑦。

魏晋南北朝时期的 8 次事件中,第一次仅仅是颁布诏书,"毁淫祠"的实际效果有待考证。其他几次都是位于气候节点附近,显然有气候冲击的影响。

隋唐时期

隋唐时期对民间信仰的态度变化,大约有 10 次。

1. 隋文帝在开皇十六年(596 年,600,暖相)六月下诏曰:"名山大川未在祀典者,悉祠之。"⑧显然,隋文帝不是在"毁淫祠",而是在推动"淫祠"崇拜的正名化。开皇十七年(597),由于"户口滋盛,中外仓库,无不盈积。所有赉给,不逾经费,京

---

① (唐)李延寿,北史·卷33·列传21。

② 葛全胜. 中国历朝气候变化[M]. 北京:科学出版社,2011:255.

③ (唐)李延寿,南史·卷63·王神念传。

④ (唐)李延寿,南史·列传·卷26·袁湛传附昂子君正传。

⑤ Keys D. Catastrophe: an investigation into the origins of the modern world, Ballantine Books, New York,1999.该书全面检讨一次火山(喀拉喀托)在公元535年的爆发对全球气候的推动和对政治格局的影响。

⑥ (唐)令狐德棻,周书·卷5·武帝纪上。

⑦ (北齐)魏收,魏书·列传·卷91。

⑧ (唐)魏征,隋书·卷2·帝纪第二,第40页。

司帑屋既充,积于廊庑之下"①。缺乏灾情,"物阜民丰"是隋文帝推动"淫祠"正名化的内因,反过来说明自然灾害是导致民间高涨,引发政府干涉的外因。

2. 唐高祖武德九年(626 年,630,冷相)下诏:"民间不得妄立妖祠,自非卜筮正术,其余杂占,悉从禁绝。"②贞观初(627—649),中国东部气候曾短暂变冷,但旋即复为温暖。这一轮发生在贞观初年的气候变冷时段,民间早已感受到,外部表现为淫祠增加,所以唐高祖需要下诏书进行应对。

3. 龙朔三年(663 年,660,暖相),王湛为冀州刺史:"冀州境内,旧多淫祀,褰帷按部,申明法禁。"③

4. 狄仁杰也曾在"垂拱四年(688 年,690,冷相),吴楚之俗多淫祠,仁杰奏毁一千七百所,唯留夏禹、吴太伯、季札、伍员四祠"④。

5. 韦景骏,开元十七年(729 年,720,暖相)任房州刺史,其地"穷险,有蛮夷风无学校,好祀淫鬼。景骏为诸生贡举,通隘道作传舍罢祠房无名者"⑤。

6. 开元二十四年(736),卢奂为陕州刺史,此地亦尚"淫祀",当地人言:"不须赛神明,不必求巫祝,尔莫犯卢公,立便有祸福。"⑥

7. 在肃宗、代宗年间(780 年前后,780,暖相),罗向曾任庐州刺史,其地"民间病者,舍医药,祷淫祀,向下令止之"⑦。

8. 唐德宗贞元十年(794),于頔任苏州刺史,为地方的基础建设做了很多工作,如为百姓"浚沟渎,整街衢","吴俗事鬼,頔疾其淫祀废生业,神宇皆撤去,唯吴太伯伍员等三数庙存焉"⑧。唐德宗年间的自然灾害(旱灾多发)和经济改革(两税法),是导致"四海无闲田,农夫犹饿死"的外部环境和社会应对。在这种恶劣环境下,南方的民间信仰增加是可以预期的结果。

9. 唐穆宗长庆三年(823 年,810,冷相),李德裕在担任浙西观察使任内,"十二月,浙西观察使李德裕奏去管内淫祠一千一十五所"⑨。当时的气候是冷相,推动

---

① (唐)魏征,隋书·卷二十四·志第十九。
② (宋)司马光,资治通鉴·卷一九二·唐高祖武德九年。
③ (宋)欧阳修等,新唐书·列传第一百二十六·文艺上。
④ (宋)欧阳修等,新唐书·卷一一五·狄仁杰传。
⑤ (宋)欧阳修等,新唐书·卷一百九十七·韦景骏传。另见,新唐书·循吏传。
⑥ (五代)王仁裕,开元天宝遗事·立有祸福。
⑦ (宋)欧阳修等,新唐书·卷一百九十七·罗向传。
⑧ (宋)欧阳修等,新唐书·卷一百五十六·于頔传。
⑨ (宋)欧阳修等,旧唐书·纪第十六·穆宗。

了《宣明历》。元和十四年(819),韩愈写作了《论佛骨表》,代表了当时士大夫阶层对唐宪宗提倡佛教态度的反对,而唐宪宗的礼佛、毁淫祠行为,可以用当时的气候变冷、自然灾害增加和民间信仰增加来解释。长庆二年(821)正月十一日,"海州海水结冰"①。

10. 宣宗朝(846—859 年,840,暖相)时,韦正贯(784—851)任岭南节度使时,"南方风俗右鬼,正贯毁淫祠,教民毋妄祈"②。这发生在武宗灭佛之后,代表了官方态度在民间的回响。而官方和民间都面临的是相同的气候危机。在这个社会氛围下,有李商隐的《贾生》一句"不问苍生问鬼神",透露出当时社会对宗教的态度。该诗作于公元 848 年,说的是公元前 173 年汉文帝召见贾谊讨论祭祀事宜,两者都是暖相气候节点之后 7 年左右发生。

隋唐之后,人口中心向南方转移,中国气候逐渐变暖,南方旱灾多,气候多变,形成了长期的淫祀传统,因此主要的毁淫祠行动大多发生在南方。另一方面,温暖气候有利来自印度的佛教推广,佛教的兴盛(代表正祠信仰)部分代替和抑制了本土的宗教(代表淫祠信仰)。

五代宋代

五代和两宋时期对民间信仰的干涉,大约有以下 5 次。

1. 后周显德二年(955 年,960,暖相)五月,周世宗柴荣昭告天下:"凡后周境内佛教寺庙,非敕赐寺额者皆废之,所有功德佛像及僧尼并于当留寺院中,今后不得再造寺院。"③建隆四年(963),"甲戌,占城国遣使来献(占城稻)"。占城稻是源自印度高地山区的早熟抗旱品种④,占城稻的引进,说明当时的暖相气候背景。

2. 公元 1024 年(1020,暖相),一项皇家法令就要求控制两浙、江南、荆湖、福建、广南路的巫(巫婆)和觋(巫师)不要伤害他人,"禁两浙、江南、荆湖、福建、广南路巫觋挟邪术害人者"⑤,这可以看作是一次不彻底的"毁淫祠"。这说明了当时环境危机推动的地方淫祠信仰有高涨的趋势,让政府不得不进行干涉。

---

① (宋)欧阳修等,新唐书·穆宗本纪。
② (宋)欧阳修等,新唐书·卷 158·韦正贯传。
③ (宋)欧阳修等,新五代史·卷 12·周本纪第 12,另见,五代会要·卷十二。
④ Barker,R., The Origin and Spread of Early-Ripening Champa Rice-It's Impact on Song Dynasty China[J]. Rice, 2011(4):184—186.
⑤ (元)脱脱,宋史·本纪·卷 9·仁宗一。

3．大约在 1030—1057 年(1050,冷相)之间,陈希夷"又知虔州雩都县,毁淫祠数百区,勒巫觋为良民七十余家"①。同期的范仲淹在任陕西经略安抚招讨副使,于庆历二年(1042)作《城大顺(今甘肃庆阳东北)回道中作》诗,慨叹"三月二十七,羌山始见花。将军了边事,春老未还家"。这里提到的花期比现代晚了一周时间,所以当时是冷相气候②。

4．宋徽宗政和元年(1111 年,1110,冷相),"壬申,毁京师淫祠一千三十八区"③,原因不详,可能是 1110 年的南方寒潮(见 13.1 节),推动了京师淫祠的迅猛发展,宋徽宗不得不进行干涉,于是有"毁淫祠"行动。

5．绍熙元年(1190 年,1200,暖相),刘宰"举进士,调江宁尉。江宁巫风为盛,宰下令保伍互相纠察,往往改业为农"④。同时代的陆游注意到当时的暖干气候趋势,"陂泽惟近时最多废。吾乡镜湖三百里,为人侵耕几尽。阆州南池亦数百里,今为平陆,只坟墓自以千计,虽欲疏浚复其故亦不可得,又非镜湖之比"⑤。

明清时期

明代之后,由于宋代佛教的衰落、儒教信仰的崛起和本土信仰的崛起,明代的毁淫祠现象非常多⑥,而且都是地方化信仰冲突,难以一一列举。这里只举一个最重要的全国性事件,嘉靖毁淫祠。嘉靖元年(1522 年,1530,冷相)曾大毁"淫祠"。起初是在北京,"遍察京师诸淫祠,悉拆毁之"⑦。嘉靖九年(1530 年,1530,冷相),将毁"淫祠"的规模扩大到全国。表面上看,这是明世宗嘉靖崇道的结果,也是"大礼议"事件的回响。另一方面,1530 年前后又经历了一次气候冲击⑧。嘉靖八年(1529),兵部尚书王琼言,陕西三边"屯田满望,十有九荒"⑨。1530 年前后,南方的寒潮给华南地区带来严重的经济危机⑩。嘉靖毁淫祠,发生在欧洲的宗教革命(1517)附近,

---

① (宋)范镇,东斋记事·卷 3。

② 葛全胜．中国历朝气候变化[M]．北京:科学出版社,2011:393.

③ (元)脱脱,宋史·卷 20·徽宗纪。

④ (元)脱脱,宋史·刘宰传。

⑤ (宋)陆游,老学庵笔记·卷 2。

⑥ 赵献海．明代毁"淫祠"现象浅析[J]．东北师大学报(哲学社会科学版),2002(001):28—33.

⑦ (清)谷应泰,明史纪事本末·卷五十二。

⑧ 葛全胜．中国历朝气候变化[M]．北京:科学出版社,2011.

⑨ 明世宗实录·卷 100,嘉靖八年四月戊子。

⑩ 马立博．虎、米、丝、泥:帝制晚期华南的环境与经济[M]．王玉茹,关永强,译．南京:江苏人民出版社,2012.

说明中欧社会对宗教的态度变化具有同步性特征,来自气候的同步作用。

清代的宗教势力相对平和,没有异常的推崇,也缺乏异常的打压行动,只有一次值得一提。康熙二十三年(1684 年,1680,暖相),汤斌在苏州,针对五通神祠的泛滥,"收其偶像,木者焚之,土者沉之,并饬诸州县有类此者悉毁之,撒其材修学宫。教化大行,民皆悦服"[①]。康熙十五年(1676)前后,上海地区偶见柑橘,之后就没有记载了[②]。气候在节点附近的恶化,导致柑橘无法在上海生长,也是推动汤斌"毁淫祠"的气候背景。

民间信仰的规律

上述毁淫祠事件,几乎都发生在气候节点或气候恶化的时段,代表着人类社会对气候变化的一种应对措施。我们把这些事件总结在一张表中,可以观察到气候脉动对民间信仰的推动作用。

表 15 毁淫祠事件的气候背景

序号	人 物	时 间	节点	气候特征
1	西门豹	前 422	420	暖相
2	汉成帝	前 32	30	冷相
3	汉平帝	1	0	暖相
4	第五伦	53	60	暖相
5	宋 均	56	60	暖相
6	栾 巴	144	150	冷相
7	曹 操	184	180	暖相
8	魏文帝	224		
9	魏明帝	233	240	暖相
10	晋武帝	266	270	冷相
11	毛修之	413	420	暖相
12	宋武帝	421	420	暖相
13	李安世	约 485	480	暖相

① 清史稿·汤斌传。
② 葛全胜. 中国历朝气候变化[M]. 北京:科学出版社,2011;635—636.

序号	人　物	时　间	节点	气候特征
14	王神念	523	510	冷相
15	袁君正	约540	540	暖相
16	北周武帝	574	570	冷相
17	隋文帝	596	600	暖相
18	唐高祖	626	630	冷相
19	王　湛	663	660	暖相
20	狄仁杰	688	690	冷相
21	韦景骏	729	720	暖相
22	卢　奂	736		暖相
23	罗　向	780前后	780	暖相
24	李德裕	823	810	冷相
25	韦正贯	846—851	840	暖相
26	周世宗	956	960	暖相
27	宋真宗	1023	1020	暖相
28	陈希亮		1050	冷相
29	宋徽宗	1111	1110	冷相
30	宋光宗	1190	1200	暖相
31	嘉　靖	1530	1530	冷相
32	康熙/汤斌	1684	1680	暖相

上述32次"毁淫祠"事件,冷相暖相都有。有11次发生在冷相气候节点附近,2次不详(其实应该算暖相),还有19次发生在暖相气候节点。暖相冷相的控制行动频次大约是2比1,这说明第一,气候节点的气候异常现象比较多,民智未开,需要淫祠崇拜来补偿认知的不足;第二,暖相气候下民间更有经济实力来办淫祠崇拜,引来政府或个人从经济原因出发的干涉行动;第三,祭祀和奉献用品有时就是通货,所以暖相气候下的货币危机(见8.2节)是推动毁淫祠的市场力量。

所以,我们可以理解地方官员对民间信仰的鼓励行为,通常发生在气候节点附近,因此也可以看作是社会对气候脉动的响应。如衢州徐偃王庙的建立,韩愈在

《衢州徐偃王庙碑》中回顾了徐偃王庙的建立及发展过程说:"开元初,徐姓二人相属为刺史,帅其部之同姓,改作庙屋,载事于碑。后九十年,当元和九年,而徐氏放复为刺史……乃命因故为新,众工齐事,惟月若日,工告讫功,大祠于庙,宗乡咸序应。是岁,州无怪风剧雨,民不矢厉,谷果完实。"[①]从以上叙述来看,衢州徐偃王庙之所以得到重建是因为几位徐姓刺史的推动,他们分别为徐坚、徐峤和徐方,考察他们为衢州刺史的时间分别是:约开元十年(722)、约开元十四年(726)和元和九年(814),恰好都位于气候节点附近,暖二冷一,比例合理。也就是说,他们是响应了气候脉动,针对民间信仰高涨的形势而推动了徐偃王庙的修葺重建。

所以,我们会理解中国历史上仅有的两次"巫蛊之祸",一次发生在征和二年(公元前 91 年,90,冷相),汉武帝刘彻诛杀太子刘据;另一次发生在元嘉三十年(453 年,450,冷相),宋文帝刘义隆被太子刘劭谋杀。两者虽然都与皇权和继承人的内在矛盾有关,然而当时的社会信仰趋势"冷相气候推动民间信仰(巫蛊文化)",也是导致社会动乱的原因之一。巫蛊也是古代的民间信仰之一,是用来遥控加害仇敌的巫术,起源于远古,包括诅咒、射偶人(偶人厌胜)和毒蛊等。冷相气候周期的异常气候与灾情,是导致民间信仰(巫术)兴起的关键。宫廷也是小社会,巫蛊之祸是社会迷信思潮在宫廷中的回响。

总之,民间信仰崛起的根本性源头是气候脉动,信仰兴衰是人类社会面对气候变化的一种响应,需要放在气候脉动的背景下才能考察和认识。

6.3 宗教革命

宋徽宗在位期间,给中国人的信仰事业带来很大的改变,主要在以下几个领域发生。

抑佛兴道

宋徽宗之前,北宋的统治者一直采用的是儒释道三教共尊的宗教政策。到了徽宗时期,由于环境的变化,个人的喜好和官僚的引导,这一政策发生了很大的变化。

徽宗刚即位时,虽然崇道,但并没有限制佛教的发展。"崇宁元年(1102),敕书

---

① (唐)韩愈,衢州徐偃王庙碑。

节文。应天下名德僧道,为众师法未有谥号者。仰所属勘会以闻"。崇宁二年
(1103)下令:"崇宁四观并依十万住持,其披剃并紫衣,自崇宁二年天宁节始。如未
有童行,即仰所差主管僧道保的手下童行披剃。崇宁三年以后即依此施行。"①

不久,宋徽宗在有心人的诱导下狂热信仰道教,自任道教教主,号为"教主道君
皇帝"。在他当政期间,道教成为北宋的国教,达到了历史罕见的"政教合一"高度。
他不仅创立了道学制度,而且还在州县一级设立道学教养。想通过道学参加科举
考试的人,都可进入州县教养学习道教相关的知识。在太学里,也设立了《道德经》
《庄子》《列子》博士,每经设博士二员。编撰道教典籍方面,赵佶也花费了大气力。
他组织编撰了从汉到宋朝的道教发展历史《道史》和《道典》,这算得上是第一部《中
国道教史》了。后来赵佶又搜救道经,编成《万寿道藏》。在他的推动下,北宋的道
教发展达到高潮。

赵佶对待释道二教慢慢有了变化,不仅鼓励民众入道,还鼓励僧尼改佛入道。
崇宁五年(1106 年,1110,冷相),徽宗下诏曰:"有天下者尊事上帝敢有弗虔,而释
氏之教,乃以天帝置于鬼神之列,渎神逾分,莫此之甚。有司其除削之,又敕水陆道
场内设三清等位元丰降诏止绝,务在检举施行。"②徽宗在这时已经有了废除佛教
的想法,认为佛教把天神、上帝和鬼神混在一起,是亵渎神灵,作为道教信徒应该废
除、削弱佛教。但是碍于"祖宗传统",害怕再次引发"毁法之祸"的产生,并没有立
即废除佛教。后来,在与刘混康的交流中说"比以道释混淆,理宜区别。断自朕心,
重订谬误"。这时徽宗已经认为道教才是真教,佛教为伪教,道教的地位应该在佛
教之上。"御笔批:道士序位令在僧上,女冠在尼上。"于是在大观元年(1107 年,
1110,冷相),下令把佛寺中的释迦牟尼像移除大殿。这时,许多佛寺被毁,佛教处
境艰难,佛教中如若有不听从命令的反抗者就要受到严酷的惩罚,佛教徒一下人人
自危,哀声连连。

在政和二年(1112 年,1110,冷相)进一步下诏规定佛教不得做法事,如果要做
需和道教一样,设水陆道场,供奉道教神位,如果违反这个规定就会受到惩罚。"政
和二年正月癸未,诏:释教修设水陆及禳道场,辄将道教神位相参者,僧尼以违制
论。主首知而不举,与同罪。著为令"③。还规定士族和百姓如果敬拜僧尼,就治

①② (宋)释志磐,佛祖统纪·第 46 卷·法运通塞志第十七之十三。
③ (清)毕沅,续资治通鉴·宋纪·宋纪九十一。

其大不恭之罪,"士庶拜僧者,论以大不恭之罪"。在徽宗看来,自己是天界、人界、阴间的主宰,必然有责任让天下都信奉"正道","朕乃昊天上帝元子,令天下归于正道"。

后来,徽宗宠信林灵素,佛教的处境更加雪上加霜。据《佛祖统纪》上说,林灵素曾在佛寺门前乞讨,和僧人相互殴斗,因此非常厌恶佛教,经常诋毁佛教。这种作为恰巧合了徽宗心意,于是下诏改佛为道,发生在宣和元年(1119)。"自先王之泽竭。……其以佛为大觉金仙,服天尊服,菩萨为大士,僧为德士,尼为女德士。服巾冠执木笏。寺为宫,院为观,住持为知宫观事。禁毋得留铜钹塔像,初释氏之废"。[①]还将佛教典籍6 000多卷之中有诋毁道教、儒家的全部销毁。这些废佛的举动对佛教而言无疑是非常严重的打击,加深了佛、道二教的矛盾,引起了不小的社会动乱。

不过,宋本《清明上河图》中却刻意展现儒释道亲密无间、"三教合流"的不偏不倚态度(见图54),这说明作者创作的出发点是"政治清明"或"社会清明",而不代表当时宋徽宗和社会对佛教的主流态度,构思精微,可见一斑。

图54 宋本《清明上河图》中两处出现儒释道合流的场面

五显信仰

五显神是江西德兴、婺源一带传统民间崇奉的财神。原为兄弟五人,宋代封为

---

① (宋)释志磐,佛祖统纪·第46卷·法运通塞志第十七之十三。

王,因其封号第一字皆为显,故称五显神(老大名叫柴显聪,老二名叫柴显明,老三名叫柴显正,老四名叫柴显直,老五名叫柴显德)。始于江西婺源一带,此后日渐扩散,遍及南方诸省。

元人吴师道指出:"婺源五显之神,闻于天下,尚矣。盖其上当天星之精,据山川之雄,储英发灵,烜赫震叠。自唐至于近代,迹具纪载。国朝加庙号、崇封爵,香籝金币之赐,遣使时至。"①

程钜夫说:"五显神,在徽之婺源,吴、楚、闽、越之间皆祀之,累朝封号甚尊显。"②

宋讷考辨说:"考之传记,五神降精,特显于唐。稽其时世,或谓在唐贞观之初,或谓在光启之际,虽无定论,然其害盈福谦,彰信兆民者,固昭昭乎可凭也。逮至于宋,益显厥灵,累朝加封,五神同被:曰显聪,曰显明,曰显正,曰显直,曰显德,以昭其德也。总而称之,故谓之五显。"③

其后的祝允明亦曰:"五显所起,未审前闻。世所传《祖殿灵应集》云:与天地同本,始年逮光启,降于婺源王瑜家,语邑人廪,至尝血食于此。于是,建宇栖之,功佑丕格,邑人依怙。初名庙为五通,大观以后,累封王秩,昉有五显之称。"④

据载:"世传神姓萧,兄弟五人。按《苏州志》,五显者,婺源土神也。初封通贶善应昭福永福侯、通佑善昭信永休侯、通泽善利昭义永康侯、通惠善及昭成永宁侯、通济善助昭庆永嘉侯,后加王爵"⑤。

北宋太宗雍熙年间(984—987年,990,冷相),乡邑大疫,"知县令狐佐梦神教以禳送之说,因四月佛生之日,即庙设斋,遂为斋会故事"⑥。从此,依庙而设的斋会,成为当地的"祈福斋",更是四方之人聚集的盛会。婺源五显的祖庙灵顺庙,始建于雍熙年间,其后被毁。元明频繁重建,甚为壮丽。

五神显灵之事,每闻于朝,都得到了褒封。最初取庙号为"五通",大观中始赐庙号曰"灵顺"。"宋大观(1107—1110)中,始赐庙额曰灵顺。宣和间,封侯。淳熙

---

① (元)吴师道,吴礼部集·卷一二·婺源州灵顺庙新建昭敬楼记,北京:书目文献出版社《北京图书馆古籍珍本丛刊》影印清钞本。
② (元)程钜夫,雪楼集·卷一三·婺源山万寿灵顺五菩萨庙记,《四库全书》本。
③ (明)宋讷,西隐文稿·卷五·敕建五显灵顺祠记,台北:文海出版社《明人文集丛刊第一期》影印万历刊本。
④⑥ (明)祝允明,怀星堂集·卷三〇·苏州五显神庙记,《四库全书》本。
⑤ (明)黄仲昭,八闽通志·卷五八。

中,加封公。理宗朝,改封八字王号,有降诰敕、御书等事"①。

徽宗宣和(1119—1125)年间封两字侯;

宋高宗绍兴(1131—1162年)中加封四字侯;

宋孝宗乾道(1165—1173)年间加封八字公;

宋宁宗嘉泰二年(1202)封二字王;

宋理宗景定元年(1260)封四字王,因多次神助江左,封六字王;

咸淳六年(1270)又告下改封八字王,夫人一起被加封,所祀庙宇称为五显庙②。

妈祖崇拜

中国所有的被崇拜的大神中,只有妈祖(奶奶庙)是针对南方渔猎文明的神祇,也是南方各民族之间的共识和纽带,在海峡两岸人民的心目中有较高的地位。妈祖崇拜是代表我国南方渔猎文明的一种信仰,有很多传说和神迹,在历史上曾经被中央政府册封36次。然而,透过这些册封事迹,我们可以体会到当时气候脉动的信息。

宣和五年(1123),宋徽宗赐"顺济庙"额;

绍兴二十六年(1156),宋高宗封"灵惠夫人";

绍兴三十年(1160),宋高宗加封"灵惠昭应夫人";

乾道二年(1166),宋孝宗封"灵惠昭应崇福夫人";

淳熙十二年(1184),宋孝宗封"灵慈昭应崇福善利夫人";

绍熙三年(1192),宋光宗诏封"灵惠妃";

庆元四年(1198年,200,暖相),宋宁宗封"慈惠夫人";

嘉定元年(1208),宋宁宗封"显卫";

嘉定十年(1217),宋宁宗封"灵惠助顺显卫英烈妃";

嘉熙三年(1239),宋理宗封"灵惠助顺嘉应英烈妃";

宝祐二年(1254),宋理宗封"灵惠助顺嘉应英烈协正妃";

宝祐四年(1256年,1260,暖相),宋理宗封"灵惠协正嘉应慈济妃";

---

① (明)张宁,方洲集·卷一八·句容县五显灵官庙碑,《四库全书》本。
② 三教源流搜神大全[M]//藏外道书:第31册.成都:巴蜀书社,1994:753.

开庆元年(1259 年,1260,暖相),宋理宗封"显济妃";

景定三年(1262),宋理宗封"灵惠显济嘉应善庆妃";

至元二十六年(1289 年,1290,冷相),元世祖封"护国显佑明著天妃";

大德三年(1299),元成宗封曰"辅圣庇民明著天妃";

延祐元年(1314 年,1320,暖相),元仁宗加封"护国庇民广济明著天妃";

天历二年(1329),元文宗封"护国庇民广济福惠明著天妃";

至正十四年(1354 年,1350,冷相),元惠宗(元顺帝)封"辅国护圣庇民广济福惠明著天妃";

洪武五年(1372 年,1380,暖相),明太祖封"昭孝纯正孚济感应圣妃";

永乐七年(1409 年,1410,冷相),明成祖封"护国庇民妙灵昭应弘仁普济天妃";

康熙二十三年(1684 年,1680,暖相),清圣祖封"护国庇民妙灵昭应仁慈天后"(注意同一年发生针对"五通神"的汤斌在苏州"毁淫祠"事件,兴废都是响应气候危机);

乾隆二年(1737 年,1740,暖相),清高宗封"妙灵昭应宏仁普济福佑群生天后";

嘉庆五年(1814),清仁宗封"护国庇民妙灵昭应弘仁普济福佑群生诚感咸孚显神赞顺垂慈笃佑天后";

道光十九年(1839 年,1830,冷相),清宣宗封"护国庇民妙灵昭应弘仁普济福佑群生诚感咸孚显神赞顺垂慈笃祐安澜利运泽覃海宇天后";

咸丰七年(1857 年,1860,暖相),清文宗封"护国庇民妙灵昭应弘仁普济福佑群生诚感咸孚显神赞顺垂慈笃祐安澜利运泽覃海宇恬波宣惠道流衍庆靖洋锡祉恩周德溥卫漕保泰振武绥疆嘉佑敷仁天后之神";

公元 2009 年 10 月(2010,冷相),妈祖信仰入选联合国教科文组织人类非物质文化遗产代表作名录。

妈祖的前身是一位普通妇女,名叫林默,大约生活在 960 年到 987 年之间,因冷相气候(潮灾加剧)落水而死。她死后的 130 多年间,并没有产生很大的影响。1110 年前后,中国的气候开始恶化,气候恶化的表面原因往往是洋流把北冰洋的寒流从大西洋推向印度洋,再转西太平洋,然后影响中国。洋流(潮灾)是海上渔民日常面临的主要风险,洋流恶化(潮灾加剧)必然会推动了海神(妈祖)崇拜的突然兴起。所以,小冰河期的气候变化是推动妈祖信仰的主要推手,提升妈祖信仰的社会地位,就是宋徽宗针对洋流危机的应对措施之一。信仰的起伏,需要放到气候脉动和环境危机的背景下加以考察。

关公崇拜

在中国人崇拜的众多神祇中,关羽拥有最为广泛的民众基础。关羽在后世成为深受民众广泛崇拜的尊神,与历朝历代的统治者对关羽的不断加封、鼓励推崇有关,也和气候脉动推动的社会需求波动有关。

在历史上,关羽并非一开始就被人们所神化。相反,关羽曾经作为厉鬼形象寂寞800年而无人问津,他从人到神的演化经历了一个比较曲折的过程。唐开元十九年(731),唐明皇李隆基建武庙,主神为姜太公,以名将十人配享:张良,田穰苴,孙武,吴起,乐毅,白起,韩信,诸葛亮,李靖,李勣,其中并没有关羽。

唐上元元年(760),唐肃宗追封姜太公为武成王,跟文宣王孔子的规格齐平。按照孔子有七十二弟子配享的原则,唐建中三年(782),唐德宗又增加64个人参与配享,包括孙膑、廉颇、卫青、霍去病、关羽、张飞、周瑜、邓艾等人,这是关羽在唐代官方祀典中首次出现的记录。可见,在唐代,关羽的地位仅仅是和张飞、周瑜、邓艾等其他三国名将相同,并不十分突出。关公虽被尊崇,但还没有达到被神化的地步,只不过是姜子牙的陪祭,没有专属的祭庙。

而十国时期在成都建立的后蜀政权,仅仅追封了诸葛亮和张飞为王,也都没有提到关羽,也可以看到这时关羽并没有得到统治阶级的重视。

北宋初年,关羽仍然没有得到统治者的重视,宋太祖赵匡胤甚至以关羽被仇国所擒杀为由,竟然把关羽请出了武庙的配享队伍。

直到北宋末年,宋徽宗派张(继先)天师请关公为山西运城百里盐池灭妖(斩蚩尤),道教自此尊关公为"荡魔真君"、"伏魔大帝"、"崇宁真君",中国才真正走上了神化关公的过程。宋徽宗赵佶面对外侵之敌,想不出更好的富国强兵之策,只有大兴道术,自称上帝元子太霄帝君降世,让朝臣们称他为教主道君皇帝,他还期望能得到关公神灵的护佑。崇宁元年(1102)封关羽为忠惠公,不久就开始加封王爵,大观二年(1107)封武安王。到南宋孝宗时,关羽已经被加封为"壮缪义勇武安英济王"了。人们提到关羽也不再直呼其名了,而往往尊为关公了。

为了维护社会稳定而宣传关羽的忠、义、仁、勇,清世祖于顺治九年(1652年,1650,冷相)封关公为忠义神武关圣大帝,清世宗雍正三年(1725)追封其三代为公爵,清高宗乾隆三十一年(1766年,1770,冷相)关公封号增加"灵佑"二字,清仁宗嘉庆十八年(1813)关公封号增加"仁勇"二字,清宣宗道光八年(1828 年,1830,冷相)封关公为"忠义神武灵佑仁勇威显关圣大帝",最后到光绪五年(1879 年,1890,冷相)被封为"忠义神武灵佑仁勇显威护国保民精诚绥靖翊赞宣德关圣大帝"。在统治上层的推崇下,天下关帝庙有"一万余处"之说,号称"今且南极岭表,北极塞垣,凡儿童妇女,无有不震其威灵者。香火之盛,将与天地同不朽"①。统治阶级对关羽的推崇,达到无以复加的程度。

值得一提的是,关羽的几乎每一次封号都发生在冷相气候节点,说明推动关公信仰的动力来源于气候冲击。通常,冷相气候带来的灾情不仅需要国家支付(见8.1 节)和酒茶消费(见 7.3 节和 7.4 节),也需要团结统一和共度时艰,关羽作为官方认可的团结之神具有安慰心灵、稳定社会的功能,因此得到不断的推崇。可以说,关公崇拜是中国社会响应小冰河期到来而选择的应对措施之一。

摩尼教的异化

在宋代民间信仰兴盛的大潮中,也有外来宗教摩尼教的身影,至少有两次农民起义与摩尼教有关。

摩尼教是波斯人摩尼创立的一种基督教地方化之后的混合型宗教,其教义混合了基督教、拜火教与希腊哲学的一些理念。在向东传播的过程中,摩尼教在中亚也混合了佛教的部分思想,主要在西域回鹘商人之间流传。在唐武宗"会昌灭佛"运动中,中原的摩尼教也受到打击,残存的教徒被迫向东南迁移躲避官府的压制。宋代摩尼教开始在两浙和福建地区广泛传播(部分因为海上贸易的兴盛),已经成为官府视线之外的一种地下教派。他们在教义上与唐代的正统摩尼教有所区别,而与同时期的白莲宗和净土宗等佛教派系相互融合,更加地方化。

庆历之际,弥勒教在河北路极为盛行,"自州县坊市,至于军营,外及乡村,无不向风而靡"②。在这些信众中,有早年因为饥荒流落到北宋贝州(今河北邢台)参军的一名小军官王则,凭借着弥勒教作为工具,他在德、齐诸州有着相当影响力,把贝州的官吏张峦、卜吉都吸收入伍。有学者通过弥勒教徒奉为经典的《滴泪经》就是摩尼教的《佛说滴泪》一书来推断,可能是摩尼教的分支。摩尼教自从转化为地下宗教之后,也逐渐成为民众反抗官府的精神指引。也就是说,有摩尼教影响的王则

① (清)赵翼,陔余丛考·卷 35·关壮缪。
② (宋)张方平,论京东西河北百姓传习袄教事,宋全集·卷 21。

起义发生在庆历七年(1047)十一月二十八日,后来被官府镇压。

徽宗时期的气候危机,再次导致了摩尼教的崛起。尽管没有实质性证据表明方腊是一个摩尼教徒,也没有证据表明他最早聚集起义的千余人是摩尼教徒。但方腊在 1120 年揭竿而起之后,在东南发生了多起响应方腊的摩尼教众起义,尤其是作为摩尼教牧师钟相开启的钟相杨幺起义(1130 年),导致官府方面认为摩尼教就是方腊起义的背后推手,故而将摩尼教称为"魔教",将方腊称为"妖贼",说其"托左道以惑众"。宗教的组织力与盐商的财力相结合,构成了北宋内政的极大隐患。为了镇压方腊起义,官府不得不抽调准备北伐的禁军。以西军为代表的北宋禁军部队,虽然以"气吞万里如虎"之势迅速剿灭了方腊起义,但在随后的收回燕京的北伐作战中,一败涂地,最终创造了被称为靖康之耻的时代悲剧。

摩尼教的后世遗产,是元末明初的元末的韩山童、刘福通起义(弥勒教和明教),清代的白莲教(白莲宗,杂合道教、摩尼教和佛教净土宗)、清水教(1774 年王伦起义,来自白莲教)、太平天国运动(拜上帝会,来源于基督教)和义和团运动(1897 年到 1902 年,源自山东地方秘密组织白莲教或道教)。它们的共同特征是来源于基督教,已经完成了地方化改造,与本土信仰有了深度结合,在组织成员和动员民众方面表现突出。外来宗教成为政权威胁,气候危机是关键。

宗教革命的原因

综上所述,我们认为徽宗时期发生了宗教革命,标志为本土宗教的崛起和对佛教的打压,包括下面五件事:

1. 抑佛兴道,道教提升到国教地位,达到"政教合一"的程度;

2. 关公封王,提升关公地位,推动关公崇拜;

3. 册封妈祖,推动作为海神信仰的妈祖崇拜,尊重渔猎文明;

4. 册封五显,让地方的民间信仰合法化;

5. 摩尼教造反,让基督教地方化成为政权的新威胁。

这些都是响应当时的气候危机的结果,在宋徽宗当政期间特别突出,因此是一次信仰革命。

许多学者都从内因论出发,认为宋徽宗主要是为了自己统治的需要而崇道[①]。

---

① 陈梅芳. 宋徽宗崇道研究[D]. 开封:河南大学,2017.

如陈国符先生在《道藏源流考》认为北宋皇帝崇道原因主要是利用神道设教神化自己，为封建统治服务。任继愈先生的《中国道教史》、赵宗诚先生的《北宋诸帝与道教》、卢晓辉先生的《论宋徽宗的崇道与北宋后期诗坛的崇陶现象》、郭学勤的《北宋宗教政策研究》和朱云鹏先生的《虔诚道徒宋徽宗》也非常赞成陈国符先生对宋徽宗崇道是利用道教教主的身份来维护统治的论断。

不过，更合理的说法是，宋徽宗即位后崇道有四个原因，不仅有来自内部的需求，还有外部的影响。

首先是受先人和传统的影响。北宋崇奉道教开始于赵光义，盛于宋真宗时期。直至徽宗时，道教已经很盛行，受此影响徽宗尊奉道教是自然而然的事。他需要突出自己的身份和地位，克服"兄终弟及"的皇权争议，需要某种宗教力量的帮助。

其次是响应气候危机。一次寒潮（见 13.1 节），就导致了政和元年（1111），"壬申，毁京师淫祠一千三十八区"[1]，该运动与当时的寒潮紧密衔接，很可能是气候危机推动京师淫祠的迅猛发展，危害了宋徽宗兴道的经济资源，他不得不进行行政干涉，这不是他的一贯态度，但却符合老百姓"有事拜佛"的基本响应模式，符合社会响应气候危机的一般规律"气候危机推动淫祠崇拜"。一次气候危机，往往带来大片的淫祠崇拜，因此那些仰赖气候的文明（或生产方式），往往都是某种宗教的坚定信徒。五通教、妈祖庙和关公祠，在当时都算作"淫祠"，只是在宋徽宗的推动下进入官方"正祠"行列，代表着本土信仰地位的提升和转化。当时的气候危机对中国本土的多神信仰传统有很大的推动作用。

第三是国内政治经济形势的需要。宋徽宗登基的初期朝堂还算清明，只是一般的崇奉道教。到后期面对气候危机造成的内忧外患局面，宋徽宗开始疯狂地推崇道教，提拔关公和妈祖，鼓励民间信仰，迅速掀起一股"道教热"。五显神、妈祖、关公和摩尼教，都有鲜明的地方特色，制造和推动关公崇拜、妈祖崇拜和五显崇拜等行为，也是对地方文化的迁就。这是响应当时的冷相气候危机，顺应社会需要是推动信仰异常繁荣的根本性原因。

最后，就是宗教信仰的地域依赖特征。通常巫（巫婆）和觋（巫师）现象主要发生在南方、山区、交通不发达和农业产出不高的地区，也和生产方式效率低下有关（如从事渔猎和火耕的地区，生产效率不如农耕，因此不足以应对气候危机，宗教是

---

① （明）黄以周等，续资治通鉴长编拾补·卷30。

一种过渡危机的工具),地理环境导致土地产出无法及时应对气候挑战,或者说当地环境应对气候变化的弹性不足,导致社会大众生活在"马尔萨斯人口瓶颈"附近,很容易发生"饥荒",是导致"巫觋流行"和"淫祠崇拜"的主要原因。这是宗教起源的"环境决定论"观点,来源于地理条件的差异和气候模式的变化。北宋末年发生气候危机和文明冲突,让人口中心迁移到南方,南方本来就有的、以火耕文化的多神信仰传统必然会对政治发生影响。总的来说,南方偏重多神教信仰,北方偏重一神教信仰,这是气候特征推动的信仰模式,欧洲如此,中国也是如此。气候变冷,有利于开发南方;人口南迁,有利于南方多神信仰的普及。

所以,宋徽宗时期的宗教革命,表现为多项本土宗教获得官方认可,对未来中国"多神信仰"的宗教形势带来很大的影响,是中国信仰发展的分水岭事件,其影响一直持续到今天。

中国社会的信仰历史,大体可以分成三个阶段,第一阶段从远古到汉明帝永平十年(67),中国的本土信仰(东皇太一,丰收之神)占据主导地位,受到全民的信仰。针对东皇太一最著名的诗歌,是屈原写的《九歌·东皇太一》:

> 吉日兮辰良,穆将愉兮上皇;
>
> 抚长剑兮玉珥,璆锵鸣兮琳琅;
>
> 瑶席兮玉瑱,盍将把兮琼芳;
>
> 蕙肴蒸兮兰藉,奠桂酒兮椒浆;
>
> 扬枹兮拊鼓,疏缓节兮安歌;
>
> 陈竽瑟兮浩倡;
>
> 灵偃蹇兮姣服,芳菲菲兮满堂;
>
> 五音纷兮繁会,君欣欣兮乐康。

第二阶段,是佛教进入中国并与本土宗教道教争夺主导权的时段。由于佛教迎合统治阶层,收到鼓励和推崇,并在暖相气候下土地兼并严重时得到限制。在佛教兴盛期间,只有道教及其分支(天一教、五斗米教)得到认可。所以第二阶段是从公元67年到公元1107年,佛教占据主导地位,道教作为本土宗教伴随,形成两强独大的局面。本土宗教仍然在地方以淫祠的面目存在,但无法获得官方的认可,并经常得到儒家学者和政治豪强的打压。

第三阶段，是公元1107年之后，随着气候的恶化，虽然中国社会对民间信仰仍然有制约和打击，目的是为了提倡社学和儒教，但改变不了淫祠地位的上升趋势。小冰河期的气候恶化形势和人口重心南移的趋势，推动了本土宗教的崛起，如婺源（山区）发源的五显信仰、福建（海边）发源的妈祖崇拜和官方主导的关公崇拜，这是配合气候恶化、潮灾加剧、小冰河期到来、南方移民增加，中国社会产生的一种应对措施。也就是说，"小冰河期"的到来推动中国本土信仰的崛起，多神信仰的流行，转移社会对技术问题的关注，间接导致"中欧科技大分流"的局面。

7

经济危机和商业革命

说起宋代的经济,常见的话题是"冗兵、冗官、冗费"问题,其实就是宋代庞大的国防支出和救灾支出,导致了宋代不管是庆历年间还是皇祐年间,财政的总收入都不足以支出全部的财政支出,都有差额,也就是有财政赤字。在这个收支不平衡的压力驱动下,加大非农业税的比重,以弥补财政的不足,成了历届政府的首要工作目标。

景德年间非农业税(商税、酒税、盐税等)总计有1233万贯,到了宋仁宗庆历(1041—1049)年间就增加到了4400万贯。到了南宋初年,不仅总量增加,税收结构也发生改变,商业税收及其附加税的比重占到了国家税收总额的79.6%,农业税收占到了20.4%。到了南宋中期,商业税收及其附加税的比重更是加大到了84.7%,农业税收下降到了15.3%。从税收结构上看,可以说两宋已经不再是一个以农业经济为主导的封建国家了,而是商品经济主导的社会。

三种版本的清明上河图,最大的区别在城门附近,仇英版突出了当时的倭寇危机,所以在城门附近摆上了一把"狼筅"。清院本也突出了当时的国防危机,所以在旁边放有三个国防警示牌。宋本《清明上河图》选取的场景是一处税收部门(见图55),门前有很多货物(很可能是高价值的团茶),从中可以感受到北宋政府的税收压力。因为政府支出太大,不得不想办法开源节流,利用一切的机会,从商业流通中获得商业税。这种广泛征收商业(交易)税的做法,在明初被朱元璋取消,直到太平天国期间才在外国人的帮助下恢复。也就是说,当欧洲开始"小冰河期"的时候,中国放弃了主要的商业税种(如酒税和交易税),导致社会缺乏资本的积累,对"中欧科技大分流"有很大的影响。

封建时代的税收,可以简单地分为农业税和非农业税。农业税便是"田赋",两

图55 宋本《清明上河图》城门处的征税部门

宋承袭了唐代的两税法,向全部的主户,即"有常产"的"税户"征收土地税。这样的"有产户"包含了最底层的自耕农、半自耕农、地主。不过这个田赋的计算内容非常丰富,包含了收取钱、粮食、布帛等各种各样的东西,不同的时代征收的内容不一样,带来很大的征税成本。所以历代改革都试图简化过程,降低农民支出而增加政府收入,关键是两个制约条件:降低征税成本和减轻农民负担,于是在气候危机时有各种农税的调整,都是为了平衡这两个目标。从公元前594年鲁国的"初税亩"到2006年取消农业税,在这2 600年的农税历史上,有过十来次针对农税的政治改革。

然而,农业社会的农税增加是有限的,且高度依赖气候的帮助。只有政府规模小、土地资源多、气候环境好的时段,如隋朝初年,才会有取消农业税的机会。其他时段,农业税的变化幅度小,不足以应对灾情的挑战,于是有各种非农税的征收。非农税是针对人口的生存需要,在某些消耗量大的领域进行征收的税种,分为商税和附加税。国家专营的茶、酒、盐、矾等重要物资,通过直接赚取差价(榷法)或者收取商业税收的形式(商法)获取收益,附加税则是一些苛捐杂税。在两宋的商业税收收入里面,"征榷"收入占了相当大的一个比重。"征榷"制度是一个源远流长的制度,但在两宋时期得到了长足的发展,主要含义就是国家专营,来源于汉武帝征讨匈奴的教训。为了对付国防危机(对外的宏寄生),同时需要保证生产环节的正常运行(对内的宏寄生),不能动摇每个人的口粮,只能从消费环节多收一点(商税),避免对农业生产的扰动,即防止"涸泽而渔,焚林而猎"的局面。两宋的征榷内容主要包含了茶、盐、酒、醋、矾、香等产品和物资,其中茶、盐、酒、醋、矾属于日常民生所需物资,量大价高(征税也需要成本,是增加税种的主要考量),值得列入国家专营。下图(图56)是宋代象征酒类专营的一处典型场景。

图56　宋本《清明上河图》中的运酒驴车反映宋代榷酒法的运行

为了保证商人的利益,宋代诞生了一种独特的行业,牙人(就是代理商)。通过他们异乎寻常的长袖子遮蔽了与客户握手时的动作,完成在定价前的讨价还价作用,同时也保证了问价过程的私密性和抗干扰性。宋本《清明上河图》中出现了牙人经济的画面(见图57)。

图57　宋本《清明上河图》中的牙人经济

本章梳理中国社会农业税和商税的变迁,非货币的农税主要看社会对征税成本和民众负担的考量,其中有气候变化的贡献;货币化的商税改革则看历代盐法、酒法和茶法的变迁,它们也是存在一定的气候依赖性,其主要改革动力来源于社会的钱荒(见8.2节)。通过这些经济改革措施,也可以认识宋代气候变化对社会改革和商品经济货币化运行带来的长远影响。

7.1 农业社会的税收改革

公元前3世纪初,气候开始整体变冷,推动了罗马(商业文明)、秦国(农耕文明)和印度(火耕文明)的崛起。公元前264年罗马开始布匿战争,前262年秦国发动长平之战,前261年印度阿育王征服羯陵伽国,分别代表了三个文明对气候变冷的响应措施(冷相气候推动政治上的集中统一)。这三大文明中,只有中国把统一状态维持到今天,这是成功应对气候挑战的结果,体现了中国地理和气候条件的特殊性和农耕文明对环境变化的韧性。以下是为了应对气候危机,维护国家统一所做出的农业税改革,代表了农耕文明响应气候变化的对策。

在春秋时期以前的夏商周时代,古代中国实行"名义"上土地的国有,"普天之下,莫非王土;率土之滨,莫非王臣"①,实际为奴隶主阶级占有的土地制度,标志性的生产方式是井田制:"方里而井,井九百亩,其中为公田。八家皆私百亩,同养公田。"②"同养公田"体现在赋税制度上就是指劳役赋税和实物赋税。普通农民通过劳役和实物向贵族交租,没有金钱的交易。井田制的最大特征是刀耕火种,集体劳作。在这种生产方式下,农业是不需要灌溉的,一切仰赖自然降水。当降雨不能满足灌溉需要,就需要摆脱集体劳动的限制,通过刺激劳动者的积极性,提高农业产量和改善政府收入。

农业税改革始于宣公十五年(前594年,600,暖相),鲁国实行"初税亩",即按亩征税的田赋制度。它对公私土地一律按亩征税,实际上取消了公、私田的差别,是承认私有土地合法化的开始,被后世学者看成"井田制"崩溃的开端。初税亩的意思就是开始按土地的亩数来收税了,税率是什一之税(从井田制继承)。由于初税亩增加了农民的积极性,因此可以提高产出。在此之后,各国都开始制定自己的征税方法,大多发生在暖相气候节点(降雨减少,收入降低),最著名的是商鞅变法

① 诗经·小雅·北山之什·北山。
② 孟子·滕文公。

（公元前 356 年）。也就是说，从火耕向农耕生产的转变，中国各地并不是同步进行的，且前后持续了约 240 年。气候变化造成的社会危机推动了社会的进程和耕种方式的进步。

汉代税赋

秦始皇统一中国之后，享国太短，来不及改革，农业税改革的任务交到了汉高祖的手上。

西汉初年，刘邦实行"轻田租"政策，行"十五税一"之法，即国家从农民总收入中征收十五分之一。不久，因军费开支浩大，似乎又改成"什一之税"，到惠帝刘盈（前 194—188）时，才又恢复"十五税一"。后来，有时免除一半田租，变成"三十税一"，遇到荒年，又全部免征。直至景帝刘启二年（公元前 155 年，150，冷相），正式规定"三十税一"，这是因为冷相气候的农业产出少，减少农民负担是改革的主要考量。该税率从此成为定制，终两汉之世基本未变。东汉晚期桓帝刘志和灵帝刘宏时，因修建宫室的需要，规定在"三十税一"的田租之外，还要计亩收钱。灵帝中平二年（公元 185 年，180，暖相）明文规定是每亩征收十钱，这是田租的附加税。

汉代税赋的一大创新是引入算赋（即后世的口赋，人头税）。从西汉初开始，法令规定，人民不分男女，从十五岁到五十六岁期间，每人每年须向国家纳钱一"算"（一算是一百二十钱），称"算赋"，相当于人头税。商人和奴婢要加倍交纳，每人年征二"算"。汉代的算赋，让每个人都需要用到货币，为商品经济的货币化运行打开了入口。下一次针对货币利用的经济改革，要等到公元 780 年"两税法"改革才会出现。

汉代农业税赋主要靠人头来计算，未成年人（7 到 14 岁）也不例外。这种按人口缴纳赋税的方式，断断续续持续了近 2 000 年，直到 1723 年雍正执行"摊丁入亩"政策之后才解除，结果是抑制了人口的增长，让中国人口长时间维持在 5 000 万的水平。地多人少，有利于推行均田制和为民置产的租庸调制。按人头收费，意味着农民养育人口的负担重，对宋代的人口危机有一定的影响（见 4.1 节）。

魏晋租调制

公元 204 年（210，冷相），曹操颁布《收田租令》，规定："其收田租亩四升，户出绢二匹，绵二斤。"这是一个具有突破意义的税赋改革，以前对于人头税的征收都是按照个人计算,现在的户调法改为以家庭为单位征收,相当于简化了税赋计算方式,同时这种改革也降低税率,汉末的田赋在一亩 5 升以上,而改革之后的田赋为一亩 4 升。此外,税基是按照户口来,和家里有几口人没关系,这相当于税负与人口脱钩,促进了人口的增长。这种改革,显然是为了减轻北方人口的税负。当时的社会深受冷相气候冲击和瘟疫的困扰。公元 206 年,曹操针对当时的气候变冷形势颁布了一个著名的《明罚令》:"……且北方冱寒之地,老少羸弱,将有不堪之患。令到,人不得寒食。若犯者,家长半岁刑,主使百日刑,令长夺一月俸。"①其中提到当时的气候寒冷,如果坚持寒食冷食,不利于人民的健康。这一寒潮,也推动了医圣张仲景的《伤寒论》出现,当时的伤寒(一种瘟疫,非现代意义的伤寒症)曾经带来很大的伤亡。所以,曹操的农业赋税改革,是为了应对当时的气候危机,针对当时的人口危机而进行的改革。

西晋继承了曹魏时期的户调法。所谓户调法,就是以户为单位,土地税和人头税都合在一起征收。不管田多少,都是按照一户规定好的税额交税。当然,西晋的赋税相对于曹魏时期是上调了的,田租提高一倍,收取的绢帛数量都提高了,以便满足更大规模政府的运行需要。

北魏均田制

北魏太和九年(485 年,480,暖相),北魏孝文帝依照汉人李安世之议,颁布北魏已实行的"计口授田制度"演变而来的《均田令》。这是因为战争造成北魏境内的大片无人区,土地荒芜,富豪兼并土地的所有权和占有权十分混乱。加之北魏初年实行宗主督护制,封建中央政府掌握的人口数很少,影响了赋税的征收。是年,颁布均田令,宣布按人口数来分配田地,目的是增加收入。此外,当时虽然是暖相,但气候表现出复杂性,如公元 467—470 年、477—481 年、500—504 年、506—513 年、519—524 年、536—537 年、557—563 年和 572—574 年连年干旱,其中,公元 477—480 年、496 年、503—504 年、508—509 年、512 年、522 年、558 年、562—563 年、572—573 年、580 年等旱情极端严重,以致农业歉收,饥民无数②。公元 471 年,北魏孝文帝即位后"复以河阳(今河南汲县)为牧场,恒置戎马十万匹,以拟京师(洛阳)军警之备,每岁自河西徙牧于并州,以渐南转,欲其习水土而无死伤也而河西之牧

---

① (汉)曹操.明罚令.
② 张德二.中国三千年气象记录总集[M].南京:江苏教育出版社,2013.

弥滋矣"①。马场的南下，说明当时的气候恶化。大约同时，北魏延兴四年(474)，"辛未禁寒食"、"辛卯，罢寒食享"②。废寒食代表着对气候变冷的特殊考量，与曹操《明罚令》的动机和性质是相同的。此外，史载北魏高祖延兴三年(473)，"州镇十一大旱，相州民饿死者二千八百四十五人"③。南齐建元三年(481)十一月，"雨雪，或阴或晦八十余日，至四年二月乃止"④。当时虽然靠近暖相节点，但气候特征是冷相，推动了均田制改革。改革的目标是增加政府收入，以便应对乙类(政府)钱荒。

值得一提的是，"建元四年，奉朝请孔凯上《铸钱均货议》"⑤，重点指出当时的钱荒会使钱贵谷贱(即通货紧缩)，带来金融危机。他提出铸钱均货的主张，是为了缓解当时的甲类(市场)钱荒，这一做法是符合当时暖相气候节点的一般趋势。这说明当时的两类钱荒并存，因为暖相气候节点的气候模式接近冷相，所以这种矛盾性的气候危机会传递给社会响应模式。该复杂的气候危机曾经导致西罗马帝国的灭亡(公元476年)。

北齐河清三年(564年，570，冷相)重新颁布均田令，规定邺城三十里内土地全部作为公田，按等差授给洛阳刚迁来的(原来从代京迁洛阳的所谓"代迁户")鲜卑贵族官僚和羽林、虎贲；三十里以外，一百里以内土地按等差授给汉族官僚和兵士。一百里以外和各州为一般地区，应受田额与受田、退田年龄大致与北周同。奴婢受田人数按官品限制在三百至六十人之间。赋役负担，一夫一妇之调与北周同，租为垦租二石、义租五斗。奴婢则为良民之半。当时的气候极为寒冷，公元563年，突厥木杆可汗来袭，北魏太宗亲往抵御。其时，"寒雪，士众冻死坠指者十二三"⑥。所以，第二次均田令是应对冷相气候危机的对策。

唐代两税法

经过安史之乱，唐政府面临的是封建割据，政出多门，税收紊乱的战后经济局面。为了既增加政府收入，也减少农民负担，有两税法改革。唐德宗建中元年(780年，780，暖相)，宰相杨炎建议颁行"两税法"。两税法是以原有的地税和户税

---

① (北齐)魏收，魏书·志·卷十五。
② (唐)李延寿，北史·卷三·魏本纪·高祖孝文帝。
③ (北齐)魏收，魏书·高祖本纪。
④ (梁)萧子显，南齐书·志卷19。
⑤ (梁)萧子显，南齐书·刘俊传。
⑥ (北齐)魏收，魏书·列传·卷91·蠕蠕。

为主,统一各项税收而制定的新税法。由于分夏、秋两季征收,所以称为"两税法"。两税法的设计理念是按照资产的多少给每户分等级,按照等级不同征收不同的税率,目的是为了财政收入能够支出,所以是先根据开支的总署制定今年要收多少税,然后分摊给下面完成,以预算定下一年的收入。这样确实是承担开支,但是如果预算膨胀,人民就会非常艰苦。

两税法另一个特色是把税收折算成钱,以货币代货物进行缴纳,推动了税收货币化,带来了 60 年的货币紧缩期[①]。两税法按照等级征收,但是物价在变化,税率不变是不行的,把物品折算成钱本来是方便了,但是货币有时间价值,每个时期的钱的价值不一样。一直按照一个价进行征收,当然会加重百姓负担。两税法改革后,通货紧缩,农民自己织出来的绢帛价格一路下跌,意味着农民从事手工业的收入一直减少,通货紧缩造成了李绅的著名诗句"窗下织梭女,手织身无衣",因为纺织品不值钱,所以纺织者衣不蔽体。

两税法的改革思路是扩大纳税面,让有地产、有钱财的人多纳税,有分类就可以提高分类征税率,提高征税总量,增加政府的总收入,以便应对当时的气候危机(暖相气候有利于方镇割据,减少了政府的财政收入,增加了战争支出)。因为社会有分工,为了满足交税任务,农民不得不织布,换取货币来交税,但由于货币供应不足,"货轻钱重"导致农民的手工业产出日益贬值,相当于把增税负担部分转嫁到农民头上,增加了农民的负担。当时的气候是典型的暖相(见 2.2 节)。在暖干的气候危机和两税法改革的双重压迫下,有李绅的著名诗句"四海无闲田,农夫犹饿死"(大约诞生于公元 798 年),因为农产品收成不好,所以生产者食不果腹。

宋代王安石变法

王安石变法,是在宋神宗时期,王安石发动的旨在改变北宋建国以来"冗官"、"冗兵"和"冗费"的三冗问题而进行的一场社会改革运动,从熙宁二年(1069)到熙宁九年(1076)的 8 年内,围绕富国强兵这一目标,陆续实行了均输、青苗、农田水利、募役、市易、免行、方田均税、将兵、保甲、保马等新法,这些新法按照内容和作用大致可以分为几个方面。

一、供应国家需要和限制商人的政策,主要是均输法,市易法和免行法;

---

① 彭信威. 中国货币史[M]. 上海:上海人民出版社,1955:254.

二、调整封建国家、地主和农民关系的政策,以及发展农业生产的措施,有青苗法、募役法、方田均税法和农田水利法;

三、巩固封建统治秩序和整顿加强军队的措施,有将兵法,保甲法、保马法以及建立军器监等。

除以上几方面的措施外,王安石变法派还实行了改革科举制、整顿学校等措施。王安石变法以"富国强兵"为目标,从新法次第实施到新法为守旧派所废罢,其间将近15年。在这15年中,每项新法在推行后,虽然都不免产生了或大或小的弊端,有的是因为变法派自己改变了初衷,有的是因执行新法出现偏差,但基本上都部分地收到了预期效果,使豪强兼并和高利贷者的活动受到了一些限制,使地主阶级的下层和自耕农民从事生产的条件获得一些保证,贫苦农民从新法中得到好处则很有限。

正因为当时的暖相气候背景(见 2.2 节),王安石变法的重要内容"农田水利法",正是为了解决暖相气候带来的干旱问题,因此符合当时的气候特征。由于暖相气候下的生产扩张、灾情减少(转为旱灾)、农业收入增加。因此,王安石变法取得丰厚的成果。学者陆佃(1042—1102)曾说:"迨元丰年间(1078—1085),年谷屡登,积粟塞上,盖数千万石,而四方常平之钱,不可胜计。"[1]这是王安石变法的改革成果,也是气候变暖、日照期增加带来的市场扩张。从某种程度上说,王安石变法遇到气候变暖,成功纯属巧合。

明代"一条鞭法"

1530 年前后又经历一次气候的冲击[2]。嘉靖八年(1529),兵部尚书王琼言,陕西三边"屯田满望,十有九荒"[3]。1532 年春,福建出现冷冻天气,"是岁,闽果不实"[4]。明嘉靖十一年(1532)在达延罕可汗的统领下的西土默特部东渡黄河[5],走出河套进入早已不设防的东胜卫、丰州滩、察哈尔,乃至宣大边外,这也就成了土默特部入住丰州滩的始端。

嘉靖九年(1530),户部尚书梁材根据桂萼关于"编审徭役"的奏疏,提出革除赋役

① (宋)陆佃,陶山集·卷一一·神宗皇帝实录叙论,参阅宋会要辑稿·卷一四六、卷一四八所载张汝贤、翟思两人的说法。
② 葛全胜. 中国历朝气候变化[M]. 北京:科学出版社,2011.
③ 明世宗实录·卷 100·嘉靖八年四月戊子。
④ (明)喻政,万历福州府志·卷 75·时事。
⑤ 荣祥,荣庚麟. 土默特沿革[M]. 内蒙古:内蒙古土默特左旗印刷厂,1981:241.

弊病的方案:"合将十甲丁粮总于一里,各里丁粮总于一州一县,各州县丁粮总于一府,各府丁粮总于一布政司。而布政司通将一省丁粮均派一省徭役,内量除优免之数,每粮一石编银若干,每丁审银若干,斟酌繁简,通融科派,造定册籍。"嘉靖十年(1531),御史傅汉臣把这种"通计一省丁粮,均派一省徭役"的方法称为"一条编法",也即后来的"一条鞭法"①。之所以实行一条鞭法,是因为下面的官吏巧立名目,增收各种税,名目有很多,增加了百姓负担。而一条鞭法很简单,土地税,杂税,徭役都归于田亩,只按照亩来征收,这样官员再也没有借口增加各种名目的税。在服役这事上,地方官员也是随意找人服役,即使服过役,也要再服役。地方官员压榨百姓劳动,多是为地方官员自身利益。张居正改革后,可以给官府钱,不用服役。官府可以拿这个钱再雇人。这些钱都是归在田亩上,一次性交完,官员再也不能随意征收。

虽然是40多年后张居正成功推广了"一条鞭法",但最早的思路是应对1530年前后的气候危机。因为当时的气候是冷相,所以改革的原来目的是减轻农民税赋的负担。但等张居正推动改革之后,气候转入暖相,实行一条鞭法的前提是清丈田亩,有效的动员导致土地清查之后增加了2.8亿亩,从而大大地给国家增加了税收,为"万历三大征"奠定了物质基础。事实上,暖相气候有利于开荒,增加收入,这也是"一条鞭法"能够成功的关键性原因之一。所以,本来是为了减轻农民负担而设计的改革,执行效果却是增加了政府收入,关键是40年间气候模式发生了重大变化。

清代摊丁入亩

康熙五十一年(1712年,1710,冷相)二月二十九日,康熙帝宣布将丁银税额固定、不再增收的主张,准备命令各省督抚将现行钱粮册内有名丁数永远作为定额,不再增减。对以后新生人丁(即盛世滋生人丁)不征钱粮;而丁银并不按丁计算,丁多人户也只交纳一丁钱粮。康熙五十五年(1716)户部在研究编审新增人丁补足旧缺额时,除照地派丁外,仍实行按人派丁,即一户之内,如果减少一丁,又新添一丁,以新添抵补减少;倘若减少的有二三丁,新添的不够抵补,则以亲族中丁多人户抵补;如果还不够,以同甲同图中粮多人户顶补,抵补之后的余丁才归入滋生人丁册内造报。所以"滋生人丁永不加赋"办法施行后,又出现了新增人丁不征税,旧额人丁不减税的矛盾;而且,新增人丁很多,用谁来补充旧丁缺额,也很难做到苦乐平均。此后不久,雍

① 明世宗实录·嘉靖十年三月。

正年间就在全国各地普遍实行了摊丁入地的改革。滋生人丁永不加赋实际上为雍正朝实行摊丁入地奠定了基础,也是中国封建社会中徭役向赋税转化的重要标志。当时的气候极为寒冷,1707年冰岛火山爆发,1708年波罗的海结冰,竺可桢认为1620年到1720年的气候都很寒冷。康熙五十四年(1715)至六十一年(1722)的8年间,李煦在苏州种植双季稻试验,取得了成功,标志着气候开始转暖。

雍正元年(1723)开始普遍推行"摊丁入亩",把固定下来的丁税平均摊入田赋中,征收统一的地丁银,不再以人为对象征收丁税,降低征税成本。摊丁入亩政策正式废除了人头税,把丁税平摊到田赋里,统一征收。其实这和一条鞭法是很相似的。但是一条鞭法并没有废除人头税,所以还需要维持人口调查。摊丁入亩废除了几千年的人头税(人口控制),使得清朝人口开始迅速增长,远超历朝历代。中国能有这么多人,和雍正的摊丁入亩政策分不开。

土地税经历了由按亩征收到定量征收又到按亩征收的过程。人头税自从出现一直到雍正时期废除了,改变了税收方式,推动了人口迅速增长。这是影响比较大的一次变革。交税的方式也经历了交钱,由物抵钱,又到交钱抵物的过程,说明货币在税收中逐渐变得重要,社会经济在发展。

农业税改革的经验总结

根据上述10次农业税改革,我们可以把改革的时机、目的和气候相关联,如下表所示。

表16　古代农业税改革的气候背景

序号	时　间	农业税改革	改革目的	预期节点	气候特征
1	前155年	改"三十税一"	减少负担	150	冷相
2	185	田租附加税	增加收入	180	暖相
3	204	户调制	减少负担	210	冷相
4	485	均田制	增加收入	480	暖相
5	564	重新颁布均田令		570	冷相
6	780	两税法改革	增加收入	780	暖相
7	1069—1085	王安石变法	增加收入	1080	暖相
8	1531/1571	"一条鞭法"	减少负担	1530	冷相
9	1712	"滋生人丁永不加赋"	减少负担	1710	冷相
10	1723	摊丁入亩	增加收入	1740	暖相

从这张表可以看出,农业税改革的根本目的只有两种,在冷相(日照期减少,气候灾害增加)时,减少农民负担是政府推动改革的主要考量。在暖相(日照期增加)时,农民收获增加,政府支出相应增加,增加收入,改善收支是推动改革的主要动机。唯一的例外是第 4 次改革(动机难以定性),均田令具有减少负担和增加收入的双重特征,所以既可以发生在暖相,也可以发生在冷相。

我们把农业税的变化趋势总结成下图(图 58),从整体看,中国社会对农业税的征收日趋货币化和简化(降低征税成本),对农税的依赖性也是逐步降低的(减轻

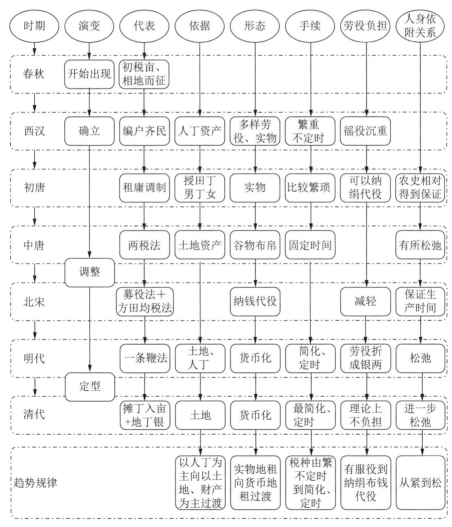

图 58 历代农业税改革的趋势

农民负担)。

根据该表,我们可以总结出社会响应气候变化的基本模式是"冷相减轻农民负担,暖相增加政府收入"。其根本性的原因是冷相日照期短,农民收入少,社会冲突增加,需要给农民减负来维持社会稳定;暖相日照期增加,农民收入多,经济发生扩张,但政府支出也增加,政府需要提高收入来应对气候危机,所以改革的目的是增加政府收入。这种简单的二分法规律性,反映了农业社会政府税收对气候变化的响应模式。

当代的验证

值得一提的是,上面基于历史经验得到的经验性规律也可以适用于当代的农业改革。

我国的改革开放事业,始于包产到户(又叫作家庭联产承包责任制)政策,是由安徽省凤阳县小岗村的十八个农户在1978年最先开始实行的,其主要目的是抗旱,符合当时的暖相气候背景。证据是自从1976年之后,国际学术界从对气候变冷的担心转入对气候变暖的担心,当时中国的干旱条件是气候变暖的特征之一,人民公社是另一种形式的"井田制"(都是集体劳动),适用于"风调雨顺"时段,不适合旱灾带来的供水危机。"废井田,开阡陌",也是当时改革开放中针对农业生产部分改革的主要目的。也就是说,中国现在的改革开放,与鲁国的"初税亩"、"用田赋"、商鞅变法、均田制、王安石变法一样,都是针对当时暖相气候特征(缺水)和市场需要(甲类市场钱荒),应对气候危机而采取的社会响应之一。

2006年1月1日起,我国全面取消农业税,主要原因是农业税征税成本高,得不偿失,但也有减少农业人口负担,应对冷相气候危机的目的。2008年初,中国南方遭遇重大雪灾(类似于809年的元和雪灾和1110年的大观寒潮);2010年前后,蒙古国遭遇多次"白灾"(重大雪灾);南水北调工程完工后,发现北方降水增加(代表冷相气候),该气候节点的冷相特征是非常明显的,因此取消农业税也有应对气候危机的目的。

总之,中国历史上有记载的农业税收(在此之前是强迫征发的集体劳动成果火耕什一费),起于春秋时期(前594)鲁国实行的按个体进行收费的"初税亩",到2006年,农业税实行了2 600年。若从气候脉动规律来看,农业税起于暖相(扩大政府收入),终于冷相(减少农民负担),一共是43.5个气候周期(2 610年)。

7.2　历代的盐法改革

中国很早就实现了国家统一。那么为什么要统一？统一的目的是为了对付外敌和内乱,维持官僚阶层的稳定。统一光靠农业税是无法实现的,因为农税高度依赖气候,零和特征特别明显,即政府多收入,意味着农民少收入,口粮问题波动稍微大一点,就会引发政治风波和农民暴动,所以农税的调整空间不大,历史上也就只有十来次显著的改革。所以,政府维持运转不能仅靠农田,而是靠农民存活所依赖的食盐和农具,即盐铁垄断。不过,儒家学者对政府的暴敛行为非常反对,所以铁垄断不能持久,盐垄断也时断时续。通过对历史上盐业专营政策的起伏变化,也能体会历代政府在面临气候造成的钱荒面前"对症下药"的改革努力。

宋代的盐法改革

根据宋人的考证,宋代的榷盐制度始于唐代的盐法改革。唐开元年间,财用不足,玄宗采纳左拾遗刘彤建议,派御史中丞与诸道按察使检校海内盐铁之课,逐步恢复征收盐税[开元十年(722)八月十日],结束了公元583年隋文帝废除盐税以来近130年无盐、铁、酒税的局面。随着安史之乱的爆发,乾元三年(760),盐税征收进入"民制、官收、商运、商销"的模式,一直影响到今天。随着暖相气候的到来,经济日趋紧张,于是有第五琦的盐税改革。"其始原于唐第五琦及刘晏代其任,大历末(779年,780,暖相),一岁征赋所入盐当天下大半之赋。"①也就是说,如果榷盐维护正常,可以让盐税和农税相当,解决了农税过重引发的暴力反抗问题。

北宋初期,食盐实行专卖制。"宋自削平诸国,天下盐利皆归县官。官鬻、通商,随州郡所宜,然亦变革不常。"②建隆二年(961年,960,暖相),宋太祖下诏:"私炼者三斤死,擅货官盐入禁法地分者十斤死。"③这说明五代时流行的榷法被保留下来,维持运转。入宋之初,国家对食盐同样实行严格的专卖制,盐利尽收官府,而在食盐专卖法中与茶叶一样引用了"交引制",通过当时的"茶盐交引",起到了把南方财富转移至京师的作用。而交引就是一种通货,相当于给市场增加通货供应,缓解典型的甲类(市场)钱荒。

---

①　(宋)高承,事物纪原·卷一·朝廷注措部五·榷盐。
②　(元)脱脱,宋史·卷一八二·食货志下四·盐上。
③　(清)徐松,宋会要辑稿·食货·二三之一八。

雍熙二年(985年,990,冷相)实行"入中法"。关于"入中法"具体内容,史籍记载:"河北又募商人输与粟于边,式要券取盐及婚钱、香药、宝货于京师或东南州军,陕西则受盐于两池,谓之入中。"①太宗端拱二年(989),"自河北用兵,切于馈饷,始令商人输当粮塞下,酌地之远近而优为其直,执文券至京师,偿钱,或移文江、淮给茶盐,谓之折中"②。这相当于是放松了官榷法,给"官盐官卖"进行了解禁。自雍熙年间实行入中法和折中法之后,社会上出现了实物虚估的严重问题,给国家造成了财政支出困难。

盐的供销地区划分之后,宋政府一直严令遵守。宋真宗天禧四年(1020年,1020,暖相)下诏给淮南京东所有产盐地分,"勘会处所四至远近,逐年所煎数,及所给州军处,所有今住煎处,亦条折年月因依,各县地图以闻"③。这说明在暖相气候下,市场繁荣,有跨区贩盐、争夺利差的现象发生,不得不重申销区的规定。这是对市场进行规范的行为,目的是化解甲类(市场)钱荒。

仁宗庆历八年(1048年,1050,冷相),大臣范祥推行"盐钞法","祥先请变两池盐法,诏祥乘传陕西与都转运使共议,时庆历四年春也。已而议不合,祥寻亦遭丧去。及是,祥复申前议,故有是命,使自推行之"④。早在庆历四年(1044),范祥就已经提出要改革陕西两池盐法,只是未被采纳和推行罢了。四年后,重申其法,才得施行,其法乃"其法,旧禁盐地一切通商,盐入蜀者,亦恣不问。罢九州军入中刍粟,令入实钱,以盐偿之,视入钱州军远近及所指东西南盐,第优其直"⑤。盐钞法又称见钱法,将茶盐商品与入纳粮草分开,但其入纳沿边的仍然是实物粮草,只是"茶盐钞"的另一边变成了铜钱,因此是引入通货。范祥对盐法的改革,最基本最主要的方针是以通商法代替官榷法,借以克服官搬官卖种种扰害百姓的弊端;以见钱法代替入中粮草,用来解决加抬虚估、限制商人攫占更多的盐利,从而使盐法有利于国计民生、保证国家获得最多的盐利。

从这秒官榷制度中,派生出来一种代销制,卢秉盐法。这是熙宁五年(1072年,1080,暖相)卢秉变更两浙盐法时创立的,"募酒坊户愿占课额,取盐于官卖之,

① (元)脱脱,宋史·卷一百七十五·志第一百二十八·食货上三。
② (清)毕沅,续资治通鉴长编·卷三十。
③ (清)徐松,宋会辑稿·食货·二三之三一。
④ (清)毕沅,续资治通鉴长编·卷一百六十五。
⑤ (清)毕沅,续资治通鉴·宋纪·宋纪五十。

月以钱输官,毋得越所酤地"①,即把盐让酒户在所许可卖酒的范围内,代销国家的盐货,而把官府规定的盐利课额按时上缴,其多余部分即归代销的酒坊户。所以,卢秉盐法的实质是对钞盐法的微调,以适应当时暖相气候市场扩张的挑战。

宋徽宗政和二年(1112 年,1110,冷相),蔡京集团根据变更茶法(从官榷法转入通商法)的成果,在盐法上也实行了类似的改革,取消了官榷法,实行了通商法:"是岁,蔡京复用事,大变盐法。五月,罢官般卖,令商旅赴场请贩,已般盐并封桩。商旅赴榷货务算请,先至者增支盐以示劝。"②用官袋装盐,限定斤重,封印为记,一袋为一引,编立引目号簿。商人缴纳包括税款在内的盐价领引,凭引核对号簿支盐运销。引分长引短引。长引行销外路,限期一年,短引行销本路,限期一季。到期盐未售完,即行毁引,盐没于官。故引仍是变相的新钞,时盐引又称钞引,只不过在盐钞取盐凭证的基础上增加了官许卖盐执照的性质,并在行销制度方面更为严密而已。由于不能及时支付,而盐引不断膨胀,相当于让持引者承担货币贬值的损失,这是一种变相通货膨胀,增加政府收入的行为,符合当时的乙类(政府)钱荒本质特征。

赵开对川盐的变更始于绍兴二年(1132 年,1140,暖相)九月,"其法实祖大观东南东北盐钞条约,置合同场盐市,验视称量,封记发放,与茶法大抵相类。盐引每一斤纳钱二十五,土产税及增添等共约九钱四分,盐所过每斤纳钱七分、住纳一钱五分。若以钱引折纳,别输称提勘合钱共六十"③,"其后又增添贴输等钱"④。赵开盐引法,本质上是把蔡京的盐引法推广到四川,并在计划和实施过程中略有不同。其做法是:井户煮盐不立课额,商人纳钱请引,缴纳引税、过税、住税,向井户直接买盐出售。官置合同场负责验视、称量、发放,以防私售,并征收井户的土产税。废除官买民盐然后卖给商人的中介环节,直接征收井户和盐商的税钱。

宋孝宗淳熙四年(1177 年,1170,冷相),四川制置使胡元质论述茶盐酒等专利之害,称"盐之为害,尤甚于酒":"有开凿既久,井老泉枯,旧额犹在,无由蠲减;或有大井损坏,无力修葺,数十年间,空抱重课;或井筒剥落,土石堙塞,弥旬累月,计不得取;或夏冬涨潦,淡水入井,不可烧煎;或贫乏无力,柴茅不继,虚收泉利;或假货

---

① (元)脱脱,宋史·卷 182·食货志下四·盐中。

② (元)脱脱,宋史·卷 182·食货志下四·盐下。

③ (宋)李焘,赵待制开墓志铭,琬琰集删存·卷二。

④ (元)脱脱,宋史·卷 183·食货志下五·盐下。

资财,以为盐本,费多利少,官课未偿,私债已重,如此之类,不可胜计"。这是冷相气候造成的盐课过重问题,有乙类钱荒的危机。

光宗绍熙三年(1192年,1200,暖相),在吏部尚书赵汝愚的建议下,"时杨辅为总计,去虚额,闭废井,申严合同场法,禁斥重之逾格者,而重私贩之罚,盐直于是顿昂。辅又请罢利州东路安抚司所置盐店六,及津渡所收盐钱,与西路兴州盐店。后总领陈晔又尽除官井所增之额焉"。这是暖相气候下的市场规范行为。

根据上述的盐法改革事件和气候冲击事件,我们把这些事件罗列到一张表中,从中可以体察到气候变化的规律性和社会响应的规律性。

表 17　唐宋时期的盐法改革与气候背景

发生时间	盐法改革事件	预期节点	气候特征	事件性质
722 年	刘彤建议开征盐税	720	暖相	市场扩张
779 年	第五琦盐法改革	780	暖相	市场扩张
961 年	宋初继承官榷法	960	暖相	市场扩张
988 年	通商法解禁	990	冷相	制度改革
1020 年	重申销区禁令	1020	暖相	市场扩张
1048 年	范祥钞法改革(钞盐法)	1050	冷相	制度改革
1072 年	卢秉盐法	1080	暖相	市场扩张
1112 年	蔡京盐法改革(盐引法/商法)	1110	冷相	制度改革
1132 年	赵开盐引法	1140	暖相	市场扩张
1192 年	赵汝愚恢复赵开引法	1200	暖相	市场扩张

从上表,我们可以得到两条结论。第一,气候节点发生的气候冲击是推动盐法改革的外部原因,也是本质性原因;一个社会的食盐消耗通常是恒定的,为什么盐税会增加很多?因为典型的农业社会遭遇了气候冲击(环境挑战),需要更多的财政收入来应对外部的挑战,所以盐法必须根据经济形势加以调整。第二,通常暖相气候需要严申榷法,规范市场;冷相气候推动通商法或制度改革,两者的目的都是为了增加政府收入。冷相推动比较激进的制度改革,以期获得超常的税收。暖相发生市场扩张,往往推动制度的局部调整。通常气候对经济的作用规律是,"冷相

导致市场紧缩,推动技术突破;暖相推动市场扩张,推动技术普及"。宋代的盐法改革大体也符合这一规律性。

盐法改革的后果是,盐利从北宋太宗时的100%递增至140%、300%,至宋徽宗时高达1 600%,亦即增长了十倍多(其中主要来源于人口的增长,人多盐耗多)。南宋疆土虽然削小,也高达960%,略低于宋徽宗、宋神宗两朝,较其他诸朝为高。盐利的不断增长,在宋代国家财政结构中,占有越来越重要的地位。宋真宗天禧末货币总收入为2 650余万贯,盐利350余万贯,占总数13.2%;宋仁宗时总收入3 900万贯,盐利715万贯,占18.3%;宋高宗绍兴末年总收入为3 540余万贯,盐利1 930余万,占54.2%;宋孝宗淳熙末总收入为4 530余万,盐利2 196万,占48.4%。南宋盐利占国家财政收入48.4%至54.2%之间,这是宋代财政结构一个明显的重要的变化。盐利加上茶税、酒税和市舶商税,这几个税种补充了农税的不足,推动了宋代向商业社会和城市文明的转变。

明代的盐法改革

明代基本放弃了酒税,农业税刚开始也很低,因此盐税在国民经济中的地位陡增。为了国防需要,明代对盐法进行了多次改革,体现了气候脉动对国民经济的影响。

明代的盐法一半继承历史传统和宋元之制(官卖制度),在国家专卖的指导方针下,建立了灶户制度,灶户生产的盐全部由政府收买处理。政府收来的盐,一部分通过户口食盐法,运到各州县,按口派卖,计口征收钞米,这是传统的官卖制度,即户口食盐法(一种官运官销的"官卖制",即按人户配给食盐的官卖制度)。明代盐法的另一半来源于对北伐成果的巩固和后勤实践,即政府募商人输粮换取盐引,凭引领盐运销于指定地区,称为开中。通过开中法,让商人消化粮食输边的运输费用,政府偿以盐引,因此是一种变相的"通商制"。

洪武三年(1370),山西行省奏请"令商人于大同仓入米一石,太原仓入米一石三斗者,给淮盐一引,引二百斤。商人鬻毕,即以原给引目赴所在官司缴之"①。这个办法,就是开中法的肇始,通过把商业盈利与国防支出的绑定,一方面解决了沿

---

① 明史・食货志・盐法。

边军饷的来源问题,一方面也一道解决食盐运销问题,可谓一举两得。后来,开中法推广到全国的边境地区,在内容与方式上虽然有改变,但始终为明代国防政策的核心思想。

开中制的诞生时机,恰好是气候变暖的时段①(见 2.2 节)。当时气候的暖相背景,有利于农业生产,让屯田事业有利可图②。1368 年,明廷于北平府设燕山卫,兀良哈故地设大宁都司(今内蒙古宁城附近),行屯田之制 1370 年,诸将在边屯田,岁有常课。至 1392 年,北边地区均有大规模的屯田行为,收获颇多,西北地区因此几无灾荒记载。山西的商户们(边商)可以在边境地区雇人开荒(即商屯),因此可以实现边境的粮价与内地相仿,符合朱元璋"小政府"管理的设计目标。后世的共识是,"有明一代盐法,莫善于开中","国初召商中盐,量纳粮料实边,不烦转运而食自足,谓之飞换"③。

尽管朱元璋清楚地知道,蒙元政府垮台的根本原因之一是纸钞制度的垮台,但为了减轻北伐战争的财政压力,加强权力集权,将贵重金属收集到政府手中并降低交易成本,还是在 1375 年发行了一种新的纸币,称为"大明通行宝钞"④。由于当时的纸张质量较差,这些纸币不耐久,也没有及时回收,既不分割也不回收旧币,导致市场上流通的纸币越来越多,随后出现通货膨胀和贬值。

永乐建政之后,气候逐渐变冷⑤。由于战争(靖难之役)和气候变化,到永乐初年,大明通行宝钞面临严重的超发危机(通货膨胀)。洪武三年(1404),都御史陈瑛为了维持钞法的畅通,建议全国通行户口食盐法⑥,原则上完全以纳钞为主。至此,因开中法流行而抑制的户口食盐法得到部分复兴,通行全国,成为维持纸币信用的补救办法。

由于永乐年间的持续战争(五次北伐)、郑和下西洋(七次)和迁都北京带来的城市建设和国防建设,明代的纸钞再次面临着日益严重的危机。正统元年(1436),明英宗即位后,收赋有米麦折银之令,并减少纳钞项目,以米银钱当钞。相当于取

---

① 葛全胜. 中国历朝气候变化[M]. 北京:科学出版社,2011:501—506.
② 葛全胜. 中国历朝气候变化[M]. 北京:科学出版社,2011:497.
③ (明)郑晓,今言类编·卷二·经国门·盐法.
④ 彭信威. 中国货币史[M].上海:上海人民出版社,1955:429.
⑤ 葛全胜. 中国历朝气候变化[M]. 北京:科学出版社,2011:547.
⑥ 明太宗实录·卷33·永乐二年七月庚寅[M],另见卷四一官民户口盐钞,明史·卷八一·食货志五.

消了对白银的禁令,鼓励税收以白银支付,白银获得了正式的货币地位[1],导致纸币的价值很快暴跌,纸币的贬值导致价格飙升。当时的气候特征应该是暖相,但是气候普遍表现出冷相气候特征[2]。

伴随农业收成减少的趋势,是盐法的紊乱。正统四年(1439),全国各地已普遍发生"民纳盐钞如旧,但盐课司十年五年无盐支给"的现象[3]。在官专卖制度下,为防止私盐,盐商运销食盐、运销的地区都有严格的规定,以便于统制盐的贩卖与私盐的调查[4]。该销区划分制度是通过划分销区来控制私盐流通,符合暖相气候,需规范市场的基本规律。

1452年库瓦火山爆发之后,气候恶化很快,导致1453—1454年冬,"淮东之海冰四十余里"[5],淮河、太湖结冰;"凤阳八卫二三月雨雪不止,伤麦"。成化二年(1466),戴仲衡[6]上言:"延绥迤北沙漠之地,烈风震荡,沙石簸扬,积为坡阜,人马驰逐者,患苦之。"在这一轮的冷相气候趋势下,天顺六年(1462)正月,毛里孩、阿罗出、孛罗忽(也作博勒呼)入河套[7]。由于三部"以争水草不相下,不能深入为寇"。天顺(1457—1464)之后,孛来强盛,屡犯明朝边界[8]。成化(1465—1487)之初,毛里孩入侵延绥(今榆林地区);成化五年(1469),毛里孩、加思兰、孛罗忽、满都鲁都相继入居河套。由于蒙古诸部以河套为据点,屡犯明朝宣府、大同、延绥等地,对明朝北部边疆造成了严重威胁。在延绥巡抚王锐的请求下,明朝于成化五年(1469)派出右副都御史王越搜剿河套,开始了与蒙古诸部的第一次河套争夺战。

三路搜套失败之后成化八年(1472),延绥巡抚都御史余子俊大筑边城,弃河守墙[9]。当时的边墙"长一千七百七十余里,东起清水营,接山西偏头关界,西抵定边营,接宁夏花马池界"。在边墙外稍北地带,军民"多出墩外种食"、"远者七八十里,近者二三十里,越境种田"。值得一提的是,余子俊的长城深入农耕区内部,说明当时的气候非常寒冷,难以保障边境卫戍部队的后勤。

---

① 明史·食货志五,另见彭信威.中国货币史[M].上海:上海人民出版社,1955:452.

② 葛全胜.中国历朝气候变化[M].北京:科学出版社,2011:497.

③ 明英宗实录,卷五六,正统四年六月戊戌。

④ 明英宗实录,卷六一,正统四年十一月丙寅。

⑤ 明史·志四·五行一(水),"景泰四年冬十一月戊辰至明年孟春,山东、河南、浙江、直隶、淮、徐大雪数尺,淮东之海冰四十余里,人畜冻死万计"。

⑥⑨ 葛全胜.中国历朝气候变化[M].北京:科学出版社,2011:547.

⑦ 明史纪事本末·卷58·议复河套。

⑧ 韩昭庆.明代毛乌素沙地变迁及其与周边地区垦殖的关系[J].中国社会科学,2003(05):191—204 + 209.

在这种边境冲突的形势下,成化十年(1474),"巡抚右都御史刘敷疏请两淮水乡灶课折银,每引纳银三钱五分"①,推动了银两在交易中的地位。弘治二年(1489年)的记录云,"商人买灶户余盐以补官引",这就是所谓的"以余盐补正课"②。弘治四年(1492)叶淇任户部尚书,由于"开卖滋甚,年年卖银解京"③,第二年明政府正式命令各地"召商纳银运司,类解太仓,分给各边",规定每引输银三四钱不等。至此开中折色制正式确立,也标志着盐业买卖中的银(币)物交换制的形成。开中折色制就是将开中纳米粟变为以银解部,这是取消白银禁令之后的社会响应,相距57年。

开中法破坏的直接原因是河套地区的丧失,其实也是气候变冷造成的。自正统元年(1436)后,屯田制度逐渐废弛,屯粮收入只为当初的三分之二,再至弘治年间时,屯粮收入更是减少甚多④。所以,是气候变冷和恶化推动了盐法从开中向折色的转变。从1474到1493年,折色法的建立花费了近20年。然而,根据北京故宫的冬季供炭的记录⑤,1464年供应北京的红罗炭开始逐步增加,到1495年减少供应,北方寒冷的趋势一直持续了30年。这说明气候变冷,导致边境军屯商屯无法维系(本地生产成本增加),异地运输成本增加,是导致开中法破坏的主要或背景原因。

开中折色改革之后不久,气候开始转暖⑥。弘治六年(1493),山西春季犹有晚霜,但当年北京出现暖冬。据杨廉上奏称,该年北京一带"大寒过后犹少霜雪,冬至以来愈觉暄暖",《明史·五行志》也记当年"冬无雪"。弘治九年(1496)后,气候转暖,故一般年份的烧炭指标被下调至1 500万斤,特殊年份若增加数额,须请奏准。1497~1570年,华北各地渐次有了"冬燠"、"夏大暑"以及冬季植物二次开花的记录,冬无雪记载也明显增多。正德年间(1505~1521),苏州府有再熟稻记载,如"一岁两熟","丰岁稻已刈而根复发,苗再实"。

但是,由于1500年维苏威火山⑦和圣海伦斯火山⑧的爆发,中国气候遭遇了一

---

① 明史·食货志·盐法。

② 明孝宗实录,卷二五,弘治二年四月乙未。

③ 明宪宗实录,卷二六〇,成化二十一年正月庚寅。

④ 明史,卷五十三。"自正统后,屯政稍弛,而屯粮犹存三之二。其后屯田多为内监、军官占夺,法尽坏。宪宗之世颇议厘复,而视旧所入,不能什一矣。弘治间,屯粮愈轻,有亩止三升者"。

⑤ 葛全胜.中国历朝气候变化[M].北京:科学出版社,2011:538.

⑥ 葛全胜.中国历朝气候变化[M].北京:科学出版社,2011:499.

⑦ Scandone,Mount Vesuvius:2000 years of volcanological observations,Journal of Volcanology and Geothermal Research,58 (1993) 5—25.

⑧ 葛全胜.中国历朝气候变化[M].北京:科学出版社,2011:494.

次气候冲击,如 1501 年冬,福建莆田"冰结厚半寸,荔枝冻枯"①。在这个气候冲击下,弘治十四年(1501)闰七月,小王子(达延汗)等部自红盐池(今内蒙古伊金霍洛旗之南)、花马池(今宁夏盐池)入,纵横数千里。延绥、宁夏边镇皆告警,入宁夏饱掠,又分掠固原(今宁夏固原)而去,史称孔坝沟之战。

不过,弘治年间,在余子俊长城之外,又筑大边,目的是保护边墙之外的农田②,"弘治中,抚臣文贵以屯田多在边外,于是修筑大边,防护屯田,而以子俊所筑者为二边"。也就是说,暖相气候才有可能导致农耕区北移,导致文贵修筑大边,保护新增的农业土地。今天保留下来的长城,都是大边,而不是余子俊修筑的二边。

图 59　鄂尔多斯高原外围长城大边与二边的相对位置

在暖相气候中,北方游牧民族的内乱加剧,弘治十三年(1500)达延汗趁土默特部迁往河套之际,攻灭同时兼并土默特部。在 1508 年到 1510 年之间,达延汗征服了鄂尔多斯,任命其子巴尔斯博罗特(Barsubolod)为统领鄂尔多斯部的万户驻守河套地区。从此以后,鄂尔多斯部一直没有离开过河套地区,蒙古也逐步获得了河套地区的控制权。

1530 年前后又经历一次气候的冲击③。嘉靖十一年(1532 年)在达延汗的统

---

①　康熙版兴化府莆田县志·卷 43·祥异。

②　(清)顾祖禹,读史方舆纪要·卷 61·陕西·榆林。

③　葛全胜. 中国历朝气候变化[M]. 北京:科学出版社,2011.

领下的西土默特部东渡黄河①,走出河套,进入早已不设防的东胜卫、丰州滩、察哈尔,乃至宣大边外。这也就成了土默特部入住丰州滩的始端。

在这种气候危机面前,朝廷又需要酝酿盐法和钞法的变革。凡购买余盐者,须先购买正盐。嘉靖八年(1529)的记录云:政府许可"各边开中正盐一引,到于运司,命添开中余盐二引"②,而又"听各商人自行买补",即以余盐补正盐。

1529年发生汉水冬冰之后,华中地区三十年内几无江湖结冰和异常初、终霜雪的记载,气候已明显变得温暖③。嘉靖三十七年(1558年),明朝不得不批准工本盐免其官买盐斤,许可商人自向各盐场灶户买盐。隆庆四年(1570年),更因户科给事中营怀理的建议④,以为"官为收鬻,不若听商收买,简便可行",而正式"罢官买余盐"。于是,余盐私卖私买就完全确立了。从此,余盐由灶户与商人直接买卖,灶户不再以隶属的地位,而是以小生产者的地位与商人自由买卖。

1573年,张居正普及推广实行一条鞭法时,更将户口盐钞并计算之于地,由岁粮内带征⑤。从此,户口食盐法完全废止(大约运行210年),而官卖制在盐的运销制度中开始瓦解。

虽然户口食盐法不再支盐,仍对沿海地区的食盐运销制度发生相当的影响。万历十五年(1587),当计口给盐之法不行之后,淮安、扬州二府所属州县,因靠近盐场,私盐充斥,于是仍模仿户口食盐法之意,于民户中之"佥报殷实铺户"⑥,先使他们完备银价,前赴运司买引,亲自下场关支,装运出场,前往本州县折卖。铺户的出现,标志着商人的公平竞争向商人的垄断竞争发展,预兆着纲法的到来。

在1590年前后,明政府发动了"万历三大征",同时在宁夏、云南、缅甸和朝鲜用兵。在此之外,1591年,总督魏学曾令总兵杜桐等率军击杀河套部长明安⑦,导致河套诸部又开始和明朝兵戎相见,一直到了明万历三十五年(1607),明神宗在无奈之下允许边贸重开,这场持续了十七年之久的西北之乱才逐渐平息。

万历四十四年(1616),李汝升任户部尚书,袁世振升任山东清吏司郎中,他们

① 荣祥,荣庚麟.土默特沿革[M].内蒙古:内蒙古土默特左旗印刷厂,1981:241.
② 万历大明会典,卷三二,盐法.
③ 葛全胜.中国历朝气候变化[M].北京:科学出版社,2011:507—508.
④ 续文献通考·卷二十·征榷·盐铁.
⑤ 明神宗实录·卷五八·万历五年正月辛亥.
⑥ 明神宗实录·卷一九〇·万历十五年九月辛卯.
⑦ 明史·列传·卷一百二十七.

通晓盐务,针对两淮盐政的败坏,为了佐理邦计,袁世振条陈了"疏理十议"[①],提出全面改革盐政的方案,通过新的"纲册凡例",把巡盐御史所持淮南红字簿中所载纳课余盐银而未得掣盐的商名,"挨资顺序,刊定一册",以纳过二十万引余盐银之盐商编为一纲,每年轮流"以一纲行旧引,九纲行新引",为政府财政增加不少的收入。

万历四十四年(1616),杜桐之子杜文焕[②],平定延绥,收复河套。"代官秉忠镇守延绥。屡败蒙古部落于安边、保宁、长乐,斩首三百有奇。"当时的气候特征是暖相[③],17世纪20年代华北几乎全年没有异常初、终霜雪记录。晚明时,柑橘种类则有增多趋势,如刊行于崇祯三年(1630)的《松江府志》载:"橘似柑而小,吾乡之种俱移自洞庭,有绿橘,……有黄橘,……有红橘,……有波斯橘。"今天,松江不产柑橘,说明当时比今天温暖。

我们把上述事件总结成一张表,如下表所示。

表 18　明代的盐法改革与气候背景

节点	生态变化	军事行动(外交)	钞法改革(内政)	盐法改革
1380	洪武温暖	占领河套地区(1371)	大明通行宝钞(1375)	开中法(1371)
1410	永乐转寒	东胜卫内迁(1403)	户口食盐法(1404)	户口食盐法(1404)
1440	正统转暖	东胜卫重置(1438)、郑和下西洋(1405)	开放银禁(1436)	销区划分(1439)
1470	成化寒冷	三路搜套失败(1472)、始建长城(1474)	纳银折色法(1485)以银代役(1485)	纳米中盐、纳钞中盐(1468)、以银解部(1474)
1500	弘治转暖	孔坝沟之战(1501)、大边建设(弘治年间)		余盐开禁(1489)开中折色法(1492)
1530	嘉靖先冷	王琼建议(1531)	一条鞭法提出(1531)	余盐补正盐(1529)
1560	嘉靖后暖	俺答封贡(1571)	一条鞭法推广(1573)	罢官买余盐(1558)
1590	万历先冷	杜桐袭杀唐兀·明安(1591)		铺户卖盐(1587)
1620	万历后暖	杜文焕重占河套地区(1616)		袁世振纲法(1616)

① 明神宗实录·卷552,万历四十四年十二月辛亥,另见袁世振,两淮盐政疏理成编·卷一·盐法议二,皇明经世文编:卷474。

② 明史·列传·卷127。

③ 葛全胜.中国历朝气候变化[M].北京:科学出版社,2011:500.

上述气候节点的气候特征,除了 1440 年前后的气候比较异常(本应温暖,实际寒冷)之外,基本符合我们对气候脉动的预期。在规律性的气候变化面前,有游牧民族的异动,边境冲突导致了经济、金融和盐法(税收)的改革。通过这些同步性和连锁性的改革措施,我们可以更好地认识气候对人类社会的影响。

因为地理原因,开中法最早实行于山西,因为山西背靠的河套地区,是深入农业地区的一块农牧地带。当气候变暖,农业扩张,就会带来农业的丰收和后勤的便利。当气候变冷,农业收缩,就会引发游牧民族的入侵和农耕民族后勤的困难。明代的盐法施行时间,大体是小冰河期的前半段,气候变化比较剧烈,因此导致了一种暖相制定的政策在冷相必然会发生偏差。在不断地偏差和纠偏过程中,开中制代表的官垄断逐渐过渡到符合市场经济规律的商垄断,其脉动性是非常有规律的。

从 1371 年征服河套,到 1438 年放弃东胜卫,明政府对河套地区的管理持续了 67 年,约一个气候周期。从该点到 1500 年达延汗吞并土默特,占据河套,明政府丧失河套的过程大约是 62 年,一个气候周期。从 1510 年永久丧失河套到 1616 年收复河套,河套之争耗时 106 年,约 2 个气候周期。其间,明政府关于河套地位有两次较大的争议①,分别是丘濬写作出版的《大学衍义补》(1487 年)和曾铣的奏折(1547 年 1 月 8 日)②,都位于气候恶化推动蒙古入侵的起点,两者相距 60 年,恰好是一个完整的气候周期。

从 1375 年发行"大明通行宝钞",到 1436 年取消白银禁令,明政府的纸钞制度运行了 61 年,大约是一个气候周期。从 1371 年启动开中法到 1493 年开始开中折色法,开中法大约实行了 120 年,中间的重要转折点是 1439 年的销区划分(为了控制私盐销售)。从 1493 年官垄断性质的折色法到 1617 年商垄断性质的纲法,以官垄断为特征的开中折色法大约实行了 120 年,中间的重要转折点是 1558 年的放弃工本盐(私盐)官买官卖垄断。所以,明代的盐法更换历史,就是这 4 个 60 年的气候周期连续衔接而成。如此规律性的改革事件,说明明代的盐法改革主要是气候脉动推动的,是明代社会对气候脉动的一种响应。

---

① Waldron, A., The Great Wall of China: From History to Myth[M]. New York: Cambridge University Press. 1990:113—126.
② (明)曾铣,请复河套疏,御选明臣奏议·卷24,文渊阁四库全书本。

7.3　历代的酒类专营

酒类消费因其高附加值特征,长期以来一直是国民经济的重要组成部分,到现在世界各国仍然存在着各种各样的专营行为,不仅中国有烟酒专卖,美国也有ATF(酒类烟草枪支专卖管理局),通过征税来增加政府收入,避免上瘾和滥用。通常我们认为,酒类消费的依赖成瘾性,导致酒类消费的刚性,是推动酒类专营的重要原因。然而历史上,酒类消费并不是一直专卖,而是在禁酒、榷酒、酒税之间摇摆不定。禁酒往往是为了应对粮食危机,如"景帝中元三年,夏旱,禁酤酒"[①];榷酒是国家专营,是为了榨取最大的利润,应对经济危机,这是本文的主题;酒税,意味着国家放弃垄断和和官营,采取普遍征税的办法,在历史上更普遍。那么,何时和为何要榷酒? 历史上给出了各种各样的原因,然而最关键的、最根本的原因却是气候变化。对此,我们通过琢磨每一次酒法变化的时机,从而辨别当时的经济危机和气候背景。可以说,酒法的变化给我们打开了一扇认识气候变化规律和社会响应规律的窗口。

清明上河图有多处提到宋代的酒类消费,孙羊店背后的酒坛(见图9.j)和旁边的木器店(见图9.g)表明这是一家可以酿酒的"正店"。在宋代只要有酒类消费,必然要树立"彩楼欢门"和"酒旗(招)",这一组合来源于五代时期的传统,如图60所示的上海博物馆收藏的五代卫贤绘制的《闸口盘车图》的彩楼欢门和酒招。

政府的合理经济手段带来了市场繁荣,漕运的实施给东京带来了粮食供给丰足,社会丰足所带动的酒文化的繁盛更是提升了底层民众的幸福生活和城市文明。值得一提的是,宋代不乏气候冲

图60　五代卫贤绘制的《闸口盘车图》(局部)突出彩楼欢门和酒招

---

① 　(元)马端临,文献通考·卷17·征榷考四·榷酤禁酒。

击(导致竺可桢认为中世纪温暖期在中国不存在),而"林冲风雪山神庙"则是靠喝酒来御寒,因此宋代的气候危机推动了酒类消费。

宋前榷酒的规律性

在宋代大规模推行榷酒法之前,中国历史上的酒类专卖制度曾经经历了六次起伏,每次都不超过 30 年。

武帝天汉三年(前 98),汉武帝刘彻根据垂相桑弘羊的建议,"春二月,初榷酒酤"①。即酿酒抽税,这是中国历史上第一次实行榷酒法,也是历史上第一次以法律形式宣布的对于酒禁政策的变通。榷酒,历史上又称为榷酤或榷沽,是国家对酒类的生产、销售和分配等环节进行干预的一种政策,其实质是由国家控制或垄断酒的生产和流通领域,禁止一切非官府允许的酿酤行为,以便国家独享专卖之利的榷酤或酤榷,是古代酒类专卖的专门术语。这是中国历史上第一次颁布并实施榷酒政策(专营专卖制度),目的是为了能垄断酒业交易,由国家全权掌控过程,使得酒业生产和销售所带来的巨额财富全部收归国家。然而,昭帝元始六年(前 81)"二月,诏有司问郡国所举贤良文学民所疾苦,乃罢榷酤官,从贤良文学之议也。令民得以律占租,卖酒升四钱。颜氏曰:占谓自隐度其实,定其辞也。武帝时赋敛烦多,律外而取,今始复旧"。也就是说,第一轮榷酒制度维持了 18 年。

太初元年(前 104),武帝颁布《太初历》,变汉初暖相气候的节气次序为"先雨水,次惊蛰",这说明当时的气候已经开始变冷。太初历一直有效到公元前 75 年,历时 29 年。此外,太初元年(前 104)、征和四年(前 89)、本始二年(前 72),北方草原地区分别发生了三次大的"白灾"(前后跨度 32 年),对于汉匈之间的力量平衡带来决定性的影响。所以,汉代的榷酒制度,发生在冷相气候开始之后,结束于冷相气候结束之前,是对气候变冷的一种应对措施。

第二轮榷酒制度从天嘉二年(561)开始。"陈文帝时,虞荔以国用不足,奏立榷酤之科。天嘉二年从之。隋文帝开皇三年(583),先时尚依周末之弊,官置酒坊收利,至是,罢酒坊,与百姓共之。"②也就是说,第二轮榷酒制度维持了 22 年,还是因为气候变冷,政府支出不足而引发的应对乙类(政府)钱荒的应对措施。天嘉元年诏:"自顷丧乱,编户播迁,言念余黎,良可哀惕。其亡乡失土、逐食流移者,今年内

①② (元)马端临,文献通考·卷 17·征榷考四·榷酤禁酒。

随其乐适,来岁不问侨旧,悉令著籍,同土断之例。"①北齐河清中(561—565),"令诸州郡皆别置富人仓"。北齐武成帝河清三年(564),"初立之日,准所领中下户口数,得支一年之粮,逐当州谷价贱时,斟量割当年义租充入。谷贵,下价粜之;贱则还用所粜之物,依价粜贮"②。这些都是应对冷相气候危机的办法。公元563年,突厥木杆可汗俟斤蔚为大国。北魏太宗亲往抵御。其时,"寒雪,士众冻死堕指者十二三"③。然而,随后气候逐渐转暖,从《荆楚时岁记》所述时令及南陈后主(582—589年在位)将"绕城橘树,尽伐去之"④的史实看,当时的气候已经转暖。

唐初无酒禁。乾元元年(758年,750,冷相),"京师酒贵,肃宗以禀食方屈,乃禁京城酤酒,期以麦熟如初。二年,饥,复禁酤,非光禄祭祀、燕蕃客,不御酒"⑤。这是因小麦歉收而进行的短暂禁酒。安史之乱的爆发,令中央财政吃力,为了筹集军费,开始征收酒税。广德二年(764),"敕天下州各量定酤酒户,随月纳税。此外不问公私,一切禁断",官府登记全国的酒户,每个月必须缴完酒税,才可以卖酒,标准是长安附近的酒户交15文/升。建中元年(780),罢之。也就是说,第三轮榷酒制度维持了16年,因冷相气候而引发,因暖相气候而结束。

然而,因为战乱和经济危机,建中三年(782年,780,暖相),"复禁民酤,以佐军费,置肆酿酒,斛收直三千,州县总领,醨薄私酿者论其罪。寻以京师四方所凑,罢榷"。不久,"贞元二年(786),复禁京城、畿县酒,天下置肆以酤者,斗钱百五十,免其徭役,独淮南、忠武、宣武、河东榷麹而已"。这一次为时很短,不能算第四轮榷酒制度。

元和六年(811年,810,冷相),粮食大熟,有的地方斗米只值二钱,粮食多,必然酿酒风行,酒价必然下跌。如果再不改变原来斗酒纳税百五十元的政策,酒户就将破产。统治者在此时及时调整了其酒政,是年,"罢京师酤肆,以榷酒钱随两税青苗敛之"⑥,把面向少数单位征收的榷酒钱改成向全体人民征收的附加税,相当于改榷酒为地税。这样既可平息民众对官办酒坊或官方认可酒店的怨恨,政府又有一定的财政收入。这是第四轮榷酒制度,一共维持了25年,针对暖相气候。

---

① (唐)姚思廉,陈书·世祖纪。
② (唐)魏征,隋书·志·卷19。
③ (唐)魏征,魏书·列传·卷91。
④ (唐)魏征,隋书·卷23·志第18;另见太平御览·卷966·果部三。
⑤ (宋)欧阳修,新唐书·食货志四。
⑥ (宋)欧阳修,新唐书·食货志。

公元 801—820 年,气候再次转冷,东中部地区温暖程度大致与今相当。元和十二年(817),户部奏:"准敕文,如配户出榷酒钱处,即不得更置官店榷酤;其中或恐诸州府先有不配户出钱者,即须榷酤。请委州府长官据当处钱额,约米麹时价收利,应额足即止。"①大和八年(834),"遂罢京师榷酤。凡天下榷酒为钱百五十六万余缗,在酿费居三之一,贫户逃酤不在焉"②。当时的榷酒收入扣除 1/3 的成本费,纯收入仍为 100 余万缗,仅次于榷盐收入。这是第五轮榷酒制度,一共维持了17 年。

海冰是极寒气候条件下的产物。据载,长庆元年(821)二月和长庆二年(公元822)正月,在海州湾和莱州湾连续两年出现二百里的海冰③,标志着唐中前期温暖气候基本结束。唐中后期的气候似于公元 841 年以后一度回暖。史载,会昌年间(841—846),长安皇宫及南郊曲江池都有梅和柑橘生长,橘果还曾被武宗赏给大臣。

"昭宗世(888 年—904 年在位),以用度不足,易京畿近镇麹法,复榷酒以赡军,凤翔节度使李茂贞方其利,按兵请入奏利害,天子遽罢之"④。这一次没有完成,不能算第六轮榷酒制度。

五代时,后梁不行榷酤,允许各州府百姓私造酒。梁开平三年(909)敕:"听诸道州府百姓自造麹,官中不禁。"⑤后唐天成三年(928),"其京都及诸道州府县镇坊界及关城草市内,应逐年买官麹酒户,便许自造麹,酤酒货卖,仍取天成二年正月至年终一年,逐月计算,都买麹钱数内十分纳二分,以充榷酒钱,便从今年七月后,管数征纳"⑥。"长兴二年(931),又罢曲钱,仍由官中造曲,卖给百姓酿酒。私人造曲,无论斤两,皆处死刑"。为保证酒税的收入,勒令规定城乡一律禁止私自造曲,曲禁重新严格起来,并为后晋、后汉所遵循,即酒户必须向官府买曲酿酒,官曲不准私自出卖,违者严惩。后钱一度减免,后晋、后汉时,于各地设卖务,在按亩征收钱的同时,实行榷酤,加重了人民的负担。当时的气候是冷相。天成元年(926)"冬十月甲申朔,诏赐文武百僚冬服绵帛有差。近例,十月初寒之始天子赐近侍执政大臣冬服"⑦。周显德四年(957)敕:"停罢先置卖麹都务。应乡村人户今后并许自造米醋,及

---

① ② ④ ⑤ ⑥　(宋)马端临,文献通考·卷十七·征榷考四·榷酤禁酒。
③　(宋)欧阳修,新唐书·五行志,另见《穆宗本纪》。
⑦　旧五代史·明宗纪 3。

买糟造醋供食,仍许於本州县界就精美处酤卖。其酒麴条法依旧施行。"[1]这并不是废止榷酒制度,而是放松,相当于完成第六轮榷酒制度,前后 29 年。

宋代之前有六次榷酒实践,这六次榷酒法的起止时间如下表所示。

表 19　推动榷酒法的起点和终点

次　序	起点	预期起点	终点	预期终点	执行长度
第一轮	前 98	前 90	前 81	前 60	17
第二轮	561	570	583	600	22
第三轮	764	750	780	780	16
第四轮	786	780	811	810	25
第五轮	817	810	834	840	17
第六轮	928	930	957	960	29

上述 6 次榷酒制度,除第四次因经济改革和政治内乱而发生之外,都是肇始于冷相气候危机,且都是随着气候变暖而废除(第六轮是放松)。由于冷相气候带来日照期缩短,农业收成下降的特征,导致农业社会的总收入减少,政府税收降低,不得不通过榷酒来弥补;另一方面,气候变冷推动酒类消费的增加(越冷酒类消费越多),政府的支出增加(因为救灾的需要),而榷酒可以带来更多的收入。所以,榷酒制度的本质是通过对工商业税种(酒税)的专卖和垄断,来弥补农业税的减少,填补支出增加的空缺,因此是一种气候变化的应对措施。当气候变暖,收成改善之后,酒类消费减少,私酒私酿增加,就需要变榷为税,普遍征收,避免因定额征榷导致榷户破产,所以榷酒制度在宋代之前从未超过半个气候周期(30 年),通常是在下一个气候节点到来之前结束。

此外,两次失败的榷酒法分别诞生于 782 年和 888—904 年之间,恰好都是暖相,这是因为暖相气候下消费不足,私酿增加,维持榷酒的成本增加,不利于政府专营。这符合暖相气候带来的经济发展、市场扩张的大趋势,因此暖相气候需要放弃酒类专营,以便降低征税成本。

宋代的榷酒制度

宋代建立之后,因财政经济对工商业收入的高度依赖性,打破了榷酒制度的临

---

[1] 　(宋)马端临,文献通考 · 卷 17 · 征榷考四 · 榷酤禁酒。

时性特征,榷酒制度一直贯穿宋代的始终。值得一提的是,宋代的酒法并不是全国统一的,"王城之中征其蘖,不征其市,闽蜀之地取其税,不禁其私,四方郡国则有常榷"①。从这段话可以看出,北宋初期主要有三种酒榷方式——榷曲、官酒务和税酒。即京城内榷曲(酒曲),不收商税;而福建四川等地采取税酒,允许民户私酿;其他地方实行官营酒坊,其中官营酒坊占主体。宋元时期的历史学家马端临也认为,宋代三京(即东京开封府、南京应天府、西京河南府)采用榷曲,但是州城设置官酒务,县镇乡则实行买扑。"宋朝之制,三京官造曲,听民纳直,诸州城内皆置务酿之,县镇乡间或许民酿而定其岁课,若有遗利,则所在皆请官酤"②。这里我们主要关注宋代对榷酒法的调整,从中可以体会到气候变化对社会的影响。

宋太祖立国之初也因谷贵缺粮于"建隆二年(961年)夏四月庚申,班私炼货易盐及货造酒曲律"③,禁止私市酒曲以及以私酒入城。建隆三年(962)太祖又修酒曲之禁,禁止私造及持私酒入官沽地。天禧三年(1019),"诏自今犯酒、曲等有死刑者去之……请令所在杖脊、黔面,配五百里外牢城"④。这两个暖相气候节点的禁私酿说明暖相气候导致日照期增加导致粮食增加,私人酿造增加,为保证政府收入不得已进行干涉。

在天禧三年(1019年,1020,暖相),南京应天府,"酒曲课利,元(原)是百姓五户买扑,最高年额三万余贯。趁办不前,已两户破竭尽家产,只勒三户管认,累诉三司"⑤。也就是说,这五家组成的公司,合伙以一年三万贯的价格买下了宋代南京的酒类专营权,但是由于气候变暖,粮食供应增加,酒类消费不足,所以经营不利,发生官司。这一案例从另一个角度证明了,暖相气候会抑制酒类消费,酒类消费减少,促进私人酿酒,维护榷法的成本大增,是导致榷酒法难以维系的大环境。当时的气候非常奇怪,一方面大中祥符九年(1016)十二月,"大名、遭、相州并霜,害稼";天禧元年(1017)十一月,"京师大雪,苦寒,人多冻死",次年正月湖南永州"大雪六昼夜方止,江、溪鱼皆死"。另一方面,大中祥符五年(1012)"五月辛未,江、淮、两浙旱,给占城稻种,教民种之"⑥。来自南方的占城稻向北方的推广,离不开日照期增

---

① (宋)曾巩,辑佚・议酒。
② (元)马端临,文献通考・卷17・征榷考四・榷酤禁酒。
③ (元)脱脱,宋史・太祖本纪一。
④ (宋)李焘,续资治通鉴长编・卷94,天禧三年十一月己卯,中华书局,2004年,第2170页。
⑤ (清)徐松,宋会要辑稿・食货20之6,其中"三万"原作"二分",据《续资治通鉴长编・卷四十九》改。
⑥ (元)脱脱,宋史・卷8・本纪第八。

加的气候条件,因此昭示着当时的暖相气候背景。金橘产于江西,以远难致,都人初不识。"明道、景祐(1032—1038)初,始与竹子俱至京师"①,从物候学上证明这一气候变暖的趋势。

据《续资治通鉴长编》记载:"宋太祖开宝三年(970),令扑买坊务者收抵当。臣按,扑买之名,始见于此。"开宝九年(976)冬十月,宋太祖的诏书中也记载:"先是,茶盐榷酤课额少者,募豪民主之,民多增额求利,岁或荒谦,商旅不行,至亏失常课,乃籍其资产以备偿。于是诏以开宝八年额为定,勿辄增其额。"②由此可见,在宋太祖开宝年间已经出现了酒务买扑。"淳化五年(994 年,990,冷相),诏募民自酿,输官钱减常课三之二,使易办;民有应募者,检视其资产,长吏及大姓其保之,後课不登则均偿之。"③这是北宋榷酒法的肇始。

自神宗熙宁五年(1072 年,1080,暖相)二月开始,"诏天下州县酒务,不以课额高下,并以租(祖)额纽算净利钱数,许有家业人召保买扑"④。这从另一个角度说明榷酒法的经营危机,因为气候变暖,酒类消费萎缩,推销不利,由此出现了官府酒务全面卖扑的局面。此时气候转暖,长江三角洲地区北宋中期后也屡有暖冬记载,如 1061、1067、1085、1086、1089、1090 年等⑤。熙宁十年十月三日至次年正月二十八日(1077 年 10 月 22 日至 1078 年 2 月 13 日),苏颂(1020—1101)在出使辽国的途中所作 28 首纪事诗中,不仅详细地记录了辽境类似中原的农业景象,而且多次提到了当时异乎寻常的暖冬状况。

北宋酒业经营中值得一提的是后期各地比较务的增置。政和二年(1111 年,1110,冷相),江浙发运副使董正尉看到"润州都酒务累年亏欠,因监官李邀乞添置比较务,连岁每年增务钱二万余贯,累被赏典"。便奏请"欲望本路将杭州都酒务分作三处,更置比较务二所,不消增添官吏、兵匠,所贵易于检查,可以增羡,少助岁钱。如蒙施行,其本路州军并乞添置比较务"。这种方法就好比把一个企业分出若干个小单位,各自包干利润课额,相互竞争,比较盈亏,并且可以从盈利中提取奖金以促使其潜力的发挥,也方便于检查和比较,达到国家增收的目的。这可以看作是

---

① (宋)欧阳修,归田录。
② (宋)徐松,宋会要辑稿补编。
③ (宋)马端临,文献通考·卷 17·征榷考四·榷酤禁酒。
④ (宋)李焘,续资治通鉴长编·卷 94,天禧三年十一月己卯,中华书局,2004 年,第 2170 页。
⑤ 葛全胜.中国历朝气候变化[M].北京:科学出版社,2011:387.

对冷相气候的一种应对措施。气候变冷,意味着社会的财政支出增加,也意味着喝酒取暖的社会需求增加,所以需要对酒类消费进行竞争管理,以便增加收入,于是有上述的改革行为。《水浒传》中一节《林冲风雪山神庙》大约发生在宋徽宗年间,虽然是虚构,仍然符合当时的气候特征。一方面说明当时的气候危机(寒潮),另一方面说明酒类消费因气候变冷而高涨的趋势。

南宋初年出现了一项改革是隔槽法。"高宗建炎三年(1129),张浚用赵开总领四川财赋。开言蜀民已困,惟榷酤尚有赢余,遂大变酒法:自成都始,先罢公帑卖供给酒,即旧扑卖坊场所置隔酿,设官主之,民以米赴官自酿,每斛输钱三十,头子钱二十二。明年,遍其法于四路。"①隔槽法放弃原有的官营,而是通过对数量的监控达到收税的目标,其实还是榷酒。绍兴五年(1135)冬,江陵一带"冰凝不解,深厚及尺,州城内外饥冻僵仆不可胜数"。绍兴七年(1137)二月庚申,"霜杀桑稼"。此后数年间,江南运河苏州段,冬天河水常常结冰,破冰开道的铁锥成为冬季舟船的常备工具。当时虽然靠近暖相气候节点,却表现出气候变冷的趋势,因此推动了赵开的酒法改革。由于当时的冷相气候特征(虽然靠近暖相气候节点),"于是岁迎增至六百九十余万贯,凡官槽四百所,私店不与焉。于是东南之酒额亦日增矣"②。赵开改革的本质是另一种形式的榷酒,但利用了当时的冷相气候危机,所有收获颇丰。

宋代的酒法改革事件可以总结为下表所示。

表 20 宋代的酒法改革事件

时间	酒法改革事件	预期节点	气候背景
961 年	严申酒禁	961	暖相
994 年	募民自酿,榷酒专营	994	冷相
1019 年	严申酒禁	1020	暖相
1072 年	酒法改革,许有家业人召保买扑	1080	暖相
1111 年	增置比较务	1110	冷相
1129 年	赵开酒法改革	1140	

北宋之所以长时间维持榷酒法,一条很关键的原因是当时气候的复杂性。一方面,当时是中世纪温暖期,全球的气候都是极其温暖的,因此来自南方的、抗寒早

---

①② (宋)马端临.文献通考·卷17·征榷考四·榷酤禁酒.

熟占城稻可以推广到淮河流域;另一方面,竺可桢①观察到,宋代气候经常受到寒潮的影响,因此加剧了社会对酒类消费的需求量。其二,是北宋的城市化程度高,人口集中有利于推行榷酒制度。第三,北宋社会的货币经济趋势和对工商税收的依赖性,导致了榷酒法成为北宋政府税收的重要组成部分,长期影响北宋的社会和政治。

宋代政府鼓励的酒类消费也是历代社会的一朵奇葩,与当时的气候和科技条件有关。因为宋代建筑不保温,衣服不保暖,抗寒手段主要靠燃料(见12.2节)和酒类消费,构成了宋代社会对酒类消费的高度依赖性。宋本《清明上河图》中赵太丞的特长,门前广告是“治酒所伤真方集香丸”(见图10.r和图39),间接反映了当时社会对酒类消费的依赖性。

宋后的榷酒制度

元政府对酒业的态度摇摆不定,有时行专卖制,有时行征税制,进行了多次的政策反复。元太宗二年(1230年,1230,冷相)定酒课税率,验实息十取其一;三年(1231)改为专卖制;八年又改为征税制,税率仍然是十取其一。当时的气候是冷相,金朝正大四年(1227)八月癸亥,“是日,风、霜,损禾皆尽”;天兴元年(1232)五月辛卯,“大寒如冬”。

元世祖时(1260年之后,1260,暖相),规定百姓酿酒(相当于放弃专营),须官府批准,并向国家纳税,税额为每石课钞一两。至元四年(1267),“印造怀孟等路司竹监竹引一万道,每道取工墨一钱,凡发卖皆给引”,河南地区竹林贸易收费说明竹林交易增加,因气候变暖。

至元二十一年(1284年,1290,冷相),右丞卢世荣建议行“榷酤法”,于是对酒实行专卖制,官制、官收、官卖,并增加酒课,每石课钞十贯,比旧额增加九倍。卢世荣被诛后(1285),又改为民制、官收、官卖,每石课钞改为五两。“二十二年(1285)春正月丙申,诏禁私酒。二月壬戌,申禁私造酒曲。九月戊辰,罢榷酤。初,民间酒听自造,米一石官取钞一贯。卢世荣以官钞五万锭立榷酤法,米一石取钞十贯,增旧十倍。至是罢榷酤,听民自造,增课钞一贯为五贯”②。至元二十九年

---

① 竺可桢. 中国近五千年来气候变迁的初步研究[J]. 考古学报,1972(1):15—38.
② (明)宋濂,元史·世祖本纪。

(1292),又恢复榷酤法,官制官卖。当时的酒法政策极为摇摆,当时的气候是典型的冷相,至元二十二年(1285),"罢司竹监,听民自卖输税。次年,又于卫州立竹课提举司,管理辉、怀、商、洛、京襄、益都、宿、革开等处竹货交易"①。至元二十九年(1292),因"怀孟竹课,频年斫伐已损。课无所出,科民以输。宜罢其课,长养数年",取消贸易说明气候变冷,竹林更新和供应不足,不得已放弃对该贸易的收费。

明初曾禁止造酒,并禁止百姓种糯米,以塞造酒之源;但民间造酒实际上并未真正停止。所以,国家对酒的酿造和买卖,仍与前代一样,予以征税。明朝酒税分为酒曲税和销售税。明太祖洪武二年(1369)规定,百姓造酒自家饮用,不征税。如造酒贩卖,则必须购买已纳税酒曲,同时所造之酒也必须纳税后才能出售。如果用自家酒曲造酒,也必须缴纳曲税。酒税税率各代不同。放弃榷酒法的时机,恰好是气候变暖的时段②(见2.2节)。在这一暖相气候之下,榷酒法维持成本高,因此普及性的酒税是合理的选择。此外,在另一个暖相气候节点,英宗正统七年(1442年,1440,暖相)规定,各地酒课收贮于州县,以备其用。这样酒税的地位进一步降低,酒税成为地方税种,对国家经济的贡献微乎其微了。

元代四次,明代两次酒法改革的发生时机总结如下表所示,它们完全符合前面发现的"冷相行榷,暖相征税"的基本规律。

表 21　宋后的榷酒法改革时机

序号	时　间	事　件	预期节点	气候特征
1	1231	榷酒法	1230	冷相
2	1260 之后	酒税法	1260	暖相
3	1284	榷酒法	1290	冷相
4	1292	榷酒法	1290	冷相
5	1369	酒税法	1380	暖相
6	1442	酒税法	1440	暖相

宋后的榷酒制度,虽然存在大量的变化,其基本趋势仍然是冷相有利于酒类消费的(这是自然规律,天冷要喝酒取暖,寒潮推动酒类消费),同时社会的救灾支出增加,而农业的产出减少(需要限制酒类消费,避免酿酒侵占口粮,推动粮价上升),

① (明)宋濂,元史·卷 47·志第 37·食货三。
② 葛全胜.中国历朝气候变化[M].北京:科学出版社,2011:501—506.

所以需要通过垄断经营来增加酒税收入。在暖相气候下,因需求减少和私酒私酿大增,导致榷酒收入减少,维护榷酒的征税成本上升,所以需要调整,改垄断专营的榷酒法为普及性的酒税法,可以避免酒税收入的大幅降低。

元代之后,随着城市化率的降低,维持榷酒法的难度和成本大大增加,而且酒税总量占社会税收的比重进一步降低,酒税逐步成为一种普通的工商业税种和地方性税收,不再受到曾经的重视。

7.4 历代的茶叶专营

通常认为,中国的茶文化,始于唐玄宗开元年间(713—741)。"开元中,泰山灵岩专卖店有降魔禅师,大兴神教,学禅,务于不寐,又不夕食,皆许其饮茶。人自怀挟,到处煮饮……自邹、齐、沧、棣渐到京邑,城市多开店铺,煎茶卖之。"[①]当时的气候是暖相,玄宗在位时的物候及作物分布证据表明,公元712—740年仍是一个持续的温暖期[②]。随着社会对茶叶消费的增加,约60年后,才有全国性的税收行为发生。清明上河图中木器店门前突出的远行货物(见图61)很可能是团茶(政府专卖的清单是有限的,粮食和食盐太重,酒类运输需要酒桶,都不适合用独轮车如此包装进行长途运输)。

图61　宋本《清明上河图》中木器店门前突出的远行货物

① (唐)封演,封氏闻见记。

② 葛全胜.中国历朝气候变化[M].北京:科学出版社,2011:307.

唐代茶法

唐朝对茶叶征税始于唐德宗建中三年(782 年,780,暖相),"初,德宗纳户部侍郎赵赞议,税天下茶、漆、竹、木,十取一,以为常平本钱。及出奉天,乃悼悔,下诏亟罢之。及朱泚平,佞臣希意兴利者益进。贞元八年,以水灾减税,明年(793),诸道盐铁使张滂奏:出茶州县及若山及商人要路,以三等定估,十税其一"①。从此,茶税成为国家的一项重要财政收入。当时的气候是暖相,暖相经济扩张,战乱造成财政支出增加,两者都推动了茶叶税收的发展。

唐文宗大和九年(835 年,840,暖相),王涯为诸道盐铁转运榷茶使,始改税茶为榷茶专卖。令百姓移茶树就官场中栽植,摘茶叶于官场中制造,旧有私人贮积,皆使焚弃,全部官种官制官卖。此法遭到朝野反对,百姓诟骂,旋即罢废。开成元年(836),李石为相,又恢复贞元旧制,对茶叶征收什一税。唐武宗即位后(841),榷茶专卖制度才完整确立起来,"令民茶折税外悉官买,民敢藏匿而不送官及私贩鬻者没入之"②。全部茶叶都由官府收买,然后转卖给商人,并对茶商征收重税。茶商除缴纳住税、过税外,还要缴纳住宿税"塌地钱"。唐中后期的气候在公元 841 年以后再度回暖③(见 1.2.1 节)。

当气候再次变冷之后,唐宣宗时期咸通六年(865 年,870,冷相),"江淮茶为大摸,一斤至五十两。诸道盐铁使于惊每斤增税钱五,谓之'剩茶钱',自是斤两复旧"④,茶税已成为国家的主要收入。

也就是说,唐代的茶业经济,在前 60 年(782—840)推行"商茶法"(允许私人买卖),后 60 年(841—907)推行"榷茶法"(只能官买官卖)。

五代十国时期,全国陷入分裂割据状态,茶法就无法维持统一。南方产茶地区(如南唐和后蜀等割据政权)实行榷茶专卖;湖南地区则听民采茶、允许卖于华北,也就是"商茶法",以图征收高额茶税。北方五代诸国,因气候冷干不能产茶(需要暖湿的气候条件),所需茶叶都从江淮以南输入,则只能征收商税。五代十国时期,一共持续了 53 年,大体也是一个康波周期或气候周期。也就是说,在五代十国分

---

① (宋)欧阳修等,新唐书·卷 54·志第四十四·食货四。

② (宋)李焘,续资治通鉴长编·卷 5·乾德二年。

③ 葛全胜. 中国历朝气候变化[M]. 北京:科学出版社,2011:310.

④ (宋)欧阳修,新唐书·卷 54·志第 44·食货四。

裂的近一个气候周期内,南方推行"榷茶法",北方推行"商茶法"。

宋代茶法

宋代前期的茶法变化,沈括进行了完整的总结。

"乾德二年(964 年,960,暖相),始诏在京、建州、汉、蕲口各置榷货务。五年,始禁私卖茶,从不应为情理重。太平兴国二年,删定禁法条贯,始立等科罪。淳化二年(992 年,990,冷相),令商贾就园户买茶,公于官场贴射,始行贴射法。淳化四年(993),初行交引,罢贴射法。西北入粟,给交引,自通利军始。是岁,罢诸处榷货务,寻复依旧。至咸平元年(998),茶利钱以一百三十九万二千一百一十九贯三百一十九为额。至嘉祐三年(1058),凡六十一年,用此额,官本杂费皆在内,中间时有增亏,岁入不常。咸平五年(1002),三司使王嗣宗始立三分法,以十分茶价,四分给香药,三分犀象,三分茶引。六年(1003),又改支六分香药犀象,四分茶引。景德二年(1005),许人入中钱帛金银,谓之三说。至祥符九年,茶引益轻,用知秦州曹玮议,就永兴、凤翔以官钱收买客引,以救引价,前此累增加饶钱。至天禧二年(1018 年,1020,暖相),镇戎军纳大麦一斗,本价通加饶,共支钱一贯二百五十四。乾兴元年(1022),改三分法,支茶引三分,东南见钱二分半,香药四分半。天圣元年,复行贴射法,行之三年,茶利尽归大商,官场但得黄晚恶茶,乃诏孙奭重议,罢贴射法。明年,推治元议省吏、计覆官、句献等,皆决配沙门岛;元详定枢密副使张邓公、参知政事吕许公、鲁肃简各罚俸一月,御史中丞刘筠、入内内侍省副都知周文质、西上阁门使薛昭廓、三部副使,各罚铜二十斤;前三司使李谘落枢密直学士,依旧知洪州。皇祐三年(1051),算茶依旧只用见钱。至嘉祐四年(1059 年,1050,冷相)二月五日,降敕罢茶禁"①。

下图(图 62)是南宋刘松年(约 1155—1218)绘制的《撵茶图》,记录了南宋中期利用点茶法进行茶艺表演的场面。

北宋末年进行了茶法的重大变更,组建了以"征榷茶"+"通商法"为集合的最严密的茶税,在管理制度上大做文章,极为严密和完备。崇宁元年之后(1102,

---

① （宋)沈括,梦溪笔谈·本朝茶法。

图 62　宋刘松年的《撵茶图》代表了宋代茶文化的高峰

1110,冷相),蔡京在东南地区恢复榷茶,对交引法和贴射法,去弊就利,改行茶引法。崇宁二年(1103),尚书有言:"建、剑二州茶额七十余万斤,近岁增盛,而本钱多不继。"诏更给度牒四百,仍给以诸色封桩。继诏商旅贩腊茶蠲其税,私贩者治元售之家,如元丰之制。腊茶旧法免税,大观三年(1109),措置茶事,始收焉。四年,私贩勿治元售之家,如元符令。崇宁四年(1105),蔡京又裁更法,"罢官置场,商旅并即所在州县或京师给长短引自置于圃户"①。这便是所谓"茶引法"。"政和初,复增损为新法。三年(1113),诏免输短引,许依长引于诸路住卖,后末骨茶每长引增五百斤,短引仿此;诸路监司、州郡公使食茶禁私买,听依商旅买引。六年(1116),诏福建茶园如盐田,量土地产茶多寡,依等第均税。重和元年,以改给免税新引,重定福建末茶斤重,长引以六百斤为率"②。政和茶法的策略是既不干预茶的生产过程,也不切断茶商和茶园之间的交流,但又加强了对于茶园的控制。政和茶法施行期间,每年收的茶税可达 400 余万贯。

　　值得一提的是,宋朝蜀地的茶法是不同于其他地方的例外,其榷茶制度到宋神宗熙宁七年(1074 年,1080,暖相)才改行茶马法,于成都置都大提举茶马司主其政。南宋高宗建炎二年(1128)赵开又废除了行销四川内地茶叶的官买官卖,行茶引法,准允商人买引向园户买茶出售。也就是说,宋代四川的茶马法比蔡京的改革

---

① ②　(元)脱脱等,宋史·卷 184·志第 137·食货下六·茶下。

早了 30 年,实行了近 60 年。

上述的茶法改革,貌似很随机,但符合气候危机下经济紧缩,需要开源节流来提高税收的大趋势,满足气候变化的一般规律性,如下表所示。

表 22　唐宋时期的茶税改革

	决策者	茶法改革	时　间	预期节点	气候背景
1	唐德宗	始征茶税	782	780	暖相
2	唐武宗	榷茶专卖	841	840	暖相
3	唐宣宗	剩茶钱	865	870	冷相
4	宋太祖	初置榷货务(官买官卖)	964	960	暖相
5	刘式、薛映	贴射法(边地入中法)	992	990	冷相
6	李　谘	贴射法(三说法)	1023	1020	暖相
7	宋仁宗	废交引,立见钱和籴法	1051	1050	冷相
8	宋仁宗	废榷茶(嘉祐通商法)	1059	1050	冷相
9	宋神宗	四川茶马法	1074	1080	暖相
10	蔡　京	茶引法	1102—1112	1110	冷相
11	赵　开	四川废茶马法,立茶引法	1128	1140	暖相

我们可以把宋代的茶法变更规律总结如下。宋代初期的 30 年,沿袭使用唐代的榷茶法。然后面临气候危机,不得不进行了茶法改革,实行"贴射法",前 30 年叫作"交引法"或"边地入中法",后 30 年叫作"三说法"。1050 年再次面临气候危机,废除茶引,只收现钱,即"见钱和籴法"。1058 年之后,废除官营榷茶法,改为私营通商法。按照气候变化的规律,通商法应该实行 60 年,但宋仁宗晚了 8 年废除榷茶法,蔡京早了 8 年恢复榷茶法,所以实际仅实行了 44 年(1059—1102)。不过,宋代四川的茶马法,确确实实被执行了 54 年,基本完成了一个康波周期,或者说一个气候周期。

茶叶的作用,在唐宋时期相当于一种通货,每当气候发生转折,社会发生经济危机,就需要对茶法进行改革,所以茶法的改革,看不出特别的气候依赖性。不论甲类、乙类钱荒,都需要利用茶叶税收来缓解,所以茶法改革充满了不确定性,虽然都是在气候节点发生。

茶书出版

人们为什么要写茶书?茶书是农书的一种,其总结写作过程相当于是一次总结经验的机会,因此在技术史上算是一次突破。在技术史领域,通常存在"冷相推动技术突破,暖相推动技术普及"的规律性。茶书的写作,基本也符合这一规律性。

唐代有下列作者著茶书于世①:

天宝十三年(754)陆羽开始跋山涉水,到各地茶区考察茶事。上元元年(760),陆羽抵达湖州,与抒山妙喜寺的茶僧皎然相识定交,并结庐隐居苕溪草堂。公元756年,陆羽根据32州郡茶区的实地调查资料,写出了中国和世界第一部茶学著作——《茶经》。后又经过多次修改,终于在建中元年(780年,780,暖相),在释皎然的支持下,修改后的《茶经》正式刊印出版。

唐人张又新所撰《煎茶水记》评论当时的泉水,共二十种水源,其发表时间大约是公元814年之后不久。

人们从敦煌石室遗书中发现了乡贡进士王敷撰的《茶酒论》一卷,据考证,该书为贞元至元和年间(784—820)的作品。

温庭筠著于公元860年前后的《采茶录》一卷。今仅存残卷,只有辨、嗜、易、苦、致五类六则残文;

唐代还有一部品评茶汤的专著《十六汤品》,系苏廙(yì)所作。苏廙字元明,生平未详,由于作者的生平难于考证,该书的创作年代也同样难于确定,一般把它定为公元900年的作品。

宋代有下列作者著茶书于世②:

丁谓(966—1037),字谓之,苏州长州(今江苏苏州)人。曾任福建漕使,督造贡茶,创制大龙凤团饼茶。著有《北苑茶录》,亦称《建安茶录》约成书于宋咸平二年(999年,990,冷相),今已不传。凡三卷,记述贡茶采制之法。

周绛,字干臣,常州溧阳人。大中祥符(1008—1016年,1020,暖相)年间,知建州,《补茶经》(已佚)当撰于其时。其主要内容讨论建茶,弥补陆羽《茶经》未讨论建茶的不足。

宋代名臣蔡襄也是当时著名的制茶和品茶专家,撰写出《茶录》。《茶录》是蔡襄于宋代治平元年(1051年,1050,冷相)给皇帝进的书表,蔡襄用小楷写《茶录》给宋仁宗皇帝,并为皇帝收藏。宋代的龙凤团茶,有"始于丁谓,成于蔡襄"之说,前后

---

① 王河,真理. 唐代茶书述略[J]. 图书馆研究,1999,029(003):59—61。
② 方健. 宋代茶书考[J]. 农业考古,1998(02):269—278.

改进约 60 年。

《品茶要录》是黄儒著于宋代熙宁八年(1075)的一部茶学专著,收录于《中国宋代茶书》。同时期的吕惠卿作《建安茶记》,约成书于宋元丰三年(1080 年,1080,暖相)。南宋晁公武《郡斋读书志》、宋元之际马端临《文献通考》《宋史·艺文志》均载书目。原著已佚,内容不可考。

大观元年(1107),宋徽宗作《大观茶论》。该书原名《茶论》,是宋徽宗赵佶所著的关于茶的专论。下图(图 63)所示是宋徽宗时代的贡茶目录中的典型图案。团茶作为贡品,不仅在宫廷内使用,也被赐给下属(相当于一种通货),一人或几人分享一块团茶。

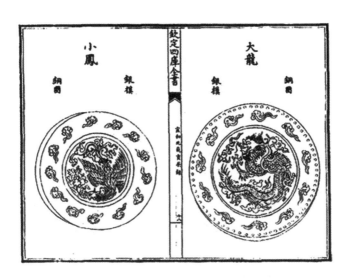

图 63 《宣和元年贡茶录》中作为贡茶的团茶(茶饼)图案

宋代的茶文化专著如下表(表 23)所示。

表 23 唐宋时期茶书经典的诞生时机

	茶文化经典	创作时间	预期节点	气候特征
1	陆羽《茶经》	754—780	750/780	冷相/暖相
2	张又新《煎茶水记》	约 814	810	冷相
3	王敷《茶酒论》	784—820	810	冷相
4	温庭筠《采茶录》	约 860	870	冷相
5	苏廙《十六汤品》	约 900	900	暖相

续表

	茶文化经典	创作时间	预期节点	气候特征
6	周绛《补茶经》	1008—1016	1020	暖相
7	丁谓《北苑茶录》	999	990	冷相
8	蔡襄《茶录》	1049—1053	1050	冷相
9	黄儒《品茶要录》、吕惠卿《建安茶录》	1075/1080	1080	暖相
10	赵佶《大观茶论》	1107	1110	冷相

　　从这张表中,我们可以观察到冷相气候是推动茶文化发展的重要推手。事实上,冷相气候带来的气候冲击更容易推动茶叶的消费,而暖相气候节点推动经济的扩张,往往带来技术的普及,也推动茶法的改革。茶叶消费和茶文化的突破,也都和当时的气候危机有关。那些发生在暖相气候节点的茶书,也往往是针对当时气候冲击(往往冷相)的响应。例如,在大中祥符年间(1008—1016),虽然有南方的暖干气候条件引入抗旱早熟的品种"占城稻",也有雪灾造成的能源危机,如大中祥符五年(1012)冬天,"民间乏炭,其价甚贵,每秤可及二百文。虽开封府不住条约,其如贩夫求利,唯务增长"①。为赈济寒潮之中的灾民,"三司出炭四十万减半价鬻与贫民"②。大中祥符八年,"三司以炭十万秤减价出卖以济贫民","自是畜藏薪、炭之家无以邀致厚利而小民获济焉"③。天禧元年(1017)十二月,"京师大雪,苦寒,人多冻死,路有僵尸,遣中使埋之四郊"④。所以,有周绛写作《补茶经》。

　　所以根据该表,我们可以大致认为,茶文化的兴起是响应中世纪气候变冷的结果。造成茶文化崛起的时段主要覆盖 360 年(750—1110),6 个气候周期,大体覆盖中世纪(8 世纪至 13 世纪)的核心阶段温暖期。然而,中世纪温暖期仍然不乏气候脉动,给社会带来能源危机的同时,也推动了茶叶消费和茶文化的崛起。茶叶种植喜欢暖湿的气候,主要产于南方,但茶叶的消费却偏好冷干的环境。所以当全球变暖期间,南方人向北方人提供茶叶;当全球变冷之后(小冰河期),主要是中国向欧洲提供茶叶。气候变化和气候脉动,就是以这种方式推动了茶文化的发展,间接推动了城市文明和丝绸之路的发展。

---

① ② 宋会要·食货·三七之六。

③ 宋会要·食货·三七之七。

④ (元)脱脱,宋史·卷 62·志第 15。

7.5　商业革命与经济周期

商业革命

宋代是一个发达的商品经济社会,以国家财政收入估计,北宋的经济中工商业与农业各占一半,至北宋后期,即 1077 年,在以钱银计算的岁入 7 070 万贯中,工商税占了七成。由于商业税和专营税大部分来自城市,因此,北宋经济可称为"新经济""城市经济"或"货币经济",北宋因此被称为"商贸国家"。有学者估算北宋在 1000 年前后的国民生产总值为 265.5 亿美元,人均 GDP 达到 2 280 美元,而英国在工业革命后的 1800 年人均 GDP 只有 1 250 美元,约是八百年前北宋经济水平的一半。

宋神宗时期发生的商业革命表现在如下几个方面:

其一,社会服务业的分工与细化。中国古代,商业繁荣,传统店铺,种类繁多。"五行八作"是民间泛指各行各业的传统俗称,据说源起南宋。一般认为五行八作包括:五行:车行、船行、店铺行、脚行和衙役行。八作:金匠、银匠、铜匠、铁匠、锡匠、木匠、瓦匠和石匠。也有以钱行、粮行、丝行、布行、杂货行,铜器、木器、丝绸、浆麻、腿带、首饰、毡帽、剪锁等作为"五行八作"。唐代大约有 120 行(手工业),宋代手工业达到惊人的 414 行,分别由"行会"或"团"来结社管理,以便应对政府的收税和管理。

其二,商业税的简化和普及。《宋史·食货志》记录:"凡州县皆置务,关镇亦或有之,大则专置官监临,小则令、佐兼领,诸州仍令都监、监押同掌。行者赍货,谓之'过税',每千钱一百算二十;若有居者居于市鬺,谓之'住税',每千钱一百算三十。"[1] 由此看来北宋的商税分为过税和住税,过税是商品在流通时所付之税,为 2%;住税则是交易中所缴之税,为 3%;农业税为 10%。在"重农抑商"的传统思路下,商税是比较低的。根据《文献通考》中记录,与宋之前商税制度相比,宋代商税制度较唐末无大的改变,但是在遏制征税混乱方面有了很大改进,主要表现在:税种的简化、津渡缴纳制度的整改、取消花样百出的税名、允许商人自行通商并征收一定税额。

---

① (元)脱脱,宋史·第 139·食货下八。

其三,商人入仕成为可能。西汉历代严禁商人参加科举考试,"凡命士应举,谓之锁厅试。所属先以名闻,得旨而后解。既集,什伍相保,不许有大逆人缌麻以上亲,及诸不孝、不悌、隐匿工商异类、僧道归俗之徒"[1]。但随着商业经济的发展,商人阶层的势力逐渐增大,这条禁令在宋英宗时期发生松动,英宗治平元年(1064)六月,诏令:"工商杂类,有奇才异行者,亦听取解"。此外商人还可通过买官晋升氏族,这种方式不仅有利于提高自身社会地位,而且有利于国家筹集军费,赈灾济贫。当然,他们还可以通过联姻改变家族社会地位。

其四,商人权益得到保障。北宋商人云集,在如此竞争激烈的交易市场中,中小商人和无权势的商人往往会遭受重大利益损失。为有效地保护中小商人,神宗正式颁布商人市易法[2],命提举管、勾当公事官负责收购货物,招纳专门行人和牙人担任具体买卖工作,这样就避免了那些大商人操控市场。此法令的颁布保护了商人的合法权益,有利于市场持续有效的良性竞争。对于外来商户,为保障其权益,市易法中有"贸迁物货"的规定。内容是:外来客商的货物若是无法交手于官府,可以到市易务投卖,由客商、行人、牙人一起议价。这种法令将外商经营的市场风险在一定程度上降到了最低,这也使得宋代的货物品种急剧增加,市场异常活跃,解决了货物匮乏的问题。为保证商人的合理经营时间,颁布"免行条贯"政策,有效避免了官员对商人的盘剥,各行按其利润收入高低缴纳免行钱。

所以,我们认为宋神宗治下的"王安石变法",就代表着商业革命,推动经济的货币化改革,在经济的各个方面都有影响。

商业动力

为什么是宋代极度重视商业和贸易?一般认为都是宋代开国时设计的"三冗"问题造成国家支出的增加。这只是问题的一个方面,更重要的问题是宋代的地理条件和气候条件,决定了"领土越小的社会,国防支出占比越大"(见11.1节),这也是推动中国统一的关键原因。仔细琢磨起来,宋代发生商业革命有如下原因。

1. 中世纪温暖期造成的国防费用猛增

中世纪温暖期的最大后果,是让原来的游牧文明(辽国、蒙古)、火耕文明(大理、越南)和渔猎文明(西夏和金国)控制了大量的农耕土地,在粮食经济上实现了

---

[1] (元)脱脱,宋史·志第108·选举一·科目上。

[2] (清)徐松,宋会要辑稿·食货。

自给自足,因此更追求政治上的独立自主,所以宋代面临严峻的国防形势。虽然宋辽之间保持了 120 年的长期和平,可是和平是赎买来的,需要长期的投入。西夏地区的气候变暖,有助于当地的独立倾向,在控制局势的过程中,宋夏之间发生了长期的冲突(81 年)。此外,由于缺乏战略屏障(燕云十六州)来建设长城,宋政府不得不养兵百万,需要长期的经济支持。

2. 中世纪温暖期的自然灾害并没有减少

除了人口危机,宋代还是面临一些气候冲击,如暖相气候下的旱灾与蝗灾(宋真宗和宋神宗时代)、冷相气候下的水灾(宋仁宗时代)和寒潮(宋徽宗时代),以及南迁之后的瘟疫危机(宋高宗时代)。这些气候变化推动的自然灾害(见 2.2 节),仍然需要政府提供帮助社会福利,带来了货币经济带来很大的压力。为了应对瘟疫危机和能源危机,北宋政府不得不提供大量的社会福利措施,包括福田院、漏泽园、广惠仓等措施(见 4.3 节)。只有在商品经济的环境下,政府才能有经济实力去完成这些社会福利,因此是商品经济推动了社会福利,两者互相促进,共同维持封建社会的宏寄生模式。

3. "冗兵冗官冗费"倒逼财政变革

"冗兵冗官冗费"的发生跟北宋最初政权传承的合法性不足有很大的关系,赵匡胤赵光义两兄弟得国不正,经常增加科举录取人数来笼络士人,在仁宗年间问题最大。宋朝初年,全国官员不过 3 000—5 000 人,仁宗年间就增加到了 2 万多人。宋朝初年养兵 22 万,仁宗年间增加到了 125 万。更加上宋朝厚待官员,高薪养廉,更是支出庞大。除此之外,职业军队的支出(见 11.3 节)更大,几乎占据了农业税收的六分之五。因此,这样的高额财政支出倒逼宋廷进行商业改革,增加政府收入。

4. 人口增长与城市化趋势

北宋的城市化率达到创记录的 22.7%,明清时期只有 7%,直到 1980 年代中国才重新达到这个水平。城镇化的人口,没有足够的农田可供开发,只能通过手工业和商业来获得收入。城市化的趋势导致社会分工越加细致,可以提供服务的范围越广泛,意味着社会越发达(见 10.3 节)。

5. 社会观念的潜移默化

"事功学派"又称为"功利学派",是宋朝儒家的一个主张"经世致用、义利并举"的学派。他们提倡功利之学,反对虚谈性命。这个学派的出现可能来源于北宋宽容的社会环境以及商业发达的氛围,但这个学派的发展又进一步地促进了商业的发展。北宋时期虽然也提到"士农工商",但并非将其按照顺序排列,认为有阶级等级之分,而是认为士农工商"同是一等齐民",更是提出"四民异业而同道",因此许多崇信"事功学派"的士子甚至弃儒从商。这样的社会观念自然会促成繁荣的商业和发达的经济。

种种气候危机带来各种社会响应(主要是经济危机),造成了宋代政府不得不鼓励商业,开发手工业,从事海外贸易,通过挖掘商业税来弥补农业税的不足,维持政府的正常运转。宋代恰好位于历史罕见的中世纪温暖期,宋亡之后不久即进入"小冰河期",宋代的商品经济成就很快就成为历史的绝响,气候脉动因素在宋代的经济繁荣曾经发挥决定性的影响。由此我们可以得到一个推论,暖相气候带来的环境危机和市场扩张有利于中国的改革开放,由此造成的商品经济繁荣有利于中华文明的兴盛,这与欧洲主要在冷相气候中崛起存在很大的不同,因此是另一种形式的"环境决定论"(见 13.3 节)。

经济周期

根据本节内容的讨论,我们可以认识经济发展的周期性,或康德拉季耶夫周期性的源头。早在 1927 年(经济扩张、市场繁荣的时段),俄国经济学家康德拉季耶夫(Nikolai D.Kondratiev)提出了经济学的 54—60 年周期,被称为经济长波周期。不过,熊彼特认为,英国经济学家图克在 1830 年代也有类似的看法,比他们两人更早提出经济的周期性。

虽然大家都认可经济领域的长波周期,但对经济周期是如何发生的,人们仍然缺乏共识。经济学家熊彼特,提出技术发展的"创造毁灭论"(一种新技术的产生会取代和消灭另一批旧技术)来解释经济的周期性,然而这个 30 年无法处理。

从本书的气候模式变化周期来看,暖相气候日照期增加,推动农业和食盐等太阳能依赖性商品的产量增加;冷相气候日照期减少,又推动酒、茶、救灾和宗教的需求增加,所以地球天体运动通过调节市场的供应与需求,影响经济的扩张和收缩,由此推动技术的普及与突破。所以地球系统(天体运动)是气候变化的本因,气候脉动是推动环境变化的驱动力,在产出和消费方面影响社会,结果是经济的周期性,更重要的是社会文明发展的周期性。所以,司马迁虽然提出天运的周期,他指的是社会发展的周期性,而不是真正的天体运行周期,因此是文明的周期,社会的周期。影响司马迁"天运周期"的因果链如下图(图64)所示。

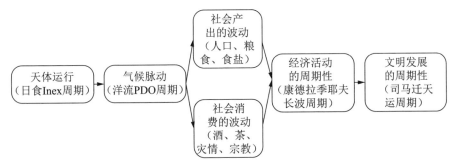

图 64 经济发展与文明发展的周期性

所以,经济领域的波动性与气候模式的波动性一致,并不是巧合,而是存在某种因果关系。天体运动通过日照和洋流,影响生态,影响经济,推动社会文明的进步。气候与社会,主要通过经济领域的波动而关联,这是文明发展的奥秘。

8

货币危机与纸钞革命

　　宋本《清明上河图》中虹桥下，沿河路口有一家酒店，号称"十千脚店"。在脚店的门口，停着一辆串车。串车旁，有三人，一人抱着多串铜钱，另一人在点验数目，第三人在转运铜钱。根据其他图画中的类似场景判断，这是宋代的运钞车，其中两人正在进行铜币的点数和接受转移工作。这一场景（见图65）突出了宋代的铜币对经济的润滑作用，在宋代经济和金融生活中具有特殊的含义。

图 65　宋本《清明上河图》中的货币供应

　　宋代是商品经济高度发展的社会，为了匹配商品交易，需要大量的通货（通货currency 是广义的金钱 money，不仅包含法定的货币，还包括交易中认可的布帛金银，因此泛指金融交换工具）。宋代的铜币是一种中等档次的重金属（其本身价值高于铁铅和陶币，但低于银和金代表的贵金属），其货币供应依赖矿藏和运输条件（即地理决定论），存在很大的缺口。宋代一直努力增加铜矿产出，高峰时的铸币量是唐代时的 10 倍以上,以至于欧洲格陵兰岛的冰雪沉积物中仍然可以发现的中世纪矿冶烟尘,主要来源于北宋的炼铜加工业,因为中世纪时期只有北宋的冶炼业可以达到这个规模和水平影响全球的环境。然而,限于资源分布、开发技术、能源供应和运输成本的制约,北宋政府也一直深受"钱荒"的困扰。因此这张运钞图在这里有特殊的意义,表明当时当地,"钱荒"问题对社会的正常运行有深远的影响。

事实上,就在此画创作时间附近的大观元年(1107),北宋很多地方改交子为钱引,目的是增加社会的通货供应,其背后暗含着当时正在发生的乙类(政府)钱荒问题。要认识古代社会的钱荒问题,我们需要从货币的起源来认识。

8.1 货币的起源

货币的四大特征

经济学家通常根据三个职能角色来定义货币:(1)兑换手段;(2)衡量价值;(3)储值。这些角色既规定了货币的功能,又阐明了有关货币使用方式和原因的合理解释。在经济学家看来,只有满足所有这三个功能才能被视为真实货币(成熟货币)。对中国而言,第四个功能(国家支付方式)更加重要。因为在国家形成的过程中,救灾是一项重要的政府职能,货币因此而诞生。

通常西方的货币有两个源头①。柏拉图的认为货币价值是由货币当局决定的,与作为货币使用的物质的使用价值无关。按照这种观点,金钱是社区或国家的任意创造,其价值由公约或立法确定,其目的是为了给商品定价。国家(或社区)选择可以用作交换媒介的物质,并确定其标称值,这相当于中国古代的名目主义观点,即货币无价,国家定价。

哲学家亚里士多德假设,原始民族最初通过易货贸易进行交易。但是,易货贸易受到可用于交换的商品范围有限以及缺乏衡量不同种类商品价值的限制。易货贸易的不便促使通过某种形式的共识采用了一种标准的交换媒介(即货币),该媒介也可以作为一种价值衡量手段,因此货币是为了交换和流通而产生的实现等价贸易的媒介。金钱因此将主观的欲望和需求转变为客观的,可量化的和可比较的价值量度。金属货币作为商品的内在价值的稳定性使它能够用作其他商品的可靠

---

① Von Glahn, R., Fountain of Fortune, Money and Monetary Policy in China, 1000—1700. University of California Press, 1996:5.

价值度量。贵金属的优点(稀有性、耐用性、可分性、可替代性和可移植性),是把它们作为满足交换手段要求的理想选择。亚里士多德的思想(货币有价,金属定价,是货币起源的希腊源头),相当于中国古代的金属主义观点,一定要有实物,货币价值来源于实物价格。在此基础上,马克思提出"价值尺度和流通手段的统一是货币"的观念①。

古代中国对货币起源和功能的认识,与西方有显著的不同,时间越晚,越靠近西方的交换流通说。而中国历史上"救灾导致货币"的观点,是国外都没有的。周景王二十一年(前524)要铸造一种大钱(这是古代文献中关于铸钱的最早记录),单穆公(单旗)表示反对,提出了一套子母(小钱大钱)相权的理论。单旗指出:"古者天灾降戾,于是乎量资币,权轻重,以振(赈)救民。"②这句话中,已经包含有货币起源和货币职能的两层意思。单旗认为货币的产生是由于发生了天灾,天灾引起饥荒,于是先王造出货币来救荒。也就是说,货币的第四种功能(国家支付)在救灾中的必要性,是推动货币出现的重要源头。不过,单旗的建议没有被采纳,大钱还是被铸造了,诱发的通货膨胀貌似对两年后的农民起义有一定的影响。公元前522年,"郑国多盗,取人于萑苻之泽。大叔悔之,曰:'吾早从夫子,不及此。'兴徒兵以攻萑苻之盗,尽杀之,盗少止"③。货币对政治的影响,从中可以体会。

传说刘向整理的《管子》也像单旗一样,认为货币起源于救荒:"汤七年旱,禹五年水,民之无粮有卖子者。汤以庄山之金铸币,而赎民之无粮卖子者;禹以历山之金铸币,而赎民之无粮卖子者。"④不过,该书也认为货币是为了货物的流通交易需要而产生:"玉起于禺氏,金起于汝汉,珠起于赤野,东西南北距周七千八百里,水绝壤断,舟车不能通。先王为其途之远,其至之难,故托用于其重,以珠玉为上币,以黄金为中币,以刀布为下币。三币,握之则非有补于暖也,食之则非有补于饱也。先王以守财物,以御民事,而平天下也。"

《洪范》是《尚书》中的一篇,其中提到八项政事,以"一曰食,二曰货"居首。班固就拿"食货"两字作为代表经济史志的卷名。这里的"货",按照班固的解释,包括

① 马克思. 政治经济学批判[M]//马克思,恩格斯. 马克思恩格斯全集:第13卷. 北京:人民出版社,2013:113.
② (春秋)左丘明,国语·周语下.
③ (春秋)左丘明,左传·昭公·昭公二十年.
④ 管子·轻重八·山权数.

可以做衣服的布帛和作为货币的金、刀、龟、贝。也就是说,除了粮食之外,都包括在"货"的范围以内。他认为食、货都"兴自神农之世",把生产货币的时间比司马迁所说的又更加提前了。神农氏之时,"日中为市,致天下之民,聚天下之货,交易而退,各得其所"①。这是关于物物交换的传说。在物物交换时期,自然还没有货币出场。班固认为货币的作用在于"分财布利通有无"。"分财布利"是指财富的再分配,近似于国家支付功能。"通有无"则是指货币起流通手段的作用。

随后,司马迁也谈到货币的起源:"农工商交易之路通,而龟贝金钱刀布之币兴焉。"②这是说货币是商品交换的产物。它比传统的货币起源论有了很大的进步(或者说偏差),不过很久没有得到人们的响应,直到北宋的李觏才对货币起源提出更深刻的见解。

关于货币的起源,唐代杜佑说:"货币之兴远矣。夏商以前,币为三品。"接着又在夹注中说:"珠玉为上币,黄金为中币,白金为下币。白金为银。"③北宋李觏比杜佑又有了发展。他说:"昔在神农,日中为市,致民聚货,以有易无。然轻重之数无所主宰,故后世圣人造币以权之。"④李觏认为物物交换缺乏衡量商品价值的统一的标准,即"轻重之数无所主宰",所以后世的"圣人"制造货币来权商品的轻重。这就是说,货币是为了解决物物交换缺乏价值尺度的困难而被"圣人"创造出来的。也就是说,货币是起价值尺度作用的一般等价物,李觏的观点比较靠近柏拉图了。

明代丘濬说:"日中为市,使民交易以通有无。以物易物,物不皆有,故有钱币之造焉。"⑤这是认为货币是为了解决物物交换的困难而创造出来的,这一点和李觏的观点相似。但李觏说的是衡量价值的困难,丘濬则说的是缺乏交换媒介的困难,这是商品经济发展,货物种类增加之后的认识。不过,丘濬也强调了货币和贸易作为减轻灾难中人民苦难的手段的重要性。由于中国社会的农耕和官僚传统,古代的货币思想仍然停留在以下观念上:货币是统治者通过确保商品和收入的公平分配来促进经济福利的工具,这是官僚阶层主导的农耕社会与西方商业社会对货币认识的主要差别。

---

① (周)姬昌,周易·系辞下。
② (汉)司马迁,史记·平准书。
③ (唐)杜佑,通典·卷8·食货第八·钱币。
④ (宋)李觏,李觏集·富国策·第八。
⑤ (明)丘濬,大学衍义补·卷27·铜楮之币下。

西方史学家麦克尼尔认为，人类社会有两种类型的宏寄生模式[①]，一种是游牧文明对农耕文明的宏寄生，游牧文明总是需要农耕文明的手工业产品和农产品来维持生存，所以存在不断的、经常性的抢掠行为，对外表现为汉匈冲突或胡汉之争；另一种是农耕文明内部的宏寄生，官僚阶层总是要通过税收手段维持政权稳定，就需要维持农民阶层的稳定，通过物价调节和战争动员，让生产阶层能够平稳可持续发展。在这两种宏寄生模式下，中国古代社会存在两种类型的灾害，一种是游牧和渔猎文明的入侵风险，汉武帝发动对匈奴的战争需要额外的经济支持，维持盐铁垄断是防止在农税上过度征收的一种办法；另一种是自然灾害，如风火水旱，随时破坏社会的稳定，也都需要政府的干预和救济，否则产生更多的农民暴动和起义，需要投入更大的资源来平息。在这两种宏寄生模式下，中国货币的来源除了和西方相通的衡量价值（权轻重）和兑换功能（易有无）之外，还多了两项功能是储值功能和救灾的国家支付功能。前两项针对市场，后两项针对政府。暖相气候农产品产量增加，需要市场上足够的通货来消化，冷相气候下灾情增加，需要政府的公共支出来减灾救人，这两种钱荒模式对应于不同的气候模式。以下是中国历代货币的发行简史。

历代货币的变迁

在古代中国，统治者通常会赠予并奖励一系列珍贵的商品，这些珍贵商品的价值源于其作为装饰物的期望。这些奉献称作币，包括玉石、珍珠、贝壳、龟甲、牲畜、奴隶、皮革、大麻和丝绸布、谷物和金属铜。在商代末期（公元前14至11世纪），似乎只用贝壳作为交换的媒介。尽管商代虽然熟悉黄金，但它们显然没有多大价值。贝壳作为货币具有许多内在的优点：它们很少见，不能随意生产；基本上大小和质量均一，可以互换等价；任何给定数量的编织品都可以串在一起，从而实现价值等级累加。所以，我国与财富相关的汉字，大多有贝作偏旁，如财和贫。

商朝覆灭，西周兴起，几百年之后转为东周。贝币慢慢地退出了社会流通领域，只剩下少量的国家还在使用，大量位于内陆的农耕诸侯国开始使用一种全新的货币——布币。布币并不是用布制作的，是用铜制作的，来源于一种薅草的农具，这种农具叫作布，一开始可能根本就是利用实物进行交易。随后，作为工具的"布"

---

① 威廉·麦克尼尔·H. 瘟疫与人[M]. 余新忠，毕会成，译. 北京：中国环境科学出版社，2010.

慢慢地退出了实用领域,成了一种抽象的、单纯的货币,大小也变得只有巴掌大,甚至更小。不同的国家开始铸造不同的布币,为了方便携带,甚至给布币穿孔,但是基本形状没有变化,都是"布"的形状。

春秋战国时期,商品经济有较大的发展,除了使用黄金作为大额支付外,铜币盛行。在汉朝历史上,曾经有过两次铸币权的争议,分别是汉文帝和汉武帝。公元前175年,汉文帝坚持私铸,让邓通和吴王刘濞相互竞争铸币,很快满足了市场需求(解决了暖相市场钱荒)。公元前144年,铸币权收归国有。公元前113年(120,暖相),上林三官(上林苑的三个机构,传为钟官、均输和辨铜)铸造的五铢钱获得了市场的认可。由于其单位价格低且制造成本高,像青铜币这样的基础货币被证明很难在短期内大量生产。从此,五铢钱成为农耕时代第一种最成功的货币,流行了700多年。

东汉末年发生战乱后,货币供应紊乱,魏晋南北朝货币以绢帛为主、铜钱为辅的税收体制,避免了对铜和银(重金属货币)的依赖。

到了唐朝,出现了最好的货币"开元通宝",承袭"五铢"钱,但比五铢钱重。从"开元通宝"开始,货币就不再是以重量计算的货币了,至少货币在铸造的时候,不再写上相应的重量,比如"五铢",而是写上某某宝了,说明货币的本值与面值脱离,货币更具有虚拟通货的特征。同时,唐朝规定,一枚铜钱为一"钱",十枚铜钱为一"两"。从此之后,称重的计量单位都跟着变了,标志着货币面值的虚拟化。从唐朝开始一直到清末,铜币的式样就正式确定了下来。开元通宝使用统一的大小,统一使用隶书(少量例外),以圆形方孔为基本形状,在元宝或通宝上以年号刻字,以母钱翻砂铸造技术进行铸造。唐朝货币钱帛兼行(铜钱和丝绸并行作通货),在780年推行的两税法改革之后,加深了商品经济对货币的依赖。

五代时期,由于地方割据,战乱频仍,各种铁钱、铅钱、陶瓷钱等花样百出,目的是避免国境线上高价货币的流失问题,即防止"货币战争"①。

宋朝时期,绢帛已经完全退出货币领域,铜钱成为主要货币。不过,宋代川陕地区还有铁钱,是因为当地缺铜,地形较为封闭,并且在五代十国时期已经形成了铁钱传统。川陕和其他地区的贸易结算,必须在特定关口进行铜钱和铁钱交换,所以铁钱只是一种局部的货币,不能动摇宋朝铜本位主体地位。然而,铁钱太重,增

---

① Elvin, M., The pattern of the Chinese Past[M], Stanford University Press, 1973:298—316.

加了交易成本,因此刺激了四川地方自发发行"交子",这是中国乃至世界上最早的纸币,具有试验性质。南宋发行的纸币会子,开始也是以铜钱为本金(储备金),所以南宋大部分时间也算是铜本位。南宋末年因为国防危机,超额发行纸币,导致恶性通货膨胀,正是破坏了铜本位制度带来的恶果。

元代是历史上少有的完全依赖纸钞的时段,经常执行禁铜和禁银,让银货流向中亚地区。最终元政府终于在黄河泛滥和盐商起义代表的灾情和战乱的双重灾情打击下解体。

对于朱元璋而言,铸造铜币更像是一种政治行为(宣告独立),而不是经济政策(缺铜矿,货币成色不足)。然而,南方缺乏铜矿,只能利用现有资源再铸造,结果必然导致通货供应不足,在 1374 年提出将明硬币的铜含量降低 10%,以提高铸币厂的产量。面对硬币供应不足的内部问题,政府在 1375 年致力于恢复纸币。新的纸币被称为"大明通行宝钞"(或简称宝钞),将作为交换和税收的主要工具流通,而硬币将作为辅助货币。由于大明宝钞缺乏准备金,无法自由兑换硬币,而且滥发严重,洪武 23 年,宝钞就贬值到了原本价值的四分之一,洪武 27 年(1394),就贬值到了六分之一。明朝建立一百年后,大明宝钞彻底作废。1433 年,南直隶巡抚周忱将苏州、松江、常州和镇江等地的重税州的土地税减免为白银支付。1436 年,明英宗登基之后,把这一做法合法化,允许将军官的津贴转换为白银付款。同年,最富裕的南部省份(南直隶、浙江、江西和湖广)的土地税也减为白银。从此,开启了明代银两主导、铜币辅助的货币体系。

随着 1526 年日本发现石见银矿和 1573 年放松"海禁"之后,海外输入的白银供应量日增,明政府的白银货币经济异常繁荣,构成了以《金瓶梅》中商品经济繁荣为特色的早期资本主义萌芽。然而,当欧洲陷入 1618 年到 1648 年的"三十年战争"(气候危机)之后,美洲输入的银锐减,导致政府缺乏足够的通货来维持经济正常运行,于是明政府被满族的游牧文明所推翻。

满洲建政之后,维持了银为主,铜为辅的货币体系,经济发展十分迟缓。鸦片战争之后带来美洲的墨西哥鹰洋,推动了国内关税和海关关税的发展。1889 年(1890,冷相)开始铸造大清银币"光绪通宝",从宣统二年(公元 1910 年)颁行《币制则例》,正式采用银本位,以"元"为货币单位,重量为库平七钱二分,成色是 90%,名为大清银币。1934 年,罗斯福颁布了《白银法案》,本意只是为了提高白银价格,争取白银集团的支持,结果导致了全球白银价格大幅上涨,中国的白银潮水般外流,直接抽紧了中国的银根,国内经济一片萧条。1935 年,中国正式废除银本位制度,银本位实际只历经了 25 年。

所以,中国的货币体系,一直以铜币为主导货币,前期靠谷帛作辅助通货,中期靠纸币(包括钱引、盐引、茶引)和香料作辅助通货,后期则完全依赖白银作辅助通货。要认清历代的货币危机,我们从认识农业经济对铜币的依赖性开始。

宋代的铜本位

一般来说,贵金属在世界范围都曾经当过货币,最后集中在金银上。金本位的定义是,用黄金来规定货币,每一货币单位都有法定的含金量。一般来说,一枚金币的价值就是其含金量的价值。汉代的重金属大量发掘,但随后又被埋入地下(丧葬),流入中亚(丝绸之路贸易),导致贵重金属的匮乏。所以宋朝时,货币逐渐从散乱的铁钱、铅钱、陶瓷钱过渡到铜钱,推动了铜的大量生产。

北宋时金银的产量不高,不足以支持当时的商品流通规模。"皇祐中,岁得金万五千九十五两,银二十一万九千八百二十九两,铜五百一十万八百三十四斤。"[1]也就是说,宋仁宗皇祐年间(1049 年—1054 年三月),一年的银课约 22 万两,铜课超过 500 万斤。白银收入只有 22 万两,还要给辽国和西夏岁币近二十万两白银(庆历年间,因为西夏的崛起,辽国还要求增币十万两白银),根本没有多少白银可用于铸币。当时日本的石见银矿(1526 年首次开发)和美洲银矿(1571 年隆庆开关后进入中国)还没有开发,更没有全球流通,因此宋代无法利用贵金属作通货。

用铜铸币,有一个盈亏点。如果一枚铜钱的币值就是含铜量的价值,政府铸造铜钱花费的人力成本和其他物料成本就会超过铜钱的币值。造一枚铜钱,需要花好几枚铜钱的成本,对政府来说是极其不划算的。所以,古代政府铸造铜钱时,都会规定一个法定的含铜量,而铜钱的币值也需要高于含铜量的价值。只有这样,政府在用铜铸币时才不会亏本。然而,如果名义面值超过铜材价值太多,又会引发大量的私铸行为,冲击国家的货币流通体系,带来很大的货币危机。所以铸大钱一直有风险,稍有不慎,就会拖垮全社会的货币发行体系。

所以,当古代政府出现财政困难或其他原因时,往往会改变铜钱币值与含铜量

---

① （元)脱脱等,宋史·卷 185·志第 138。

的比例,或者铸造轻薄的钱(劣质钱),或者铸造大钱(名义币值大大高于本身币制,即通过铸币来赚钱),两者附带的结果是造成通货膨胀。如王莽新政铸大钱、蜀汉的直百五铢、东吴的大泉当伍佰和大泉当千,唐朝后期的大钱,北宋末年蔡京的当十大钱等等。另一方面,如果铜钱的名义价值偏离真实的价值,这会诱发民间的盗铸行为,导致劣币驱逐良币,产生一系列货币紊乱和金融危机,历代都有以货币危机形式出现的金融危机。

中世纪,德国成为重要产铜地,瑞典也发现过大型铜矿,但都与同时期的北宋铜产量无法相比。因为韶州铜矿的发现,宋铜产量暴增了一段时间,仅仅韶州铜矿一年的纯铜产量就达到 1 万吨以上①。宋神宗时期,每年铸造铜钱约 500 万贯。随后因为表层铜矿枯竭,附近木柴枯竭(能源危机),导致采铜成本上升。再加上管理不善和贪污腐败,宋徽宗年间,韶州铜矿的产量急剧下降。到了宣和年间,宋徽宗哀叹韶州铜矿的产量不足神宗年间的十分之一。只是依靠以前的纯铜储备,宋徽宗的宣和年间每年仍然能铸造铜钱 300 万贯左右。铜钱供应增加如此艰难,商品经济和救灾规模扩大所带来的钱荒问题一直困扰着古代中国,只不过在以商品经济主导的宋代更加突出明显。

针对以钱荒为特征的经济危机,商业模式的变革和气候模式的改变有着很大的关联。

8.2　货币危机

宋代处于商品化的初级阶段,经常发现市场通货不足或者政府支付能力不足的现象,也就是货币危机。和金银等贵金属货币相比,铜币存在几项缺点。第一,因为资源限制和耗能限制,铜产量难以迅速提升,这是制约铸币量、导致钱荒的主要瓶颈;第二,铜可以用作铜器等民用工具,存在很大的功能转化,"化铜为器"是流通通货的一种损失出口;第三,佛教等宗教信仰对铜材作法器有很大的渴望,产生很大的"化币铸铜"的压力;第四,宋代周边有很多经济发展水平低于宋代的国家(如辽、金、高丽、日本、占城、越南等),他们的商业发展水平低,更需要相对面值低的铜币作通货,因此存在很大的外部需求,北宋等于是在为他们铸币,为他们制造通货。另一方面,铜钱外流体现了宋代科技水平高、能源利用率好的低成本优势,

---

① （清）徐松,宋会要辑稿・食货三三之二七・山泽之人数。

这是宋代进入工业革命门槛的重要原因(见12.3节)。所以宋代的货币外流问题严重,每一次货币危机,都伴随着政府的"铜禁"(控制铜币外流)规定。因此,"铜禁"规定也是社会经济发生钱荒的外在表现之一。

北宋的钱荒

通常认为,北宋时期的钱荒非常突出和严重,袁一堂①总结并列举了北宋时期发生的8次钱荒。

(1) 太平兴国四年(979),四川"始开其禁,而铁钱不出境,令民输租及榷利,铁钱十纳铜钱一。时铜钱已竭,民甚苦之"②。

(2) 太平兴国八年(983),"是时,以福建钱少,令建州铸大铁钱并行"③。

(3) 大中祥符三年(1010),河北转运使李士衡言:"本路岁给诸军帛七十万,民间罕有缗钱,常预假于豪民,出倍称之息,至期则输赋之外,先偿逋欠,以是工机之利愈薄。"④

(4) 宝元中(1039),天章阁侍读贾昌朝言:"财不藏于国,又不在民。"⑤

(5) 庆历三年(1043),欧阳修言:"今三司自为阙钱,累于东南划刷,及以谷帛回易,则南方库藏,岂有剩钱;闾里编民,必无藏镪。故淮甸近岁,号为钱荒。"⑥

(6) 熙宁二年(1069),"今京师乏钱……而库存无钱"。又,司马光言:"臣闻江淮之南,民间乏钱,谓之钱荒。"⑦

(7) 熙宁八年(1075),张方平言:"比年公私上下并若乏钱,百货不通。人情窘迫,谓之钱荒。"⑧

(8) 元符二年(1099),"时内藏空乏"。又,凤州通判马景夷言:"当公私匮乏之时,诸路州县官私铜钱积贮万数,反无所用。"⑨

上述8次钱荒,恰好发生在北宋气候的5个节点(990、1020、1050、1080、1110)之前的10年左右,可以认为钱荒是因为气候发生转折(缺乏气候变化的量化

① 袁一堂.北宋钱荒:从财政到物价的考察[J].求索,1993(01):100—105.
②⑨ (元)脱脱等,宋史·卷180·志第133·食货志下二·钱币.
③ (元)脱脱等,宋史·卷180·志第133·食货志下.
④ (元)脱脱等,宋史·卷175·志第128·布帛和籴漕运.
⑤ (元)脱脱等,宋史·卷179·志第132·食货志下一·会计.
⑥ (宋)欧阳修,欧阳修全集·卷100·奏议卷四·论乞不受吕绍宁所进羡余钱札子.
⑦ (元)脱脱等,宋史·卷175·志第128·食货志上三·布帛和籴漕运.
⑧ (宋)张方平,张方平集·卷26·论讨岭南利害九事.

数据,只能估计),经济和市场无法及时响应气候变化造成的被动响应之一。

宋代的极端气候事件(见 2.2 节),虽然交替发生,却并不能充分体现气候变化的周期性,这体现了气候参数和变量的复杂性。然而,社会响应并不会跟随其后发生立即的变化,需要经过社会各个环节的过滤作用,产生被动响应(第四类气候证据)和主动应对措施(第五类气候证据),才能更好地体现出气候变化的脉动周期。因此,钱荒的脉动性比气候特征的脉动性更明显,表现在政府为控制钱荒而出现的金融决策上。

钱荒的性质

熙宁十年(1077 年,1080,暖相),沈括回答宋神宗问题[1]时,列举造成当时钱荒的八条原因,其中销钱为器、民间贮藏、货币种类单一、官府贮藏、铜币外流和调度失策六条是可以通过管理办法来改进,只有人口用度增加及货币自然损耗二条,难以改变。上述 8 项原因当中,只有铜币外流和自然损耗两项会导致货币净流通量的减少,其他都是内部的转化,并不改变整体的货币量。自然损耗难以评估,而控制铜币外流的铜禁,是当时人观察到的社会发生钱荒的主要症状。当时人的一项共识是,铜钱外流造成钱荒,所以针对经商过程一再发出的钱禁(诏令),用于控制钱荒。其实从经济学观点来看,铜钱的大量外流,是因为其国内价格即市场购买力远远低于其国际市场的价格。这说明北宋的冶炼技术先进,具有成本的优势和能源革命(开发煤炭)的优势。

当代人认为这是税收货币化趋势和商品经济扩张带来的自然结果。然而,这一说法对于钱荒的发生时机都无法做出准确的预报。

钱荒是由于正常流通过程中,社会突然遭遇外部环境的变化,给货币流通量带来较大的扰动,然后社会大众作为有恐慌倾向的群体,发生群体性的储备货币行为,导致了钱荒的发生。在恐慌性的社会环境中,社会有可能采取不正当的应对措施。例如,商品经济扩张,榷茶榷盐法带来税收的改善,改善了政府的支付能力;作为一种信用货币的扩张,王安石变法带来的信用货币和虚拟税收(免疫法),大大改善了政府的收支平衡;为了解决铸币跟不上市场的需求,部分地区采取信用货币,如纸钞(交子)或盐引茶引,缓解钱荒的同时,带来了通货膨胀,而通货膨胀又推动

---

① (宋)李焘,续资治通鉴长编·卷 283。

铜币的保值性私藏,加重了钱荒;作为一种多功能的材料,铜的其他功能推动其他利用方式(如铜制产品如佛像等),导致了很多非流通性支出,销钱为器,减少了市场上的货币流通量;最后,为了边疆安全,北宋政府进行了大范围的铜钱调度,部分造成局部的钱荒。上述种种原因,都是在应对钱荒的社会应对过程中产生的附带结果,因此不能算是钱荒的触发原因。只有气候脉动带来气候危机,才推动社会生产和经济运行过程中发生不平衡,诱发钱荒。不正确的应对方式,有可能加剧早已存在的、因为气候危机带来的钱荒。对此,学术界尚缺乏系统的识别和研究。

通常古代的农耕社会控制商品流通的目的,一是为了调节市场,稳定物价,安定生活,限制商人和高利贷者的兼并,防止贫困过分悬殊,如平准制度;二是为了获得商业利润,增加国家的财政收入,以便应对灾荒和社会危机,如常平仓和后来的惠民仓。前者(市场干预)通常发生在暖相气候周期,后者(赈灾支出)通常发生在冷相气候周期。暖相气候下,日照期增加,农产品增加,经济扩张,市场货币需求量增加,产生甲类(市场)钱荒;政府需要增加通货供应,缓解市场钱荒,维持农业和手工业生产阶层的稳定。在冷相气候下,日照期减少,农产品减少,灾害增加,社会救灾支出增加,产生乙类(政府)钱荒;政府需要调节税收,低买高卖,增加政府收入,缓解政府钱荒。这两种钱荒交替发生,推动了农业(食货中的食)和手工业(食货中的货)的发展。货币本身属于手工业,因此货有两种,一种是供民众日常消费的货,一种是供交换能储存的货(即通货)。在特定时期,任何有保值期的货都可以担任通货,如谷物、布帛、铁、铅、陶瓷、贝壳等。

当十钱改革

宋代为了解决钱荒和救灾问题,曾经作了两次铸大钱实验。早在宋仁宗康定元年(1040),因西夏独立引发的宋夏战争,陕西供应军费不足(又是冷相气候引发的钱荒),所以奏请朝廷铸造大铜钱与小平钱并行,大铜钱以一当十。此后,又造当十铁钱,由于名义面值与金属面值相差过大,诱发民间的盗铸行为,于是货币大乱,引发经济危机。宋廷经过频繁调整通货,买入替换当十钱,才逐步平息了钱法上的混乱。这一改铸大币,通过通货膨胀来化解钱荒的做法,与公元前524年的周景王"铸大钱"改革货币(见8.1节)的性质是相同的。两者都是发生在冷相气候节点之前10年左右,代表着气候模式的转变。

崇宁元年(1102),气候已经开始恶化(见2.2节),宋徽宗让蔡京担任副相,蔡京立即下令重新推行宋神宗时期的各项新法。此时,担任陕西转运副使的许天启建议朝廷铸造当十钱(显然是应对当时的乙类政府钱荒)。王安石变法时,曾经大量铸行折二钱(也是为了解决钱荒问题,不过当时是暖相,应该是甲类钱荒。当二钱的通货膨胀效果不明显,因此没有造成混乱)。此时若铸行当十钱,名义价值比折二钱骤增五倍,通货膨胀之意特别明显。蔡京颇有顾虑,所以暂铸折五钱,试行以观其效。崇宁二年(1103)五月,蔡京下令陕西、江州、池州、饶州、建州,将准备当年铸造小平钱的铜料用来铸造折五钱。折五钱铭文"圣宋通宝",其重量比小平钱略重一些。折五钱名义价值是折二钱的两倍半,试行成功,市场很快接受了折五钱代表的通货膨胀。不久之后,蔡京即下令按照陕西大钱的形制铸造折十钱,限当年铸行折十铜钱三亿文,折十铁钱二十亿文。蔡京之所以敢于这么做,一是认为折五钱进入流通领域之后微澜不惊,折十钱在此基础上铸行,应该也不会引起市场剧烈反应;二是估计当时钱币流通总量约为两千亿文至三千亿文,初行折十钱的数量占钱币流通总量的份额较小,对货币购买力的大盘影响不会太大;三是考虑折十钱在宋仁宗时期已有先例,可以参照祖制(宋仁宗的经验)铸造,托借祖制,可以取得货币改制的合法性。

当十钱比当二钱贬值五倍,名义价值高而物理价值低,引发百姓盗铸,钱法再次大乱。为了严禁百姓盗铸,朝廷多次颁布禁令。但是,巨额利润的诱惑仍然使盗铸现象十分严重,许多人不惜以身试法。崇宁四年(1105),尚书省言:"访闻东南诸路盗铸当十钱,率以船筏于江海内鼓铸,当职官全不究心,纵奸容恶。"[1]只要将小钱销熔为铜,改浇铸成大钱,即可获得数倍利润,这是利差驱动风险的典型案例。

然而,透过当十钱看北宋的金融业,可以感到气候对金融业的影响,是通过气候变冷,支出增加,货币不足,政府钱荒,改铸大币,通货膨胀,引发盗铸,通货紊乱这一系列事件来推动。两次铸大钱的货币发行试验,都发生在气候节点之前的10年左右,相距60年,仍然都是应对气候变化带来的乙类钱荒。

历史上的钱荒

一般认为,宋代处于自然经济向商品经济过渡时期,人口增加和税收货币化趋势,推动了市场对货币的需求,导致了钱荒。然而,历史上其他时期的中国社会也

---

① （宋）杨仲良,两宋通鉴长编纪事本末·卷第136·宋徽宗·当十钱。

存在气候危机,必然会带来货币危机,因此也曾发生钱荒,其表现形式与北宋略有不同。

汉代的钱荒

西汉第一次货币危机发生在汉高祖刘邦统治期间,对策是放弃铸币权,时间是高祖元年(前206)。高帝八年(前199,210,冷相)刘邦以"秦钱重难用,更令民铸钱"[①],颁布了《盗铸令》,禁止民间盗铸。张家山出土的汉简《二年律令》,就明确盗铸的法律规定:盗铸者判死刑,协助盗铸者同罪,知情不告者罚金四两,举报者奖爵位一级或免一名亲友的死罪。解决财政危机的刘邦迅速地收回铸币权,表明西汉政府其实是了解统一铸币的优势和民间铸币的问题的。但这次禁铸只在一定程度上解决了民间盗铸的问题,社会通货膨胀、钱币混乱的问题仍然没有得到有效解决。

前元五年(前175年,180,暖相),汉文帝再次开放民间铸币(《除盗铸钱令》),允许臣民"得顾租铸铜锡为钱",这是中国历史上第一次关于铸币权的争议。表面上,这是刚上位的汉文帝刘恒政权不稳,不得已向支持他的诸侯进行妥协的结果。实际上,这也有气候变暖,市场扩张,急需货币供应的钱荒贡献。而且,朝廷要求铸币必须按国家规范来,"铸铜锡为钱,敢杂以铅铁为它巧者,其罪黔",取得了一定的规范化效果,说明私铸并不是绝对错误的决策。景帝三年(前154年,150,冷相),七国之乱暴发,历史学家通常认为,很大一部分原因就在于诸侯掌握铸币权而富有天下。从环境危机的角度来看,当时位于气候变化节点,冷相气候产生的社会危机有利于动乱的发生。

这次开放持续了31年,直到中元六年(前144年,150,冷相)西汉政府才宣布禁铸。是年,汉景帝接受贾山的建议,"定铸钱伪黄金弃市律"[②],再次收回铸币权,严禁民间私铸,只允许郡国政府铸钱。此后,有汉一代,一直由国家垄断铜币铸造权,再未将铸币权下放给民间。从中我们也可以总结出"暖相鼓励私铸,冷相政府控制"的一般趋势。后来虽然铸币没有完全放开,但几次铸币争议都是因这一规律而产生。

武帝元狩四年(前119年,120,暖相),汉武帝为了发动对匈奴的战争,发行了

① (汉)司马迁,史记·平准书。
② (汉)班固,汉书·景帝纪。

239

白金和"白鹿皮"币,作为替代性货币,流通不广。此外,为了战争需要加强对货币的管理,元狩五年(公元前118年)武帝下令废除半两钱,新铸五铢钱,并允许天下郡国铸造,通称"郡国五铢",或"元狩五铢"。这是中国历史上第二次关于铸币权的争议,结果在元鼎四年(前113)还是将铸币权收归中央,由上林三官统一铸造。所谓上林三官即"钟官,主铸造;辩铜,主原料;技巧,主刻范",是我国历史上第一个国家造币厂,其所铸的五铢钱称作"上林三官五株"或"三官五株"。

上述五次货币发行相关的事件,可以看作是汉代政府管理对经济变化的响应,而经济是气候脉动的间接表达,尤其适用于农业生产占主导地位的汉代。上述5次变革,都发生在气候节点附近,是气候危机推动的结果。

表24 汉代的钱荒

时　间	事　　件	气候节点	气候特征	钱荒特征
前206年	汉高祖开放铸币权	210	冷相	乙类
前199年	汉高祖恢复铸币权	210	冷相	乙类
前175年	第一次争议,汉文帝开放铸币权	180	暖相	甲类
前144年	汉景帝收回铸币权	150	冷相	乙类
前119年	汉武帝开发"白鹿皮币"和白金	120	暖相	甲类
前113年	第二次争议,汉武帝统一铸币权	120	暖相	甲类

南北朝时期的钱荒

南北朝时期币制混乱,南宋沈庆之于孝武帝大明元年(457)提出有控制的自由铸造主张,即铸币私有化。他认为汉文帝时的放铸政策虽受到贾谊、贾山的批评,却使"朽贯盈府,天下殷富"。因此他认为,有限制的自由铸造与以往许民私铸不同,国家仍控制掌握着货币铸造权。当时的币制混乱可以看作是冷相气候模式下的乙类(政府)钱荒,通过放开铸币权,可以在短时间内改善通货供应,缓解政府的钱荒。其动机,与公元前199年汉高祖的开放是类似的。这是中国历史上第三次关于铸币权的争议。

当时的气候特征是冷相,太平真君五年(444),北魏薄骨律镇将刁雍在富平(今宁夏吴忠西南)修渠引水,"计溉官私田四万余顷",又曾在公元446年与高平、安定和统万三镇将领一同向更北的沃野镇大量运谷,这说明该时期北方气候逐渐恶化,加深了边境地区对南方粮食的依赖性。真君八年(447)五月北镇寒雪,人畜冻死。刘宋元嘉二十九年(452)南京地区"荧惑逆行守氐,自十一月霖雨连雪,太阳罕曜。三十年正月,大风飞霰且雷",至次年"正月大风拔木,雨冻杀牛马"①。这种气候变冷的环境,导致税收的减少和支出的增加,必然会导致货币的政府支出功能受到影响,带来乙类(政府)钱荒。

唐代的钱荒

显庆五年(660年,660,暖相),"以盗铸恶钱多,官为市之,以一善钱售五恶钱。民间藏恶钱,以待禁弛"②。龙朔二年(662),唐高宗曾下令让学生以绢为束脩(引入绢作通货),间接表达当时的缺钱状态,说明当时面对的是甲类(市场)钱荒。

第四次关于铸币权的争议发生在唐代玄宗开元二十二年(734年,720,暖相),宰相张九龄建议:"古者以布帛菽粟不可尺寸抄勺而均,乃为钱以通贸易。官铸所入无几,而工费多,宜纵民铸。"③他提出许民自铸的主张来缓解钱荒,遭到群僚反对,这是中国历史上的第四次铸币权之争。秘书监崔沔(miǎn)提出反对放铸的理由说:"夫国之有钱,时所通用,若许私铸,人必竞为。各徇所求,小如有利,渐忘本业,大计斯贫……况依法则不成,违法乃有利。"④铸币权之争的起因是因为市场上货币不足,因此这是一次没有提到"钱荒"的钱荒。由于反对自由铸钱的人占优势,张九龄的建议没有被采纳,只是再一次下令禁止恶钱的流通。这年十月,又规定庄宅、马的买卖尽先用绢、布、绫、罗、丝、绵等,其余市价在1 000文以上的商品也要钱物兼用,违者定罪⑤,以减轻市场对钱的压力,说明当时面对的是甲类(市场)钱荒。唐代中国气候总体温暖,其中2个暖峰分别出现在公元730年和公元850年前后。唐开元十九年(731),"是岁扬州稴稻生"⑥。

到唐德宗实行两税法之后,"物轻钱重,民以为患",通货紧缩越来越成为一个

---

① (梁)沈约,宋书·卷99。
② (元)马端临,文献通考·钱币一。
③ (宋)欧阳修,宋祁.新唐书·食货志四[M].北京:中华书局,1975:1385.
④ (元)马端临,文献通考·钱币一。
⑤ (元)马端临,文献通考·钱币一。
⑥ (宋)欧阳修,新唐书·卷5·本纪第五。

严重的经济问题。贞元年间(785 年正月—805 年八月)陆贽已经明确提出,两税的征收,要"以布帛为额",而"不计钱数"①。这是因为,在陆贽看来,物价的贵贱,决定于货币流通量的多少,而在当时正是由于钱少才物贵的,这说明当时暖相气候造成的甲类(市场)钱荒,是市场钱少,而不是政府钱少。公元 770—800 年,东中部地区的气候出现了明显的回暖,其中,公元 781—800 年东中部地区冬半年气温比1961—2000 年高约 0.65 ℃。

贞元二十年(804 年,810,冷相),"命市井交易以绞罗绢布杂货与钱兼用"。元和六年(811),"贸易钱十缗以上者,兼用布帛"②。宪宗元和三年(808 年,810,冷相),预告蓄钱之禁。元和六年(811)政府曾经禁止飞钱③,其实就是禁止铜钱外流的一种对策。然而由于飞钱(便换)的便利性,该禁令很快就被取消了。元和十二年(817),下令禁止蓄积铜钱,之后亦有规定。此外,朝廷采纳白居易、元稹、杨于陵等人的意见,从长庆元年(821)改两税征钱为征布帛、酒税、盐利则以货币定税额,但可以按时价折纳布帛,可以看作是钱荒的表现。另外,在气候危机的推动下,公元 809 年,一项法令改变了税收分配④。以前的税收是在朝廷、藩镇和州之间分配。根据新政策,藩镇在治所收税,但不承担对朝廷的义务。其他州在自己和朝廷之间瓜分税收,不经过藩镇。这样恢复到唐初,中央政府直接与州打交道,消除藩镇作为中间一级的行政区。这是应对气候变化的经济改革措施,以便应对当时的乙类(政府)钱荒问题。

会昌五年(845 年,840,暖相),武宗诏令毁佛达到高潮,佛教称作"会昌法难"。凡毁并佛寺 4 600 余座、招提兰若 4 万所,收回良田数千万顷,归俗僧尼 26.05 万人,释放奴婢 15 万,同时释放了大量的因铜像占用的铜材。这一行动,对唐代的金融或货币史有重要的意义,由于两税法改革带来的重金属缺乏危机得到缓解,结束了持续六十年的货币紧缩政策⑤。唐武宗如此果断急迫地发动对佛教的迫害,当时的市场缺乏通货无法完成交易,即面临着甲类(市场)钱荒。

唐代的最后一次钱荒,发生在唐懿宗时,因各地政府对应兑的汇票发生支付危

① (唐)陆贽,全唐文·第五部·卷 465·均节赋税恤百姓六条其二请两税以布帛为额不计钱数。
② (宋)欧阳修,新唐书·卷 54·食货志。
③ 彭信威. 中国货币史[M]. 上海:上海人民出版社,1955:254.
④ 陆威仪. 哈佛中国史之世界性帝国:唐朝[M]. 张晓东,冯世明,译. 北京:中信出版社,2016:57.
⑤ 彭信威. 中国货币史[M]. 上海:上海人民出版社,1955:220.

机,咸通八年(867年,870,冷相),唐政府下令各州府不得留难①。这是典型的乙类(政府)钱荒。

上述钱荒总结在一张表中,如下表所示。

表 25 南北朝与唐代的钱荒

时间	事　　件	预期节点	气候特征	钱荒特征
457	第三次争议,沈庆之与颜竣之争	450	冷相	乙类
662	以绢为束脩	660	暖相	甲类
734	第四次争议,张九龄建议开放铸币权	720	暖相	甲类
780	两税法改革	780	暖相	甲类
811	唐宪宗"禁飞钱"	810	冷相	乙类
841	唐武宗"会昌法难"	840	暖相	甲类
867	唐懿宗"汇票危机"	870	冷相	乙类

根据表 24 和表 25 可知,铸币权之争有三四次发生在暖相,市场扩张需要更多的货币是主要原因。其他货币危机也都发生在气候节点,符合"暖相市场缺钱、冷相政府缺钱"的基本规律。

南宋的钱荒

北宋灭亡之后,南宋政府迁移到南方,发生铜矿与煤炭分离,因此导致铸币事业衰落,对铜钱的外流控制更加严格了。绍兴三年(1133)十月戊戌条云,监察御史、广南东西路宣渝明真奏称:"闻邕、钦、廉三州,与交趾海道相连,逐年规利之徒,贸易金香,必以小平钱为约,而又下令其国,小平钱许入而不许出,若不申严禁止,其害甚大。欲乞自今二广边郡透漏生口铜钱,应帅臣监司守倅巡捕当职官失觉察者,比犯人减一等坐罪,庶几检察加严,上下循守。诏户、刑部立法,其后二部请故纵生口及透漏铜钱过界者,巡捕官减罪人二等,失察生口又减三等,镇寨官县令知通监司帅臣失察者,抵罪有差。从之。"②南宋绍兴四年(1134),太常卿陈确曾指出:

---

① 彭信威. 中国货币史[M]. 上海:上海人民出版社,1955:254.

② 李心传. 建炎以来系年要录卷 69,绍兴三年十月戊戌条[M]. 北京:中华书局,1956:1170.

"江淮海道,难于讥察,其日夜泄吾宝货者多矣。"①绍兴十三年(1143年,1140,暖相)南宋政府下令对广东福建各港的船只加以严格的审查,不准携带铜钱出海。当时的暖相气候刺激了海外贸易的兴盛,"禁铜出海"是应对甲类(市场)钱荒的一种办法。

乾道三年(1167年,1170,冷相),有官员上奏指出:"伏见钱宝之禁非不严切,而沿淮冒利之徒,不畏条法,公然般盗出界,不可禁止。乞札下沿边州县严加觉察,如捕获犯人,与重置典宪。"②得到朝廷批准。乾道七年(1171)三月立沿海州军私带铜钱下海法。知明州赵伯圭说:"(铜钱)缘海界,南自闽广通化外诸国,东接高丽、日本,北接山东,一入大洋,实难拘检。"③乾道九年(1173)五月十八日,敕:"将带铜钱过江北,比附铜钱入川陕界断罪。许人告,其所告钱数并全给充赏。"④淳熙五年(1178)又重申了对商舶携带铜钱最高额的规定:"蕃商海船等船往来兴贩,夹带铜钱五百文随行,离岸五里,便依出界条法。"⑤

庆元五年(1199年,1200,暖相),宁宗下诏规定:"禁高丽、日本商人博易铜钱。"⑥庆元间另一条诏令"禁商人持铜钱入高丽"⑦。

端平元年(1234年,1230,冷相)又禁铜钱下海,并出内库缗钱兑易褚币(挽救通货膨胀),说明当时的钱荒伴随着纸币的通货膨胀,是典型的乙类(政府)钱荒。

元代的钱荒

公元1234年蒙古推翻女真金政权之后,公元1236年蒙古政府发行了蒙古交钞来代替金交钞。这发生在著名的蒙古长子西征之时(1235—1242),但对社会的影响不大。人们普遍认为,当时的恶劣天气是这次探险的原动力⑧,所以发行新钞是为了解决乙类钱荒。

公元1260年(1260,暖相),忽必烈上台后,他以丝绸和白银(或银本位)为基础

---

① 李心传. 建炎以来系年要录卷79,绍兴四年八月癸巳[M]. 北京:中华书局,1956:1295.
② 徐松,辑. 刑法[M]//徐松,辑. 宋会要辑稿:第2卷. 北京:中华书局,1957.
③ 徐松,辑. 刑法[M]//徐松,辑. 宋会要辑稿. 北京:中华书局,1957.
④ (宋)谢深甫监修:《庆元条法事类》卷29《铜钱金银出界敕》,第7页,1981年北京书店据民国三十七年刻本重印本。
⑤ (宋)谢深甫监修:《庆元条法事类》卷29《铜钱金银出界敕》,第36页,1981年北京书店据民国三十七年刻本重印本。
⑥ (元)脱脱等. 宋史卷37宁宗纪一,第725页,中华书局,1985年版。
⑦ 脱脱等. 外国传·高丽[M]//脱脱等. 宋史:第487卷. 北京:中华书局,1985:14052.
⑧ 葛全胜. 中国历朝气候变化[M]. 北京:科学出版社,2011:475—483.

发行了丝钞和中统元宝宝钞。每个省都建立了货币银行(钞库),有足够的白银储备来备用。人们可以用冶炼费赎回白银。如果市场上有太多的纸币,则直接支付白银以换回纸钞。这样,中国就拥有了第一个不可赎回的纸币作为法定货币。元代发行中统钞的时候,采用银本位制度,在各省设立钞库,有十足的银准备,虽然没有铸造银币,但准许人民兑现,每两只收工墨费三分,而且如果市面钞票太多,马上抛银收回。这才是真正的不兑现的纸币,并且为法偿币。这是一个暖相气候峰值点,至元四年(1267),"印造怀、孟等路司竹监竹引万道,凡发卖皆给引"①,北方竹林经济的恢复,有着气候变暖的贡献。

卢世荣制定的货币法于至元二十二年(1285 年,1290,冷相)颁布,以规范纸币的发行和流通以应对通货膨胀,其改革的主要目的是增加政府的收入②,因此是典型的乙类钱荒。至元二十三年(1286)关于"禁赍金银铜钱越海互市"③。至元二十二年(1285),"罢司竹监,听民自卖输税。次年,又于卫州立竹课提举司,管理辉、怀、商、洛、京襄、益都、宿、革开等处竹货交易"。至元二十九年(1292),因"怀孟竹课,频年斫伐已损。课无所出,科民以输。宜罢其课,长养数年"④。竹林经济的衰败,是响应气候变冷趋势的结果。至元二十六年(1289),元政府还专门在浙东和江南、江东、湖广、福建等地设置"木棉提举司"提倡人力种植棉花,并把征收木棉列入国家的正式税收计划,按时向民征取,说明当时的冷相气候危机导致了乙类(政府)钱荒。

至德二年(1309),元政府讨论更换钞法,发行大银钞,名义价格是原来的五倍(一种通货膨胀),但很快废除⑤。公元 1314 年(1320,暖相),元政府针对酒馆中的酒牌发布了一项特别法令,只许本店支酒,不许用作流通货币流转,"延祐元年九月中书省近为街下构弥、酒肆、茶房、浴堂之家,往往自置造竹木牌子及写帖子,折当宝钞,贴水使用,侵衬纱法。其酒牌止于本店支酒,不许街市流转,其余竹木牌子纸帖,并行禁断"⑥,这是典型的流通邻域发生的甲类(市场)钱荒。大德五年(1301)以后的半个世纪,北方仅有 2 个暖冬记载,"皇庆元年(1312)冬无雪,诏祷岳

---

① 葛全胜. 中国历朝气候变化[M]. 北京:科学出版社,2011:444.
② 彭信威. 中国货币史[M]. 上海:上海人民出版社,1955:401.
③ 彭信威. 中国货币史[M]. 上海:上海人民出版社,1955:428.另见,续资治通鉴·通考布粜考·市舶互市条.
④ (明)宋濂等,元史·卷 47·食货二。
⑤ 彭信威. 中国货币史[M]. 上海:上海人民出版社,1955:407.
⑥ 彭信威. 中国货币史[M]. 上海:上海人民出版社,1955:410.另见通制·条格·卷一四·酒牌侵钞.

浃。延祐元年（1314）大都、檀、蓟等州冬无雪，至春草木枯焦"①。罕见的暖冬造成了罕见的酒牌危机，而酒牌危机代表着市场缺乏铜币，因此是甲类钱荒的表现。

顺帝至正十六年（1356），曾有禁止贩卖铜钱的命令②。

表 26　南宋与元代的钱荒表现

时间	事　　件	预期节点	气候特征	钱荒特征
1133—1143	禁止铜钱出界	1140	暖相	甲类
1167—1178	禁止铜钱出界	1170	冷相	
1199	禁止高丽日本博易铜钱	1200	暖相	甲类
1234	（南宋）禁铜钱下海	1230	冷相	乙类
1285	（元）禁金银铜钱越海互市	1290	冷相	乙类
1314	酒牌危机	1320	暖相	甲类
1356	禁止铜币贩卖	1350	冷相	

根据上表，纯粹的禁铜令无法判断钱荒类型。但如果是针对某一个流通环节，则是甲类（市场）钱荒，如果还伴随着其他支付危机，则是乙类钱荒。南宋和元代的钱荒问题是非常符合典型的农业社会在"暖相发生甲类（市场）钱荒，冷相发生乙类（政府）钱荒"的响应模式。

货币危机的影响

虽然历代都有钱荒，然而处于商品经济过渡阶段的北宋时期的钱荒更严重，因此带来的社会影响也最大。

首先，钱荒推动技术革命，例如胆铜法（用铁置换铜，相当于是宋代的"点金术"）是为了解决铸币的能源危机而带来的技术革命；

其次，钱荒推动纸钞革命，如北宋民间自发发行的信用货币（交子和会子）。神宗熙宁八年（1075）吕惠卿在讨论陕西交子时说："自可依西川法，令民间自纳钱请交子，即是会子。自家有钱，便得会子。动无钱，谁肯将钱来取会子？"③由此可知

① （明）宋濂等，元史·卷50·志卷3。
② 彭信威. 中国货币史[M]. 上海：上海人民出版社，1955：424. 另见，元史·卷44·顺帝纪七。
③ （宋）李焘，续资治通鉴长编·卷272·熙宁九年正月甲申。

当时流行的(私)会子即是纳钱和取钱的凭证,是自发产生的。当时的气候非常温暖[1],温暖的气候有助于推动经济的扩张,给民间自发创办会子创造了条件(见8.4节纸钞革命);

第三,钱荒推动经济改革,如王安石变法(本质上是基于货币的经济商品化改革)和盐法(见7.2节)、酒法(见7.3节)、茶法(见7.4节)改革,都是响应乙类钱荒和气候危机;

第四,钱荒推动海外贸易,如唐宋时期的海上丝绸之路主要货物是香料,香料在社会中的作用是通货,因此钱荒推动了赚取通货的海外贸易(见9.4节);

第五,钱荒推动能源革命,如1080年前后汴河改造工程带来廉价煤炭的普及利用,大幅降低了手工业的能源成本,相当于是一次能源革命(见11.2节)。

本节跨度较大,从汉初的开放铸币权,到元末的禁止铜钱下海,大约覆盖了1560年(26个气候周期)。其中,针对历代的货币改革政策和气候脉动规律,我们可以总结出社会的响应规律如下表所示。

表27　社会经济对气候节点附近气候变化的响应方式

	气候变暖	气候变冷
经　济	经济扩张	支出增加
钱　荒	市场钱荒(甲类),通货紧缩	政府钱荒(乙类),通货膨胀
对　策	增加供给,减少流出	
铸币权	鼓励民间私铸	收归中央垄断
技　术	技术推广	技术突破
制　度	制度调整	制度创新

按照这个规律,我们可以认识历史上主要铸币改革和经济创新行为[2]的发生时机,如蜀汉的直百五铢(214)、东吴的大泉当伍佰(236)、大泉当千(238)、孔凯主张铸钱(482)、米谷丝绵代钱(487)、北魏铸造五铢钱(510)、西魏首次铸造五铢钱(540)、东魏铸造永安五铢(543)、唐德宗发行建中钱(782)、唐武宗铸造开元钱

---

① 葛全胜. 中国历朝气候变化[M]. 北京:科学出版社,2011:390.

② 彭信威. 中国货币史[M]. 上海:上海人民出版社,1958.

(845)、唐懿宗铸造咸通元宝(870)等事件。它们貌似偶然发生,但都是发生在气候节点,且都代表某种形式的钱荒。因此钱荒是社会应对气候危机的一种响应,需要放到气候脉动的背景下才能很好地观察。

按照这个规律,我们可以理解历史上曾经发生的四次关于铸币权的争议:汉文帝(前175)、汉武帝(前118)、沈庆之(457)和张九龄(734)。他们大多数因为气候变暖、市场扩张而主张货币私铸(沈庆之除外);其中只有汉文帝做到了,其他人都没有做到货币私铸,所以私铸权争议也是社会对气候危机的一种应对,需要通过气候变暖推动市场通货危机来认识。铸币权收归中央,代表了乙类(政府)钱荒下增加货币供应,垄断铸币利益的国家努力。

8.3 纸钞革命

北宋的纸钞革命

第一种纸钞交子由商人自由发行,始于一项公元1008年左右开始的私营商业行为,当时成都16家富商在丝绸交易和大米的收获季节期间发行了由褚树皮纸印刷制成的交易凭证。使用交子的步骤如下:用户将铁钱(作为边疆省份的四川流行铁币,重量大,价值低,难以运输)存入货币联盟,然后该联盟会临时将储户的存款金额填写到纸币上,然后交还给存款人。当存款人提取现金时,每贯(770文)收取30文的费用。这一类用于存款的纸质凭证被称为"交子",也被称为"褚币"。在这个时候,交子只是一种存款和提款凭证,而不是正式货币。当它运行到气候节点附近时,这一私有的交易系统崩溃了,发生大量的兑付危机(属于典型的甲类市场钱荒),迫切需要政府纾困。公元1016年,政府撤销了四川对纸币的私人垄断,并将纸币印刷国有化。取而代之的是,在1023年成立了官方监控的交子务,并第二年开始发行纸币。首期发行了1 256 340贯,现金储备是360 000贯铁币,相当于储备金率是28%。

尽管都是由政府发行和管理的,但交子在某些方面与后来的法定货币有所不同。首先,它是由地方政府发起的,以取代在四川发行的铁钱。其次,它起初没有固定价值,随时填写,相当于汇票或记账凭证。在1039年(1037年维苏威火山爆发,1038年西夏独立,这两个灾害因素造成乙类钱荒),出现了5贯和10贯的固定面值,代表着钞票面值,提升的是政府的支付功能。在1068年,出现了一贯和半贯的小额面值钞票,提升的是促进贸易流通的交换功能。可以认为货币功能"冷相重支付,暖相重流通";第三,官交子分界发行,三年为一界,界满则发行新交子取代旧交子。人们普遍认为,交子的发明是跟随唐代飞钱(功能类似于当代的汇票)的结果,按界发行,保证兑换。

公元 1107 年(1110,冷相),交子业务发生了重大变化,当时四川、福建、浙江、湖广和其他仍使用交子的地区的正式名称更改为钱引(类似于茶引、盐引,即钱币兑换券)。钱引的交易功能没有发生变化,但定价功能更明确了,代表着政府支持的可兑换通货。在艺术家宋徽宗的主持下,钱引的纸张、印刷、绘图和印章均以高品质制作而成。但是,由于没有准备金用于备用,不允许赎回现金,也没有发行限制,这导致了纸钞面值急剧贬值。这项改革是在全球降温的大趋势下进行的①。因此,这项金融改革是应对气候冲击做出的社会响应,是为了缓解冷相气候造成的乙类(政府)钱荒。

南宋的纸钞普及

虽然南宋时期的地方仍然发行交子和钱引,南宋东南区的主要货币是会子,也是来源于地方的金融创新。神宗熙宁八年(1075 年,1080,暖相)吕惠卿②在讨论陕西交子时说:"自可依西川法,令民间自纳钱请交子,即是会子。自家有钱,便得会子。动无钱,谁肯将钱来取会子?"由此可知当时流行的会子即是纳钱和取钱的凭证。但是,它不是由政府机构实施和管理的,可以说是私营的会子。当时的气候非常温暖③,温暖的气候有助于推动经济的扩张,给民间创办会子创造了条件。值得一提的是,元丰元年(1078),交子的发行变成两界同时流通(展界)④,以满足当时的市场扩张需要(甲类钱荒)。因此,全球变暖的气候背景提供了刺激私营经济扩张、新技术推广的环境,带来较大的货币市场需求。

公元 1127 年北宋政府突然垮台,使会子有机会在东南地区传播。由于会子具有在异地取钱的功能,因此它也可以用作汇票或旅行支票。私人协会在杭州附近使用它来促进金融交易。但是,在公元 1135 年,南宋政府曾下诏禁止寄付兑便钱会子出城(说明当时发生甲类/市场钱荒),受到居民的反对,次日即取消了禁令⑤。

---

① Lamb,H.H.,Climate,history,and the modern world. Routledge,1995.
② (宋)李焘.续资治通鉴长编·卷 272,熙宁九年正月甲申。
③ 葛全胜.中国历朝气候变化[M].北京:科学出版社,2011:390.
④ 彭信威.中国货币史[M].上海:上海人民出版社,1958:312.
⑤ (宋)李心传.建炎以来系年要录·卷 93,绍兴五年九月乙酉:下诏禁止寄付兑便钱会子出城,因受到反对,次日取消。

这发生在变暖的节点附近,但气候的趋势是变冷①,可能有未知原因(如火山爆发)改变了当时的气候模式。

发行会子的实用功能最终得到了临安知府钱端礼的认可。绍兴三十一年(1161)二月,钱端礼以权户部侍郎的身份,主导设立行在会子务,正式发行纸币行在会子,并把这项业务扩展到了帝国的其他地区。这是民间商业中广泛采用的第一种通行货币,但发行过程不够规范(没有分界)。公元1168年(1170,冷相),发行了新会子,用回收的旧会子纸重新印刷而成。对所有纸币的发行进行分界(三年一界),以规范会子的发行。新会子用新钱代替旧钱来控制通货膨胀,因此是冷相气候下的乙类(政府)钱荒,这是在全球气温下降之时发生的②。为了应对气候危机,展界延期分别发生在1176年,1190年和1195年(1200,暖相),从而带来一定的通货膨胀。展界的本质是扩大货币量,意味着当时发生的是暖相气候市场扩张引发的甲类(市场)钱荒。下图(图66)是"行在会子库"的青铜雕版和印刷效果(会子)。

图66 第一种纸钞"行在会子库"的青铜版和印刷效果

在淳祐八年(1247),第17界和第18界会子永久发行(意味着当时发生暖相气候市场扩张引发的甲类钱荒),令经济陷入无法控制的通货膨胀。在1263年(1260,暖相),陈尧道提议用纸钞赎回多余的私人土地,以缓解当时的通货膨胀。次年,贾似道发行了见钱关子以取代会子。然而,贬值一直持续到公元1276年王

---

①② 葛全胜.中国历朝气候变化[M].北京:科学出版社,2011:441.

朝结束。

　　并行于会子的发行，北方的女真金政府在1154年设置交钞库，发行交钞，有5种大钞，从1串到10串，还有5种小钞，从100文到700文。这部分交钞本来也以7年为界，到期换领新钞。所有纸币在流通7年后都会到期。但是，公元1189年取消了这个7年的限制（这是响应迁都北京导致的乙类钱荒，暖相气候也有贡献），随后出现了通货膨胀和贬值。值得一提的是，淳熙十二年（1185年），宋孝宗还表示自己因担心会子贬值①，"几乎十年睡不着""会子之数不宜多。他时若省得养兵，须尽收会子"。他儿子宋光宗完全没有这个顾虑，绍熙元年（1190年）立即宣布第7、第8界会子展界②，说明当时暖相气候带来的市场扩张是全球性的。在这种暖干的气候特征之下，有陆游晚年观察到的围湖造田行动③。

　　由于纸币没有控制发行量和金额的限制，因此其名称多次更改，以避免名义上的贬值（说明这是应对乙类钱荒的措施）。1215年更名为贞祐宝券，1217年更名为贞祐通宝，1221年改名为兴定宝泉，1222年改名为元光珍货，1233年改名为天兴宝会，几个月后金朝灭亡。金朝灭亡是金融政策失败的结果，也是气候脉动的结果④。

　　在下面的表28中，我们可以在认识到当时金融改革的微妙时机。注意，宋金之间在金融政策上的同步性，是气候脉动造成的。放弃分界意味着无限通货膨胀，是政权即将丧失对经济的自控自救能力的标志之一。

表28　南宋和金发生金融改革时机

	南宋的会子	金的交钞
起始发行	1160	1154
规范化	1168	1154
市场扩张	1190（展界）	1189（放弃分界）
市场扩张	1247（放弃分界）	
王朝结束	1276	1234

　　从这张表中我们可以看到，两个政权几乎在相同时间面临着相同的金融挑战，

① 撰人不详，皇宋中兴两朝圣政·卷62·淳熙十二年七月癸未。
② （元）脱脱，宋史·食货志下三。
③ （宋）陆游，老学庵笔记·卷二。
④ 葛全胜. 中国历朝气候变化[M]. 北京：科学出版社，2011：443.

金在 1154 年发行纸钞,宋在 1161 年发行纸钞。当他们在公元 1190 年前后面临类似的危机(全球变暖)时,金政权选择放宽纸币的发行限制(以满足不断增长的纸币需求),而南宋政权则选择延长纸币的流通时间(以应对不断增长的纸币需求)。后者将纸币发行的失控推迟了 60 年(一个完整的气候周期),因此获得了宝贵的喘息时间。尽管双方的主观决定都在应对当时的政治挑战(或外部冲突),但气候脉动是政治危机和金融危机背后的根本动力。

元代的纸钞成熟期

公元 1287 年,一种新的货币形式至元钞发行,与中统钞并行。这项改革是对气候变冷,灾情增加[1]的一种应对措施。值得一提的是,在 1294 年,波斯伊尔汗国的凯哈图汗(即 Ilkhanate 的 Kaikhatu Khan,或称乞合都)试图将纸币引入波斯,也称为钞[2],全国各省都设有钞库。当时的人们不接受这个先进的概念。因此,纸币被当地商人一致反对和抵制,因为他们认为纸币毫无价值,这导致了生意停滞,市场交易中断,最后纸钞被废除,货币改革失败了。当时的冷相气候特征和缺乏足够的市场需求导致中亚社会拒绝了这种金融创新。值得一提的是,日本在足利将军时代,即十三世纪末,也曾发行过钞票,并在 1319 年停发,大约发行了 30 年。下图(图 67)是元代的中统钞和至元钞。

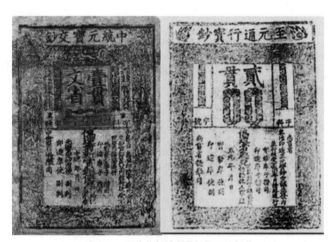

图 67 元代"中统钞"与"至元钞"

---

① 葛全胜. 中国历朝气候变化[M]. 北京:科学出版社,2011:444.
② 彭信威. 中国货币史[M]. 上海:上海人民出版社,1958:384.

最终,至正钞在公元 1350 年发行,缺乏实物留存至今,大概是加盖"至正钞"字样的中统钞。当时是另一个全球降温的时期①。公元 1350 年,黄河再次泛滥,当时的治水工程和盐商暴动(张士诚起义)大量增加了政府的支出,这意味着当时面临严重的乙类(政府)钱荒。

明代的纸钞滥用

尽管朱元璋清楚地知道,蒙古元政府垮台的根本原因之一是货币体系的垮台,但为了减轻北伐战争的财政压力,加强权力集权,将贵重金属收集到政府手中并降低交易成本,明政府在 1375 年发行了一种新的纸币,称为"大明通行宝钞"。由于当时的纸张质量较差,这些纸币不耐久,也没有及时回收,既不分界也不回收旧币,导致市场上流通的纸币越来越多,随后出现通货膨胀和贬值。当时的气候是典型的暖相气候②。下图(图 68)是典型的明代纸钞。

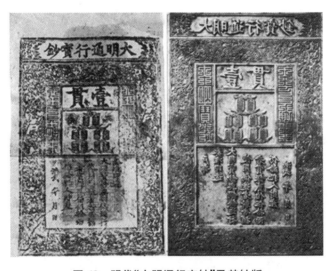

图 68　明代"大明通行宝钞"及其钞版

永乐二年(1404),都御史陈瑛认为"朝廷出钞太多,收敛无法,以致物重钱轻",于是提出户口食盐法,以求从市场上赎回多余的纸币,来回收通货③。目的是抑制

---

① 葛全胜. 中国历朝气候变化[M]. 北京:科学出版社,2011:454.
② 葛全胜. 中国历朝气候变化[M]. 北京:科学出版社,2011:506.
③ 彭信威. 中国货币史[M]. 上海:上海人民出版社,1958:462.

通货膨胀并回收纸钞。但是,由于永乐统治时期的几个重大项目(郑和下西洋、北伐和重建故宫),阻止通货膨胀只是一种金融政策,而不是货币政策。由于当时气候的变冷趋势①,因此发布该法律是为了应对冷相气候脉动引起的挑战。

公元1436年,新皇帝明英宗即位之后,"英宗继位,收赋有米麦折银之令,遂减诸纳钞者,而以米银钱当钞,驰用银之禁"②,白银获得了正式的货币地位。鼓励税收以白银支付,导致纸币的价值很快暴跌,纸币的贬值导致价格飙升。当时的气候特征是暖相③,但非常短暂,让15世纪初气候恶化的趋势延续下来。实际上自弘治(1488—1505)以后,宝钞在货币经济上已经没有任何意义。明隆庆(1566—1572)初期,由于纸币的信用度大大降低,同时由于海外白银供应的增加,纸钞退出了经济舞台。尽管纸币实际上发行一直持续到明代终了,但在白银开禁之后,它在国民经济中仅扮演了次要的角色。

宋代的金融改革

根据以上的结论,我们可以得出一条经验性的规律,暖相气候推动市场需求,带来金融创新;冷相气候带来自然灾害和政治冲突,引发支出危机,带来通货紧缩的需要,导致金融领域的规范化改革。在检查历史上金融改革的时机时,我们可以得出以下结论。

全球气候变暖趋势将刺激市场,推动金融的创新。在这里,为了应对与变暖背景相关的市场繁荣,历代政府都发明了或改造了纸钞制度,如官交子(1023年)、私会子(1075年)、金交钞(1154年)、中统钞(1260年)、大明宝钞(1375年)。在暖相气候周期,生态产出的增加也将波及影响其他经济领域,从而推动了金融领域对更多流通货币的需求。暖相气候进行的货币改革,是满足市场需要,具有自发性和创新性特征。

全球变冷的气候将带来气候冲击,这将引发边界冲突或自然灾害,都给政府支出带来巨大的挑战。应对乙类钱荒的一种应对措施是对现有货币政策进行改革,如钱引(1107年)、会子分界(1168年)、至元钞(1287年)、至正钞(1350年)和户口食盐法(1404),这些都是对冷相气候挑战的金融改革措施,目的是为了增加通货供应,化解乙类钱荒。为了应对与西夏的边界战争,引入了钱引。发行至元钞是为了

---

① ③ 葛全胜. 中国历朝气候变化[M]. 北京:科学出版社,2011:547.
② (清)张廷玉.明史·卷57·食货五·钱钞 坑冶 商税 市舶 马市。

应对南方的远征,后者是征服对象包括缅甸、爪哇、越南和兰纳在内的南方探险。为了解决黄河治水工程和盐商暴动,引入了至正钞。1168年,南宋政府对会子发行的分界规范也是对气候冲击引发的宋金战争的回应。冷相气候进行的货币改革,总是应对政府的特定支出危机,具有强制性和被动性特征。

从上面对每种纸币发行经过的讨论中,我们可以把中世纪温暖期金融领域的重大改革事件总结成下表,从中可以发现金融改革的脉动性特征和周期性特征。

表 29　中世纪金融改革的时机与气候背景

气候节点	金融改革	气候特征	内政(自然灾害)	外交(人为灾害)
1020	发行官交子(1023)	暖相	市场扩张	
1050		冷相	经济危机	西夏独立
1080	私营会子在流通(1075),官交子不分界发行(1078)	暖相	市场扩张	西夏和越南
1110	改交子为钱引(1107)	冷相	经济危机	西夏,吐蕃
1140	禁止会子(1135)	暖相		宋金战争,宋金议和
1170	发行官会子(1161),规范官会子(1168)	冷相		宋金战争
1200	金交钞的放弃分界(1187);宋会子展界(1190)	暖相	南宋经济危机	
1230	发行蒙古交钞替代金交钞(1236)	冷相		蒙金战争
1260	放弃官会子的规范(1247);发行中统钞(1260);发行见钱关子(1265)	暖相	南宋经济危机	蒙宋战争
1290	发行至元钞(1287)、伊尔汗货币改革(1294)	冷相	黄河洪灾	远征缅甸、爪哇、越南、兰纳
1320		暖相	经济危机	
1350	发行至正钞(1350)	冷相	黄河洪灾	
1380	发行大明通行宝钞(1375)	暖相		北伐
1410	改革户口食盐法(1404)	冷相	经济危机,迁都	北伐
1440	允许白银交易(1436)	暖相	经济危机	

从以上关于纸币货币改革的气候背景的讨论的时间来看,我们可以看到气候节点附近的环境危机是货币改革的主要推动力。经济扩张通常会在变暖的节点附近产生对更多流通货币的需求,因此引入纸币来缓解贵金属供应的内在短缺,结果往往会带来通货膨胀和经济危机,通常是纸钞发行分界或不分界的形式出现。在冷相气候节点附近,自然灾害导致政治动荡,引发冲突和战争(人为灾害),减轻灾害的努力和交战活动也会增加对纸钞的需求,结果导致对钞票发行和抑制通货供应的需要,加发新钞又会带来通货膨胀和货币贬值的后果。由于在发行过程中缺乏监督和控制,社会通常将通货膨胀归咎于纸钞的发行。直到16世纪在日本和美洲发现了银矿之后,中国才逐渐接受银币并采用了银本位制,这对中国的商业和文明发展产生了长期影响。

根据这一对发现货币的气候规律,我们可以更好地认识历史上的其他货币相关的金融改革。

一般认为,汉武帝以白鹿皮为货币,是第一次非金属货币的金融创新,代表着信用货币的萌芽。这件事发生在公元前119年,这是全球变暖的一个节点①。

宋代人们普遍认为,北宋交子的出现可以追溯到唐代的"飞钱"。飞钱就是可兑付票据,是在不同地点之间进行交易的常见做法。但是,可能是由于9世纪初的温度下降,元和初年(806)禁止飞钱。由于飞钱的便利性,该禁令很快取消了。当时的冷相气候特征②,意味着政府支出增加,迫切对货币进行监管,这是该禁令背后的气候原因。

由于使用纸币有很多陷阱,清朝统治者对发行纸币持谨慎态度。但是,清政府围绕气候节点还是进行了两次发行纸钞的金融试验。一次在公元1651年(1650年,冷相),为了支持华南地区的军事行动,发行了顺治钞贯,其发行发生在典型的冷却节点附近③。但是,它在10年后收回并撤销。

公元1853年(1860年,暖相),为了支持镇压太平天国运动的军事行动,发行了两种形式的纸币。虎埠关票是用银两计算的,这就是众所周知的"银票"。由于面额很大并且无法兑现,发行后市场流通立即受到阻力并迅速贬值。另一种形式是发行大清宝钞以代替钱币。两者都在10年后撤销收回。这些改革是对战争影

① 葛全胜. 中国历朝气候变化[M]. 北京:科学出版社,2011:193.
② 葛全胜. 中国历朝气候变化[M]. 北京:科学出版社,2011:310.
③ 葛全胜. 中国历朝气候变化[M]. 北京:科学出版社,2011:608.

响的回应,但发生在气候变暖的背景下①。

此外,清代在发行纸币方面有两个没有实行的建议,一次发生在 1804 年,另一次发生在 1852 年,都是围绕气候变暖的节点提出的建议,显然是为了解决甲类钱荒背后的市场供应不足难题,表明背后的暖相气候是推动市场扩张的"无形之手",而市场扩张是金融创新的原动力。

根据上表,我们可以总结出各段纸钞的流行周期。

从 1023 年到 1107 年,第一代纸币交子的使用寿命大约为 90 年。

从 1154 年到 1189 年,金交钞的按界发行寿命大约是 30 年。金国的渔猎文明位于南宋的农业文明与蒙古的游牧文明之间,发行纸币承担着支持两面作战的重任,从而导致了金代金融的通货膨胀和崩溃。

相比之下,农业文明对纸钞的发行持谨慎态度。从 1161 年到 1247 年,其官方纸币会子的按界发行寿命大约为 90 年。

汲取金国的教训,蒙元政府在公元 1260 年发行了法定货币,并在公元 1285 年颁布了钞法。但是,由于他们无力获得额外的资金来支持战争和对自然灾害的紧急响应,因此纸币被超额发行,从而导致通货膨胀。从公元 1260 年到 1350 年,中统钞的使用寿命也是 90 年。

农业文明的明朝政权大部分时间都使用了法定货币(宝钞),但是不分界,不回收,因此贬值快。作为唯一的法定货币,大明宝钞的有效使用寿命是 60 年,从 1375 年到 1436 年。

纸钞革命的原因

通常古代的农耕社会控制商品流通的目的,一是为了稳定物价,安定人们生活,限制商人和高利贷者的兼并,防止贫富差距过分悬殊,如平准制度(来源于籴粜制度,粟类作通货);二是为了获得商业利润,增加国家的财政收入,以便应对灾荒和社会危机,如常平仓(粟类作通货)和后来的青苗法(金属作通货)。在人类发展史上,只有中国提出发展货币的目的是"以赈救民",符合中国的地理和气候特征。在地理特征上,中国属于亚热带和温带;在气候特征上,中国大部分地理条件属于"季风影响区",所以一年之内的气候有雨季和旱季的分布。然而,一旦这种模式受

---

① 葛全胜. 中国历朝气候变化[M]. 北京:科学出版社,2011:590.

到扰动(广义说法叫天灾,狭义说法是气候冲击),就会带来各种水旱灾情,也会引发游牧区和渔猎文明的入侵和干扰,对政府的营收能力带来挑战,带来政府钱荒问题。另一方面,如果缺乏气候扰动,长期的稳定的暖相气候也会促进农业收入的增加,这部分增长需要有足够的货币来匹配交易,带来市场钱荒问题。两种钱荒问题交替出现,导致货币的两类(四种)功能"权轻重,通有无"和"存货币,赈救民"交替产生,也推动了后来偏向对政府垄断货币供应的集中认识。如果不是为了"赈救民","权轻重,通有无"完全依赖市场调节,不需要政府干涉即可实现。美国发行货币的美联储就是私营机构,在"权轻重,通有无"方面做得很好,然而他们缺乏"存货币,赈救民"的观念,毕竟美国200多年的历史太短了,没有足够的灾情来体现货币的救灾功能。

那么,为什么宋代会发生货币危机? 简单说来,还是地理条件决定的资源不足。汉代刚刚进入农耕社会,大量的重金属资源被发现,所以可以大量挥霍资源,动辄千金。汉代之后,金属资源增加有限,开采成本增加,消费支出增加(如丝绸之路和宗教用途),开采量跟不上消费量,就会产生钱荒,钱荒抑制了商品经济,限制了人口的增长。在暖相气候下,日照期增加,农产品增加,经济扩张,市场货币需求量增加,产生甲类(市场)钱荒;政府需要增加通货供应,缓解市场钱荒,维持农业和手工业生产阶层的稳定;在冷相气候下,日照期减少,农产品减少,灾害增加,社会救灾支出增加,产生乙类(政府)钱荒;政府需要调节税收,低买高卖,增加政府收入,缓解政府钱荒。这两种钱荒交替发生,推动了农业(食货中的食)和手工业(食货中的货)的发展,带来了商业革命和手工业的发达。

那么,为什么宋代会发生"纸钞革命"? 存在四条宏观的背景原因。

第一,由于宋代气候危机引发的农业革命,造成人口暴涨,带来很大的人口压力。从公元2年的6 500万,中国人口停滞了近1 000年。为了繁衍人口,中国社会进行了各种各样的金融试验和改革,都是为了打破马尔萨斯瓶颈,提升人口水平。借助于占城稻的引入和中世纪温暖期(缺乏严重的气候冲击),中国人口才突破1亿,打破了千年人口瓶颈。宋代经济一直在人口高位的压力下运行,给经济金融和科学技术的突破提供了必要的压力和机会,因此是宋代科技革命的主要推手。

第二,宋代处于"中世纪温暖期"。该温暖期导致宋代周边各个文明都能够坚强独立,因此给宋政府带来很大的国防压力(见11.1节)。通常只有农耕文明和工业文明对气候的依赖性小,或者说对抗气候的弹性大。其他文明,如游牧、渔猎和火耕,都高度依赖气候的调节作用,经常会响应气候变化,发生"暖相分裂,冷相凝聚"的社会趋势。当气候变暖,人们的独立倾向增加,所以宋代周边的敌对政权有辽(游牧文明)、西夏(渔猎文明)、吐蕃(游牧文明)、越南(火耕文明)、大理(火耕文明)和金(渔猎文明),给宋代带来很大的国防压力。为了应付国防压力,也为了弥补首都位置的不利条件,北宋政府不得不陷入了"冗官冗兵冗费"的经济陷阱,所以对货币经济的依赖很大。

第三,宋代虽然处于中世纪温暖期,气候脉动还是会带来气候冲击。当欧洲享受了中世纪温暖期的阳光之时,宋代仍然多次遭受气候冲击的威胁,其实两者都是中世纪温暖期作用的结果,只不过外部表现不同。由于建筑形制的落后(刚刚脱离草木结构,还不够保暖和防火),棉花不够普及,管理手段的落后,社会的抗灾能力不强等原因,每次气候冲击都会造成大量的人员伤亡,牵扯了政府很大的救灾精力和支出。宋人主要靠能源和酒茶来对抗寒潮,而能源危机限制了铜矿冶炼,产生的通货危机推动了信用货币(或者说通货,包括钱引、盐引、茶引等)的流通与发行。因此,冷相气候的取暖需要和暖相气候推动手工业发展的能源危机推动了工业革命的进程(见12.2节)。

第四,宋代政府和兵制有内在的问题。由于得国不正,宋政府推动"重文轻武"、"赈灾招兵"、"分权管理"等办法,造成了"冗兵冗官冗费"问题,却没有很好的解决办法。宋代商业的异常繁荣和超常规发展,都是为了解决政府分权管理制度的先天不足和制度缺陷。不过,暖相气候的市场扩张推动了海外贸易的发展,缓解了通货危机(见9.4节)。

宋代发生纸钞革命的四条具体原因是:

第一,宋代的人口增长与分布不合理,主要发展集中在城市,带来城市化率高的特征。城市化意味着高密度的人才供应,细化的专业分工,终身的职业发展和专业的服务意识,有利于宋代货币制度改革。

第二,宋代的资源分布不合理。由于铜煤铁资源分布较远,且女真入侵带来的干扰,中国的煤铁革命始终无法达到英国的便利条件,造成了经常性制约宋代经济发展的通货危机。这些危机时刻提醒市场和政府,经济的可发展规模受到了限制,推动了运输领域的革命。

第三,其他通货手段的局限性。白银币值高,产量严重不足,有限的白银优先供应"岁币",所以无法成为主流货币。由于地方割据,不得不在边境省份推行劣质货币,如铁币、铅币、陶瓷币。引入铁币的本来目的是为了以防止铜钱向边远地区(吐蕃、大理、西夏)流出,防止货币战争。铁币在日常交易中的缺点被放大,结果导致了纸币交子的发明;交子的使用,为一百多年后的正式纸钞"会子"奠定了基础。

第四,宋代的造纸业和印刷术异常发达,褚纸和活字印刷术,是当时的两种先进技术代表,让"纸钞革命"没有技术困难地发生。

一句话总结,宋代发生的纸钞革命是为了应对商业发展带来的通货危机,受到气候脉动的调节作用。

那么,为什么"纸钞革命"无力继续维持? 政府腐败是一种过于简单的内因论解释。由于发钞权过于集中,发钞成本低廉(只有名义价值的0.5%),在面对冷相气候危机时政府很愿意、很容易超额发行,从而导致通货膨胀和货币贬值。后人往往把纸钞的失败归因于纸币缺乏准备金,其实是对纸币功能属性的认识有偏差,对准备金过于看重的结果。

更重要的答案来自周期性的外部挑战。暖相气候下的生态扩张需要更多的流通资金,而冷相气候带来的自然灾害和边界冲突则需要更多的政府支出资金。缺乏应急准备,只能通过发行纸钞来避免政治危机,结果就是通货膨胀和经济危机,因此通货危机对气候危机准备不足的结果。

此外,明代朱元璋出身农民,他主导设计的"轻徭薄赋"政府税收方案(亏了政府,便宜了各级官僚),让政府无力通过农业税收来应对气候危机,所以通货膨胀问题让纸钞价值等同白纸,政府的救灾能力和合法性都会受到挑战。明政府也曾希望通过引入盐引、茶引和香药来改善通货供应。然而,无论是加强管制还是放松管制,都会通过两种不同类型的钱荒产生经济危机,带来不可避免的通货膨胀。进入15世纪之后(气候变化的转折点,小冰河期的起点之一,中欧科技大分流的起点),不懂纸钞运行规律的明政府开放银禁,逐渐过渡到银两为代表的"硬通货",避免了通货膨胀问题的同时,也避免了金融创新的机会,在发展商品经济的大潮中逐步落伍。

通过这些经济危机的周期性,我们可以推断出经济活动的脉动性本质上来源于气候脉动的周期性,这是经济学领域著名的康德拉捷夫周期的外部源头。也就是说,气候周期通过通货危机,完成对经济和科技领域的推动和引领作用,产生著名的经济景气周期或长波周期。长波周期是气候周期在社会经济领域的被动响应,因此二者同周期地发生。只不过由于地理和发展条件的差异性,有可能不是全球同步,所以人们总是在单个经济体发现经济的周期性,在全球范围则不够显著,这是地方和环境的差异性造成,是"环境决定论"的局部表现结果。

9

丝路危机与贸易革命

　　有了商业革命，还需要有市场革命，才能把商品销售出去。在这方面，宋代不仅经营陆上边境贸易（最主要的是榷场贸易），其他还有朝贡贸易和海外贸易等。

　　北宋时期，大宋、大辽、西夏三国鼎立。宋人在边境设立榷场进行跨国贸易，与游牧文明的辽国进行贸易。宋辽之间，宋人卖香料、犀牛角、象牙、茶叶、绢帛、漆器、粳糯米谷等海外产品和农产品；辽人卖骆驼、马、羊、布等游牧文明特有的产品。宋夏之间，宋人卖缯帛、罗绮、香药、瓷器、漆器、姜、桂等农产品和手工业产品。西夏人卖骆驼、马、牛、羊、毡毯、甘草、蜜蜡、麝香、柴胡、红花、翎毛等地方产品。主要边贸买的就是他们的畜牧业产品马和羊。外贸买的西北马是北宋军马的主要来源；至于羊肉，不仅宋朝皇宫的御厨只用羊肉，普通百姓也将它视为餐桌上的珍品。宋室南渡以后，边境榷场贸易的主要对象就成了金人。

　　除了辽、西夏、金这几个大客户，宋人边境贸易的对象还有西南的大理国（云南）、交趾（越南）等地。大理国盛产名马和宝刀：大理马可与西北马相媲美，大宋南渡之后再也买不到西北马，就转而买大理马；大理刀以大象皮为鞘，异常锋利，也是热门商品。大宋商人呢，卖给大理人的主要是茶盐、丝织品、书籍等等。

　　在宋本《清明上河图》中，有一处胡人带领的驼队，正在穿越城门（见图 69）。从当时的国际形势来看，第四次宋夏战争在宋哲宗的推动下成功打败了西夏（1099），三次河陇战役（1072 年的"熙河开边"、1099 年的"元符河湟之役"和 1103 年的"崇宁河湟之役"，前后 31 年）刚刚完成不久，北宋打败了吐蕃唃厮啰政权，取得了青海之地，打通了与西域的交通线，结束了公元 758 年以来吐蕃占据青海、阻塞丝绸之路的历史。所以，这群驼队是面向西北进行陆上丝绸之路的开发，肩负着开辟商路的重任，代表着当时的政治理想（重返西域）。

图 69 宋本《清明上河图》中的骆驼商队代表陆上丝绸之路

另一方面,开宝四年(971),大宋灭南汉,拥有了南方沿海港口,开始做海外贸易。通往中亚的"陆上丝绸之路"被崛起的吐蕃和西夏阻断,"海上丝绸之路"得到异常的重视和发掘。大宋出口的商品和边境贸易卖的差不多:丝织品、陶瓷器、铜铁、金银饰品、漆器、茶叶,其中绢帛和陶瓷占大头。宋初海外进口的商品只有几十种,但到南宋增加到了三百多种,有:香料、玛瑙、象牙、犀角、药材、水银、硫黄等,最多的是香料。

宋本《清明上河图》中的香料铺(见下图 70),在"赵太丞家"前方十字街头,有"刘家上色沉檀拣(揀)香铺",门前立招高大明显,下方"铺"字被门前一手推独轮车所遮掩,大门上方大横匾额上有"刘家沉檀'丸散'香铺",推测是一个规模很大的香铺,可能大宗交易之外还有零售。售卖的主要是来自"海上丝绸之路"(诸蕃,如占城)的香料,表明宋代手工业的原料基地已经达到东南亚和非洲地区。

图 70 宋本《清明上河图》中的拣香铺代表海上丝绸之路

公元 1127 年,金兵南下,宋高宗逃亡南方立国,内忧外患的新王朝不仅需要安置大批北方南渡难民,而且不肯放弃对军费开支的控制(放弃意味着让地方割据,带来更大的政治危机),所以新王朝面临着严重的财政危机。南宋大臣李心传对两宋的财政收入有明确记载:"国朝混一初,天下岁入缗钱千六百余万,太宗皇帝以为极盛,两倍唐室矣。其后月增岁广,至熙、丰间和苗役税等钱,所入至六千余万。渡江之初,东南岁入不满千万。"这意味着,由于丧失了北方大片领土(北方社会比较发达,可以贡献更多的农业税),南宋初年财政收入几乎锐减到原来的六分之一,但政府支出规模却更大了。以军费为例,庄绰的《鸡肋篇》明确记载:"绍兴八年,余在鄂州,见岳侯军月用钱五十六万缗,米七万余石。"[①]

岳侯军即岳飞的岳家军,按照记录,其军队每年开支至少在六百万缗以上。而岳家军并非南宋初年唯一的军队,同时期的名将韩世忠、张俊、刘世光等等同样需要大量的军费进行维持。在如此巨大的收支逆差下,南宋不得不开源节流,发掘新的税源。李心传同样也记载:"逮淳熙末,遂增至六千五百余万焉。"淳熙末即1189 年左右,在宋室南渡 60 余年后,南宋的经济不但没有崩溃,反而超过了北宋年间的巅峰收入。根据后世考证,南宋的财政收入仅有 30% 来自田赋,而商业税收高达 70%!尤其是负责海外贸易的市舶司,贡献了全国财政收入的三分之一。

那么,市舶司的地位是从何而来?通常我们认为,船舶技术的发展,让我们有能力去从事海洋贸易,是开发海洋贸易的动力。然而,真相是,因为需要海洋贸易,才推动了船舶技术的发展。市场需求永远是第一位的,有需求就有发明创造,发明创造本身不会产生需求。否则,为什么在拥有世界最先进航海技术的"郑和下西洋"时代,中国反而停止了对海外贸易的追求,并逐步关停并转市舶司呢?

本章回顾唐宋时期的香料贸易和市舶司制度,找到唐宋时期推动海外贸易的内在动力。

9.1　海外香料贸易

人类社会自古就不乏对健康和时尚的追求,其中的代表是香药。早在春秋战国时,人们在生活中就开始用本土的泽兰、蕙草、桂皮等。屈原《九歌》中说:"蕙肴

---

① （宋）李心传,建炎以来朝野杂记。

蒸兮兰藉,奠桂酒兮椒浆。"马王堆一号汉墓女尸辛追手握香囊,官椁内置大量茅香、良姜、桂、花椒、辛夷等香药,起着对尸体防腐的作用。西汉时张骞通西域后,域外香药开始不断传入中国使用。《晋书·王敦传》记载石崇奢侈,家中厕内"置甲煎粉、沉香汁"。《汉书》载:"武帝时月氏国贡返魂香。"唐无名氏《香谱》云:"天汉三年(前98)月氏国贡神香,后长安大疫,宫人得疾者烧之,病即差。"隋唐至宋,香药除用于医药外,主要是宫廷、权贵、豪绅追求的奢侈品。香药的流行,与当时的宗教、医学、文化等发展状态有关,也和当时的海外贸易有关。

宋代政府很早就意识到,"宋之经费,茶、盐、矾之外,惟香之利博,故以官为市焉"①。《宋会要》载:"北宋初,京师置榷易院,乃诏各国香药宝货至广州、交趾、泉州、两浙,非出于官库者,不得私相市易。"据记载,宋代全国有110个州府,其中需贡麝香者15个,沿海的广南路要求贡海药,贡檀香、肉蔻、丁香、零陵香、詹糖香、甲香②。这些香药多通过漕船由南方运往汴京。宋代政府以市舶抽解博买、禁榷等方式将香药贸易纳入国家管理和经营,并由此获利甚厚。

《东京梦华录》记载北宋的香药流行盛况:"皇家香药库内香药库在谼(yí)门内,凡二十八库,真宗皇帝赐御诗二十八字,以为库牌。其诗曰:每岁沉檀来远裔,累朝珠玉实皇居。今辰内府初开处,充牣(rèn,满)尤宜史笔书。"皇家香药库有如此规模,广贮香药珍宝,看来上好必下甚。民间香药铺皇家有香药库,民间有香药铺。"御廊西即鹿家包子,余皆羹店、分茶酒店、香药铺";《相国寺内万姓交易》"殿后资圣门前,皆书籍、玩好、图画,及诸路散任官员土物、香药之类"。另外,州桥东有李家香铺,循廊西游多家香铺,更为集中。

例如,海外贸易经常提到的乳香,是中药中很常见的香料,来源于橄榄科乳香树属植物乳香树(Boswellia carterii Birdw.)、药胶香树(B.bhawdajiana Birdw.)及野乳香树(B.neglecta M.Moore)等,以其树干皮部伤口渗出的油胶树脂入药,春夏均可采。呈球形或泪滴状颗粒,或不规则小块状,长0.5~2厘米;淡黄色,微带蓝绿色或棕红色,半透明。质坚脆,断面蜡样。气芳香,味微苦,嚼之软化成胶块。本品遇水变白,与水共研成乳状液。部分溶于醚、乙醇及氯仿中。分布红海沿岸至利比亚、苏丹、土耳其等地。主产于红海沿岸的索马里和埃塞俄比亚。

---

① (元)脱脱,宋史·食货志下七。
② (清)嵇璜、刘墉等奉敕撰,续通典·食货·赋税上。

唐宋政府很早就注意到,中国周边国家大多经济水平比较落后,主要进口的货物,除少量染料(矿物)外,主要是香药和象牙。但是,香药除了可以入药,并没有给经济生活带来很大的不同,或者说中国社会对香药的依赖不大。那么为什么宋元社会一定要推动海外贸易?

海外贸易的张力与引力

太宗太平兴国二年(977),"阇婆、三佛齐、渤泥、占城诸国亦岁到朝贡,由是犀象香药珍异充溢府库。(张)逊请于京置榷易务,稍增其价,听商人入金帛市之,恣其贩鬻,岁可获钱五十万缗助经费。太宗允之,一岁中果得三十万缗。自是岁有增羡,至五十万缗"①。这是宋代海外贸易的肇始。宋太平兴国七年(982),宋太祖下诏进口的海外香料有 37 种,其中销路较广的有麝香、荜澄茄、荜芨、良姜、缩砂、桂皮、降真香、茴香、没药、丁香、木香、龙脑香、乳香、草豆蔻、沉香、檀香、胡椒、苏合香油等。宋太宗的香料专营或榷香事业,为随后的海外贸易大发展奠定了基础。

宋太宗雍熙四年(987 年,990,冷相)"遣内侍八人持敕书各往海南诸国互通贸易,博买香药、象牙、真珠、龙脑"。当时的冷相气候导致乙类钱荒(政府收支不能平衡,政府缺钱),所以需要开源节流,创造新的收入增长点。既然国家重视开源,私人也可以顺风争利。太宗至道元年(995)三月,颁布禁令:"自今宜令诸路转运司指挥部内州县,专切纠察,内外文武官僚,敢遣亲信于化外贩瓷者,所在以姓名闻。"②这说明当时有大臣到国外贩卖瓷器,宋太宗不得不出面干涉。所以,冷相气候推动的社会危机导致农业主导的社会向外部寻求经济扩张,这是海外贸易的引力。

注辇国在宋真宗大中祥符八年(1015 年,1020,暖相)首次派使者来宋,也是因为"遇艄舶商人到本国"③,介绍了宋朝结束五代十国分裂割据局面,国王为了"表远人慕化之意"派遣而来的。"乾兴初(1022),赵德明请道其国中,不许。至天圣元年来贡,恐为西人钞略,乃诏自今取海路繇广州至京师"④。仁宗天圣元年(1023)十一月入内,内侍省副都知周文质言:"沙州大食国遣使进奉至阙。缘大食

---

① (元)脱脱,宋史·张逊传。
② (清)徐松,宋会要辑稿·职官44。
③ (元)脱脱,宋史·卷489·注辇传。
④ (元)脱脱,宋史·卷249·外国六。

国北来,皆泛海由广州入朝,今取沙州入京,经历夏州境界,方至渭州(今甘肃平凉)。伏虑自今大食止于此路出入。望申旧制,不得于西蕃出入。从之。"①所以,暖相气候导致经济扩张,总是外邦发现新机遇,主动来朝,开辟新路。另一方面,暖相气候意味着海潮不兴,因此海路相对安全,所以宋代东西方的交往主要通过海路,故海上交往尤为繁盛。在过量的香料输入之下,仁宗天圣三年(1025 年)十一月:"(孙)奭等一言,再详定到河边州军城寨便来粮草,支与香、茶、见钱三色交引,委得久远,利便其(商人)客旅于在京榷贷务入纳钱物等"②,这意味着香料行使货币功能,给国家经济输入流动性和货币,有利于缓解暖相气候造成的经济扩张,后者带来甲类钱荒,需要政府发行货币来填补。

庆历八年(1048 年,1050,冷相)十二月"诏三司河北沿边州军。客人入中粮草,改行四说之法,每以一百千为率,在京支见钱二十千,香药象牙二十五千,在外支盐十五千,茶四十千"③。这说明香料作为通货,化解当时的乙类(政府)钱荒。高丽文宗九年(1054),高丽政府曾经同时分三处宴请宋朝商人,被邀请的商人达到二百四十人之多④。这是一轮冷相气候,所以宋朝商人代表着当时化解乙类钱荒的努力,受到同样面临经济紧缩的高丽政府的欢迎。

随着气候再次变暖,元丰二年(1079 年,1080,暖相),北宋政府正式颁布法令,允许海外商人去北宋经商⑤。这意味着外部商人在推动海外贸易,因为暖相气候带来经济的扩张,中国市场是被外部势力推动进行扩张。宋代的香药贸易在宋神宗时达到顶点。据载:"熙宁十年(1077),三州市舶司所收乳香达 354 449 斤,其中明州(今宁波)4 793 斤,杭州 637 斤,广州 348 673 斤。"⑥神宗元丰六年(1083)六月,户部言:"乳香民间所用,乞依旧条,给(香药)引,许商贩。"⑦当时宋政府除支给部分现钱外,另给香药、茶、盐引(即领取香药、茶盐的凭据),商人持交引到榷贷务领取香药等货物,这是政府用香药等货物作为支付手段,通过商人使香药等物流通到各地市场出售,目的是化解暖相气候带来市场扩张导致的甲类钱荒,香药引的推广使用有助于增加货币量投入,改善货币的流动性。

---

① (清)徐松,宋会要辑稿·国朝会要。
②③ (清)徐松,宋会要辑稿·食货 36。
④ (朝鲜李朝)郑麟趾,高丽史·卷 7—9·文宗世家——一一三。
⑤ (宋)李焘,续资治通鉴长编·卷 296,元丰二年正月丙子。
⑥ (宋)毕仲衍,中书备对。
⑦ (宋)李焘,续资治通鉴长编·卷 335·元丰六年六月戊申。

宋徽宗大观三年(1109年,1110,冷相),曾罢提举市舶官,由提举常平官兼管,这意味着当时的海外贸易量减少,经济紧缩。宋徽宗政和五年(1115),福建市舶司专门派人到占城和罗斛两国,劝说当地政府和商人到中国来从事贸易①。这是冷相气候造成的经济收缩,需要通过海外贸易来补偿。另一方面,当时的潮灾加剧,推动妈祖信仰(见6.3节)意味着海洋贸易的风险和成本增加,是海洋贸易的关键阻力。

南宋政府南迁之后,失去了北方的能源基地和铜矿来源,不得不依赖海外贸易来赚取补偿性的收入。到绍兴七年(1137年,1140,暖相),明州(宁波)已经又是"风明海舶,夷商越贾,利原懋化,纷至远来"的情景了。在两浙路海港普遍衰落的情况下,在整个南宋时期,明州的海外贸易活动还基本上保持着繁荣的局面,"有司资回税之利,居民有贸易之饶"②。绍兴六年(1136)榷货务的1300万缗总收入中,"大率盐钱居十之八,茶居其一,香矾杂收又居其一"③。绍兴六年(1137)八月二十三日,朝廷抽解大食国(今阿拉伯)的乳香税值就有三十万贯④。据南宋高宗绍兴十年(1140)的统计,仅广州市舶司变现的关税每年就高达110万贯,各市舶司收入总和约占当时朝廷财政收入的4%至5%,所以《宋史》说"东南之利,舶商居其一",对于南渡后的宋王朝来说,这项收入显得尤为重要。虽然当时的气候特征有不少冷相特征,但靠近暖相气候节点(1140),海外贸易保持着外部推动的特征,符合暖相气候的应对模式。

乾道二年(公元1167年,1170,冷相),"拨二十五万贯,专充乳香本钱"⑤,这又是为了缓解冷相气候危机,邀请海外贸易的措施(即"开源")。孝宗乾道七年(1171),"诏,见任官以钱附纲道商旅过蕃买物者,有罚"⑥。宋孝宗乾道二年(1167年,1170,冷相),因两浙路港口的海外贸易相对衰落,宋廷废罢两浙市舶司⑦。这又是一个冷相气候主导的经济收缩,南宋政府在无法开源吸引更多的海商前提下,不得不废罢两浙市舶司,以便缩减成本(即"节流")。

元朝政府曾把澉浦视为一个"远涉诸番,近通福广、商贾往来"的"冲要之

---

① (清)徐松,宋会要辑稿·番夷4之73。
② (宋)罗濬,宝庆四明志。
③ (宋)李心传,建炎以来系年要录·卷104。
④ (清)徐松,宋会要辑稿·蕃夷四。
⑤ 宋会要·职官·44之29。
⑥ (元)脱脱,宋史·食货志下八。
⑦ (清)徐松,宋会要辑稿·职官44之28。

地"①,并于元世祖(忽必烈)至元三十年(1293年,1290,冷相),正式在澉浦置市舶司。至元三十年(1293),温州市舶司并入庆元市舶司,杭州市舶司与当地税务合并。大德元年(1297),又将澉浦和上海市舶司并入庆元市舶司,只剩下广州、泉州和庆元三处市舶司。澉浦市舶司的兴废,都是为了响应冷相气候模式的推动。兴,是为了吸引海外商人;废,是因为海外商人带来贸易量不足,不得不进行成本缩减。

至大因年(1311年,1320,暖相),元政府再次革罢市舶机构②。到了元仁宗延祐元年(1314),元政府因为自海商出海被"禁止以来,香货药物销用渐少,价值陡增,民用阙乏"③,又复立市舶司,并修订颁布了新的市舶法则。但在延祐七年(1320),元政府又一次"罢市舶司,禁贾人下番"④。过了2年,即元英宗治治二年(1322),元朝又于广州、泉州、庆元三个港口设置市舶司。自此以后,这三个市舶司一直存在到元末。

张士诚称王期间(1354—1367年,1350,冷相),其属下官员对高丽国王的书信中说"倘商贾往来,以通兴贩,亦惠民一事也"⑤。高丽政府也采取积极的态度回应通商⑥。显然,当时的冷相气候模式导致的经济紧缩,是引发张士诚推动海外贸易的重要原因。

宋元之后的海外贸易

洪武七年(1374年,1380,暖相)九月,明太祖恐沿海居民及戍守将卒私通海外诸国,撤销福建泉州、浙江明州、广东广州三市舶司,并罢市舶司。显然,当时的暖相气候对于禁海政策有很大的帮助。因为经济上不需要海外的货物(或者说通货),同时大量发行纸钞(避免钱荒),明政府绕开了经济扩张导致的甲类钱荒,因此可以采用禁海措施(因为暖相气候下,海外对贸易更积极,更想卖出;在冷相气候下,中国对海外贸易更积极,更想买入通货来解决政府支出危机),显然只有在暖相气候才能做到。

随着气候的逐渐变冷,明成祖永乐元年(1403年,1410,冷相),复设市舶司。1405年,郑和下西洋的壮举,与宋太宗雍熙四年(987年,990,冷相)"遣内侍八人持

① 陈高华等.元典章[M].北京:中华书局,2011.
② (元)脱脱,元史·卷94·食货二·市舶.
③ 通制条格·卷18·官市市舶,(延祐)四明志·卷3·职官考下.
④ (明)高濂,元史·卷94·食货二·市舶.(延祐)四明志·卷3·职官考下.
⑤ (朝鲜李朝)郑麟趾,高丽史·卷31·忠烈王世家四.
⑥ 陈高华.宋元时期的海外贸易[M].天津:天津人民出版社,1981.

敕书各往海南诸国互通贸易,博买香药、象牙、真珠、龙脑"没有什么本质性的不同,两种是冷相气候危机下,政府主动邀请海外商人来华贸易的外部表现,都是应对乙类(政府)钱荒的政府决策,符合经济收缩期的典型应对措施。两者相距418年,大约是7个完整的气候周期。

嘉靖二年(1523年,1530,冷相),因宁波发生的"争贡之役",导致明政府废福建、浙江两处市舶司,唯存广东市舶司。当时是冷相气候周期,如果明政府不想买,就没有太大的问题,因为周边国家都处于经济紧缩状态。

嘉靖三十九年(1560年,1560,暖相),户部又议恢复市舶司,不久又罢,显然是应对暖相气候带来的市场扩张。在暖相气候模式的推动下,海外的商人需要卖货,于是在海禁的前提下有各种走私和"倭寇"行动。万历中期,市舶司复设,自此之后,终明之世,市舶司的设置没有大的变化。

海外贸易的规律性

根据上述15个节点的海外贸易事件,我们可以把这些事件汇总成下表。

表 30 海外贸易事件及其气候背景

	时 间	事 件	气候节点	气候特征
1	977	榷香法建立		
2	987	邀请海外贸易	990	冷相
3	1015—1023	海外主动入贡	1020	暖相
4	1048	宋商开拓高丽	1050	冷相
5	1079	允许海商贸易	1080	暖相
6	1109	罢市舶司,经济收缩	1110	冷相
7	1138	"市舶之利最厚"	1140	暖相
8	1167	拨款博买,罢市舶司	1170	冷相
9	1293	合并市舶司	1290	冷相
10	1314	复立市舶司	1320	暖相
11	1354—1367	张士诚邀请贸易	1350	冷相
12	1374	朱元璋海禁	1380	暖相
13	1405	郑和下西洋	1410	冷相
14	1523	罢市舶司	1530	冷相
15	1560	议恢复市舶司	1560	暖相

从上表 15 次的海外贸易兴衰,我们可以总结出海外贸易响应气候变化的基本规律性:冷相气候推动政府打开国门,邀请海外商人来华贸易,目的是为了增加通货供应,缓解乙类(政府)钱荒;暖相气候推动经济扩张,海外商人主动来华贸易,政府不得不进行管制和调节,目的是改善市场通货的流动性,缓解甲类(市场)钱荒。上述观察来源于经济响应气候变化的基本规律:暖相气候推动经济扩张,带来甲类钱荒(市场通货供应不足),市场自发需要进一步的流通性;冷相气候导致经济紧缩,带来乙类钱荒(国家支出货币不足)。前者除了从事海外贸易,还可以通过印制钞票来弥补,后者不得不走出去,或者增加投资,通过邀请海外商人的贸易来增加货币供应量,所以我们可以观察到不同性质的海外贸易行为交错地发生,与气候变化基本同步进行。

由于中国的地理位置决定了,海上丝绸之路可以提供的都是非必要消费品(不是粮食,也不是必需的调味品。香料对欧洲比对中国重要很多,因为欧洲需要腌肉,香料是必需品),所以历代政府对海外贸易的态度不是很重视(除了钱荒严重的南宋,急需海外货物来弥补通货缺口)。当明代中国转向银本位之后,通货危机不再发生,对海外市场的依赖性大大降低,市舶司的地位也就不稳,经常性发生废置市舶司的行动。

9.2 市舶司的兴衰

北宋政权重视海上贸易,除了对东南亚和南亚派遣贸易代表团外,还在沿海五大海港城市设立对外的海上贸易管理机构:市舶司,依专门法规《市舶法》,对外商外贸进行管理。宋朝依靠强大的海上力量和先进的航海技术,与世界五十多个国家保持贸易往来。南宋每年的贸易量超过世界上其他国家同期的总和,中国商人基本控制着从中国沿海到非洲东海岸、红海沿岸主要港口。作为海关机构的市舶司每年创造的关税竟达岁入的 20%,成为南宋的重要收入来源。

唐代市舶司

显庆六年(661 年,660,暖相)诏:"南中有诸国舶,宜令所司,每年四月以前,预支应须市物,委本道长史,舶到十日内,依数交付价值市了,任百姓交易。"①唐高宗

① (宋)王溥,唐会要·少府监。

派专门的官员到广州充任市舶使,总管海路邦交外贸,作为国家财政经济上的一项重要收入。在此之前,海外贸易实际上由各地方的行政官员兼管,新设的市舶使则由专官充任,代表着海外贸易比重的增加,值得政府关注。麟德二年(665),唐廷颁用天文学家李淳风制定的《麟德历》①。该历将春季节气顺序调整为"启蛰—雨水—清明—谷雨",与北魏《正光历》以来诸家历法以及现今的历法所使用的"雨水—惊蛰—谷雨—清明"之时令颇有不同。从中可推断出,唐前期初春气温回升快,"蛰虫始振"日期比北魏《正光历》时以及现今早了15天左右,因此是适应暖相气候特征的历法。

开元二年(714年,720,暖相),"柳泽······开元中,转殿中侍御史,监岭南选。时市舶使、右威卫中郎将周庆立造奇器以进"②。从有限的史料判断,这是古代朝廷管理南方海外贸易机构市舶使的最早记载。值得一提的是,开元三年(715),张九龄主导了粤北大庾岭道③的开发,为广州的海上交通枢纽地位奠定了基础。开元九年(721)因《麟德历》所推算的日食不准,唐玄宗命僧一行重新造历,一行全面研究了我国历法的结构,并且参考了当时天竺国(印度)的历法,在此基础上大胆创新,于开元十五年(727)发行了《大衍历》。大衍历弃用表征寒冷气候的《正光历》"七十二候"时令,复用西汉后期使用的《逸周书·时训解》中的时令,在该时令中,山桃的始花日(3日前后)要比1961—2000年平均日期早4天以上,因此代表了当时的暖相气候特征④。

开元二十九年(741年,750,冷相),在广州城西设置"蕃坊",供外国商人侨居,并设"蕃坊司"和蕃长进行管理⑤。岭南、扬州、福州也先后设置了市舶司,对外贸易的主要港口还有登州(山东烟台蓬莱县)、明州(宁波)、泉州、交州港(比景港,今属越南)等等。值得一提的是,公元741年的一场提早38天的降雪拉开了气候变冷的序幕⑥,并让唐玄宗改元天宝,并推动了其后30年的冷相气候。也就是说,气候的突然恶化,意味着海上潮灾加剧,是推动阿拉伯商人留在广州、建立蕃坊的关键性要素。到另一个气候节点(879年,870,冷相),黄巢攻占广州,杀了

---

①④ 葛全胜.中国历朝气候变化[M].北京:科学出版社,2011:305.

② (宋)欧阳修.新唐书·柳泽传,另见册府元龟·卷546·谏净部·直谏。

③ (唐)张九龄.全唐文·开大庾岭路记。

⑤ (宋)朱彧.萍州可谈·卷2.

⑥ 葛全胜.中国历朝气候变化[M].北京:科学出版社,2011:306—307.

12 万阿拉伯商人,阿拉伯人在广州旅居了前后一共 138 年,大约是 2 个气候周期。

随后气候逐步转暖,在这一轮暖相气候中,唐德宗贞元元年(785)四月,宦官杨良瑶(736—806)受命出使黑衣大食(即阿拉伯阿拔斯王朝,因服饰尚黑而得名),成为中国第一位航海抵达地中海沿岸的外交使节,"充聘国使于黑衣大食,备判官、内傔,受国信、诏书"①。贞元间(785—805),唐代宰相、地理学家贾耽(730—805)在《皇华四达记》(已佚)中提到了海上丝绸之路的最早叫法——"广州通海夷道"②,从广州经东南亚至印度、斯里兰卡直到西亚阿拉伯诸国,途经一百多个国家和地区,全程共约 14 000 公里,是 8—9 世纪世界上最长的远洋航线。

从上述三个事件都发生在暖相气候周期来判断,暖相气候的洋流稳定,是推动海外贸易的重要因素。在此之后到宋代,市舶司虽然一直存在,却没有什么变革发生,意味着海上贸易十分平淡,微澜不惊。关键的原因是,公元 801—820 年期间,气候再次转冷③,东中部地区温暖程度大致与今相当。据史料记载,公元 801、803、804 年等 11 年异常初、终霜雪现象增多;公元 815 年冬季,九江附近的江面甚至出现冻结(现今九江一带是中国河流出现冰情的南界)。随着气候在 9 世纪初再次进入冷相周期,于是有司天徐昂献新历法,称之为《观象历》,元和二年(807)颁布发行。从当时的物候特征判断,这是一部代表冷相气候的历法。所以,气候变冷会抑制海上贸易,这是一项经验性的观察,其理论依据是,全球性的气候变冷是通过洋流来传播实现的,中国之所以会感受到来自北冰洋的气候变冷信息,是全球洋流获得动量的结果,附带的结果是海洋运输条件恶化,海上贸易的风险增加。所以,宋代的海上贸易发达,有中世纪温暖期,海洋潮流比较弱,海上风险和成本降低的贡献。在海上贸易增加的暖相气候时段,有必要规范海洋贸易,于是有市舶司的建立和《市舶法》的规范。

宋代市舶司

宋朝政府意识到商税在增加朝廷财政收入中的重要作用,为加强对外贸易管理,开宝四年(971)六月,在刚刚征服南方之后立刻成立广州市舶司,"掌蕃货海舶

---

① 《杨良瑶神道碑》,1984 年在陕西泾阳出土发现。
② (宋)欧阳修,新唐书·艺文志·地理类。
③ 葛全胜. 中国历朝气候变化[M]. 北京:科学出版社,2011:310.

征榷贸易之事,以来远人,通远物","同知广州潘美、尹崇珂并充市舶使"①。

宋太宗瑞拱二年(989 年,990,冷相)、宋真宗咸平二年(999)又分别设市舶司于杭州、明州(今浙江省宁波市),之后温州、泉州等地的市舶司也相继设立,在一些较小的港口则设立市舶务或市舶场,它们的共同职责就是管理对外贸易。据记载:"是时市舶虽置司,而不以为利"。淳化二年(991),"始立抽解二分,然利殊薄"②。即抽取货物百分之二十的利润,作为"海关税"。宋政府既开新市舶司(增加税源),又抽解二分(增加税率),说明宋政府十分希望提高海上贸易的收入,可是由于当时的冷相气候(市场收缩且潮灾加剧),海上贸易成本增加,所以政府收入增加有限。不得已把这个比例又降低到百分之十,以鼓励和推动海外贸易。"大抵海舶至,十先征其一,价直酌蕃货轻重而差给之,岁约获五十余万斤条、株、颗"③。不过,有些特殊货物抽取比率会更高些,如"则其良者,谓如犀象,十分抽二分"或"以十分为率,珍珠、龙脑凡细色抽一分,玳瑁、苏木凡粗色抽三分"④。当时的气候特征是冷相(见 2.2 节)。

熙宁五年(1072 年,1080,暖相),诏发运使薛向曰:"东南之利,舶商居其一。比言者请置司泉州,其创法讲求之。"⑤北宋关税收入颇丰,神宗熙宁十年(1077),广州、杭州、明州三市舶司所收乳香共计 354,449 斤。宋神宗在论及东南市舶之利时说:"东南利国之大,舶商亦居其一焉,昔钱、刘窃据浙、广,内足自富,外足抗中国者,亦由笼海商得术也。卿宜创法讲求,不惟岁获厚利,兼使外藩辐辏中国,亦壮观一事也。"不久,神宗再次下谕:"市舶之利,颇助国用,宜循旧法,以招徕远人,阜通货贿。"当时的暖相气候特征十分显著(见 2.2 节)。

在暖相气候导致的市场扩张形势下,宋神宗元丰三年(1080 年,1080,暖相)海外贸易体制再次改革,"尚书省言,广州市舶条已修定,乞专委官推行。诏广东以转运使孙迥,广西以运召陈倩,两浙以转运副使周直孺,福建以转运判官王子京。迥、直孺兼提举推行,倩、子京兼觉察拘栏。其广南东路安抚使更不带市舶使"⑥。也就是说,中国历史上第一部贸易法《广州市舶条法》从此时起免除地方长官的市舶

---

① (元)脱脱,宋史·卷 167·职官志。
② (元)脱脱,宋史·食货志。
③ (元)脱脱,宋史·卷 186·志第 139。
④ (元)朱彧,萍洲可谈·卷 2。
⑤⑥ (元)脱脱等,宋史·卷 139·食货下八·互市舶法。

兼职，改由"专委官"的运转使直接负责市舶司事务，这是北宋发生的第二次市舶法改革。北宋元祐二年（1087 年，1080，暖相），朝廷设立福建市舶司于泉州（见图 71），一直延续到明朝成化八年（1472 年，1470，冷相），市舶司才迁往福州。

图 71　宋泉州市舶司遗址

徽宗崇宁元年（1102 年，1110，冷相），市舶司脱离转运司管理，设置专职的提举市舶官掌管。此后，市舶司的主官或提举市舶官专任，或由转运使、常平使、茶盐使兼任，甚至提点刑狱兼领，变化较大。北宋末大观元年（1107）始将各处管理外贸的机构改称"提举市舶司"，而将各港口的市舶司改称市舶务。乾统二年（1102），辽地"大寒，冰复合"，此次寒冷事件拉开了北宋末年中国气候转冷的序幕，并推动了第三次市舶法改革。随后，气候更加寒冷，乾统九年（1109）"秋七月，陨霜，伤稼"，这是《辽史》中仅有的一次早秋霜冻记录。公元 1110 年，华南经历寒冬，导致柑橘和橙子被全部冻死①，第二年太湖结冰，人们可以在冰上行走。此外，少雪的南方也曾经历寒潮："大观庚寅（1110）季冬二十二日，余时在（福建）长乐，雨雪数寸，遍山皆白，土人莫不相顾惊叹，盖未尝见也。"②

宋仁宗时，每年市舶收入约 50 万贯左右，之后不断增长，据南宋高宗绍兴十年（1140 年，1140，暖相）的统计，仅广州市舶司变现的关税每年就高达 110 万贯，各市舶司收入总和约占当时朝廷财政收入的 4% 至 5%，对于南渡后的宋王朝来说，

---

① 葛全胜. 中国历朝气候变化[M]. 北京：科学出版社，2011：394—395.

② （宋）彭乘. 墨客挥犀·卷 6。

这项收入显得尤为重要。因此,南宋时期不再对市舶司进行改革。

元代市舶司

元承接宋制,继续利用市舶司进行海外贸易的管理。"元自世祖定江南(1283年,1290,冷相),凡邻海诸郡与蕃国往还互易舶货者,其货以十分取一,粗者十五分取一,以市舶官主之。"①此外,至元三十年(1293),元政府制订了"整治市舶司勾当"的法则二十二条,增加了税收比例和禁止内容,如抽分以外,另征三十分之一的市舶税。"金、银、铜钱、铁货、男女,不许下海私贩诸番。"上述种种规定,凡有违反的,轻则没收货物,重则判处刑罚。当时的冷相气候特征是,至元二十二年(1285),"罢司竹监,听民自卖输税。"次年,又于卫州立竹课提举司,管理辉、怀、商、洛、京襄、益都、宿、革开等处竹货交易。至元二十九年(1292),因"怀孟竹课,频年斫伐已损。课无所出,科民以输。宜罢其课,长养数年"②。竹林经济的衰败,是应对气候变冷的结果。至元二十六年(1289),元政府还专门在浙东和江南、江东、湖广、福建等地设置"木棉提举司"提倡人力种植棉花,并把征收木棉列入国家的正式税收计划,按时向民征收。所以,元政府的第一次市舶司改革,增加税率,是应对当时冷相气候危机的响应行动。

欧洲公认的小冰河期来临(1285—1300)之后,延祐元年(1314),"复立市舶提举司,仍禁人下蕃,官自发船贸易,回帆之日,细物十分抽二,粗物十五分抽二"③。也就是把抽分的比率增加了一倍,即精货抽十分之二,粗货抽十五分之二。对于入口的番舶,也进行同样的抽分和征税。同时,于江浙行省庆元、泉州二路及江西行省广州路各设市舶提举司,掌海外贸易查禁,课植等事,秩从五品,设提举、同提举、副提举各二员,知事一员。当时的气候极为寒冷(一般认为,欧洲小冰河期从1285—1300年开始,1720年结束),大德五年(1301)以后的半个世纪,北方仅有两个暖冬记载:"皇庆元年(1312)冬无雪,诏祷岳渎。延祐元年(1314)大都、檀、蓟等州冬无雪,至春草木枯焦。"④罕见的暖冬造成了罕见的市舶法修订,虽然当时气候的整体趋势较为寒冷。

---

① ② (明)宋濂等,元史·卷47·食货二。
③ (明)宋濂等,元史·卷94·志第43·食货二·市舶。
④ (明)宋濂等,元史·卷50·志卷3。

明代市舶司

通过农民起义起家的朱元璋对海外贸易极为敏感,他虽然尝到了贸易的好处,也提出了罢市舶司的命令。"吴元年,置市舶提举司。洪武三年,罢太仓、黄渡市舶司。七年(1374),罢福建之泉州、浙江之明州、广东之广州三市舶司。"①弃置的原因,大约是明太祖恐沿海居民及戍守将卒私通海外诸国。不过,当时的气候是暖相,市场是高度发达和扩张的。据洪武十二年(1379)《苏州府志》以及长谷真逸的《农田余话》所记录的种稻情形看,当时苏南地区已有了早、中、晚稻的区分,浙江永嘉(今温州)竹有套作双季稻种植。1388—1389 年,广西南部钦、廉、藤等山以及广东雷州地区有野象活动,经驯狩后呈贡中央政府;另据《潮州志》载:"明初,鳄鱼复来潮州。"由于双季稻、大象和鳄鱼都是和暖相气候相关的典型物种,它们的出现代表了当时全球变暖的气候背景。在这种暖相气候面前,朱元璋的撤销之举是违背暖相气候市场扩张规律的。

永乐元年(1403),"复置,设官如洪武初制,寻命内臣提督之"②。永乐三年,以诸番贡使益多,置馆驿,福建称"来远",浙江称"安远",广东称"怀远"。此外,又增设交趾云屯市舶司,接待西南各国朝贡使臣。当时的气候是冷相。所以,朱棣复置市舶司的行动,是针对气候危机的一种应对办法。"永乐初,西洋剌泥国回回哈只马哈没奇等来朝,附载胡椒与民互市。有司请征其税。帝曰:'商税者,国家抑逐末之民,岂以为利。今夷人慕义远来,乃侵其利,所得几何,而亏辱大体多矣。'不听。"③因为气候变冷,海上运行的成本增加,为了鼓励海上贸易,就需要降低税率,鼓励贸易。

嘉靖二年(1523),废福建、浙江两处市舶司,"惟存广东市舶司"④,却也只保留了数年之久,也是在嘉靖十年(1531)前后由于广东布政使林富的奏请,罢免市舶司和提督市舶太监,原来属于市舶司衙门的事务,划归海道衙门兼管。当时的气候正在变冷,1530 年前后又经历一次气候的冲击⑤。嘉靖八年(1529),兵部尚书王琼言,陕西三边"屯田满望,十有九荒"⑥。嘉靖十年(1531)王琼建议修补长城⑦,具体

①② (清)张廷玉,明史·职官志。
③ (清)张廷玉,明史·志第 57·食货五·市舶。
④ (清)张廷玉,明史·职官 4·市舶提举司。
⑤ 葛全胜. 中国历朝气候变化[M]. 北京:科学出版社,2011.
⑥ 明世宗实录·卷 100·嘉靖八年四月戊子。
⑦ (清)顾祖禹,读史方舆纪要·卷 61·陕西·榆林。

做法是"务使崖堑泽险,墙垣高厚,然功卒不成"。1532 年春,福建出现冷冻天气,"是岁,闽果不实"①。所以,罢市舶司是响应气候变冷、海上贸易收缩的大趋势,虽然其直接原因是因"日本使节争贡事件"所引发。之后市舶司时设时废,极不稳定,与欧洲气候恶化,小冰河期第二段开始相呼应。

嘉靖三十九年(1560),户部又议恢复市舶司,不久又罢②。1529 年发生汉水冬冰之后,华中地区三十年内几无江湖结冰和异常初、终霜雪的记载,气候已明显变得温暖③。1568 年、1573 年、1574 等年曾出现桃李冬花等表征气候温暖的事件。1563 年,右佥都御史王崇古巡抚宁夏时曾作《田父叹》曰:"驱车历夏郊,秋阳正皓皓。……时和霜落迟,九月熟晚稻。"说明暖相的气候改善,有利于市场的繁荣和国际贸易的增加,于是有恢复市舶司之议。

"福建等处承宣布政使司,旧有市舶提举司,万历八年(1580)裁革"④,"万历中,复通福建互市,惟禁市硝黄"⑤。1599 年之后,明政府派出太监插手商业、采珠、采矿、盐政诸部门,委官分权,抚按交章力争,乃定"各处税务,悉还有司,征解税监转进,惟市舶、夷饷与广州税课,该监仍委榷云"⑥。自此之后,终明之世,市舶司的设置没有大的变化。1570 年后,华北各地的异常初终霜雪、夏大寒的记录频频出现,说明当时气候转向寒冷⑦。裁撤是因为海上贸易收入的减少,复通是因为气候危机,需要海外贸易的输入来平衡,气候危机通过这种方式决定了市舶司的存废。

清政府平定三藩,收复台湾之后,在康熙二十四年(1685 年,1680,暖相)撤销全部市舶司,设立江、浙、闽、粤四处海关。市舶司是具有垄断性质的官方经营机构,废司建关,是不再仰赖垄断带来的收入,经济形势好转的表现。

市舶司的兴衰

从 661 年到 1685 年,市舶司作为官方对外贸易的垄断制度,断断续续存在了1024 年(17 个 60 年气候周期,或经济学的长波/康波周期)。市舶司制度的兴废通常发生在气候节点附近,总体的趋势是冷相经济收缩,海外贸易量衰减,政府的支出增加,需要从市舶司获得更大的收益,有时会增税,有时会废置(为了节流);暖相

---

① (明)喻政,万历福州府志·卷 75·时事。
②⑤⑥ (清)张廷玉,明史·志第 57·食货五·市舶。
③ 葛全胜. 中国历朝气候变化[M]. 北京:科学出版社,2011:507—508.
④ (明)申时行,万历重修会典。
⑦ 葛全胜. 中国历朝气候变化[M]. 北京:科学出版社,2011:500.

经济扩张,贸易量增加,政府需要规范,对贸易行为进行扩张,需要增加市舶司(为了开源)。当然,也有不符合这一经济规律的现象,如朱元璋废置市舶司和朱棣重开市舶司,但他们的决策也是响应气候变化,发生在气候节点附近的应对行为,需要放在气候脉动的背景下加以观察。

根据上述规律,我们可以判断重要事件都应当发生在气候节点(见下表31)。

表31 历史上的市舶司改革及其气候背景

序号	时　间	事　件	预期节点	气候背景
1	661	第一次提到市舶司	660	暖相
2	714	第一次提到市舶使	720	暖相
3	741	阿拉伯人定居中国"蕃坊"	750	冷相
4	785	杨良瑶出使大食	780	暖相
5	971	成立广州市舶司	960	暖相
6	989—999	成立杭州、明州市舶司	990	冷相
7	1072—1080	第二次市舶法改革	1080	暖相
8	1102—1107	第三次市舶法改革	1110	冷相
9	1293	市舶司法则二十二条	1290	冷相
10	1314	延祐改革	1320	暖相
11	1374	朱元璋罢市舶司	1380	暖相
12	1403	朱棣复置市舶司	1410	冷相
13	1523—1531	废市舶司	1530	冷相
14	1560	恢复市舶司,又罢	1560	暖相
15	1580	废除,又复置	1590	冷相
16	1685	永久废除市舶司,改海关	1680	暖相

该表说明市舶司的兴废与气候脉动密切相关,这也意味着市舶司的历史符合气候周期律,所有的市舶司的寿命应当是30的倍数,如下表(表32)所示。历史经验表明,这一推论基本正确。

表32　各市舶司的历史和符合气候脉动规律的预期寿命

序号	市舶司	成立	废　除	时　长	预期时长
1	泉州市舶司	1087	1472	385	390
2	宁波(庆元、明州)市舶司	992	1365	373	360
3	广州市舶司	661	1531/1685	870/1024	870/1020
4	密州板桥市舶司	1087	1371	287	300
5	秀州华亭市舶司	1113	1685	572	570
6	温州市舶司	1131	1195	64	60

为什么暖相气候会推动贸易量的增加? 农业社会的主要经济是农产品,农产品高度依赖阳光作为能量的输入。暖相气候导致日照期增加,相当于能量输入和光合作用增加,结果是农产品增加,或者说农业社会的 GDP 增加了,带来市场的扩张和贸易的增加。冷相气候导致日照期减少,同时带来洋流的异常,即潮灾问题。潮灾问题是影响海上贸易的关键性自然灾害,有着气候变化的贡献。

全球变冷的气候特征,是通过洋流的全球运动来推动实现的,因此气候变冷意味着海上洋流变化加剧(参考日本海洋学者美浓部[①]的洋流研究),不利于海上交通安全。公元 741 年,气候突然恶化或许是唐代在广州城西设置"蕃坊"、供外国商人侨居的原因。因为他们回国必须仰仗的季风(或称信风),在气候变化期间不再可靠,所以不得不留在中国。

所以,中世纪温暖期带来海上贸易量的增加,是市舶司崛起的主要原因,而小冰河期气候的异常变化(表现为潮灾)是影响明政府决策市舶司置废的主要原因。造船技术的发展和烧瓷技术的改进,都是海上贸易增加的结果(而不是原因),因此是气候变化间接推动的结果。中国的海上贸易事业,过去曾经受到气候变化的制约,未来仍然如此。

9.3　陆上丝绸之路

汉代丝绸之路

元狩四年(前 119),张骞再次出使西域,目的是招引乌孙回河西故地,并与西

---

① Manobe, S. A 50—70 year climatic oscillation over the North Pacific and North America [M]. Geophys. Res. Lett., 24;683—686.

域各国联系。张骞到乌孙,未达目的,于元鼎二年(前115年)偕同乌孙使者返抵长安,被张骞派往西域其他国家的副使也陆续回国。乌孙使者见大汉人众富厚,回国归报后,乌孙渐渐与大汉交往密切,其后数年,张骞通使大夏,从此,西汉与西北诸国开始联系频繁起来,张骞凿通西域,丝绸之路正式开通,汉武帝以军功封其为博望侯。

汉宣帝神爵二年(前60),匈奴日逐王先贤掸率众投降,西汉政府取得了对匈奴战争的最终胜利,设置了西域都护府,这是中央王朝在葱岭以东,今巴尔喀什湖以南广大地区正式设置行政机构的开端。从此,今新疆地区开始隶属中央的管辖,成为中国不可分割的一部分。

天凤三年(16),西域诸国断绝了与新莽政权的联系,丝绸之路中断。

永平十六年(73),班超随从大将军窦固出击北匈奴,并奉命出使西域。他率吏士36人首先到了鄯善,以"不入虎穴,焉得虎子"的决心,使鄯善为之镇服。之后他又说服于阗,归附中央政府。班超又重新打通隔绝58年丝绸之路,并帮助西域各国摆脱了匈奴的控制,被东汉任命为西域都护,班超在西域经营30年,加强了西域与内地的联系。

永元六年(94),班超发龟兹、鄯善等八国兵7万余人,讨伐对抗中央的焉耆等国统治者,西域50余国皆归属中央政府。

永元九年(97),班超曾派副使甘英出使大秦国(罗马帝国),一直到达条支海(今波斯湾),临大海欲渡,由于安息海商的婉言阻拦,虽未能实现,但这是首次突破安息国的阻拦,将丝绸之路从亚洲延伸到了欧洲,再次打通已经衰落的丝绸之路。

班超死后,西域叛汉,北匈奴再次控制诸国。延光二年(123),汉廷遣班勇为西域长史,率500人出屯柳中(今鄯善西),次年龟兹、姑墨等降。班勇发诸国步骑万余往车师前王庭,击走匈奴,四年又发敦煌、张掖、酒泉三郡6 000骑及诸国兵攻后部王,获8 000余人。顺帝永建二年(127),班勇击降焉耆,西域皆平。

最后一任西域长史是王敬,他大概还算有点抱负,不愿意平淡一生,所以学着自己前辈的样子在152年对现在的和田地区于阗王国发动了进攻还斩杀了该国的国王,但是之后该国百姓反叛又把王敬给杀掉了。永兴元年(153),车师后部王阿罗多起兵反汉。至此,整个西域再次脱离了中国版图。

1877年,德国地质地理学家李希霍芬在其著作《中国》一书中,把"从公元前114年至公元127年间,中国与中亚、中国与印度间以丝绸贸易为媒介的这条西域交通道路"命名为"丝绸之路"。前后一共 241 年,另有东汉初 58 年不通西域,所以真正的汉代丝绸之路运行了 180 年左右,符合气候脉动周期的调节效果。

唐代丝绸之路

贞观十四年(640),唐灭高昌国,在西域设立的安西都护府(原名西州都护府),同年 9 月在交河城设安西都护府。

唐朝显庆二年(657),苏定方平定西突厥阿史那贺鲁,在西突厥故地设置蒙池都护府和昆陵都护府,各领都督、州若干;次年,安西都护府升为安西大都护府,治所移到龟兹(今新疆库车),并在天山以北设庭州,领金满、轮台、蒲类 3 县(后增置西海县),治金满(今新疆吉木萨尔北破城子),州境为在汉代为车师后部。

武周长安二年(702),武则天于庭州置北庭都护府(今新疆吉木萨尔北破城子),取代金山都护府,管理西突厥故地,仍隶属于安西都护府。辖境相当今阿尔泰山以西,咸海以东,天山以北和巴里坤湖周围地区。

安史之乱后,唐朝抽调西北兵平叛,遂使边州无备,吐蕃趁机侵占河西、陇右地区。自乾元元年(758)起,廓州、凉州、兰州、瓜州、沙州等地相继陷落。

公元 791 年,北庭都护府陷落,一共存在了 89 年的时间。

公元 808 年,安西都护府的守将是郭昕才城破殉国。

所以唐代的丝绸之路大约运行了 120 年(从 640 到 758 年),丝绸之路上发生的事件,也都受到气候脉动的调节作用。

值得一提的是,2014 年 6 月 22 日在卡塔尔多哈进行的第 38 届世界遗产大会宣布,中哈吉三国联合申报的古丝绸之路的东段"丝绸之路:长安—天山廊道的路网"成功申报世界文化遗产,成为首例跨国合作、成功申遗的项目。申遗的时机恰好是冷相气候节点附近,符合古代社会对跨国贸易"冷相请进来"的态度和规律。

9.4 海外贸易革命

宋代海外贸易盛况空前,是我国封建社会对外贸易的黄金时代。主要表现在以下方面。

(1) 宋代同海外的联系比前代更广。

宋代人对海外的地理概念比前人更加清晰,专门记载海外情况的地理学著作就有《海外诸蕃地理图》《诸蕃图》《诸蕃志》《岭外代答》等好几部笔记,其中对中东和非洲的记述比前代更为丰富广博,如东非的层拨国(今桑给巴尔)、中理国(今索马里)。北非的木兰皮国(实指柏柏尔人在摩洛哥建立的阿尔摩拉维王朝)、施盘地国(似为埃及的杜姆亚特港)、默伽国(今摩洛哥)、勿斯里国(今埃及)等。此外,宋代与中南半岛、南海诸国、大食诸国、西亚诸国的贸易比前代更为红火,与高丽、日本的来往也比前更为密切,高丽和日本都辟有专门对宋贸易的港口。

(2)宋代进出口货物的种类、数量比前代更多。

宋代进出口货物达 410 种以上。按性质可分为宝物、布匹、香货、皮货、杂货、药材等,单是进口的香料,其名色就不下百种。由于品类繁多,为便于征税就把进口货物分为粗色(一般也很复杂。据日本学者藤原明衡《新猿乐记》统计,仅日本进口"唐物"就达 41 种)。进出口货物还有不同的来源和市场,如南海地区主要进口香料、宝物、皮货、食品;精刻的典籍主要销往高丽和日本。

(3)宋代贸易港口更多,政府对海外贸易的管理更加全面细致。

专卖的管理机构市舶司的出现。早在宋初,就有南方的贸易。《宋史》记载:"太宗时,置榷署于京师,诏诸蕃香药宝货至广州、交阯、两浙、泉州,非出官库者,无得私相贸易。"[1]随后,宋代对外贸易的港口有 20 余处,设有广州、泉州、明州、杭州、密州 5 个市舶司,市舶司下有的还设有市舶务、市舶场等下属机构。宋神宗元丰三年,政府正式修订"广州市舶条(法)",委官推行,并援用于各市舶司,规范海外贸易。

(4)宋代海外贸易的规模更大,经营者身份更复杂。

据吴自牧《梦粱录》记述,宋代海船可乘五六百人以上。海船很多,据推断,福州一地就有 300 余艘宽一丈二尺以上的海船。大批海外蕃客来华贸易且"住唐",也有中国海商、水手住蕃的现象。这些复杂的海外贸易活动推动了市舶贸易法的管理和规范作用。熙宁九年(1076),程师孟请求关闭杭州、宁波的市舶,其他都隶属于广州市舶司。皇帝"令师孟与三司详议之"。这一年,市舶收入达到 54 万贯。朝廷三令五申严禁私自交易,但是屡禁不止,于是关于市舶制度的立法被提上了议程。神宗元丰三年(1080),朝廷颁发了我国古代史上第一个专项外贸法规《元丰广州市舶条法》(简称《市舶法》)。据记载:"三年,中书言,广州市舶已修定条约,宜选

---

① (元)脱脱,宋史·卷 185·志 139。

官推行。"①虽然前面冠以"广州"二字,但是不局限于广州一地执行,而是通用于全国的一部法规。颁布该法规的目的,还是为了集中垄断贸易资源,从事符合政府利益的海外贸易。

(5)海上航行技术的突破。造船工艺和航海技术的进步,是宋代发生海洋贸易革命的重要表现。宋代造船业的规模和制作技术,都比前代有明显的进步。东南沿海主要海港都有发达的造船业,所造海船载重量大、速度快、船身稳,能调节航向,船板厚,船舱密隔。载重量之大,抗风涛性能之佳,处于当时世界领先地位。航海技术的进步表现在海员能熟练运用信风规律出海或返航,通过天象来判断潮汛、风向和阴晴。舟师还掌握了"牵星术"、深水探测技术,使用罗盘导航、指南针引路,并编制了海道图。这些都大大促成了宋代海外贸易的兴盛。

所以,我们认为暖相气候节点1080年前后,北宋发生了海外贸易革命,特征是以《元丰广州市舶条法》的颁布为标志的市场扩张和集中垄断趋势。政府对海外贸易的基本态度是"冷相请进来,暖相加管理",充分发掘市舶司改善贸易,达到引进通货、改善金融环境的目的。

那么,宋代海外贸易为什么如此繁荣?

(1)从地理条件看。自唐代安史之乱后,吐蕃、唐古特、契丹、女真、蒙古等少数民族相继崛起,隔断了宋朝与西域(中亚)的陆路联系,于是东南方的海路就成了宋朝对外贸易的唯一通道,海路贸易因而更加兴盛。

(2)从气候条件看。中世纪温暖期意味着农业畜牧业发达,产生大量的盈余需要通过贸易来交换。另一方面,气候变暖导致海上贸易风险降低,有利于长途利用季风进行的海洋贸易。这是一个比较隐晦的原因。中世纪温暖期之所以温暖,是因为洋流缺乏力量把寒潮的信息传播过来,因此温暖时段的气候灾害较少,洋流灾害(潮灾)在宋代较少发生,因此合适的气象条件也是鼓励海上贸易的重要原因。

(3)从国际环境看。十字军东征、塞尔柱突厥人的兴起,迫使活跃的阿拉伯商人把贸易视线转移到东方,向东方开辟商路,越来越多地出入我国沿海口岸。这就从客观上为宋代的海外贸易创造了有利的国际环境。

(4)从国内环境看。宋代是人口高涨,南方开发的重要时期。由于北方的战

---

① (元)脱脱,宋史·食货志·互市舶法。

乱,人口流徙到南方,大量南徙的北方人带来了先进的农业生产技术,促进了江南地区的进一步发展。加上南方优越的发展农业生产的自然条件,以及南方人经济观念受传统束缚相对较轻,有利于南方经济的迅速发展,耕地面积扩大了,稻、麦、茶、桑、甘蔗的种植更为普遍,产量很高,并成为出口产品,推动了海外贸易的发展。

(5)从国防危机看。宋朝受辽、金的威胁逐渐退缩到东南一隅:政府军费和官俸开支浩大,每年还要负担沉重的"岁币",不得不想方设法开辟新的财政来源,因而更加重视海外贸易。不仅进一步完善了创建于唐代的市舶机构,而且疏浚海港,增辟口岸,制定条例,积极鼓励外商来华贸易,还对市舶官员招徕蕃商的成绩予以奖惩。同时,积极支持华商出海贸易。北宋中朝以后,海外贸易的收入一直占宋朝全年收入的很大比重。

(6)从技术条件看。宋代率先发生能源革命(或者说消费革命),因此铜钱和瓷器可以在海外市场畅通无阻,横扫"海上丝路"沿岸各国。手工业发展一枝独秀,大量铜币出口意味着科技发达,可以低成本地制造通货投入市场。在海外贸易的推动下,船舶技术迅速发展,指南针技术也得到提高。

(7)从经济危机看。宋代迅速发展商品经济,最缺乏的是通货,这是自然(地理)条件决定的结果。汉代把容易开采的矿石都利用完毕,剩下的矿石开采成本较高,因此跟不上商品经济市场的需求。为了改善气候变化造成的两类钱荒,宋代政府不得不走出去,邀进来,鼓励海上贸易,是为了引进经济发展所需要的通货。香料作为高价值的商品,具有稀缺性、体积小、价值高、耐储存(可保值)、可兑换、难仿造的通货特征,曾经是盐法运行的润滑剂(通货)。公元1137年,宋高宗曾经慨叹道:"市舶之利最厚,若措置合宜,所得动以百万计,岂不胜取之于民? 联所以留意于此,庶几可以少宽民力耳。"①

香药在欧洲是可以归入"食"的必需品(因为小冰河期需要大量的腌制食品,欧洲对香料的需求大增,是气候造成的刚需),可是在中国,由于缺乏足够的必须应用场合,所以发展成"货",而且是通货,伴随着盐引和茶引(都是通货),提供给盐商,成为经济运行的润滑剂。在这种思维模式下,政府"冷相气候邀请贸易","暖相气候规范贸易",气候变化是"无形的手",调节针对通货的海外贸易的进展。

就此而论,"郑和下西洋"也是一次典型的符合"冷相气候邀请贸易"的贸易尝

---

① (清)徐松,宋会要辑稿·职官44之20。

试,目的是引入通货,改善纸钞过度发行带来的经济危机。当国内市场通货饱和,不再需要海外商品之时,郑和下西洋推动的通货贸易模式就无力维系了。几乎同一时间,白银开禁,中国转入了银两主导的"白银时代"。当社会逐渐转入银本位,高价白银主导中国的金融市场,海外贸易的重要性逐渐下降,结果导致有意识的海禁和锁国政策,海上贸易和纸钞发行一起衰落(从 1433 年停止下西洋到 1573 年重新开放海禁,大约 140 年)。所以发展海上贸易的主要动力是为了获得中国短缺的通货,为了支持纸钞的发行(香料相当于是纸钞发行的准备金,与今天黄金的地位相同),为了满足气候变暖带来的经济扩张。宋代市场的商品化和集中垄断的趋势推动了海外贸易革命的发生。

值得一提的是,1793 年马嘎尔尼访华行动,也是响应"暖相气候扩大市场"规律的政治经济决策,而 1816 年阿美士德访华行动,也是响应 1815 年坦博拉(Tambora)火山爆发推动全球气候变冷的环境危机,符合英国利益的"冷相气候邀请贸易"的应对措施。海外贸易,就是通过经济扩张和收缩的两种方式来响应气候的脉动,表现可能都是对海外贸易的推动。

10

火灾危机与消防革命

　　一个伟大的社会，必然有相应的制度保障。12世纪初的北宋，经过王安石变法的经济积累，国力和人口达到一个顶点。首都开封的人口达到130万，达到了"宋家汴都全盛时"。在这种社会发达、政治繁荣、国力充沛的情况下，宋代正在发生一场静悄悄的城市革命（城市化运动），大量人口向城市集中，城市化率达到惊人的22.7%，远高于明清时的7%。在这个高度城市化生活的时代，需要有城管制度和消防制度的保障，《清明上河图》给我们透露出当时正在进行中的城市革命。

　　在虹桥两侧，有4根柱子，上面各有一只鸟（见下图72）。有人说这是风向标，更合理的解释是，这是规范路边桥上占道空间的表柱，目的是规范市民的侵街行为。这不是城管的功能吗？不错，宋代开封来自旧城改造，为了规范街道的使用，不得不进行了多次扩建和改建工程，形成了宋代特色的拆迁改造工程。

图72　宋本《清明上河图》的反侵街表柱（左右各一）

　　宋本《清明上河图》中有一段城墙与汴河码头之间的过渡区（见下图73），地理位置非常特殊,是进入城门的必经之路,有一个劳务市场。旁边有一个院落里驻扎着一群军人。门口有坐着的八个人,墙上靠着一些特殊的救火工具,大门后面有一个衣服角,院子里有一人一马,加起来十个人一匹马,就是北宋的基层消防组织——军巡铺的基本组成了。

图 73　宋本《清明上河图》中的军巡铺

为什么这是军巡铺?

第一,古代社会的消防重点单位是城门。古代社会,制造业不发达,仓库的燃料种类不多,最大的火灾危险发生在哪里?《墨子·备城门》早就告诉我们,消防最薄弱的环节是城门,人群多,燃料多,火源多,损失大,所以需要加紧防范,"持水者必以布麻斗、革盆,十步一。柄长八尺,斗大容二斗以上到三斗。敞裕、新布长六尺,中拙柄,长丈,十步一,必以大绳为箭(23)。城上十步一铳。水瓵,容三石以上,小大相杂。盆、蠡各二财"。古罗马的第一支消防队就是诞生在公元前 3 世纪初的城门附近。日本古代的第一支消防队,也是诞生在城门附近。在城门附近设置消防队,似乎是人类社会各个文明的首选[①]。

第二,军巡铺服务人群的内在本质决定了其地理位置的选择,一定是在交通方面四通八达,距离主要服务地点的行动距离均等的地点。如果这支队伍是服务码

---

① Evan Green-Hughes. A history of firefighting[M]. Moorland Publishing,1979.

头、虹桥和城门的,那么图中的院落是绝好的地点,符合现代消防站设置的两条原则:保护重点单位和优化行动距离。

第三,院墙上有专门设计的尖齿(防贼防盗防偷袭),间接说明了当地的军事单位特征。

第四,墙上的工具给我们透露了军巡铺的专业特征。根据《东京梦华录·防火》记载,宋代的"救火家事,谓如大小桶、洒子、麻搭、斧锯、梯子、火叉、大索、铁猫儿之类"。这些工具可以分成两类,一类是短工具,如大小桶、洒子(类似水瓢的投水工具,减少重量,有利于提高投射的精度)、大索(绳子)、斧锯之类,很可能收藏在图左侧(出门的右侧)的工具箱里。另一类是无法收藏的长工具,麻搭(麻做的拖把)、梯子、火叉(钩镰、火)和铁猫儿。在这个院落的墙上(见图73),从左到右分别是2杆火叉、2杆彩旗、1支麻搭和2杆彩旗。

麻搭是一种在长杆顶端缚扎散麻蘸吸泥水灭火的工具,主要用于救火。元代张国宾《合汗衫》第二折:"摆一街铁茅水瓮,列两行钩镰和这麻搭。"明代茅元仪在《武备志》认为:"麻搭,以八尺杆系散麻二斤,蘸泥浆,皆以蹙(cù)火"。所以简单地说,麻搭就是一种麻做的拖把。使用拖把的好处是,可以淬熄火源,节省水源,主要用于扑救缺水的大面积火灾。图中的器物看上去像一把收拢的遮阳伞,但是不对称,且没有打开(当时图中有几十把打开的遮阳伞,没有打开的伞只有这一把),因此是麻搭。中国在1987年大兴安岭大火、2010年道孚山火中,仍然使用蘸水的拖把进行灭火,是古代麻搭的延续。

火钩是另一种灭火工具,通过把燃烧的材料钩离原来的位置,就可以救火。《水浒传》第41回:"这边后巷也有几个守门军汉,带了些人,拖了麻搭、火钩,都奔来救火。"所以,麻搭和火钩是火场的两种战术,麻搭是用水灭火(即消火),火钩是把燃料与火场脱离(即防火),合在一起,消防是灭火的两种战术,通过麻搭火钩来体现。

问题出在第三种工具,照道理应该出现的工具是长梯或铁猫儿。在这里出现的是卷起的彩旗,而且是4支。其功能大约是拦阻百姓。古代火场通常是禁止百姓参与的,百姓参加火场行动会带来哄抢财物的现象。为了防止发生这种局面,古代火场需要维持治安,于是有这种彩旗的必要性。

院子里还有第四种工具。《东京梦华录》上说:"每遇有遗火去处,则有马军奔报军厢子,马步军殿前之衙,开封府各领军吸水扑灭,不劳百姓。"原来,这里驻扎的军巡铺还缺乏足够的军事征调权,后者对陈桥兵变起家的赵宋政权至关重要。一且发生灾情,马匹是用来向领导汇报和请求支援用的。宋代失去了燕云十六州和西夏,缺乏优良的马场,只能从吐蕃或西夏购入,一匹马达到惊人的 100 到 150 贯(大约是职业军人年收入的 2~3 倍),所以有限的马匹总是要优先保障军方的使用。对宋本《清明上河图》来说,常见交通工具是驴子和牛,马匹通常有专人维护饲养,主要服务于官员和军方。

10.1 侵街危机

隋唐以来,开封即为商业、手工业和交通运输的中心,五代时又在此建都,城市原有基础已不能适应社会经济发展的需要,因此在宋代经历了多次的拆迁和重建行动,体现了城市对气候变化的响应。显德二年(955)四月十七日,后周世宗柴荣下诏扩建和改建开封。这一诏书指出当时开封存在的城市问题,如用地不足,道路狭窄,排水不畅,特别指出了火灾的风险,并提出了扩建、改建的要求,根据诏书,开封进行了有计划的扩建和改建,为后来北宋的建设奠定了基础。东京城包括外城、内城和皇城三重城墙。外城周长 48 里 233 步。城墙为土筑。

60 年后,宋真宗大中祥符九年(1016 年,1020,暖相)至天禧三年(1019),开封城墙进行了增筑。

又过了 60 年,宋神宗熙宁八年(1075 年,1080,暖相)重修,城周扩展至 50 里 165 步,墙高 4 丈,基宽 5 丈 9 尺,外距城濠 15 步,城内留 10 步为通道。并在城四面修敌楼、瓮城和浚治壕堑。元丰七年(1084),"又买木修置京城四御门及诸瓮城门,封筑团敌马面"。

又过了 30 年,宋徽宗崇宁五年(1106),又一次展修开封城墙。并且在政和六年(1116)进行展修。这时候,距离靖康之变已经不远了。

上述四次开封城修建城墙的工程,除最后一次外,都是发生在暖相,体现了开发江南之后暖相经济更有实力的特征。暖相气候推动人口高涨,带来密集的人口,环境缺乏空气流动,因此容易产生疫情和火灾。宋代的城墙建设工程,也可以看作是响应气候脉动的社会应急措施,需要放到气候脉动的背景下才能看清。

10.2 火灾危机

火灾的周期性

顾名思义,城市大火就是失控的社区火灾。只要条件合适,城市大火也有可能在乡村发生。不过,历史上记载中的大火,主要发生在城市,所以人们习惯于如此称呼。中国拥有世界最详尽的火灾记录。1997年出版的《中国火灾大典》,记录了上讫传说中的黄帝,下到1994年的火灾全记录。然而,大量的建筑火灾、森林火灾和战争火灾混杂在其中,让气候问题显得不可捉摸。为了联系火灾与气候,需要把其中的城市大火独立出来,为此需要把城市大火重新定义为"失控的社区火灾",有别于大量的野火、纵火、战火和建筑火灾。

古人早已注意到火灾的六十年周期性。嘉靖十六年(1537),广西义宁县城内下街火,古传六十年遇一火灾[1]。此外,"崇祯时,昭庆寺灾。古老谓余曰:前此六十年,昭庆寺尝灾,起火甚异。"[2]

宋代有两个关于灭火效率的皇家规定,给我们透露出当时的火灾蔓延速度信息。《宋会要辑稿》中记载,在祥符二年(1008)"六月,诏在京人户遗火,须候都巡检到,方始救泼,致枉烧房屋,先令开封府,今后如有遗火,仰探火军人走报巡检,画时赴救,都巡检未到,即本厢巡检先救。如去巡检地分遥远,左右军巡使或本地分厢界巡检、员僚指挥使先到,即指挥兵士、水行人等,与本主同共救泼,不得枉拆远火屋舍,仍辖不得接便偷盗财物。如有违犯,其军巡使、厢虞侯、员僚指挥使,并勘罪以闻"。也就是说,当时的灭火行动还需要遵守形式上的统一管理,一定要巡检才能决定救火,不得随意灭火。那么,为什么要规范救火行为呢?因为当时的气候比较冷,冷干的燃料容易点火,所以失火的概率增加。同时,因为缺乏暖相气候的气流推动,通常火场蔓延不快,因此政府可以从容要求消防队伍维持火场秩序("须候都巡检到,方始救泼")。

仁宗天圣九年(1031)的灭火诏令却有这样的记载:"帝闻都辇闾巷有延燔者,火始起,虽邻伍不敢救,俟巡警者至,以故焚燔滋多。"遂令"京城救火,若巡检军校未至前,听集邻众赴救。因缘为盗者,奏裁,当行极断"。也就是说,祥符二年的规定依然有效:即京师由负责的巡警救火,临近的队伍都不能参与,这是防范军巡铺被滥用的措施。同时也另外说明,当时的火情严重,考虑到巡检军校不能及时到达,为减少损失,可以让老百姓在巡检军校到来之前可以救火。为什么不同时间段会有态度的差别?因为1008年时的火灾发展还比较缓慢,所以允许人们遵守一些

---

[1] 中国火灾大典,第668页。
[2] 李采芹等,中国消防通史,第830页,《康熙仁和县志》引《湖壖杂记》《北墅手记》。

繁文缛节的形式;可是 1031 年是暖相气候(见 2.2 节,南方金橘引种到开封,说明气候温暖),火灾蔓延很快,于是火场就容易失控,所以对火场的治安管制也就放松了。

根据中国历史火灾文献记录,特别是中国历史上可确认的 1 000 次左右可以称为天灾的灾情描述,我们可以总结发生在暖相的火灾(暖灾)和发生在冷相的火灾(冷灾)的特征(见表 33)。

表 33　冷灾与暖灾的特征

	冷(相火)灾	暖(相火)灾
极端环境温度	低	高
火灾蔓延速度	低	高
蔓延机理	导热模式的火灾蔓延	辐射主导的火灾蔓延
伤亡率	低	高
时　间	突出在夏天,但全年分布较为均匀	倾向于集中在秋天发生,其他时间也有可能
地　点	干旱地区的随机分布	通常发生在南方,或环境湿度容易发生较大变化的地方
异常表现	大片区域的多起火灾同时发生	火场异常旺盛,燃烧速度快
气候特征	洪水之后的干旱,降水不均,没有大风	夏季高温之后的干旱,多风
消防管理	多次报警提高公众的警觉,应急管理投入增加	无预期,没准备,在严重损伤后加强消防管理
其他症状	传染病的发生	野火伤亡增加

按照这个经验性的规律总结,我们可以认识宋代重大火灾的气候特征。

1. 建隆元年(960),宿州起大火,烧民舍万余区。【暖灾】

2. 建隆三年(962)正月,开封府通许镇市民家起火,烧庐舍 340 余区。五月,东京大相国寺起火,烧房舍数百区。【暖灾】

3. 乾德四年(966)二月,岳州衙署、廪库起火,将市肆、民舍烧光,官吏逾城才逃一命。

4. 开宝八年(975)四月,洋州起火,烧州廨、民舍 1 700 区。永城县起火,烧军营、民舍 1 980 区,死 9 人。

5. 大中祥符八年(1015)四月,开封府起火,延烧内藏、左藏库、朝元门、崇文院、

秘阁。【暖灾】

6.明道元年(1032)八月,东京禁中起火,延烧崇德、长春、滋福、会庆、崇徽、天和、承明、延庆八殿。【暖灾】

7.景祐三年(1036)七月,太平兴国寺起火。【暖灾】

8.嘉祐三年(1058)正月,温州起大火,烧屋1.4万间,死者50人。【暖灾】

9.元丰元年(1078)八月,邕州起大火,烧官舍1 346区,诸军衣万余袭,谷帛军器150万。【暖灾】

10.元祐六年(1091)十二月,开封府起火,烧得府廨一空,知府李之纯仅以身免。【暖灾】

11.重和元年(1118)九月,后苑广圣宫起火,一次焚毁5 000余间房屋。【冷灾】

12.绍兴元年十二月(1131),临安大火,烧万余家。【暖灾】

13.绍兴二年(1132)五月,临安火弥六七里,延烧万余家。同年十二月,临安又起大火,烧吏、工、刑部、御史台及公私室庐非常多。【暖灾】

14.绍兴十一年(1141)七月癸亥,婺州起大火,州狱、仓场、寺观暨民居一半被烧光。【暖灾】

15.乾道九年(1173)九月,台州起火,一夜未停,烧县治、酒务及市民7 000余家。【暖灾】

16.淳熙九年(1182)九月,合州起火,民居几乎全被烧光。【冷灾】

17.嘉泰元年(1201)三月二十三日夜,临安府(今杭州)御史台吏杨浩家起火,延烧至御史台,军器监、储物库等官舍,火至二十六日方熄灭。受灾居民达五点三万余家,共十八万多人,死而可知者五十九人。这是南宋以来都城发生的最大一次火灾。【暖灾】

18.嘉泰四年(1204)三月,临安起大火,烧尚书中书省、枢密院、六部、右丞相府、制敕粮料院、亲兵营、修内司,延及学士院、内酒库、内宫门庑,烧2 070余家。

19.嘉定元年(1208)三月戊寅至四月辛巳,临安起大火,烧御史台、司农寺、将作、军器监、进奏、文思、御辇院、太史局、军头、皇城司、法物库、御厨、班直诸军垒,延烧58 097家。城内外亘十余里,烧死59人,踩死者不可计算。城中庐舍烧毁十分之七,文武百官只好住到船上。【暖灾】

20.嘉定五年(1212)五月,和州起大火,烧2 000余家。

21.嘉定十三年(1220)十一月,临安起大火,烧城内外数万家,禁至20区。

22. 绍定四年(1231)九月,一夜,宋都临安发生火灾。殿前司副都指挥使冯棚、率卫兵专保护史弥远相府,致使大火漫延,太庙、三省、六部、御史台、秘书省、玉牒所等俱被烧毁。【冷灾】

23. 嘉熙元年(1237)六月,临安府火,燔 3 万家。【冷灾】

24. 景定五年(1264)七月,京城大火。【暖灾】

上述火灾划分,既考虑了火灾的蔓延特征,也考虑了当时的气候背景。一般而言,暖灾(大风型火灾)伤亡多,冷灾(缺水型火灾)蔓延大,分别对应各自的气候条件。这是对城市大火的最简单的、符合气候原理和火灾原理的分类方法。

值得一提的是,美国最近的加州山火危机,与 1960 年前后尼克松任加州州长期间的山火肆虐危机有异曲同工的效果,两者都是响应气候脉动带来的环境危机。

城市建筑革命

值得注意的是,世界主要城市大火的发生时间,也符合气候的 30 年或 60 年周期性:

罗马(6/64/154/188);

洛阳(77/108/142/182/233);

南京(270/327/373/402/431/452/475/500/557);

徽州(1132/1191/1200/1261/1295);

杭州(910/941/1131/1132/1136/1137/1170/1201/1231/1296/1328);

福州(1186/1211/1263/1487/1508/1603/1642/1661);

阿姆斯特丹(1421/1452);

伦敦(60/122/1087/1135/1212/1220/1632/1666);

哥本哈根(1728/1794);

马尼拉(1799/1833/1865);

魁北克(1845/1876);

费城(1869/1899);

日本函馆(1879/1907/1934);

麻省切尔西(波士顿郊区)(1908/1973);

香港(1953/1986)。

他们大多发生在气候节点,并响应着气候的 30 年周期,因此是气候变化推动的火灾危机。气候通过这种方式调节城市的大火,推动社会文明的发展。

中国历史上,类似的例子还有很多。根据《中国火灾大典》的附录部分,下列城市发生了重大火灾。云南姚安(1568/1596)、台湾宜兰(1810/1852)、四川乐山(1582/1609)、四川忠县(1770/1812)、安徽休宁(1513/1541)、安徽和县(1178/1212)、山西汾阳(1551/1581)、广东南海(1839/1854)、广东澄海(1762/1795)、广西苍梧(1728/1766)、广西南宁(1673/1714)、广西梧州(1741/1768)、广西荔浦(1528C/1566)、江苏淮安(1768/1794/1835)、江苏镇江(1137/1159)、江西景德镇(1470/1510)、江西武宁(1706/1740)、江西瑞金(1673/1705)、浙江平湖(1814/1850)、浙江平阳(1690/1726)、浙江龙泉(1472/1513)、湖南常德(1730/1763)、湖南湘乡(1531/1551)、福建寿宁(1545/1579)、福建将乐(1636/1666)、福建崇安(1748/1782)、福建建宁(1630/1671)、福建建瓯(1587/1610)、贵州独山(1709/1733)、贵州铜仁(1665/1683)、辽宁铁岭(1572/1594)。这些国内小镇,在千年历史上,通常只有这两次重大火灾,而且相隔30年。这两次火灾推动了城市建筑风格从草木建筑向砖瓦建筑的转变,代表着城市文明的转折点,因此在城市文明发展史上具有重要的象征意义。就此而论,城市大火是推动城市文明的"无形之手",气候脉动推动城市大火,完成城市建筑风格革命或文明革命。

10.3　消防革命

望火楼带来军巡铺

宋代是火灾高发的年代,早在北周建都开封时,北周世宗柴荣就考虑了居民的消防问题,后周显德二年(955)四月,柴荣在《京城别筑罗城诏》中指出:汴州"而又屋宇交连,街衢秋入夏有暑湿之苦,居常有烟火之忧"。因此,决定"将便公私,须广都邑,宜令有司于京都四面别筑罗城,先立标帜,候将来冬春初农务闲时,即量差近甸人夫渐次修筑……未毕则迤逦次年……今后凡有营葬及兴置宅灶并草市,并须去标帜七里外,其标帜内侯官中街巷、军营、仓场、诸司、公廨院务等,即任百姓营造"。可以看作是最早的为了防火而从事的城市规划。

在暖相气候模式(南方金橘栽种到开封)下,宋明道元年(1032)8月,由于东京禁中起火,北宋政府又专门制定了更严格的防范措施,其中包括建立望火楼。所谓望火楼,就是市区中位置高的瞭望台,可以缩短报警时间,加快消防队员的响应速度。和现代望火楼相比，它们的功能不止观察火灾，还是北宋政府维持城市宵禁政策的一部分，主要有三大功能。第一，需要看到在晚上有人违规点火，防止蓄意违法；其次，对火灾进行报警，动员当地队伍立即响应；第三，通过灯笼和旗帜来通知其他地方（城厢，即市区）的军巡铺来灭火。任何高处即可（比如城门楼，也是天然的望火楼）。有了望火楼，就有了专职的从事防火监督的军巡铺，所以一般我们把这个当作是军巡铺的起点，代表着宋代的消防革命。

望火楼相关最著名的例子，是狄青夜醮的故事（宋人魏泰的《东轩笔录》就记载："京师火禁甚严，将夜分，即灭烛。故士庶家凡有醮祭者，必先白厢使，以其焚楮币在中夕之后也。至和、嘉祐之间，狄武襄为枢密使，一夕夜醮，而勾当人偶失告报厢使，中夕骤有火光，探子驰白厢主，又报开封知府。比厢主、判府到宅，则火灭久矣。翌日，都下盛传狄枢密家夜有光怪烛天者，时刘敞为知制诰，闻之，语权开封府王素曰：'昔朱全忠居午沟，夜有光怪出屋，邻里谓失火而往救，则无之，今日之异得无类此乎？'此语传于缙绅间，狄不自安，遽乞陈州，遂薨于镇，而夜醮之事，竟无人为辨之者"）。之所以"火禁甚严"，是因为当时的冷相气候比较干燥，燃料容易失火，在"惊弓之鸟"的推动下，需要严密地防火。之所以拿朱温和狄青对比，是因为两者恰好都是在冷相气候节点发生的火灾，朱温在火灾的预兆中篡位成功了，所以狄青无法自辨，也得不到同情。

很多读图的史学家，都把该军巡铺当作了官厅或驿站（递铺），把另外一座虹桥以外普通的亭子当作瞭望火楼（见下图74），因此得出了军营被占用，军巡铺没有发挥作用的社会观察。

图74　宋本《清明上河图》中的休闲亭或送别亭

根据元符三年(1100)编纂完成、崇宁二年(1103)经皇帝批准的《营造法式》记载,望火楼是一座建造在立柱上的方形二层楼,要建在全城的高处,楼要高30尺以上,也就是要达到9.30米以上的高度(1宋尺约合0.31米)。士兵站建在高处的望天楼上,瞭望全城,火警可以说是一览无余。在这种高度的要求之下,望火楼只能是建设在柱子之上的架空布置。如果实心建设,必然带来材料投入大,成本过高的弊端。所以,《营造法式》是对当时最佳望火楼设计的总结。明代徐松的《盛世滋生图》中,有一个符合《营造法式》的望火楼建筑(见图75),有高度,有楼梯,有警钟,才是望火楼的标配。

图75　《盛世滋生图》中符合《营造法式》的望火楼

所以,上图74所示的亭子不是望火楼,而是普通的休闲亭。那么,军巡铺靠什么来望火呢?既然军巡铺距离城门那么近,城楼就是望火楼的天然选择。

在北宋学者孟元老的《东京梦华录》中记载的东京防火管理,已经提到了正规的军巡铺制度:"每坊巷三百步许,有军巡铺屋一所,铺兵五人,夜间巡警及领公事。于高处砖砌望火楼,上有人卓望,下有官屋数间,屯驻军兵百余人,及有救火家事,谓如大小桶、洒子、麻搭、斧锯、梯子、火叉、大索、铁猫儿之类。每遇有遗火去处,则有马军奔报。军厢主、马步军殿前三衙、开封府各领军级扑灭,不劳百姓。"所以,军巡铺不仅设立在每坊巷,也设立在坊界处。从军巡铺的功能来看,军巡铺兼顾着当代派出所、消防队及城管局的功能。之所以密布各个坊巷,是因为当时(宋徽宗时期)的冷相气候有利于点火,所以需要就近灭火。

军巡铺的主要职责是夜间巡警地方,查看烟火和提防偷盗,以及调解所辖地段出现的民事纠纷。这些驻扎在基层地方的士兵们轮流值班,如果遇到火、盗等案情,立即按照法律进行查处。而倘若案情不是自身职权范围或能力无法处理的,则马上移交地方政府陈词诉讼,依法解决。各个军巡铺之间,既要各司其职,又要协同动作,以防止犯罪分子漏网或导致险情扩大,他们之间的联络信号,白天用旗,晚上用灯,很有组织性能,对维护地方治安和消防颇有作用。所以军巡铺身兼治安和消防的两大功能。这与罗马的消防队伍"守望者"的功能类似。"守望者"白天管风纪,晚上搞防火,有处罚权,类似于城管兼消防。北宋军巡铺与之类似。

那么,为什么图73中的那些队员都在打盹呢?因为火灾通常集中发生在某些时段,即《孙子兵法》所说的"发火有时",民居火灾通常在固定的时间发生,通常是炊煮时间和夜深人静的时段。《清明上河图》发生在炊煮的时段(从大多数酒店没有多少人,新酒的彩旗没有降下来判断),理论上是有火灾发生的。可是图中的火灾发生过了,这些人是刚刚从火场回来,所以在抓紧时间补充休息和睡眠。证据是一位趴在地上的人只穿了裤衩,他的裤子在另一个人的手中缝补。也就是说,这是因为救火,导致了裤子破损,所以不得不接受别人的帮助。张择端从这个动作,巧妙地表达了古人应急之后的休整行为。所以,从这些外表懒散的军人,我们可以看到的是军人的尽职尽责,是社会发达的标志,而不是社会危机的标志。从人类文明发展史来看,消防队员越慵懒,意味着社会越发达,专业化程度高,养得起闲人和懒人。

南宋的消防对策

南宋绍兴二年,南逃的政府终于安定下来,由于"兵火之后,流寓士民往往茅屋以居,则火政尤当加严",而当时"虽有左右厢巡检二人,法制阔略,各存而已",这说明当时的消防管理是非常粗略的。故仿效开封府的"内外徽巡之法",在杭州城内分为四厢,每厢设巡检一人,并根据地理远近置若干铺,每铺差禁军长行六名,每两铺差节级一名,每千名差军员一名,由巡检统领。他们的任务之一便是配备救火器具,负责救火。绍兴三年于临安府"紧切地分"即重要地方专门设置了防火、救火机构"防火司",且"立望火梯楼"、"多差人兵"、"广置器用"、"明立赏罚"。救火器具由官方掌管提供,并负责更新和维修。有火情时,发放器具,扑救结束后,将器具收回。此时,救火任务主要由军队承担。这说明,当时的救火办法依然沿用开封的办法,由军队临时充任。"分六都监界分,差兵一百四十八铺,以巡防烟火。"[①]

根据吴自牧在《梦粱录》中的说法:"临安城郭广阔,户口繁夥,民居屋宇高森,接栋连檐,寸尺无空,巷陌壅塞,街道狭小,不堪其行,多为风烛之患",是临安城继续东

---

① (元)脱脱,宋史·职官志。

京巡警制度的前提条件。"官府坊巷,近二百余步,置一军巡铺,以兵卒三五人为一铺,遇夜巡警地方盗贼烟火,或有闹吵不律公事投铺,即与经厢察觉,解州陈讼。更有火下地分,遇夜在官舍第宅名望之家伏路,以防盗贼",是军巡铺的工作内容。

随着人口的增加,原有的军巡铺不足以满足城市治安的需要了。关键的问题是,军巡铺不能解决地方的灾情,必须要外面的帮助,这时候强调了专业灭火和统一指挥的必要性。针对专业灭火,1206 年,在临安府尹廖俣的任内,诞生 4 支熸火队伍:帐前四队,每队 350 人。针对防火指挥,1211 年,在临安府尹王桥的主持下,又成立主要防火的火七隅,同年,又增一隅,每隅 102 人。这说明,当时的火场发展快速(暖相气候,风助蔓延),及早发现火情显得非常重要,于是防隅军不得不就近派驻,以便于及时发现火情。这两种专业队伍在 30 年后又不足使用了,在临安府尹的主持下,又成立了特种部队或特勤队伍(水军队、搭材队和亲兵队),以及 3 支新增防隅军。这样防火的队伍达到 12 隅 1 224 人,救火的队伍达到 7 队 2 042 人。另外,城外还继续征用军队办消防,又有 3 000 人的队伍,这样全部 6 266 人,比较接近罗马鼎盛时期规模达到 7 000 人的消防队伍水平了。下表(表34)所示为临安城内各支消防队伍的成立时间、位置和职能,分工明确,管理细致,体现了专业队伍的分工与职责。

表34　南宋消防队伍鼎盛时期的组成

	名称	驻扎地	人数	成立时间	目的
火十二隅	东隅	在都税院侧	102	嘉定四年(1211)	望火
	西隅	在本府铁作院侧	102	嘉定四年(1211)	望火
	南隅	在太岁庙下	102	嘉定四年(1211)	望火
	北隅	在潘阆巷	102	嘉定四年(1211)	望火
	上隅	在大瓦子三真君庙侧	102	嘉定四年(1211)	望火
	中隅	在下中沙巷	102	嘉定四年(1211)	望火
	下隅	在棚后	102	嘉定四年(1211)	望火
	新隅	在朝天门里	102	嘉定四年(1211)	望火
	府隅	在左院墙下	102	嘉定十四(1221)	望火
	新南隅	在候潮门里	102	淳祐四年(1244)	望火
	新北隅	在余杭门里	102	淳祐四年(1244)	望火
	新上隅	在侍郎桥	102	淳祐九年(1249)	望火

	名称	驻扎地	人数	时　　间	目的
熠火七队	帐前四队	在本府大门里	350x4	开禧二年(1206)	熠火
	水军队	在本府教场内	260	淳祐六年(1246)	熠火
	搭材队	在本府教场内	180	淳祐六年(1246)	熠火
	亲兵队	在本府教场内	202	淳祐六年(1246)	熠火
城南北厢熠火隅兵	东壁	城南北厢	500		熠火
	西壁	城南北厢	500		熠火
	南壁	城南北厢	500		熠火
	北壁	城南北厢	300		熠火
城外四隅	东壁	城外	300	淳祐四年(1244)	望火
	西壁	城外	300	淳祐四年(1244)	望火
	南壁	城外	300	淳祐四年(1244)	望火
	北壁	城外	300	淳祐四年(1244)	望火
	总　　计		6 266		

消防制度的衰亡

南宋的防火制度,到元代蒙古人的管理之下仍然存在了一段时间。在欧洲来的"乡巴佬"马可波罗的眼中,非常神奇,于是在他的著名游记中,分别记录了杭州的消防任务。

依照大汗的规定,每一座重要的桥梁上都驻有十个卫兵,五个人负责白天,五个人负责夜间。每个守卫都配有一个木制的报时器(木梆),一个铜制的报时器(铜锣),再加上测定昼夜时刻的计时仪。当夜间第一个时辰到来时,一个守卫就在木器和铜器上各敲一下,这就是向邻近街道上的居民宣布一更已经到了;当二更时,就敲两下;随着时间的推移,敲击的次数也随着增加。守卫是不准睡觉的,必须时刻处于警戒状态。到了清晨,太阳一出来,又和晚间一样,重新敲一下,这样一个时辰一个时辰地递增。【巡防制度】

还有些守卫专门巡逻街市,检查是否有人在规定的宵禁时间之后,还点着灯。一经发现,他们就在这户人家的大门上作一个记号,第二天清晨也把主人带到官署审问,他如不能说出正当的理由,便要受到惩罚。如果发现有人在戒严的时候,仍然逗留在外,守卫便马上将他逮捕监禁,第二天清晨再将他带到同一官署中审问。他们如果发现一个残疾人或其他患病而不能做工的人,就会把他送入慈善堂。像这样的慈善堂,城中每一地区都有几个,是由古代的君主创办的。当病人痊愈后,就必须让他从事某种职业。【宵禁制度】

如遇上火警,守卫就敲击木器发出警报,于是一定距离内的守卫就会立刻赶来救火,并将此地商人和其他人的财产,移入前面所说的石屋中。货物有时也装入船中,运到湖中的岛上。即使在这种情况下,除了货物的主人与前来帮忙的守卫外,其他百姓也还是不能在夜间出门的。不过,尽管如此,现场人员也不下一二千人。【救火管理】

马可波罗达到杭州(行在)的时间,大约是公元1285年,这一年黄河水灾是气候恶化的起点(小冰河期的起点之一)。由于气候变冷,元政府在1292年停止了竹监司,这被竺可桢认为是气候转为冷相的标志之一。大约同时代的元代农学家王桢也在研究防火问题,他的《农书》附录了一篇《法制长生屋》,成为中国700年来农村建筑防火的参考标准。这些防火措施,都是响应这一轮冷相气候带来的火灾危机的。

临安的防火队伍,在政治中心北移后很快就松懈下来。据方志记载:"元至元间杭州尚有火禁。高彦敬(字)克恭(元代著名画家和官员)为江浙行省郎中,知杭民藉手业以供衣食,禁火则小民屋狭夜作,燃灯必遮藏隐蔽而为之,是以数至火患,遂弛其禁。杭民赖是以安,与廉叔度除成都火禁一意也。"①也就是说,由于气候变冷,环境恶化,再强调禁火,就会导致偷偷点灯,增加了失火的概率,这种"因禁火而失火"的困境,是导致放松火禁的原因。其附带的效果,是放弃了中世纪非常高效的消防制度。当然,政治中心的北移,北方建筑的分散布局和城市化率的降低,对元政府抛弃消防制度有很大的贡献。

等1341年和1342年的杭州再次发生大火之时,该城已经是对火灾不设防的城市了。杨维桢在著名的《江浙廉访司弭灾记》中,一点没有提到消防队伍的贡献。所以,作为中国历史上独一无二的消防制度,军巡铺大约存在了180年(1032—1206),防隅军大约存在了90年(1206—1292),这是宋代商品经济高度发达(燃料

---

① (明)胡宗宪,嘉靖版浙江通志·卷280。

多)、职业化终身服役兵制(人力成本低)、气候多变(火灾高发)、消防技术不足(缺乏射水技术)的共同作用结果,也是宋代商业革命和城市革命带来的必然结果,只有通过气候脉动理论才能够解释。

消防革命的原因

宋代的军巡铺和防隅军,虽然是昙花一现,其影响至今犹存。为什么宋代可以产生令人惊异、举世唯一的消防制度?

第一,人口集中的城市化趋势。宋代人口高涨,大量的人口集聚在城市,给城市管理带来火灾隐患。

第二,中国气候的脉动性特征,让旱季(秋冬)和雨季(春夏)分别明显,防火的时段集中在旱季,所以宵禁的执行效果好,有利于军方的望火和宵禁行动。

第三,宋代的建筑处于从草屋向瓦屋的转换过渡过程中,结构仍然比较简陋,保温和防火效果很差。由于木材和竹子成本低廉,让宋代建筑的燃料负荷高,保温效果差,有利于火灾的蔓延。也就是说,当时的建筑本身不利于防火。欧洲中世纪也存在这个问题,草木建筑无法应对灾情,所以现代城市文明的一个标志性特征就是从草木建筑改成砖瓦建筑。对此,城市大火发挥了推动城市文明的作用。

第四,宋代把兵役制当作是一种赈灾制度,每次遇到灾情,就通过征兵的方式来赈灾,导致军队规模膨胀,带来严重的"三冗"问题。然而,让部分军人(厢军)从事消防工作,是一种廉价的、高效的解决方案,对中国带来深远的影响。从1965年到2016年之间,中国执行的是兵役制消防,对宋代军巡铺传统有很大的继承性。

那么,什么是宋代消防革命的长远影响?

小冰河期对中国的最大影响是潮灾和降温,潮灾意味着降水增加(无法测量,从黄河泛滥的频度来看北方降水增加),降温意味着砍伐森林(保护森林的主要屏障是瘴疠,气候变冷让瘴疠无法维系,所以南方移民增加)和人口增加,单位燃料负荷减少。其次,小冰河期来临之后,中国的建筑开始转向砖瓦建筑,通过节能技术带来防火手段的改进;第三,商业活动减少,长途贸易降低,仓储交易减少等反城市化趋势的影响,这几个因素共同导致火灾形势的缓解,抑制了火灾相关的消防科技的发展。

明清放弃消防制度的另一个因素是政治中心与经济中心的分离。靠严格的城市规划和有效的人口管理,北京可以远离社区火灾,也就不再关注消防制度建设。南方城市虽然有严重的火灾问题,但依靠二元气候推动的宵禁制度,以及相关的问责制和人祸论,远远无法促进火灾调查和消防进步,无法推动城市文明进程。因此,明清时期的中国放弃对昂贵的消防制度的维持,结果是放弃消防技术的改进,间接导致科技的落后,文明的衰退和城市化率的下降。

火灾主要是商贸文明的产物,通常与社会的商品化流通程度和城市文明的发展程度有关。农耕文明倾向于适用人口管制(宵禁政策)、建筑管制(建筑文化)和信息管制(问责制)来对付火灾,这意味着消防文化的异常繁荣是对消防技术非常落后的有力补充,决定了农耕文明与商贸文明的主要差距。消防工作对射水技术的关注,有力地促进了活塞技术的改进和精密制造业的发展,推动了工业革命所需要的力能转换技术。从社会对消防地位的认识下降,我们可以认识到气候变冷导致中国文明发展的倒退状态,消防就是认识(城市)文明的窗口。

消防是应对社区火灾的应急措施,是响应气候脉动的社会应对,是城市文明的重要标志,所以消防改革象征着城市文明的进步。就此而论,消防或应急水平是文明发展的重要指标。从消防改革的周期性,我们可以认识到气候对城市文明的推动作用。在中世纪温暖期,气候温暖,缺乏气候冲击,欧洲没有急着恢复消防(1116 年威尼斯办消防是罗马灭亡之后 640 年来的第一次),也是中世纪文明落后的重要指标之一。中世纪之后,中国也有 610 年放弃了官办消防事业,也是文明发展停滞的重要象征之一。中国停止官办消防的时段(1292—1902),恰好与小冰河期并行,因此也是小冰河期给中国带来的影响。因此,我们大致可以推论,全球变暖给中国带来更大的挑战,城市化率更高,更有利于科技的突破。纸钞革命、贸易革命、福利革命、医学革命和消防革命都是伴随着中世纪温暖期的产物。当小冰河期来临之后,中国的城市化率下降,瘟疫和火灾减少,生存环境改善,医学和科技发展停滞,所以在科技发展中落伍了。小冰河期气候恶化对中欧社会因地理条件的差异导致的不同程度影响,才是导致"中欧科技大分流"的根本性原因,即符合"环境决定论"。

11

民族危机和国防革命

宋本《清明上河图》给人最大的争议是缺乏国防环节的内容。看不到武装的士兵,6位守城士兵表现过于懒散,如下图(图76)所示。所以有人提出,当时的国防军备松弛,是20年后北宋亡国的重要原因。然而,我们却可以看到作者的匠心,正因为国家繁荣昌盛,才会导致士兵的懒散松弛,这是作者故意做出的场景,仍然为"社会大观"和"丰亨豫大"的社会主流观念服务。

图76 宋本《清明上河图》中的守城士兵较为懒散

从历史中我们看到当时国防形势的另一面。自从1072年"熙河开边"以来的32年间,宋政府曾经三次征讨唃厮啰,在崇宁二年(1103),攻西番地,复设湟州;次年,又收服鄯、廓二州;终于在1104年让沦陷吐蕃的青海地区再次回到中原怀抱,是270年来的第一次,也是北宋国防实力的最高点。征服唃厮啰,意味着打通了陆上丝绸之路,贸易发展,东西沟通,似乎是指日可待。

针对西夏,崇宁四年(1105),西夏扰边,韩世忠所在部队到银州御边抵敌,斩将夺关,夏军大败。同年,复设银州。对西夏的征伐一直持续到 1119 年。

此外,崇宁至大观年间(1102—1110),辽金之间的矛盾日益加剧,徽宗利用这个时机在西南地区"改土归流",扩充了疆域、巩固了边远地区的地方政权。"大观元年(1107),以黎人地置庭、孚二州,侵夺了南丹、溪峒,置观州,在涪州夷地置恭、承二州;大观三年(1109),在泸州州夷所纳地置纯、滋二州",出现了北宋中后期极少有的国土扩充的现象,国土增加,士气高涨,当时是北宋国防实力达到的一个顶点。

而且,宋辽的共同敌人女真金当时还没有崛起,中间隔着辽国,北宋政权无法感知遥远东北方发生的实力天平的消长与变化,谁也想不到当时如此强大富强的辽国和北宋都会在短时间内发生崩塌。然而,女真金的崛起真的是一次偶然事件吗?通常,北方的游牧文明和渔猎文明高度依赖气候,当气候合适时,他们牛羊翻倍,人口膨胀,内斗增加;当气候异常时,他们开始凝聚和兼并部落,集中全部力量发动侵略战争,努力通过外侵来避免内部的竞争。从他们经历周期性的政治事件,可以感受到他们"冷相团结外侵,暖相内斗分散"的基本规律。此外,非农耕的文明(如火耕、游牧和渔猎),总是对气候变化高度敏感,从他们的异常行动(侵略或暴动),也可以推测他们的生产方式发生危机,其原因往往是气候危机导致文明发展的差异性。

所以,为什么仍然在扩张中的北宋会被崛起的女真金突然打败,才是需要从图中读取的内容。以下是北宋主要邻居的气候脉动响应事件,主要发生在气候节点。

11.1　文明冲突与国防压力

身处中世纪温暖期,宋代的气候整体上是温暖的。然而温暖期带来的日照条件有利于各个文明,推动民族分裂,导致各个民族的独立局面,导致宋代的生存环境是各个朝代中最差的,周围的敌国有六个,包括越南、大理、吐蕃、西夏、辽国和金国,因此,宋代立国之初就有很大的国防压力,带来了很大的科技动力。那么,这些不同的文明(生产方式)是如何响应气候脉动的呢?在每一个气候节点,我们都可以观察到这些文明的异动。

渔猎文明的异动

宋代的国防危机主要来自两个渔猎文明的异动。

党项族是西羌族的一支,故有"党项羌"的说法,也称唐古特。据载,羌族发源于"赐支"或者"析支",即今青海省东南部黄河一带。汉朝时,羌族大量内迁至河陇及关中一带。此时的党项族过着不知稼穑、草木记岁的原始游牧部落生活。他们以部落为划分单位,以姓氏作为部落名称,逐渐形成了著名的党项八部,其中以拓跋氏最为强盛。唐朝时,经过两次内迁,党项逐渐集中到甘肃东部、陕西北部一带,仍以分散的部落为主。唐中央多在党项民族聚集地设立羁縻州进行管理,有功的党项部落酋长被任命为州刺史或其他官职。唐末黄巢起义时,皇帝传檄全国勤王。党项族宥州刺史拓跋思恭出兵,唐僖宗赐拓跋思恭为"定难军节度使",后被封为夏国公,赐姓李。至此,党项拓跋氏集团有了领地,辖境包括夏、银(今陕西榆林东南)、绥(今绥德)、宥(今靖边东)、静(今米脂东)等五州之地,握有兵权,成为名副其实的藩镇[1]。

1037年,维苏威火山爆发,1038年,李元昊宣布独立,随后宋夏战争爆发,在经历三川口、好水川、定川三场失败之后,1044年,北宋与西夏达成协议。为了应对这场危机,北宋改革盐法、酒法、茶法,毕昇发明了印刷术,医书得到了普及和推广,为徽宗年间的医学革命奠定了基础。

当熙宁变法的任务基本完成之后,1081—1083年之间,宋神宗发动五路伐夏的第二次宋夏战争,然而由于将帅不利和朝廷党争,北伐的成果很快丢失。

政和四年(1114年,1110,冷相),宋军在童贯、种师道的率领下,在古骨龙大败西夏军,宣和元年(1119),攻克西夏横山之地,西夏失去屏障面临亡国之危,西夏崇宗向宋朝表示臣服。

靖康二年(1127),北宋被金朝所灭,西夏获得生机,得以蚕食宋朝西北领土。

公元1227年(1230,冷相),蒙古征服西夏(党项)。

宋代与党项之间的冲突,要么发生在气候变化之时,要么发生在气候节点。西夏政权始于1038年,终于1227年,全部189年,大约3个气候周期。这说明作为渔猎文明的西夏政权是响应气候变化而诞生的地方政权。具体说来,1030年代的气候变暖("金橘入汴"),为党项政权提供了物质和人力资源。1037年,维苏威火山爆发,产生的气候冲击为李元昊独立提供了外部刺激。之后,宋仁宗、宋神宗、宋哲宗和宋徽宗分别发动宋夏战争(前后共81年),都是利用了气候变化给西夏政权

---

① 傅海波,崔瑞德. 剑桥中国辽西夏金元史[M]. 史卫民,等,译. 北京:中国社会科学出版社,1998.

带来的影响(内部矛盾)。当气候恶化之后,西夏缺乏人力和物质的基础来维持独立,因此被游牧文明蒙古所征服。

在中国历史上,女真是一个突然崛起的民族,然而历史上不乏女真人前身肃慎人的扩张身影。据《日本书记》记载,公元544年(540,暖相)12月,一群肃慎人坐船来到日本佐渡岛,捕鱼生活,貌似是一伙气候移民,被日本人逐出。公元600年(600,暖相),日本一代名将阿信比罗夫崛起,率军向北方开疆拓土,同虾夷和肃慎移民作战。曾经率200艘战船联合土著人包围肃慎人驻地。这些肃慎人非常聪明,见大事不妙,派人同阿信比罗夫谈判求和。阿信比罗夫断然拒绝了肃慎人提出的条件,肃慎人全部战死。

图77　章怀太子墓壁画中最右边一位是靺鞨(宋辽称肃慎)族的使者

宽仁三年(1019年,1020,暖相)3月28日那天,五十只大船突然出现在对马岛,从船上冲下来三千多名服饰怪异的人,手持大刀对岛上居民展开残酷杀掠。日本称这些女真人为"刀伊",这次入侵事件被称为"刀伊入寇"。"刀伊"称呼的来历有两种说法:一种说法是高丽人称女真为"刀伊",就是外番的意思。另一种是说因为女真人手持的大刀质地精良,杀伤力巨大,即使以善于制刀著称的日本人对此也印象深刻,所以称其为"刀伊"。

上述三次女真入侵日本的事件,恰好发生在暖相气候节点,因此是失败的武装气候移民,可以认为是暖相人口扩张,资源不足的结果。

公元1113年(1110,冷相),女真都勃极烈完颜阿骨打率2500名女真联盟士兵在宁江州(吉林扶余)反辽,由于辽军主力主要部署在辽夏、辽宋边境地带,并用于镇压滦州之乱而后方空虚使得女真联军获得了宝贵的喘息发展空间。公元

1115年,完颜阿骨打建政称王,建立金国。

公元1136—1140年(1140,暖相),宋金之间发生大战。1140年,岳飞挥师北伐,进军朱仙镇。宋高宗、秦桧一意求和,岳飞被迫班师。1142年1月,岳飞以"莫须有"的罪名为朝廷杀害,随后宋金达成了"绍兴和议"。该和议使宋朝永久性失去原来北宋的山西和关中养马的马场,从此岳家军的背嵬战士万骑马军成为南宋一朝的绝唱。南宋直至覆灭,都只能靠步兵和北方游牧民族的精骑对阵。

隆兴元年(1163年,1170,冷相)四月,隆兴北伐正式开始,然而北伐没有成功。第二年岁末,宋金达成和议,史称"隆兴和议"。

针对辽国灭亡后草原上崛起的蒙古势力,金在明昌五年(1194)开始建设"界壕"(长城),因旱灾及张万公等大臣反对而停建。承安元年(1196年,1200,暖相),在完颜襄、完颜宗浩的力主下全线开筑,于承安三年(1198)筑成。承安三年(1198),完颜宗浩发动了针对蒙古的北伐,基本达到了预期的战略目标。

开禧二年(1206年,1200,暖相),身任平章军国事的韩侂胄未做充分准备,便贸然发动北伐。然而,金军方面早有准备,故上述宋军进攻皆以失败告终。嘉定元年(1208),宋、金订立"嘉定和议"。

公元1234年(1230,冷相),蒙古征服女真金。在金国败亡之前,持续的战争已经在经济领域造成严重的通货膨胀(见8.2节),金国不断发行新钞来挽救经济,最终的结果仍然不免败亡。

从1113年崛起到1234年败亡,女真金政权存在了121年,2个完整的气候周期。

值得一提的是,乾道八年(1172)春,辛弃疾做了一个现在看来非常精准的历史预言,"犹记乾道壬辰,辛幼安告君相曰:'仇虏六十年必亡,虏亡则中国之忧方大。'绍定足验矣"[①]。在这之前,女真崛起于气候节点,亡于另一个气候节点,而辛弃疾的预言恰好位于中间的气候节点,以前史预报后史,非常准确。从他做预言的时机和所谓的120年"霸权周期",我们可以理解为什么他的政治预言如此准确。

女真民族是典型的渔猎文明,"靠山吃山,靠水吃水",因此对气候危机缺乏应有的弹性。要么积极反抗,要么消极被打,都是渔猎文明的宿命,因此在气候节点更加冲动。其他典型的渔猎文明还包括土耳其、俄罗斯和日本,都是存在缺乏长远

① (元)周密,《浩然斋意抄》载《镇江策问》。

规划,不平则鸣,遇灾则迁的渔猎民族特征,来源于他们的生产方式对环境危机和气候冲击的高度敏感性特征。

北方的游牧文明

当契丹人被女真人打败之后,在契丹国土的腹地(斡难河畔),蒙古人开始崛起。蒙古历史上曾被匈奴、鲜卑、柔然、突厥、契丹等多个民族统治。游牧在草原上的被称作"有毡帐的百姓",主要从事畜牧业;居住在森林地带的被称作"林木中的百姓",主要从事渔猎业。公元11世纪,结成了以塔塔尔为首的联盟,因此,"塔塔尔"或"鞑靼"曾一度成为蒙古草原各部的通称。宋、辽、金时代,把漠北的蒙古部称为黑鞑靼,漠南的蒙古部称为白鞑靼。公元13世纪初,成吉思汗统一蒙古诸部后,逐渐融合为一个新的民族共同体,"蒙古"也就由原来一个部落的名称变成为民族名称。以下是《剑桥中国史》①中记录的蒙古民族大事记。

1146年(1140,暖相),蒙古首次被金册封,称汗,建年号天兴。

1206年(1200,暖相),成吉思汗统一蒙古各部落。

1234年(1230,冷相),蒙古征服金(女真)。

1260年(1260,暖相),忽必烈打败竞争者(同父同母弟)阿里不哥,夺得汗位。但蒙古帝国作为一个整体开始分裂,暖相气候有助于各蒙古占领区王侯独立称汗。

1286—1292年(1290,冷相),忽必烈远征越南、蒲甘、爪哇,基本没有成功,但各蒙古接受忽必烈的领导,获得象征性的共主地位和统一形势。

1323年(1320,暖相),南坡之变,硕德八剌被杀。1326年,蒙古停止全球扩张。

1354年(1350,冷相),由黄河水患导致的张士诚领导的盐商起义,因为脱脱被意外解职而失控,成为元朝灭亡的起点。

1380年(1380,暖相),蓝玉北伐深入漠北,北元改国号,偏居一隅。

1449年(1440,暖相),发生"土木堡之变"。

1550年(1560,暖相),发生"庚戌之变"。俺答率兵自潮河川,经鸽子洞、黄榆沟等地入围北京。明廷震惊,始答允通市。因战争影响,通市时断时续。

1570年(1560,暖相),俺答孙把汉那吉投奔明朝,受明政府礼遇,俺答受感动,于1571年与明廷和议,双方建立和平通贡关系。

① 傅海波,崔瑞德. 剑桥中国辽西夏金元史[M]. 史卫民,等,译. 北京:中国社会科学出版社,1998.

1635 年,林丹汗八福晋归后金,延续 429 年的蒙古帝国从此便从历史上消失了。原有的蒙古各部部众大都依附于后金。皇太极得到玉玺后,立即召集满洲、蒙古贝勒于盛京称帝,定国号为大清。

蒙古政权的兴衰,也有气候脉动的贡献。从生产方式上说,游牧文明可以是自给自足的。但是,草原游牧高度依赖天气,一次雪灾(白灾)或旱灾(黑灾)的影响,往往给游牧民族带来严重的财产损失,所以需要对外侵略和统一部落来弥补损失;而暖相气候的影响,又会导致牧产和人口的双增长,所以存在大量的内乱和离心行动。他们之间的对外战争和内部动乱通常发生在气候节点,因此对游牧文明来说,发动对外战争是响应气候危机的一种自救措施。

南方的火耕文明

火耕文明高度依赖气候,因为他们的生产方式高度依赖降水,缺乏农耕文明的"精耕细作"观念,所以在竞争中总是被农耕文明打败,既无力独立,也不愿归附(火耕文明最崇尚自由,不交税的自由,没有土地所有权观念,这是它和农耕文明最大的区别),所以长期盘桓在农耕文明的南方边境地带,时不时发生气候变化推动的文明冲突。

唐宋之际(中世纪温暖期),南方边疆曾经发生的主要冲突事件[①]如下所示,它们也都和气候节点的异常气候模式有关。

唐开元十二年(724 年,720,暖相),"溪州蛮"覃行璋率众反,朝廷的宦官杨思助为黔中招讨使,"率兵六万往,执行璋,轩首三万级"。

唐大历五年(770 年,780,暖相),武冈州王国良领导的斗争,历时十年。

唐元和六年(811 年,810,冷相),有张伯靖领导的辰、溆、锦、邵、桂(今湘西南各县)等州的苗民起义,历时三年。

唐乾符六年(878 年,870,冷相),黄巢攻打南方,从桂林向长沙进军时,今湘、黔、桂三省边区苗族人民群起响应,逼近桂林,与农民军会师。

后梁太祖开平三年(909 年,900,冷相),辰州苗酋宋邺,叙州蛮酋潘全盛,恃其所居深险,数扰楚边(潭州长沙府为楚都)。宋邺寇湘乡,潘全盛寇武冈。楚王马殷遣邵州(州治邵阳)刺史昌师周用衡山兵五千讨之。

---

① 湖南省少数民族古籍办公室. 湖南地方志少数民族史料[M]. 长沙:岳麓出版社,1991.
龙伯亚.苗族历史概述[J]. 西南民族大学学报(人文社科版),1982(3):33—38.

后周太祖广顺(951—953年,960,暖相)间,楚地动荡,杨再思之子杨正岩,以十峒据诚、徽二州,自称刺史,相当于"改流设土"。

北宋熙宁五年(1072年,1080,暖相),荆州湖北路访察使章淳统兵至沅州(今湖南芷江)、徽州(今湖南会同、靖县一带),直达融州(今广西融水县),"沿途设官屯兵,列布碧堡",到处募役、征兵、派款,恣意杀掠,以致"荆湖南北两路为之空竭,民不安生"。

元丰元年(1078年,1080,暖相)十一月,辰州瑶叛,当朝发沅州兵讨之。元丰三年(1080),邵州(今邵阳)知州关杞,奏请于徽、诚州择要害地筑城寨,以绝边患(相当于建设隔离性长城,见11.2节)。

崇宁元年(1102年,1110,冷相),辰、沅州瑶人作乱,朝廷命枢密院蒋之奇遣将讨之。大观元年(1107),北宋政府置庭、孚、观、恭、承、纯、滋等州,相当于"改土归流"。

绍兴十二年(1142年,1140,暖相)八月,会同县民聚众举事,攻破丰山寨,击毙官兵。高宗赵构旨"蛮夷只能绥抚,不可侵扰",命荆湖北路帅臣刘奇不得生事,相当于"改流设土"。

乾道六年(1170年,1170,冷相),卢阳(今芷江、新晃、中方县地)据僚杨天朝寇边,沅州知州孙叔杰调兵数千讨之,战败。

宁宗嘉泰三年(1203年,1200,暖相),湖南安抚(宋,于诸路置安抚司,以朝臣充使,掌一路兵民之事)赵彦励奏:"湖南九郡皆接溪峒,蛮僚叛服不常,深为边患。臣以为宜择智勇为瑶人所信服者,立为酋长。"帝交朝议,诸臣认为"以蛮治蛮,策之上也"。帝从之。也就是说,"以蛮治蛮"(或称改流设土)是暖相气候推动的。

由于火耕文明缺乏足够的水利设施,其生产方式高度依赖气候模式的及时降雨。通常暖相气候(降水减少)会导致火耕环境的恶化,引发火耕民族的反抗。清代苗民三大起义,分别是清雍正十三年至乾隆元年(1735—1736)的"雍乾起义"、清乾隆六十年至嘉庆十一年(1795—1806)的"乾嘉起义"和清咸丰同治之交(1849—1872)的"咸同起义"。他们分别相距60年,且都发生在暖相气候节点,有人总结出"三十年一小反,六十年一大反"的南方民族冲突规律,符合火耕文明响应气候模式变化的基本规律,小反是应对冷相气候危机(所以"改土归流"有效),大反是应对暖相气候危机(所以"改流设土"更合适)。所以中原王朝的态度基本上是"暖相推动改流设土"(即放手自治),"冷相推动改土归流"(即中央完全控制,不让地方自治)(见 11.3 节)。这条规律是从 1203 年赵彦励的建议开始的,对火耕文明来说,他们响应气候危机的模式是"暖相反抗多,冷相依赖大",因此经常发生反复无常的民族政策,需要理解气候模式的变化才能认清。

此外,还有一个半火耕(占城)半农耕(北越)的越南,曾经与中原王朝发生激烈的冲突,也有气候变化的贡献。

公元 968 年(960,暖相),丁先皇独立(相当于"改流设土");内战 30 年。

公元 1009 年(1020,暖相)—1225(1230,冷相)年,李朝延续 216 年。

公元 1021 年至 1026 年期间,越南多次征伐占婆,占婆苦不堪言。

公元 1041 年(1050,冷相),侬智高叛交趾;公元 1052 年,侬智高叛宋,引来狄青征讨。从此,广西土司大多是狄青的手下将领,因功封赏,相当于"改流设土"。

公元 1044 年,越南李朝太宗亲征占婆。

公元 1075 年(1080,暖相),越南郡主李乾德派李常杰攻打广西,战争持续 6 年。符合"气候变冷南征,气候变暖北伐"的大趋势。

公元 1174 年(1170,冷相),南宋正式册封越南君主为"安南国王"。

公元 1203 年(1200,暖相),真腊(柬埔寨)吞并占婆,将其作为一个省,直到 1220 年,占城人阇耶波罗密首罗跋摩二世才复国成功。

公元 1225 年(1230,冷相)—1400(1410,冷相)年,越南陈朝延续 175 年,其中不包括 1400—1406 之间的胡朝。

公元 1257 年(1260,暖相),蒙古入侵越南,战败。

公元 1284—1288(1290,冷相),蒙古再次入侵越南,再败。

公元 1407—1427(1410,冷相),明政府兼并越南(20 年)。

公元 1802 年(1800,暖相),越南阮朝建立。

公元 1831 年(1830,冷相),阮朝明命帝下令对占婆进行"改土归流",废除了顺城镇,改为宁顺府,增设绥定县、绥丰县 2 县。从此以后,火耕文明的占婆人才完全被半火耕半农耕的越南吞并。由于古代越南的气候和生产方式靠近火耕,所以才能对源自火耕文明遗产的儒家文化全盘接受,感同身受,身体力行。就此而论,文化也是地理和气候(即环境)共同决定的结果。

值得一提的是,1407 年,明政府出兵征服越南,直属中央(相当于"冷相气候推动改土归流"),1427 年明政府放弃越南(相当于"暖相气候推动改流设土"),也是顺应火耕文明响应气候脉动规律的做法,即"气候变冷统一,气候变暖放弃"。人类社会响应气候模式,远比自然界响应气候模式变化更加可靠,更有规律,因为人类社会需要统筹考虑气候的影响,过滤排除短期的气候扰动,而自然界的响应做不到这一点。

11.2　南疆安定与土司制度

研究中国边疆史,一条难以跨越的门槛是民族史。我国的民族是根据四条原则"共同地域、共同经济生活、共同心理特征和共同语言"来划分的。其中最重要的差异是地理条件,地理条件决定了气候条件,气候条件决定生产方式。因为生产方式的不同,人们对社会的期望不同,产生不同的心理特征和语言差异性。所以,决定边疆位置最重要的因素是地理和气候条件,这一点尤其适用于南方边疆的开发史。

中国开发南方边疆的历史,表面上是民族冲突的历史,《明史·土司传》可以提供无数次的民族冲突和内乱。然而,开发或统一南方的本质是农耕生产方式和文化(儒家教育)被推广到南方的历史,其间充满了各种形式的反抗和武装冲突,其中最知名的冲突就是"改土归流",代表着中央政府与地方自治政府的博弈过程。改土归流的历史,是开发南方的历史,同时期伴随着小冰河期的气候异常和西方的"地理大发现",都可以看作是人类社会响应"小冰河期"的一种应对措施,需要放在气候变化的视角下考察。

土司制度的存在条件

中国对边疆政策的演化经历了漫长的演化过程,从先秦的边郡制度,到汉代的典属国,到唐代的羁縻制度,到宋代的土官管理,到元代的军民官和宣慰司,到明代的土司制度,最后才是清代的改土归流[①]。这是另一条逐步向中央集权过渡的改革过程,其基本的趋势是中央的管理力度逐步加强,其中一条隐含的趋势是农耕文明逐步影响和替代火耕文明的过程,而生产关系的变化,隐含了气候变化的影响。

为什么要设置土官? 土官是为了方便管理地方政权而产生的替代性管理办法,在不影响主权的前提下,通过对地方政权的认可和放权,实现对地方的间接管理。施行土司制度的前提是,土官需要中央政府的任命;土官中插入部分流官便于中央政府的监察和管理;以儒家思想为基础的科举制度必须开展,方便文化和技术的沟通和传播。因此,土司制度是对地方政权的过渡性管理办法,尤其适用于那些

---

① 　何先龙. 中国土司制度源流新探[J]. 长江师范学院学报,2014(04):17—29.

非农耕文明的边疆地区,如西北和西南。

然而,为什么不能一次性把流官制度改革到位? 第一,不同生产方式,导致民情复杂,需要地方自治。南方温暖潮湿,部分地区高山险阻,有利于火耕制度的长期维持。而火耕制度缺乏土地私有的观念,对自由自在、无拘无束的生产方式无比向往,因此存在"不自由,毋宁死"的抗争态度,造成了南方社区民族冲突的经常性发生。第二,火耕生产方式的土地产出低,而粮食从外部引入的运输成本高,所以火耕文化流行的地区普遍缺乏足够的税收来供养大规模的官僚阶层,只能靠部落长老和"廊议"制度来维持简单的社会管理,北方普遍流行的阶级和官制很难推广到南方。第三,气候温暖潮湿的地方,容易发生瘟疫,有利于当地熟悉气候环境的人群生存,不利于外来人口的短时入侵,也不利于外地官员的管理。历代政府的南方开发(征服)行为,主要失败于北方官员(农耕文明)对南方文化(火耕文明)的错误理解上,因横征暴敛而遭遇反抗,因瘟疫横行而征服失败。所以,对那些非关键地点的土司制度,中央政府还是愿意放手不管,让土官或土司来解决内部的矛盾。

最后,为什么要改土归流? 对此,学术界的认识是多角度的。例如,土司地区经常私下争夺地盘和人口,产生内部矛盾,需要中央出手干涉,例如发生在1411年的争夺朱砂矿的土司冲突,让明成祖朱棣"渔翁得利",废除了思州土司,建立贵州省的雏形。其次,应对气候危机不利产生的土司叛乱,带来了国防危机,逼迫中央政府进行平叛工作,如明政府应对缅甸崛起而从事的明缅战争。第三,随着社会的发展和环境的变化(由于小冰河期气候脉动),导致农业人口扩张。那些向南方的农耕移民,因土地兼并问题,经常会与当地的火耕民族发生冲突,需要司法和武力的支持。最后,人口的增加和农耕生产方式的普及,火耕地区获得先进技术和生产工具之后,有了足够的盈余,因此有征税管理的必要性。

值得一提的是,历代土司家族并不是真正的本地少数民族。真正的少数民族头人,因为文化和见识的局限性,不懂得与农耕文明打交道,因此不能在社会互动中找到位置。成为土司的家族大多是来源于中原地区的早期移民,因为熟悉地方环境,也熟悉中原制度,因此可以在夹缝中生存,成为中央政府的地方代理人。所以,土司制度本质上是农耕文明兼并和同化火耕文明过程的一种代理人制度,通过先期到达的移民,传递农耕文明的先进成果,待机会成熟之后,进行改土归流的改革。就此而论,土司制度是一种过渡性的制度,其兴衰需要特定条件的激发,该条件往往与气候变化有关。这里我们来分析影响土司制度的重大事件的气候背景。

影响土司制度的重大事件

　　早在北宋元丰(1078—1085)前后,蜀地官员包括守、刺史、令、县令在内已主要由土人担任并基本形成定制。元丰四年(1081)丁未,宝文阁待制何正臣言:"计之八路,蜀为最远,仕于其乡者比他路为最巂(xī),今自郡守而下皆得就差,而一郡之中,土人居其大半,僚属既同乡里,吏民又其所亲,难于徇公,易以合党乞收守令员阙归于朝廷,而他官可以兼用土人者,亦宜量限分数,庶几经久,不为弊法。"①何正臣上疏要求由朝廷任命刺史和县令,但宋廷并未改变土人任羁縻守令的做法。"元祐三年(1088)十二月丁酉,枢密院言:归明土官杨昌盟等乞依胡田所请,存留渠阳军,县依旧名,事应旧送县者,令渠阳寨理断,徒已上罪,即送沅州。"②这是第一次提到土官这个概念。也就是说,在1088年,土官制度正式成为北宋官制的一部分,当时的气候特征是暖相,政府对策是"改流设土"。

　　宋崇宁四年(1105年,1110,冷相)八月初五日,以王江、古州、归顺,置提举黔峒官二员,改怀远军为平州(环江县北)。

　　政和二年(1112)设知州一人,兵职官二人,槽官一人,县令簿一人,提举黯炯公事。

　　南丹州,唐开宝以来酋帅莫洪睿始求内附,岁入贡世袭。宋大观元年(1107)广西经略使王祖道以莫公按沮命,擒而杀之,改南丹州为观州,以都巡检刘惟忠守之。

　　政和二年(1112)以高峰寨为观州,设知州一人,兵职官二人,槽官一人,指挥碧堡官七人,吏额五十人。

　　上述改土归流事件,都是在宋徽宗1110年前后发生。这是因为当时经历了一次冷相气候冲击。南方国土的扩张,给当时的"丰亨豫大"和"社会大观"的认识推波助澜,助长了宋徽宗的满足和享乐追求。

　　宁宗嘉泰三年(1203年,1200,暖相),湖南安抚(宋于诸路置安抚司,以朝臣充使,掌一路兵民之事)赵彦励奏"湖南九郡皆接溪峒,蛮僚叛服不常,深为边患。臣以为宜择智勇为瑶人所信服者,立为酋长。帝交朝议,诸臣认为"以蛮治蛮,策之上

---

① (宋)李焘,续资治通鉴长编·卷320。
② (宋)李焘,续资治通鉴长编·卷418。

也。帝从之"①。值得一提的是,当时的气候是暖相,因此可以认为,"以蛮治蛮"或"改流设土"的政策是暖相气候推动的结果。

元王朝建立之初,适逢暖相气候,国土的急剧扩张,导致"勤远略,疏内治",将宋王朝对西南少数民族设立的羁縻州制度,改为设置土司区域自治政治制度,"树其酋长,使自治镇抚"。"至元四年(1267年,1260,暖相)春正月乙酉,军民官各从统军司及宣慰司选举。"②这又是暖相气候推动的"改流设土",代表着元代土官的选举承袭并纳入国家刑法管理的思路基本形成。元政府推行的是行省制,土司制度作为行省制的补充而产生。

明政府建立之初,发动平云南之战,即明洪武十四年(1381年,1380,暖相)九月至次年闰二月,遣军攻灭元朝在云南残余势力的作战。战后产生大量的土司,构成了土官衙门(仅在1524年之后始称"土司")的开建高潮。当时的气候背景是暖相,符合"改流设土"的条件。

明永乐九年(1411年,1410,冷相),思南宣慰使田宗鼎又与思州宣慰使田琛为争夺朱砂矿井发生战争,朝廷知晓后屡禁不止。明成祖朱棣果断地采取军事行动来解决二田氏争端,永乐十一年二月初二日(1413年3月3日)废思州宣慰司、思南宣慰司,以思州之地置思州、黎平、新化、石阡四府,以思南之地置思南、镇远、铜仁、乌罗四府,设贵州布政使总辖,设流官,贵州行省由此始。当时的气候特征是冷相,对策是"改土归流"。

明征麓川之役,是明朝朝廷征伐云南麓川宣慰司思任发、思机发父子叛乱的四次战争。四次征讨分别发生于正统四年(1439年,1440,暖相)、正统六年(1441)、正统七年(1442)、正统十三年(1448),明朝经过连年征战,仍未彻底平息叛乱,最终以盟约形式结束,整体效果有利于土司的延续。当时的气候模式是暖相,麓川之役的结果是维持"改流设土"。

嘉靖六年(1527年,1530,冷相),由于广西思恩、田州的民族首领卢苏、王受造反。总督姚镆不能平定,朝廷于是下诏让王阳明以原官职兼左都御史,总督两广兼巡抚。王阳明不但平定了思恩、田州之乱,还通过大藤峡之役,基本控制和结束了广西的土司制度。广西的土司制度,从1055年狄青平定侬智高叛乱开始,到1527年王阳明平

---

① (元)脱脱,宋史·卷494·列传·第253。
② (元)脱脱,元史·世祖二。

定大藤峡叛乱结束,大约耗时 472 年,大约 6 个完整气候周期。另一方面,当时经历了一次冷相气候冲击,王阳明平叛的结果符合"冷相改土归流"的大趋势。

万历十八年(1590 年,1590,冷相)始,播州土司杨应龙与明政府的关系逐渐恶化,万历二十四年(1596),杨应龙公开反叛,挑起战端,播州之役爆发。万历二十八年(1600)杨应龙最后的据点——海龙屯被明军攻占,杨应龙自杀,播州之役结束,播州"改土归流"在武力的推动下完成。万历二十二年(1594),山西官员称"三晋田地瘠薄,半是山岭。钱谷不敷,兼苦水旱"[①]。在 1590 年前后,缅甸和日本分别发动侵略战争,宁夏和云南播州也分别发生叛乱,他们都是在响应气候危机时做出的政治决策,都是响应气候变化的政治脉动。

奢安之乱指的是明朝天启年间,四川永宁(今叙永)宣抚司奢崇明及贵州水西(今大方一带)宣慰司安位叔父安邦彦的叛乱,在贵州又称安酋之乱。战争从天启元年(1621 年,1620,暖相)至崇祯十年(1637),前后持续 17 年,波及川黔云桂四省,死伤百余万,大规模交战持续 9 年。奢安之乱后,明政府革除四川永宁宣抚司和贵州宣慰司水东宋氏,同时把水西安氏侵占水东的水外六司"改土归流"。1620 年冬至 1621 年春,安徽、江西、湖北、湖南四省出现长达四十余日的冰雪天气,淮河下游、汉水及洞庭湖严重封冻,许多果蔬及植物遭受严重冻害。万历初东拓的农牧交错带东段,于万历四十六年(1618),为边将李成梁等弃之,一众居民被驱迫于内地。1620 年华北几乎无年没有异常初、终霜雪记录。所以,虽然 1620 年是暖相气候节点,可是异常的冷相气候特征,导致了四川奢安之乱,也推动了"改土归流"的进行。

上述十次重大改革事件的时机和气候背景如下表所示。

表 35 针对土司的重大决策事件

	事 件	时 间	预期节点	气候背景
1	宋代初设土官,"改流设土"	1088	1080	暖相
2	宋代"改土归流"	1107	1110	冷相
3	宋代"以蛮治蛮"	1203	1200	暖相
4	元代设宣慰司,"改流设土"	1267	1260	暖相
5	明代继承土司制度	1383	1380	暖相

① 葛全胜.中国历朝气候变化[M].北京:科学出版社,2011:549.

	事　件	时　间	预期节点	气候背景
6	朱砂矿井之乱"改土归流"	1411—1413	1410	冷相
7	麓川之役,维持现状	1439—1448	1440	暖相
8	大藤峡之役"改土归流"	1527	1530	冷相
9	播州之役"改土归流"	1596—1600	1590	冷相
10	奢安之役"改土归流"	1621—1636	1620	暖相

从上表总结的10次重大决策事件,第1、3、4、5、7次事件都是发生在暖相,政府作出的应对措施都是"以蛮治蛮"或"改流设土",有利于土司制度的兴盛。剩下来推动改土归流的五次事件,第2、6、8、9发生在冷相气候(只有最后一次例外,发生在暖相节点),都是因为冷相气候导致土司纷争(或者内乱)而引发的朝廷干涉事件,朝廷干涉的结果是"改土归流"。因此,我们可以大致判断,土司制度"因暖相气候而兴,因冷相气候而衰"的大趋势。使用气候脉动理论的解释是,暖相气候日照增加,人口增加,内乱增加,所以治理的成本和难度增加,有利于中央政府采取"以蛮治蛮"的不干涉对策,以便降低行政管理的支出;冷相气候日照减少,收成减少,灾害增加,地方政府应对危机失败导致内部冲突增加,需要中央政府的武力干预,结果是改土归流。

中国南部土司流行地区的生产方式是火耕,火耕生产缺乏人工灌溉和人力投入,因此对气候的依赖性较大。土司与流官制度的矛盾在于,两者应对气候危机的弹性和响应方式不同,土官生活在火耕区,气候依赖大,流官代表农耕区,气候依赖小。随着小冰河期在1285年之后的到来,火耕文明失去了暖相气候的保护(南方山区和高原通过瘟疫和降水排斥农耕生产方式),农业科技不断引进,农耕文明不断蚕食火耕文明,结果是流官制度不断代替土司制度。社会发展的大趋势是农耕替代火耕,也因为小冰河期有利于农耕,不利于火耕,火耕文明整体是不断收缩的,土司制度的兴衰是响应气候脉动的一种外在表现。

清代的改土归流

一般认为,雍正四年(1726),云贵总督鄂尔泰建议取消土司世袭制度,设立府、厅、州、县,派遣有一定任期的流官进行管理,这是改土归流的起点和动因。可是,为什么鄂尔泰会建议取消土司世袭制度,仍然是一个谜,他的对地方现象的观察仅仅是表象,当时的气候变化趋势提供了一条更重要的思路。

康熙五十四年(1715)至六十一年(1722)的 8 年间,李煦在苏州种植双季稻试验,取得了成功。苏州地区这一轮双季稻种植,一直到 1806 年一场大洪水,气候开始变冷之后才结束,一共持续了 90 年①。雍正年间(1723—1735),在怡亲王允祥的主持下,设立营田四周(京东局、京西局、京南局和天津局),于河北境内共开辟官私水稻田 5 600 余顷,这也是气候变暖的标志之一。所以竺可桢②认为,中国气候最冷的时段位于 1620 年到 1720 年之间,1720 年之后,气候变暖。

另一方面,冷相气候有利于人口的增长。康熙五十一年(1712),清政府规定以康熙五十年(1711)的人丁数作为征收丁税的固定数,以后“滋生人丁,永不加赋”,废除了新生人口的人头税,这可以算作是社会对冷相气候的一种响应。康熙五十二年(1713),康熙帝说:“今因人多价贵、一亩之值、竟至数两不等。即如京师近地、民舍市廛(房屋)、日以增多,略无空隙。今岁不特田禾大收、即芝麻、棉花、皆得收获。如此丰年、而米粟尚贵、皆由人多地少故耳。”③在冷相气候的驱动下,发生移民和垦荒行为,为暖相气候的民族冲突奠定了基础。

所以,气候变暖导致西南地区的纷争增加,是推动云贵总督鄂尔泰建议取消土司世袭制度的外部条件。农耕文明的人口危机和开源困境,是推动雍正下决心解决土司制度的内部原因。火耕民族缺乏管理制度,依赖族长和“廊议”制度,依赖少数英雄带领的缺点,在气候危机面前被放大,导致中央政府乘势推动了改土归流,取得了至少在战术层面上的成功。

为什么清代全面性的“改土归流”会在战术上取得成功? 第一,中央政府管理的国土面积大,对气候变化的弹性大,能够通过资源调度来克服地方的灾情;第二,以精耕细作为代表的农耕方式产出多,有实力支持脱产的官僚阶层进行长远的谋划;第三,从事水利和农耕的民族善于合作,通过各周围州县的协作围剿,实现改土归流的目标。改土归流必须全面进行,湖广地区的改土归流就是为了策应云贵地区的改土归流,实现全国一盘棋;第四,小冰河期气候变冷,有利于南方移民,导致“苗民冲突”增加,带来了“改土归流”的必要性;第五,土司制度下强行推广的科举

---

① 葛全胜. 中国历朝气候变化[M]. 北京:科学出版社,2011:637.
② 竺可桢. 中国近五千年来气候变迁的初步研究[J]. 考古学报,1972(1):15—38.
③ 葛全胜. 中国历朝气候变化[M]. 北京:科学出版社,2011:645—646.

制度和儒家教育,为改土归流奠定了思想统一的基础。

但是,清代"改土归流"基本完成之后,南方少数民族又发生了三次大规模的民族起义,可以算作是改土归流在战略上失败的外部表现。这三次民族起义,分别是清雍正十三年至乾隆元年(1735—1736)的"雍乾起义"、清乾隆六十年至嘉庆十一年(1795—1806)的"乾嘉起义"、和清咸丰同治之交(1849—1872)的"咸同起义"。这三次民族起义(清政府称作"苗民冲突"),表面上看是对异族统治者的不满,其实也是地方政府应对暖相气候不力的结果,因为这三次苗族起义,恰好发生在暖相气候的节点,显然有气候变暖的贡献。暖相气候带来的气候异常(降雨不时)不利于西南地区的火耕生产实践,改土归流之后上交的税收增加,农耕移民对火耕地区公有土地的侵占等,都会导致暖相气候更容易产生民族矛盾。少数民族地区的"三十年一小反,六十年一大反"的政治周期①,其实就是火耕生产地区对气候周期性脉动的一种社会性响应措施,需要放在气候脉动的背景下观察。这三次民族冲突常常被认为是拖垮清朝政权的重要推手之一,因此气候脉动带来的民族冲突(尤其是第二次)也是导致"中欧科技大分流"(Great Divergence)的重要原因之一。

土司的生存周期

广义的土司制度,从北宋元祐三年(1088)土官首现于史开始。该制度经过宋元明400多年的发展,到明万历初土司制度达到鼎盛并随即由盛转衰,又经过明清、民国400多年的不断改土归流,到1958年土司制度彻底废除,土司制度在中国前后延续了870年左右。

狭义的土司制度,从公元1253年蒙古军征服云南"大理国"任用投降的段氏为世袭总管时起,到1735年清政府的改土归流结束,作为行省制度相伴的土司制度大约存在了480年左右。

还有第三种划分方法,嘉靖三年(1524),"十月甲寅,加镇远府推官杨戴青俸二级,戴青以土舍袭职。尝中贵州乡试,巡抚杨一渶请如武举袭荫之例加升一级,以为远人向学者之劝。吏部覆,土司额设定员,具各在任,难以加升,宜于本卫量加俸给。著为例,报可"②。这是历史上第一次正式提到土司制度,替代过

---

① 刘钊. 清代苗族起义原因散论[J]. 贵州文史丛刊,1993(2):27—33.
② 明世宗实录・卷44。

去的土官衙门。从这个起点,到 1735 年改土归流结束,严格意义上的土司制度执行了 210 年。

从上述这三个时间跨度,我们可以观察到气候脉动三十年周期的影响。

仔细观察中国数以百计的土司历史,他们的存在大抵都包含气候的 30 年周期性。广西的土司制度比较整齐,肇始于 1053 年狄青打败侬智高起义留在广西的北方士兵(因功劳裂土封王,成为地方大大小小的土司),结束于 1527 年王阳明平定"思田之乱",部分"改土归流",大约持续了 480 年。

执行时间最长的是云贵高原上的贵州土司,其四大土司的起止时间如表 36 所示,他们的起止时间符合气候的周期。

表 36　贵州四大土司的兴衰历史

	起　点	终　点	实际跨度	预期寿命
水西安氏	225	1698	1474	1470
水东宋氏	976(1209)	1631	655(422)	660(420)
播州杨氏	876	1600	725	720
思州田氏	582	1413	831	840

云南土司制度,大抵从元代征服大理国的军事行动开始。由于地理位置的原因,各个土司有不同的命运。云南主要土司的时间如表 37 所示;

表 37　云南土司的兴衰历史

土　司	起　点	终　点	实际历史	预期寿命
丽江木府	1274	1723	449	450
蒙化彝族巍山左氏	1382(1385)	1950(1897)	568(512)	570(510)
元江傣族那氏	1264(1382)	1659	395(277)	390(270)
孟　连	1289	1949	660	660
芒　市	1443	1955	512	510

湖南四川土家族地区的土司制度,则起于元代止于清朝雍正 13 年,历经元明清三朝,前后约 450 余年(1285—1735)。然而,这些土司制度的兴废都不是同时发生的,主要土司的兴废时间如下表 38 所示。

表 38 土家族土司的兴衰历史

土 司	起点	终点	实际历史	预期寿命
酉 阳	1621	1736	115	120
施 南	1371	1735	364	360
永顺彭氏	910	1728	818	810
保靖彭氏	1366	1727	361	360
桑 植	1406	1727	321	330
荣 美	1310	1735	425	420
石柱马氏	1380	1949	569	570

四川凉州彝族土司(表 39)和康区藏族土司(表 40)的兴衰历史,也都内嵌了 30 年的气候周期性。

表 39 四川凉州主要土司的兴衰历史

土 司	起点	终点	实际历史	预期寿命
沙 马	1710	1955	245	240
邛都(建昌卫)	1275	1728	453	450
阿 都	1649	1950	301	300
雷 波	1371	1950	579	570

表 40 康区四大土司的兴衰历史

土 司	起点	终点	实际历史	预期寿命
明 正	1383	1950	567	570
德 格	1448	1950	502	510
巴 塘	1703	1906	203	210
理 塘	1719	1906	187	180

所以,从上述土司的周期可以看出,土司(或土官)都是针对气候危机的一种解决办法,兴于气候危机,衰于气候危机,所以才会内嵌 30 年或 60 年的周期性。中世纪温暖期推行的土官制度,在小冰河期不得不衰亡,关键是气候变冷的大趋势破坏了火耕文明的生产方式,引发或邀请了农耕文明的干涉。就此而论,各个文明对气候变化的依赖性各不相同,结果会导致文明的冲突。

虽然改土归流理论上消灭了当地的主要土官,可是地理和气候条件的变化导致当地民风依然需要土官来管理,所以各种形式的土官依然保留或恢复("改流设土"),成为流官管理制度的有效补充。就此而论,中国的改土归流真正到 1958 年(冷相气候)才算完成。

北宋开疆的奥秘

正如南方的民族冲突,每 30 年发生一次(很多民族冲突是主要民族冲突的回响,实际数量太多,算不清楚,但主要民族冲突通常发生在气候节点附近),中央政府的应对措施,改土归流或改流设土,也是每 30 年发生一次(也是次数很多,气候节点附近的变化更显著)。两者都是因为火耕文明与农耕文明响应气候变化的方式不同,"刀耕火种"更依赖气候,因此受到气候冲击的影响更大(即气候弹性小)。农耕文明通过水利工程和增加人力投入来克服气候冲击的影响,因此对气候变化的适应性和弹性比较大。因此,火耕社会在响应气候危机时,更容易产生矛盾和冲突,被农耕文明加以利用,最终的趋势是农耕文明的影响越来越大,把火耕文明影响区改造并纳入农耕文明的范围。

和唐代的羁縻制度相比,宋代的土官及后来的土司是农耕文明的代理人,有一定的权利,可以继承;但也有一定的义务,需要监督。在土官和流官的互动中,农耕文明的成果(技术和科举)传递到火耕文明区,通过长期的渗透和影响,改变了当地的农业技术和儒家观念(主流认识),让改土归流成为大势所趋,加速了改土归流的进程。

所以,我们可以理解宋徽宗时期的"开疆拓土"现象。大观元年(1107),以黎人地置庭、孚二州,"甲子,以黎人地为庭、孚二州"①。侵夺了南丹、溪峒,置观州,在涪州夷地置恭、承二州;大观三年(1109),"以泸州州夷所纳地置纯、滋二州"。当时是典型的冷相气候,土司制度因冷相气候而衰弱和产生纷争,宋徽宗顺势提出"改土归流",赢得了大片的南疆国土,成就了"丰亨豫大"和"社会大观"的伟业。气候贡献,不可忽略。

一般而言,土司制度"因暖相气候而兴(独立倾向),因冷相气候而衰(依附倾向)"的规律大体成立,与游牧文明、渔猎文明的气候响应模式是大体相同的。透过

---

① （元）脱脱,宋史・本纪・第二十(4)。

历史上的土司制度的兴衰,我们可以间接判断当时的气候危机的性质和原因,从而更好地判断当时社会对气候变化响应措施的有效性。气候脉动的无形之手,通过民族冲突的方式影响了土司制度,从而奠定了中国农耕文明的影响范围,后者奠定了中国的边疆。所以,中国南部边疆的稳定,是农耕文明通过气候脉动逐步扩张渗透到火耕文明区的结果,需要放到气候脉动的背景下才能正确认识。

11.3 兵制改革与国防革命

中国兵制的演化,历来有征兵制、府兵制和募兵制三种。

征兵制,即普及性征招各阶层,在中国古代广泛存在,几乎各朝都有,比较明显的是三代、春秋、战国、秦、汉、三国。《战国策》载苏秦说齐宣王之言,说"韩魏战而胜秦,则兵半折,四境不守;战而不胜,国以危亡随其后",可见各地方的主要劳动力,都已派出当兵,如果失败了,整个国家都会沦陷,因为没人当兵了。征兵制的好处在于成本低,坏处在于后勤压力大,对经济运行的破坏大,所以打仗还需要计算时间。在关键农时打仗,双方都会发生无兵可调的局面。不管职业是啥,卸甲耕作,打仗当兵,亦农亦兵是社会的常态。征兵制素质不高,对农业生产有影响,所以逐渐过渡到拣选部分人群当兵的军户制。

所谓军户制,就是把军籍与民籍分开,列入军户籍的人家世世代代要出人当兵,而民户则只纳租调,不用服兵役。中国历史上采用这一制度的大体上是南北朝、隋、唐、明。军户制在不同阶段有不同的名称,如世兵制(曹魏时期)、军户制(东晋南北朝)、府兵制(北魏、隋、初唐)、军户制(元)和卫所制(明)。军户在多数朝代不用向政府交纳租税就是作为军户的好处。军户制度最大的好处就是兵农合一,平时生产,战时打仗,节省了封建王朝的军费开支,又避免了征兵制增加农民负担及妨碍农业生产。

为了与东魏相抗衡,西魏宇文泰于大统八年(542年,540,暖相)把流入关中地区的六镇军人和原在关中的鲜卑诸部人编为六军。次年与东魏作战,败于洛阳邙山,损失很大。为了补充和扩大队伍,以后几年不断收编关陇汉人豪族的乡兵部曲,选任当州豪望为乡帅。大统十六年前,已建立起八柱国(大将军)、十二大将军、二十四开府(又称二十四军)的府兵组织系统。

随着中央集权制的加强,北周武帝建德二、三年间(573—574年,570,冷相)改府兵军士为"侍官",意思是侍卫皇帝,表明府兵是皇帝的亲军,不隶属国家。同时,又广募汉民入伍,免其服役。一人充当府兵,全家即编入军籍,不属州县。军人及其家属居城者置军坊,居乡者为乡团,置坊主、团主以领之。

府兵制能够维系的一个重要的条件是政府有大量的田地可以分配,让府兵能够自备武装上阵杀敌。高宗以后,土地兼并日益严重。府兵征发对象主要是均田农民,随着均田制的破坏,府兵制失去了赖以运行的经济条件(政府没有田地来保证府兵的耕作自养)。这样,玄宗统治初期,府兵逃散的情况日渐增多,以致番上卫士缺员,征防更难调发。

开元十年(722 年,720,暖相),宰相张说以宿卫之数不给,建议招募强壮。次年,募取京兆、蒲、同、歧、华等州府兵及白丁为长从宿卫。天宝八载(749 年,750,冷相)鉴于军府无兵可交,遂停折冲府上下鱼书,府兵制终于废止。府兵制前后维持了 207 年,约 3.5 个气候周期。

取而代之的是募兵制。宋代的募兵制,在很大程度上是为了摆脱唐末藩镇割据的局面,故意使兵无常将,将无常兵,目的是不再出藩镇割据的局面。所有的开支都是中央朝廷派给,因此有助于中央集权。这种职业兵制(募兵制),诞生于唐玄宗时代府兵制的瓦解。在古代全民当兵的时代,依靠政府财政支出的职业兵制,不啻是一种创新。宋代还有一项制度创新,是所谓的禁军制度,通过"兵样",把全国军队的健壮者汇集的中央禁军,以国家税收来供养。唐代初期的"府兵"和明代的"卫所",都是"亦农亦兵"的混合身份,属于"全民抗战",对国家的经济负担比较低,但职业化程度也比较低。只有宋代的禁军,完全脱离了生产劳动,靠当兵的津贴就能养活一家人,是中国历史上少有的经济奇迹。职业兵制,彻底改变了地方割据的形势,结束了五代以来政权不稳的局面,对于政权稳定有很大的贡献。此外,职业兵制让人终生钻研兵法,积累技术和经验,所以在兵法和技术的传承上有持续的积累,为火药的发明奠定了制度的基础。不过,由于募兵制经常被用于救荒赈灾,让募兵的标准一再降低,导致了"冗兵"的局面;同时由于兵将相互不了解,指挥起来不方便,导致战斗力下降很多。第三,吃粮当兵为了薪水,很容易发生欠薪导致的哗变。所以历史上对募兵制的评价不高。

在宋代,一名普通禁军士兵的年收入可以达到 50 贯(厢军 30 贯),约 50 000 文。宋本《清明上河图》中的羊肉售价是"足六十文"(见图 10.a),一宋斤(约 600 克)可以卖 60 文,也就是一公斤卖 100 文,当兵(禁军)一年可挣 500 公斤羊肉,相当于现在的 4 万元年薪。所以,宋代当禁军的待遇是不错的,薪水可以养活一家人,同时住在免费的公寓里,享受各种当兵的福利,不亚于当代军官的福利水平。优厚的待遇,供养了先进的军队(见图78)。

图78 北宋《大驾卤簿图书》(局部)中的弓弩军队

在长期的国防冲突中,宋代的军事技术获得了稳定的发展。应对宋夏战争产生的《武经备志》总结了当时的多项先进军事技术,提到了火药的完整配方。火枪作为持续对抗异族入侵战争的发明成果,出现在宋末元初。一旦出现,就立即流传到了欧洲,改变了欧洲战场的实力天平。宋夏战争是对职业兵制的一次很好的检验,虽然北宋方面一直存在用人不当的问题,但是靠职业兵制的经济优势和技术优势,北宋一直是占上风的。募兵制下的士兵几乎终身服役,因此有助于技术的积累,宋代的火药配方不断演化,终于在宋代末期演化出符合爆炸原理的炸药来,可以说是募兵制下的创新成果,代表着职业兵制的优势。此外,宋朝立国三百余年,却二度倾覆于外敌,皆缘气候危机带来的外患,是唯独不受内乱影响的王朝。对此,职业兵制贡献很大。

然而,为什么正在扩张中的北宋会被突然崛起的女真金突然打败?

宋代的国防形势与鄂尔多斯高原或河套地区(即西夏地区)的战略地位有关。

该地区深受气候变化的影响,明代广东人丘濬最早注意到鄂尔多斯高原和河套地区的战略地位。因为气候变化,农耕文明和游牧文明总是在河套地区反复争夺。从 1380 年到 1452 年(库威火山爆发),鄂尔多斯高原几乎没有蒙古人,因为气候有利于农耕文明,当地驱逐了游牧文明。然而火山爆发带来的气候变冷,让农耕文明维持河套地区的国防成本急剧增加,于是在 1454 年到 1530 年,蒙古部落逐步南下,建成了呼和浩特市,成为内蒙古的政治中心。所以,北宋时期的对外战争背后的民族冲突形势,本质上是气候变暖推动的地方民族独立(唐古特族建立的西夏耗尽了北宋的改革成果),以及气候变冷推动渔猎民族南下(放大了北宋的体制缺陷)这两个趋势造成的。只是由于中世纪温暖期的暖相气候模式有利于非农文明的农耕实践,才让唐古特(西夏)人能够独立 189 年,才让宋政权无法夺回北方的战略屏障(燕云十六州),在暖相气候推动的文明冲突中,北宋浪费了很多财政收入。

北宋曾经面临的国防形势,也是农耕民族在温暖期面临的主要问题。在中国的地理环境下,温暖意味着周边各个文明也顺势强大,国防形势更加复杂,战争的概率增加,技术的进步明显。而小冰河期来临之后,农耕文明在冷相气候危机中克服危机的协同优势超过周边民族,周边各个文明或多或少都发生萎缩现象,让中国的国土扩张(部分通过改土归流实现),所以清朝国土扩张仅次于蒙元。然而,国防危机的解除导致了技术发展的停滞状态。如清朝多次在战场上发现火器技术的先进性,但为了维护中央政府的稳定性,拒绝引进火器技术,终于酿成鸦片战争的悲剧结果。这一小冰河期采取的保守和防御态度,与中世纪温暖期采取的"积极进取,主动进攻"态度完全不同。是否采用新技术,取决于是否面临国防危机,而国防危机是环境危机造成的,来源于气候脉动产生的不同社会响应模式。

虽然北宋没有建设长城,但在宋夏战争期间,最典型的战术仍然是建堡寨的蚕食战术,如果把这些堡寨连起来,就算是另一种(扩张性的)长城了。不过,值得建设长城的战略地点(燕云十六州)不在农耕文明手中,北宋才没有担负起建设防御性长城的重任,因此在女真民族席卷天下的进攻中仓皇失败。而替代南宋承压的金政权(渔猎文明),仍然缺乏合适的国防缓冲区,不得已建设了成本较低的、防御性的"界壕"长城,对抗上升中的游牧文明,也在气候危机中仓皇落败。所以,地理条件决定了各个文明的国防对策,气候危机决定了某项决策的发生时间。任何决策都需要放在地理和气候脉动的框架下加以考察,才能得到完整的认识,这是新版的"环境决定论"。

最后,面对渔猎文明女真人的强势入侵,在民族冲突中筋疲力尽的北宋政权完全缺乏足够的应对经验,在应对过程中屡屡犯错,造成了"靖康之耻"。

值得一提的是,宋徽宗期间开始的宗教革命(见 6.3 节),寄希望于宗教救赎,扰乱了自救思想,也是导致北宋迅速亡国的重要原因。

小冰河期到来之后,中国的兵制重新转回军户制(卫所制),能够解决一时的经济困境,可是在经济刺激和科技刺激等方面作用不足,导致了"中欧科技大分流"的结果。就此而论,募兵制是响应气候变暖的最佳选择,有着气候变化的贡献。

11.4 统一与北伐

中国之所以成为一个统一的国家,是因为共同文化(儒家思想)和共同生产方式(农耕文明)的推动。然而,中国历史上并不是一直统一的,经常会有分裂的形势出现。通常如果是北方征服南方,我们认为这是统一;如果是南方进攻北方,我们认为是北伐。那么,为什么要发动统一或北伐战争?这里我们可以从气候变化的模式中寻找中国战争的大趋势。

表 41 所示是中国古代发生北方征服南方的 12 次统一事件。它们有哪些规律性?

中原政权在暖相气候发动的 6 次战争,5 次取得成功。暖相气候更不利于南方,从苗民三大起义都发生在暖相气候节点可以看出,暖相气候对南方的生产活动更不利。由于高温、缺水(旱灾)、瘟疫和离心等趋势,导致南方政权在暖相气候的政治经济更加失稳,是北方能够统一全国的关键性因素。

冷相气候模式有利于南方的发展,所以中原政权在冷相期间发动的 6 次统一战争有 5 次未能达到预期的目标。只有一次例外,晋灭吴之战,发生在大量的反对之下,而且是冷相气候模式。

冷相气候带来的环境挑战,相当于动员了社会,把抗灾的力量用于抵抗入侵,因此南方能够成功抵御北方的征服。最典型的例子是赤壁之战,发生在典型的冷相气候定点附近,遇到南方最大的团结和反抗,因此失败。

表 41 历代统一的气候背景

		发生时间	预期节点	气候特征	效果
1	秦国统一之战	230—221	240	暖相	成功
2	赤壁之战	208	210	冷相	失败
3	晋灭吴之战	279	270	冷相	成功
4	淝水之战	383	390	冷相	失败
5	钟离之战	507	510	冷相	失败
6	隋灭陈之战	588—591	600	暖相	成功
7	宋灭南唐之战	955—974	960	暖相	成功
8	清口之战	897	900	暖相	失败
9	采石之战	1161	1170	冷相	失败
10	襄阳之战	1267—1273	1260	暖相	成功
11	收复台湾	1683	1680	暖相	成功
12	解放中国	1949	1950	冷相	失败

表 42 所示是历代的 22 次北伐战争，主要是针对游牧民族，体现了在不同气候挑战下的各个文明应对环境危机导致的实力差异。

表 42 历代北伐的气候背景

	历代北伐	时 间	节点	背景	效果
1	战国时赵灭中山之战	前 296	300	暖相	成功
2	汉武帝时霍去病北伐	前 120	120	暖相	成功
3	东汉时窦宪打败匈奴	89—92	90	冷相	成功
4	诸葛亮北伐/陆逊北伐	227—232			失败
5	东晋时期祖逖北伐	321	330	冷相	失败
6	东晋时期桓温北伐	356—369	360	暖相	失败
7	东晋时期刘裕北伐	417—421	420	暖相	失败
8	宋文帝时刘义隆元嘉北伐	430—450	450	冷相	失败
9	南朝梁武帝时陈庆之北伐	529	540	暖相	失败
10	陈宣帝时吴明彻北伐	573	570	冷相	失败
11	唐太宗时李靖打败东突厥	629	630	冷相	成功

	历代北伐	时 间	节点	背景	效果
12	唐高宗时苏定方打败西突厥	657	660	暖相	成功
13	周世宗北伐	960	960	暖相	终止
14	宋太宗北伐	979			失败
15	南宋高宗时期岳飞北伐	1134	1140	暖相	终止
16	南宋孝宗时期的张浚北伐	1163	1170	冷相	失败
17	韩侂胄"开禧北伐"	1206	1200	暖相	失败
18	明太祖时蓝玉北伐	1368—1388	1380	暖相	成功
19	明成祖时朱棣北伐	1410—1424	1410	冷相	成功
20	明末征讨努尔哈赤(萨尔浒之战)	1626	1620	暖相	失败
21	太平天国林凤翔、李开芳部北伐	1853	1860	暖相	失败
22	民国北伐	1926	1920	暖相	成功

面对同样的冷相气候挑战,游牧文明在寒潮中的损失更大,农耕民族的损失较小,因此可以利用彼此的消长来发动北伐,但是北伐未必取得成功,常常因为后勤保障跟不上。成功利用气候危机,导致北伐成功的结果只有三次,包括窦宪北伐、李靖北伐和朱棣北伐。这三次都充分利用了对手游牧民族在气候危机中弹性小、损失大的特点。

同样的暖相气候模式下,农耕民族的组织和后勤力量更强大,因此可以组织进攻,并取得成功,一共只有5次,如赵灭中山、霍去病北伐、苏定方北伐(西征)、蓝玉北伐和民国北伐。这五次都是成功利用了暖相气候更有利后勤供应的特点,在人力和物资上压倒对方。另有两次接近成功的北伐,柴荣北伐和岳飞北伐,也是充分利用了暖相气候的优势,因为意外而终止。所以,成功的北伐应当发生在暖相气候,才能充分发挥农耕文明的优势(善于组织和后勤管理)。

由于统一和北伐面对的对象是不同的,统一面对的是南方的火耕文明和渔猎文明,北伐面对的主要是北方的游牧文明。两者都需要利用暖相气候才能取得成功。对统一来说,南方政治更容易在暖相气候中衰败,因此暖相气候发动统一行动有利于成功;对北伐来说,在暖相气候中的中原经济(因为日照期增加)比北方民族更加强盛,因此在暖相气候发动北伐也容易取得成功。因此,统一和北伐都是针对气候脉动引发实力差距而推动的社会应对结果,需要放在社会应对环境危机的大背景下才能认识。

12

燃料危机与能源革命

　　中国拥有悠久的煤炭开发利用史。考古工作者在河南荥镇的汉代冶铁遗址上,发现"有一座窑的火池中发现煤渣和煤饼,可能用煤作燃料"[1]。在河南巩县铁生沟两汉冶铁遗址中也发现了原煤块、煤饼、煤渣[2]。《水经注》引《释氏两域记》说:"屈茨北二百里有山,夜则火光,昼日但烟,人取此山石炭,冶此山铁"[3],说明当地的煤炭已经得到广泛的利用。然而,如果说煤炭的深度利用就说明当地已经开始工业革命的进程,显然太早了,这不过是化石能源的原地"坑口利用"而已,无法推动技术的进步和相关的改革。工业革命是以煤炭的远距离运输和广泛利用为最大特征的,只有这样才能推动社会大规模的技术进步和政治改革。但是,这种大规模利用煤炭的局面,不仅发生在 18 世纪的英国,也曾经发生在 12 世纪初的宋代开封。以煤炭的普及开发为特征的能源革命,标志着中国已经开始了工业革命进程。

　　宋本《清明上河图》的开篇就是一处毛驴运送木炭(或碳)的场景(见下图 79)。通常木炭代表着手工业的生产(如陶瓷砖窑以木炭为最佳燃料,今天依然如此),石炭(煤炭)代表着廉价能源,所以运送燃料的毛驴,代表着能源的成本(通常人力开采成本很小,能源成本主要体现在运输过程中)。古人常说"百里不贩樵,千里不贩粟",能源的成本主要体现在输运过程中。"汴都数百万家,尽仰石炭,无一家燃薪者"[4],这一送炭场景,给我们昭示了北宋正在发生中的能源革命,或者说煤铁革命,需要从气候变化来认识革命发生的经过。

---

①　《中国冶金史》编写组. 河南汉代冶铁技术初探[J]. 考古学报,1978(01):5—28 + 142—143.
②　赵国璧. 河南巩县铁生沟汉代冶铁遗址的发掘[J]. 考古,1960(05):5 + 19—22.
③　(北魏)郦道元,水经注·河水·卷 2。
④　(宋)庄绰,鸡肋篇。

图 79 宋本《清明上河图》中的运炭(也可能是石炭/煤)场景

此外,城内出现一家"匹帛铺"(见图 80),销售的是麻布丝绸(应对暖相气候模式),而不是棉布(应对冷相气候模式)。这说明当时的棉花没有普及,那么相应的棉纺织业也不会得到发展,给北宋已经发生的能源革命的应用场景带来了不确定性。也就是说,因为没有应用市场,北宋已经开始的能源革命或消费革命,是不会走上英国工业革命的道路的,因为棉花没有得到重视和开发。

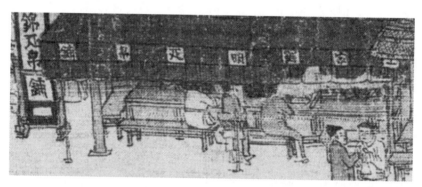

图 80 宋本《清明上河图》中出现的是"王家罗明匹帛铺"

值得一提的是,棉花的普及和开发在工业革命发展进程上具有重要的指标性意义,世界上各个国家和地区都是从纺织业起步来积累资金和技术,开始工业化进程,如 1770 年的英国、1830 年的美国、1890 年的日本、1950 年的香港、1980 年的上海、2010 年的孟加拉等。因为纺织业对人力的素质和资金的积累要求比较低,而提升效率的效果明显。宋代虽然发生了多次气候冲击,却没有推动棉花和棉花技术的普及,在科技史上缺乏必要的环境挑战,对能源革命的后果发生重要的影响。

12.1 能源危机

气候冲击带来的取暖危机

从公元 950 年到 1400 年,是被气候史称为的中世纪温暖期(Medieval Warming Anomaly,MWA),当时的欧洲气候在这段时间内以缺乏火山爆发、缺乏异常气候挑战而闻名①。相比之下,北宋的气候整体而言是温暖的,然而在整体温暖的气候大形势下,仍然充满了以雪灾形式出现的气候冲击。例如,自咸平四年(1001)开封开始频繁出现的异常大雪严寒天气,一方面加剧了燃料需求和供需矛盾,另一方面又造成水陆燃料供给中断,打破供需平衡,造成"供给难足"引发短时性的"燃料荒",以致在大中祥符五年(1012)至嘉祐四年(1059)的 40 余年间,曾经出现 6 次导致大量贫民冻饿而死的灾难性事件。这些气候脉动带来的寒潮,曾经给竺可桢造成的错觉是宋代气候比较寒冷②。其实,它们仍然是气候发生正常脉动的过程中产生的,气候模式发生变化的外部表现而已。

北宋的第一轮燃料危机来自以雪灾形式出现的气候冲击。大中祥符五年(1012 年,1020,暖相)冬天,"民间乏炭,其价甚贵,每秤可及二百文。虽开封府不住条约,其如贩夫求利,唯务增长"③。为赈济寒潮之中的灾民,"三司出炭四十万减半价鬻与贫民"④。求炭若渴的灾民纷纷抢购,造成"拥并至有践死者"的群体性踩踏事件。大中祥符八年,"三司以炭十万秤减价出卖以济贫民","自是畜藏薪、炭之家无以邀致厚利而小民获济焉"⑤,显然,燃料危机的本质是管理危机,燃料紧缺在准备充分后有所减缓。此后几年,宋代负责经济和计划的三司(盐铁司、度支司和户部司)不得不仿常平仓之制,"于年支外,别计度五十万秤般载赴京,以备济民"⑥。天禧元年(1017)十二月,"京师大雪,苦寒,人多冻死,路有僵尸,遣中使埋之四郊"。不过,当时的气候却是暖相,"大中祥符五年(1012)五月,遣使福建州,取占城稻三万斛,分给江淮、两浙三路转运使,并出种法"⑦。占城稻之所以能够引进

---

① Lamb, H.H. Climate, history and the modern world. Routledge,1995.
② 竺可桢. 中国近五千年来气候变迁的初步研究[J]. 考古学报,1972(1):15—38.
③④ 宋会要·食货·三七之六。
⑤ 宋会要·食货·三七之七。
⑥ 宋会要·食货·三七之六,参考《长编》卷七九。
⑦ (元)脱脱. 宋史·卷 173·食货志上一·农田。

内地,当时的暖相气候贡献很大。只有气候变暖,降水减少,才有推广占城稻的可能性。另一方面,福建能够一次性供应三万斛(相当于360万千克,或3 600吨),说明占城稻早已在福建普及,占城稻已经成为当地人口的主粮。

第二轮气候危机始于庆历四年(1044年,1050,冷相)。正月,"京城积雪,民多冻馁,其令三司置场减价出米谷、薪炭以济之"①。至和元年(1054),"京师大雨雪,贫弱之民冻死者甚众"。嘉祐元年(1056),"大雨雪,泥途尽冰。都民寒饿,死者甚众"。嘉祐三年(1058)冬天至次年春:"自去年雨雪不止,民饥寒死道路甚众";"今自立春以来,阴寒雨雪,小民失业,坊市寂寥,寒冻之人,死损不少,薪炭、食物,其价倍增";"有投井、投河,不死之人皆称因为贫寒,自求死所,今日有一妇女,冻死其夫,寻亦自缢,窃惟里巷之中,失所之人,何可胜数"②。从嘉祐四年(1059)起,铁钱停铸长达10年。邓州有人用生长较快的竹子烧制竹炭,一度成为炼铁的主要燃料。当时的气候是冷相气候。

第三轮气候危机发生在暖相气候周期,只有一次寒潮。元祐二年(1087年,1080,暖相)冬,"京师大雪连月,至春不止。久阴恒寒,罢上元节游幸,降德音诸道"③。

第四轮气候危机始于元符元年(1098)冬,开封"市中石炭价高,冬寒细民不给。诏专委吴居厚措置出卖在京石炭"④。从这一点到靖康之变的1127年,大雪是开封冬天的常态。

从上述雪灾事件可以看出,开封城的雪灾大多发生在气候节点(1020、1050、1080、1110)前十年左右(与钱荒类似,说明钱荒与寒潮的关联,见8.2节),因此是气候脉动带来的气象灾害(或称气候冲击),燃料的供应和管理不当就会发生燃料危机。

北宋前期经常发生取暖危机的原因,有两个不可控制的因素。第一是中世纪温暖期的暖相气候,导致当时的建筑以草木为主,建筑节能设计方面倾向于散热,而不是保温。宋本《清明上河图》(见下图81)中清楚地展示了宋代建筑的保温效果,远远不如清院本中建筑的节能保温效果。中世纪温暖期,意味着建筑的散热功能更重要,而不是建筑的保温。因为建筑技术不足,当时的人们过度依赖燃料过

---

① (宋)李焘,续资治通鉴长编·卷146·庆历四年正月庚午。
② (宋)李焘,续资治通鉴长编·卷189·嘉祐四年正月丁酉。
③ (元)脱脱,宋史·卷62·五行一下,第1342页。
④ (宋)李焘,续资治通鉴长编·卷504·元符元年十一月己未。

冬,所以民用燃料的供应是一个刚需,牵制了政府很大的管制精力。

图 81　宋本《清明上河图》中的典型宋代建筑(不够保温和防火)

　　其次,虽然棉花已经进入中国,但是没有得到重视和推广。棉花的原产地是印度和阿拉伯。在棉花传入中国之前,中国只有可供充填枕褥的木棉,没有可以织布的棉花。刘宋以前,中国只有带丝旁的"绵"字,没有带木旁的"棉"字。"棉"字是从《宋书》起才开始出现的。可见棉花的传入,至迟在南北朝时期,但是多在边疆种植,没有气候冲击,棉花就没有传播的动力。棉花大量传入内地,当在宋末元初,具体说来,就是 1294 年元政府建立"木棉提举司"来推广棉花种植,1295 年黄道婆引入海南岛棉花纺织技术为特征标志。宋徽宗时期棉花没有普及,那么能源革命就没有应用对象,技术革命就没有平台,工业革命就没有结果。

　　所以,当气候脉动规律仍然发生作用时,那些在气候节点附近到来的气候冲击,给没有准备的城市居民带来很大的扰动。由于气候危机的突发效果,对外部燃料的供应带来很大的危机,所以北宋政府出台了很多优惠政策,推动石炭的引进和普及,间接推动了能源革命的进程。可以看到,自从 1059 年的雪灾之后,开封雪灾较少提到有人死亡(或者伤亡率不值一提),关键是气候转暖和能源革命,后者表现为石炭(煤炭)的广泛使用。

手工业扩张引发的樵采危机

　　除了寒潮推动的取暖危机,宋代还有一种因为手工业发展而产生的樵采危机,通常发生在暖相气候节点,与气候危机貌似没有很大的关联,因此令人费解。例如,宋代经常颁布对名山大川、祠庙陵寝等先贤遗迹禁止樵采的诏令。如,建隆元年(960年,960,暖相)诏:"前代帝王陵寝、忠臣贤士丘垄,或樵采不禁、风雨不芘,宜以郡国置户以守,隳毁者修葺之。"①乾德初(963年,960,暖相)诏:"先代帝王,载在祀典,或庙貌犹在,久废牲牢,或陵墓虽存,不禁樵采。"②因而诏令自太昊至后唐末帝"诸陵,常禁樵采"。又如乾德三年(965)正月"丁酉,先贤邱垄并禁樵采,前代祠庙咸加营葺"③。当时的气候缺乏寒潮,因此不能用取暖缺柴来解释,还有一种解释,就是社会手工业发展(主要是采矿冶炼业)所需要的木炭量大增,引发人们深入陵区开发木炭资源,触动了皇家的基于风水理论的隐忧,所以出面禁止。

大中祥符四年(1011年,1020,暖相)七月"癸酉,历代帝王陵寝申禁樵采,犯者,所在官司并论其罪"。大中祥符五年(1012)八月"丁酉,禁周太祖葬冠剑地樵采"④。大中祥符六年(1013)八月"丙寅,禁太清宫五里内樵采"。"申告上圣号赦文(大中祥符八年正月壬午)"曰:"国家钦奉骏命……岳渎名山大川,历代圣帝明王、忠臣烈士,载祀典者,所在精洁致祭,近祠庙陵寝,禁其樵采,祠宇坏者,官为完葺。"⑤天禧元年(1017)六月"庚辰,盗发后汉高祖陵,论如律,并劾守土官吏,遣内侍王克让以礼治葬,知制诰刘筠祭告",因而"诏州县,申前代帝王陵寝樵采之禁"⑥。这一次樵采危机,有寒潮和手工业发展的双重贡献。

第三波禁樵采令发生在1080年前后。熙宁十年(1077年,1080,暖相)二月,权御史中丞邓润甫进言道:"唐之诸陵,悉见芟刘,闻昭陵木,已芟伐无遗。"⑦同年,"(唐太宗)昭陵,木已芟伐无遗。熙宁令:前代帝王陵寝并禁樵采"。考虑到当时没有明显的寒潮(雪灾),也是发生在石炭广泛使用之后,因此这是经济发展、市场扩张推动的燃料增加。当时沈括曾为此而感叹:"今齐、鲁间松林尽矣,渐至太行、京西、江南,松山太半皆童矣。"⑧

一百多年后,淳祐九年(1249年,1260,暖相)春正月辛未,"诏以官田三百亩给表忠观,旌钱氏功德,仍禁樵采⑨。

---

① (元)脱脱,宋史·卷105·礼八,第2558页。
② (元)脱脱,宋史·卷105·礼八,第2558—2559页。
③ (清)毕沅,续资治通鉴长编·卷6·乾德三年。
④ (元)脱脱,宋史·真宗本纪。
⑤ (宋)佚名,宋大诏令集·卷第131。
⑥ (元)脱脱,宋史·真宗本纪。
⑦ (清)毕沅,续资治通鉴·宋纪·宋纪72。
⑧ (宋)沈括,梦溪笔谈·卷24·石油。
⑨ (元)脱脱,宋史·理宗本纪。

上述四轮樵采危机,恰好发生在暖相气候节点(960、1020、1080、1260)附近,并没有伴随着明显的雪灾或寒潮,说明这是气候变暖、市场扩张引发的燃料危机,不依赖于气候变冷带来的取暖需求。暖相时段通常会发生经济扩张,迫切需要供应固体燃料来解决手工业推动的能源需求,因此会对生物质能(木炭)和化石燃料(石炭)的供应造成很大的需求。

12.2 能源革命

寒潮与手工业共同引发的能源革命

面对突发的取暖危机,北宋政府的主要应对措施是免税,通过免税,降低石炭的运输成本,推动了石炭的普及利用。刚开始,是减免木炭和石炭的税收。景德三年(1006)九月甲子条:"今京城税炭场,自今抽税,特减十之三。"①大中祥符二年(1009)十月诏:"如闻并州民鬻石炭者,每驮抽税十斤,自今除之。"②这太原地区已经有了能源(煤炭)税的记录,为了应对气候危机才不得不下诏免除。可是此后不久,陈尧佐又"奏除其税"③。陈尧佐调知河东并州的时间是天圣三年(1025)至天圣五年④。也就是说,免税是针对一次取暖危机,当危机消除之后,石炭税重新开征,所以才有这一再次免税之议。在暖相气候的帮助下,天圣六年(1028),陕府西路转运司杜詹奏请本路近边各地商税,请就近直接送纳附近州军作军费,其中有关煤炭税的记载是:"邠州永昌、韩村、秦店、左胜、洪河、龙安庄、曹公庄、房陵村、李村买扑石炭,定平县张村、陵头村等务并赴宁州。"⑤这说明随着手工业的发展,石炭成为重要的税种,获得重视和开发。

仁宗时因西北用兵(1040年前后),曾在该路晋、泽、石三州及威胜军等地就地利用铁、煤资源铸造大、小铁钱,以助陕西军费⑥。于是引起民间私铸,河东货币一时大乱。当时知泽州李昭遘说:"河东民烧石炭,家有囊冶之具,盗铸者莫可

---

① (清)毕沅.续资治通鉴长编·卷46。
② (清)毕沅.续资治通鉴长编·卷73·大中祥符三年冬十月。
③ 宋会要·食货·一七之一五。
④ 吴廷燮.北宋经抚年表[M].北京:中华书局,1984.
⑤ 宋会要·食货·四二之一二,四八之二五至一六。
⑥ (元)脱脱.宋史·食货卷180。

诘。"①因为河东民间私铸铁钱也是用煤炭。当时知太原府韩绛说："本路铁矿、石炭足以鼓铸公钱。"②

在这种取暖危机和燃料短缺的情况下，开始了石炭的开发和利用，首先从取消石炭税开始。

1."神宗熙宁元年（1068）诏：……石炭自怀至京，不征。"③

2."熙宁七年（1074）五月……勘会在京窑务所有柴数于三年内取一年最多数增成六十万束，仍与石炭兼用。"④

3. 元丰二年（1079）"三月庚寅，以用臣都大提举导洛通汴"⑤。导洛通汴河工程完工，意味着石炭的运输成本大大降低，推动了石炭的普及利用。

4."元符元年（1098）四月壬午，京西排岸司言，西河石炭纲有欠，请依西河柴炭纲欠法。从之。"⑥

5."元符三年（1100）……尚书省言：'平准务官吏等给费多，并遣官市物，搔动于外，近官鬻石炭，市直遽增，皆不便民'。"⑦

6."自崇宁（1102）以来……沿汴州县创增镇栅以牟税利。官卖石炭增二十余场，而天下市易务，炭皆官自卖。"⑧

7."重和二年（1119）八月十八日，吏部状……河南第一至第十石炭场，河北第一至第十石炭场，京西软炭场、抽买石炭场、丰济石炭场、京城新置炭场。"朱翌在《猗觉寮杂记》中记录："石炭自本朝河北、山东、陕西而出，遂及京师。"

8. 关于石炭的普及路线，《宋会要辑稿》明确指出："其石炭自于怀州（今沁阳）九鼎渡、武德县（今武陟县大城村）收市，及勾当东窑务孙石将石炭出货……宜作康民所请，其出卖的石炭，每秤定价六十文，诏除武德县收市不行外，余并从之。"⑨

取消石炭税，可以说是政府推动石炭消费的政策鼓励。石炭消费的普及，对宋

---

① （清）毕沅，续资治通鉴长编·卷164·庆历八年六月丙申或《文献通考》卷九《钱币》。
② （清）毕沅，续资治通鉴长编·卷279·熙宁九年十一月丙申。
③ （宋）马端临，文献通考·卷14·征商。
④ 宋会要·食货·五五之二一。
⑤ （元）脱脱，宋史·河渠志（志第四十七河渠四）。
⑥ （清）毕沅，续资治通鉴长编·卷497·元符元年四月壬午。
⑦ （元）脱脱，宋史·食货志·卷186·商税。
⑧ （元）脱脱，宋史·食货志。
⑨ （清）徐松，宋会要辑稿·食货·窑务。

代的能源革命发生重要影响。在 11 世纪后期,有鉴于秦州(今甘肃天水)的物候提前现象,张方平在 1063 年前后写道:"秦川节物似西川,二月风光已不寒。犹去清明三候远,忽惊烂漫一春残。"①这说明当时气候已经转暖。石炭的开发利用本来是为了解决取暖危机,可是扩大利用是经济扩张推动的,目的是解决樵采危机,并且得到了气候冲击(寒潮)的帮助。在随后不断发生的两种危机中,石炭的使用不断得到政府的鼓励和推广,终于推动了北宋社会的能源革命。

宋代能源革命的特征

能源革命不能用某一个事件来代表,而是在气候节点发生的一连串突破代表了当时的能源革命。

能源革命的第一个特征是主动发掘化石能源。所以西方史学家总是把苏东坡创作的《石炭》诗中记载彭城西南白土镇发现煤矿这一突破性事件作为中国能源革命的开端。苏轼提到,"彭城旧无石炭。元丰元年(1078 年,1080,暖相)十二月,始遣人访获于州之西南白土镇之北,以冶铁作兵,犀利胜常云"②,这说明该煤矿是为了发展冶炼工业而主动开发的,不是偶然地被动地发现,也不是对煤矿进行就地开发的坑口利用,对当时的经济带来很大的推动作用。值得一提的是,1909 年英国商福公司在焦作发掘时,曾经找到一处宋代的墓葬,该墓志铭表明,早在 1088 年当地就曾发掘利用"乌金"③。这两个事件都表明,暖相气候有利于经济的扩张,表现为主动开矿和发掘资源。

能源革命的第二个症状是污染严重。元丰年间(1078—1085 年,1080,暖相),远在陕州的沈括就注意到:"二郎山下雪纷纷,旋卓穹庐学塞人。化尽素衣冬未老,石烟多似洛阳尘。"④宋诗有一句无名作品:"沙堆套里三条路,石炭烟中两座城",描述了当时的手工业生产的盛况。此外,根据对格陵兰岛累积的历史冰晶调查发现,中世纪的积雪存在一层重金属污染,一直被沉淀的冰雪所记录,而两宋时期的矿冶业是当时世界主要的大规模污染源。

---

① 葛全胜等. 中国历朝气候变化[M]. 北京:科学出版社,2011.
② (宋)苏轼,石炭·并引。
③ 程峰,程谦. 焦作煤炭开采的考古学观察——以碑刻资料为中心[J]. 河南理工大学学报(社会科学版),2013, 014(001):107—115。
④ (宋)沈括,梦溪笔谈·石油。

　　能源革命的第三个特征是能源的运输成本大幅降低，这表现在 1079 年（1080，暖相）完成的导洛通汴工程。"元丰间，四月导洛通汴，六月放水，四时行流不绝。遇冬有冻，即督沿河官吏，伐冰通流。"①该工程把洛河水引入汴河，改善了当地依赖黄河（泥沙多，水量变化大）、只能半年通航的局面。从此黄河北面怀州（焦作）地区的廉价煤炭，可以源源不断地供应开封。

　　能源革命的第四个特征是市场的拓展和集中垄断的趋势。随着经济的扩张，对海外贸易进行规范的呼声越来越高涨。熙宁九年（1076 年，1080，暖相），程师孟请求关闭杭州、宁波的市舶司，其他都隶属于广州市舶司。皇帝"令师孟与三司详议之"。这一年，市舶收入达到 54 万贯。朝廷三令五申严禁私自交易，但是屡禁不止，于是关于市舶制度的立法被提上了议程。神宗元丰三年（1080 年），宋廷颁发了我国古代史上第一个专项外贸法规《元丰广州市舶条法》（简称《市舶法》）。据记载："三年，中书言，广州市舶已修定条约，宜选官推行。"②虽然前面冠以"广州"二字，但是不局限于广州一地执行，而是通用于全国的一部法规。颁布该法规的目的，还是为了集中垄断贸易资源，从事符合政府利益的海外贸易。市场的拓展和集中垄断的趋势推动了能源革命的发生。

　　上述四项能源革命的特征，同时在气候节点 1080 年前后发生，因此标志着能源的来源、运输、利用和市场突然成熟，因此是能源革命已经发生的重要标志。

　　正是由于北宋发生了能源革命，才能导致"国朝混一之初，天下岁入缗钱千六百余万，太宗皇帝以为极盛两倍唐室矣，天禧之末所入又增至二千六百五十余万缗，嘉祐间又增至三千六百八十余万缗，其后月增岁广，至熙丰间合苗役易税等钱所入乃至六千余万，元祐之初，除其苛急，岁入尚四千八百余"③。通常人们认为这是王安石改革（熙宁变法）的成果，其实也是当时暖相气候条件下，气候变暖（日照期增加）、农业革命（普及占城稻）、经济扩张（陶瓷和采茶业）、贸易发展（海外贸易增加通货供应）和能源革命（石炭普及）的结果。

　　因此，气候危机推动的石炭普及和利用是一场能源革命，给社会带来了瓷器烧制技术和炼铁技术，推动了"消费革命"（即生产不是为了生存和自用，而是为了消费和交换），接近于英国的工业革命第一段成果。

---

① （元）脱脱，宋史·河渠志（志第四十七　河渠四）。
② （元）脱脱，宋史·食货志·互市舶法。
③ （宋）李心传，建炎以来朝野杂记·卷十四甲集。

12.3　宋代工业革命为何没有完成

宋代的工业革命

在历史上,工业革命的定义不是很清楚的。如果工业革命是集中大生产为标志,那么茶叶生产季节性强,每年三、四月份采茶焙制大忙季节一到,制茶作坊必得雇佣大批工匠。建安茶坊"夜间击鼓满山谷,千人助叫声喊呀"[①];建溪茶坊"采茶工匠几千人,日支钱七十文足"[②]。这算不算工业化大生产?

如果工业生产是以大规模利用化石能源为标志,北宋早已普及石炭的开发和利用。神宗年间的徐州找矿和"导洛入汴"工程,普及了石炭的开发利用。到宣和年间,开封的石炭厂达到 20 多处,形成"汴都数百万家,尽仰石炭,无一家燃薪者"[③]的局面。

如果工业生产以炼铁产量为标志,宋代铁课在英宗治平年间(1064—1067)达到最高点,为 824 万余斤[④],相当于唐宣宗元和初年(806 年,810,冷相)207 万斤的四倍。此外,神宗元丰年间(1080 年前后)仅铜(3.33 万吨)、铅(2.1 万吨)、锡(0.52 万吨)三项合计即近 6 万吨,相当于铁产量的三分之一强[⑤]。所以宋代的金属产量足以傲视全球,标志着当时已经发生工业革命。

如果工业革命是以使用纺织机为标志,北宋仁宗时(1150 年前后)四川梓州有"机织户数千家",漆侠先生据此估计北宋各路约有 10 万机户[⑥],但其中应有部分尚未成为专业纺织户。如果脱离土地的专业机户占 50% 以上,则亦有五、六万之众,数目可观。

如果工业革命是以商人计划生产为标志,宋代纺织业存在"账房"机构,商人对茶农实行的"先价后茶",对糖民先放"糖本",对烟民"给值定山",对纸坊"以值压槽"等作法,也可以视为"商人支配生产"类型的资本主义萌芽[⑦]。

此外,北宋还曾经发生纸钞革命(见 8.3 节)、医学革命(见 5.3 节)、福利革命

---

① (宋)欧阳修,欧阳文忠公文集·卷 7·尝新茶呈俞。

② (宋)庄绰,鸡肋篇·卷下。

③ (宋)庄绰,鸡肋篇。

④ (元)脱脱,宋史·食货志·坑冶,另见文献通考·征榷(五)。

⑤⑦ 葛金芳,顾蓉. 从原始工业化进程看宋代资本主义萌芽的产生[J]. 社会学研究,1994(06):91—108.

⑥ 漆侠. 求实集[M]. 天津:天津人民出版社,1982:148.

(见 4.4 节)、消防革命(见 10.3 节)等一系列现代社会才有社会功能,达到城市化率的高峰,因此是中国古代文明发展的一个高峰点。所有这些现象累加起来,仍然达不到工业革命的标准。那么,到底什么算作工业革命呢?

工业革命的原因

宋代社会最大的社会问题是经济压力。

环境危机带来的社会管理调整。除了人口增长带来的危机,宋代还是面临一些气候冲击,如暖相气候下的旱灾与蝗灾(宋真宗和宋神宗时代),以及冷相气候下的水灾(宋仁宗时代)和寒潮(宋徽宗时代)。这些气候变化推动的自然灾害,仍然需要政府提供帮助,维持宏寄生模式的可持续性,给货币主导的商业和经济带来很大的压力。

国防危机带来很大的经济压力。虽然宋辽之间保持了长期的和平,可是和平是赎买来的,需要长期的投入。此外,西夏地区的气候变暖,有助于当地的独立倾向,所以宋代的国防形势是非常严峻的。在控制局势的过程中,恢复青海的宋—吐蕃战争长达 32 年,宋夏之间战争持续 81 年。此外,宋辽之间由于缺乏战略屏障(燕云十六州),宋政府不得不养兵百万,需要长期的经济支持。

城市化趋势带来的社会危机。由于人口的持续增长,宋代不断需要应对瘟疫危机、火灾危机、丧葬危机等城市化带来的挑战,因此需要足够的经济来保障城市文明的持续性。

在这些经济压力下,宋政府对工商业的发展投入了很大的关注,也取得了令人瞩目的成就(以煤铁革命和海外贸易为代表)。但是,为什么北宋的工业革命没有持续下去?或者说,为什么没有取得英国工业革命的成果?我们还是需要从地理条件和气候条件来认识,即用环境决定论的观点来认识宋代的危机。

西方的工业革命

从西方发生的六次工业革命[①],我们可以提炼出典型工业革命的特征如下:

1. 工业革命通常发生在冷相气候节点,面临某种环境危机的挑战,后者产生特殊的市场需求,带来技术突破,因此工业革命是应对气候挑战的结果。"冷相气候有助于技术突破,暖相气候有助于技术普及",都是为了满足市场需求才得到推动和发展。

---

① 麻庭光. 气候、灾情与应急[M]. 匹兹堡:美国学术出版社,2019:223—228.

2. 工业革命下的生产是以来料加工增值为特征的,因此工业革命需要一定的原料基地;

3. 工业革命下的生产是以市场消费为导向的,因此工业革命一定要有足够大的消费基地,才能维持工业大规模生产的进行;

4. 工业革命通常伴随着两类不同性质的技术,一种是可以迭代改进的技术(力能转换技术或活塞技术,全球都是来自古希腊的特西比乌斯),另一种是可以放大增效的技术(水力驱动技术,全球都是来自中国的水轮或水车技术)。只有在这两个领域取得突破(不管是自创还是引进),才是工业革命可持续的关键。

比照英国工业革命的发展经验,我们认为,北宋末年已经达到了工业革命的门槛,标志是 1080 年的能源开发、运输业突破、海外市场突破和 1110 年的消防革命、纸钞革命和医学革命,已经推动了陶瓷烧制技术和金属冶炼技术的普及,大量的来自汝、官、哥、均、定窑的陶瓷产品被生产出来,进入海上丝绸之路进行贸易;大量的铜钱被生产出来,用于国内和国外的采购项目。也就是说,北宋已经发生了欧洲在 1710 年前后发生的"消费革命"(生产是为了消费,而不是仅限于生存)。然而,由于北宋的政府被女真金政权(1110 年前后气候冲击带来的渔猎文明崛起)所推翻(见 11.1 节),新建的南宋政府迁移到南方,北方的能源基地落入女真政权的手中。女真民族主政华北的期间,北方缺乏气候危机,也没有市场交易的需求,因此不再关注能源革命。而南方的煤矿主要位于江西,南宋政权再也无法享受北宋时期"资源靠近用户,运输成本低廉"的便利条件①,因此技术革命不再持续演化,预期在 1170 年前后发生的技术突破没有到来,失去了进入工业革命的机会。

拿西方的工业革命来对比宋代的工业革命,我们会发现其中的相似点。中欧发生工业革命的相似点包括以下几点。

第一,宋代和英国都通过陶瓷业(或燃烧技术)的超前发展,达到"消费革命"的阶段。也就是说,生产不再是为了生存,而是为了交换和消费。宋代的陶瓷贸易沿着海上丝绸之路,到达中东和非洲。就此而论,北宋末年已经达到了工业革命的最低要求,迈进了工业革命的门槛;

第二,宋代和英国都曾经发生煤铁革命。英国的煤炭基地和钢铁基地不仅相

---

① 许惠民,黄淳. 北宋时期开封的燃料问题——宋代能源问题研究之二[J]. 云南社会科学,1988(06):83 - 93 + 99。

近,而且有水路相连(意味着运输成本低)。北宋疏通汴河之后,北宋怀州(焦作)的煤炭可以通过汴河迅速运到开封,方便了原产地与消费地的运输条件,推动了煤炭利用的普及;

第三,宋代和英国都通过海上运输进行海外贸易,互通有无,发挥海外贸易的杠杆作用,附带的效果是增加了金融市场流通的通货;

第四,宋代和英国都曾经发生医学革命,人口增长和市场扩张是推动经济和贸易的初始原动力。

工业革命的差距

然而,英国的工业革命还有几条硬性的条件。其一是工业革命一定要在力能转换技术(即蒸汽机)上发生,所以活塞技术的改进是工业革命的必由之路;其二是工业革命需要大量的廉价能源,这一点中欧都有特定的地区可以满足;其三,工业革命需要一项能够大规模普及的技术上取得突破,这个领域只能是棉纺织业,因此这个时机一定是气候冲击(寒潮)推动的,只能在冷相气候节点发生;其四,工业革命一定是外部市场需求驱动的,所以外部市场的发育也是一项重要的门槛。因此,北宋进行的工业革命和英国相比,存在四点差异性,导致无法进行到底。

第一,工业革命最重要的突破是可迭代改进的力能转换技术(活塞技术)。该技术诞生于公元前三世纪初的亚历山大城,在 10 世纪初(五代时期,见下图 82)曾经随着阿拉伯商人的猛火油传入中国,"五代时,火油得之海南大食国,以铁筒发之,水沃,其焰弥盛"[1]。后梁贞明三年(917),南方的吴国曾向契丹人"献猛火油",称"攻城,以此油然火焚楼橹,敌以水沃之,火愈炽"[2]。但是,除了军事领域("唧筒,用长竹,下开窍,以絮裹水杆,自窍唧水"[3])以外,该技术在手工业领域一直没有得到足够的重视,因此中国历史上缺

图 82 《武经总要》中的唧筒代表着来自希腊的技术传统

---

① (宋)林禹,吴越备史·卷 2。
② (宋)司马光,资治通鉴·卷 269。
③ (宋)曾公亮,武经总要·前集卷 12。

乏对该技术的任何改进。活塞技术代表着精密加工技术,是力能转换的必要设备,通常用于提升压头的提水作业(欧洲缺水才需要提水)。可是中国社会流行的都是排水所需要的流量(水车)技术①(中国多水才需要排水),因此没有人钻研水枪技术,提升水源的活塞技术得不到重视。中国2000年来水车的设计外形变化不大,可见水车不是一种可迭代的技术。由于地理条件导致中国缺乏对提水技术的市场需求,活塞技术得不到重视,因此北宋社会根本没有选中可迭代(可持续改进的)技术,也就没有足够的技术积累来完成对新能源技术的利用和改进。"太阳底下无新事",技术需要传播和嫁接才能发挥更大的用途。希腊的水枪(活塞)技术进入中国立即进入技术锁定状态,没有发挥预期的可迭代技术的功用。而中国的水车(轮)技术进入欧洲则被迅速利用,环境和市场的差异是导致技术停滞(或突破)的外部原因,而环境和市场,则是地理条件和气候变化共同决定的结果。

第二,缺乏足够的原料基地。海外贸易最显著的产品香料是时尚用品,用处不大,从未成为发展手工业的动力。因为海外的香料贸易不是社会的必需品,一旦停运,社会并没有发生不良的影响。引入的香料更像是引进一种通货,为了解决"钱荒"而推动的缓解通货膨胀的替代品。相比之下,因为腌制食物的需要,欧洲对香料有特殊的需求。小冰河期来临意味着气候变化难以预估,欧洲人对香料的渴望大增,推动了开辟海外市场的努力,结果发现了美洲。在美洲大陆的殖民经营,导致了美洲可以产生大量的、超出自身需要的工业原料,为工业革命提供充足的原料保障。所以,宋代发展工业革命的另一个瓶颈是周围国家没能提供可以再加工的原料,当时最缺的两种原料是铜矿和棉纱,海上丝绸之路上的南洋国家无法提供(日本曾经提供银矿,作为另一种通货,对明代货币经济有很大的帮助),因此不能推动工业生产的效率提升。

第三,缺乏足够的消费市场。宋代虽然有北方的邻居可以作为倾销市场,可是北方人口本来就不多,所需要的产品(如茶酒瓷绢)都不是刚需,因此宋代发展工业的成果主要是自产自销,没有提升产量的必要性。当时唯一全球抢手的产品和通货是铜矿,可是因为地理条件和能源价格的原因,南宋政府无法充分保证自己的产量,更无法提供给消费市场(不得不"铜禁",禁止铜币输出,相当于关闭了优势技术的消费市场)。因此,南宋的海外贸易规模还是不够大,难以发挥消费市场对工业

---

① 李根蟠. 水车起源和发展丛谈[C]. 广州:东亚农业史国际学术研讨会,2010.

革命的催发和吸引功能。

第四,产生棉布需求的寒潮在宋代为时不长,因此缺乏足够的引力来推动棉花普及和棉纺织技术的突破。所以,北宋政府总是在寒潮时推动石炭免税,而不是为推动棉花普及的消费免税。棉花和棉纺织技术影响社会,要等到1294年元政府建立"木棉提举司"来推广棉花种植和黄道婆引入海南岛的纺织技术,才能实现。当时的气候环境是不利于产生棉布需求的温暖环境,所以宋代根本没有这方面的动力去推动纺织业,从纺织业出发的工业革命就无法完成了。宋代所有的技术突破,都不能围绕棉纺织业发生质变,所以浪费了很多高度先进的技术,尤其是中国特有的水轮技术(这是珍妮纺织机的核心技术源头),即发生技术锁定现象。例如,王祯《农书》中的水转大纺车技术曾经是英国纺织技术(珍妮纺纱机)的源头(见图83),来源于五代时期的水磨技术,可是在中国就没有棉纺织业可供持续改进。所以说,缺乏棉纺织业平台的推动作用,没有可放大技术的可持续开发,是宋代工业革命无法持续的关键原因。而棉纺织业在中国的突破,需要小冰河期(整体变冷)和气候冲击(短时变冷)的双重作用才能够推动产生。

图83 (元)王祯《农书》中的水转大纺车是棉花纺织技术推动的结果

所以,虽然宋代已经开启了消费革命,达到了工业革命的门槛,可是由于上述4项条件不能满足,外加异族入侵带来的对上层建筑的干扰,北宋的发展势头被中断了,所以给我们留下来宋代科技的传奇。套用托尔斯泰的一句话"幸福的家庭非常相似",在这里,各国的工业革命都需要以相同的方式在相同的领域依靠相同的市场和相同的技术发生,北宋缺乏开发活塞技术的环境条件,也没有等到棉花革命

（及相关技术），在原料和市场方面都有地理条件缺陷，因此不满足这些完成工业革命的条件，所以工业革命没有完成。气候变化规律可以让我们更好地认识北宋能源革命的发展经过，从而认识气候挑战推动文明进程的本质。

还有一点非常特殊的情况是，北宋的福利革命、医学革命、宗教革命发生在冷相气候（宋徽宗时），而农业革命（宋真宗时）、纸钞革命、海上贸易革命和能源革命（宋神宗时）发生在暖相气候，因此冷暖气候都会推动科技的进步。而英国及西方的技术革命主要发生在冷相气候，暖相气候只利于技术推广，较少发生技术突破。这是因为中国偏南方的地理条件和亚热带气候，决定了暖相气候对社会带来的环境挑战比欧洲更大，这也可能是导致"中欧科技大分流"的原因之一。

根据气候周期推动的 60 年长波（经济）周期，我们可以认识到英国工业革命的原因是冷相气候推动的技术突破和暖相气候带来的技术普及和市场扩张。在面对冷相气候带来的气候冲击和经济危机时，社会的自然选择是发生技术突破和市场紧缩。面对暖相气候带来的经济危机和能源危机，社会的自然反应是技术普及和市场扩张。技术和市场交替推动技术进步，形成一波又一波的技术革命，推动社会的进步和文明的演化。北宋末年已经经历了气候脉动主导的技术突破和扩张，但发展的势头因为异族入侵没有持续下来，这也是气候变化推动的结果，让人扼腕长叹不已。

13

气候危机与社会文明

　　本书是前一本书的后继发展,视角从人类文明史收缩到宋代文明史,是利用气候脉动理论对宋代社会现象的深入观察和应用分析,同时也避免了对气候变化一手证据(物候学证据)的冗长讨论。不论已知的气候证据是多么规则,总有异常时间、异常地点的异常事件(如火山爆发)对气候模式造成干扰,因此难以找到符合需要气候脉动理论的一手证据(可测量结果)。本书主要讨论气候变化的二手证据(环境危机)和三手证据(社会应对)。虽然一两次社会变革也许让人觉得社会事件的偶然性,重复的次数多了,规律性就明显了。所以,通过各种表格来展现社会变革的重复性特征,从而达到"社会(文明)发展是气候变化推动的"这一目标,本书的效果更好。

　　通常我们认为历史是英雄或人民创造的,离不开历史发展的"内因论"。也就是说,由于某个人的历史选择,导致了历史偏离了原来的发展道路,让中欧科技在小冰河期走上"中欧科技大分流"的道路。然而,这种人为因素过于偶然,很容易陷入历史发展的"偶然论"和"不可知论"。历史上还有一种观点是"环境决定论",认为人类社会的发展进程是外部因素决定的。过去人们认为地理环境是决定历史发展的重要推手,如麦金德的陆权论(大陆中心论)和马汉的海权论(海洋中心论),被认为过于简单而遭到淘汰。今天,通过把古代气候变化的症状总结成简单的规律,对重大事件发生时机的气候背景进行研究,得到对社会和历史的不同观察效果,相当于复兴了 E. 亨廷顿的"气候脉动论"和"环境决定论",可以认识历史上的宗教兴衰、经济脉动、文化变革和政治对策,尤其适用于工业革命发生之前、人力投入主导经济产出的人类历史。历史上发生的所有重大事件,大多可以被看作是气候脉动的社会响应,从中就可以得出"文明发展是环境决定的",即"地理和气候决定环境,环境决定文明发展"的新观念。通过对历史重大事件的重复性和周期性的研究,我们可以得到结论,如果看懂气候脉动和社会响应的规律性,历史的经验教训是可以重复的和借鉴的。本书总结的 9 种社会危机和 18 条应对规律,在宋本《清明上河图》上都有反映。本书借用该图作研究的大门和入口,通过艺术、气候和社会这三个视角,来帮助读者认识一个伟大时代的幸运和不幸。

在宋徽宗统治的前十年,宋朝社会发展和表现非常成功。内有蔡京主掌国政,增加国家财税收入。外有童贯领兵,连续攻占吐蕃曾经占据的湟川等数个边地州郡,和西夏与辽国的交涉都从消极防守转向了积极进攻,在西南边疆也能积极"改土归流",一时间捷报频传,开疆拓土,财政扩张,竟然隐隐有中兴之象。可是这么大好的局面,为什么会导致亡国的结果? 要回答这个问题,需要解决两个问题,《清明上河图》中的 9 种社会危机是如何造成的? 为解决 9 种社会危机而采取的对策对后来的社会发生什么样的影响?

13.1　一次非常规的气候冲击

1104 年,冰岛赫克拉一译为海克拉火山突然爆发①。该火山(见图 84)爆发之后,有很多文献提到冰岛附近的海面在 1106 和 1118 年出现浮冰,而出现浮冰和冰川扩张是欧洲在小冰河期出现的典型症状。所以,该火山爆发给全世界带来了寒潮,也给当时的北宋社会带来严重的环境危机。公元 1110 年,华南经历寒冬,导致柑橘和橙子被全部冻死②,太湖结冰,人们可以在冰上行走。这一事件非常罕见,据竺可桢的调查③,温暖的 12 世纪一共发生 2 次这样的寒潮,另一次发生在 1178 年(68 年之后)。

在这一轮气候危机的威胁下,冰岛的居民在 1118 年成立了 Hreppr(冰岛语,相当于公社 commune)来对抗自然灾害造成的财产损失和人为灾害造成的火灾损失④,这是历史上的第一次火灾保险实践(从公司运营角度来说),也是历史上第一

① Lamb,H.,Climate,history and the modern world,Routledge,1995:299.
② 葛全胜. 中国历朝气候变化[M]. 北京:科学出版社,2011:394—395.
③ 竺可桢. 中国近五千年来气候变迁的初步研究[J]. 考古学报,1972(1):15—38.
④ Karlsson,G.,The History of Iceland,University of Minnesota Press,2000:55.其中的互助消防与家畜保险内容见 Martina Stein-Wilkeshuis,The right to social welfare in early medieval Iceland,Journal of Medieval History vol.8 (1982) 343—352. 1118 年发生的该事件被中文媒体广泛引用,被认为是人类历史上第一次的消防保险事件。

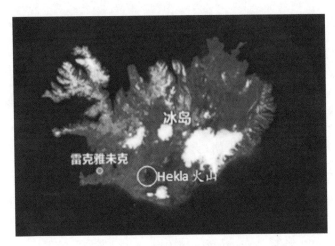

图84　冰岛赫克拉火山的位置

次共产主义实践(从社会管理角度来认识,这是全世界共产主义思想的欧洲源头,来源于气候危机)。可以说,保险思想和共产主义理想都来源于气候脉动产生的气候危机。

在这一轮寒潮给社会带来的影响下,导致了宋徽宗时期的经济危机(乙类钱荒)、人口危机、医学革命、商业改革、纸钞改革、能源扩张、国土扩张等对策,共同构成了宋本《清明上河图》的创作背景。

人口危机

这一波的全球气候变冷给中国带来了一次寒潮,寒潮引发乞丐危机,在洪迈的随笔①上有所记载:

> 又常设三辈为儒道释,各称诵其教。儒曰:"吾之所学,仁义礼智信,日五常遂演杨其旨,皆采引经书,不涉媟语。"次至道士,曰:"吾之所学,金木水火土,日五行。"亦说大意。末至僧,僧抵掌曰:"二子腐生常谈不足听,吾之所学,生老病死苦,日五化。藏经渊奥,非汝等所得闻,当以现世佛菩萨(指徽宗——引者)法理之妙为汝陈之。盍以次问我。"曰:"敢问生?"曰:"内自太学、辟雍,外至下州偏县,凡秀才读书,尽为三舍生。华屋美馔,月书季考,三岁大比,脱白袪绿,上可以为卿相,国家之于生也如此。"曰:"敢问老?"曰:"老而孤独贫

---

① 　(宋)洪迈,夷坚志·乙志卷4·优伶箴戏。

困,必沦沟壑,今所在立孤老院,养之终身,国家之于老也如此。"曰:"敢问病?"曰:"不幸而有病,家贫不能拯疗,于是有安济坊,使之存处,差医付药,责以十全之效,其于病也如此。"曰:"敢问死?"曰:"死者人所不免,惟穷民无所归,则择空隙地为漏泽园,无以殓则与之棺,使得弄埋,春秋享祀,恩及泉壤,其于死也如此"。曰:"敢问苦?"其人瞑目不应,阳若恻悚然。促之再三,方蹙额答曰:"只是百姓一般受无量苦。"微宗为之恻然长思,弗以为罪。

这是当着宋徽宗及大臣面演出的宫廷杂剧片断,说明当时的环境危机严重,政府的救济不能解决根本性问题,弄得宋徽宗"恻然长思",无言以应。

响应气候危机下的人口非正常死亡,导致漏泽园制度(官方收尸埋葬制度)成为政府响应冷相气候危机的社会应对措施,始于1104年蔡京的首创,是宋代城市文明发达的表现之一。

徽宗年间是宋代人口发展的一个高峰。然而,气候危机带来的经济危机,让某些地区发生了"薅子危机"。宋徽宗政和二年(1112),宣州和福建分别发生薅子(人口)危机,让布衣吕堂和王得臣观察到并上书。这是粮食革命和气候危机共同产生的结果,对宋代的医学革命有重要的推动作用。

瘟疫危机

崇宁二年(1103),官府采纳各地设熟药所的建议,官办药局逐渐普及全国。大观年间(1107—1110)朝廷诏令陈师文对《太医局方》进行整理修订。杨介在1104年绘制《存真图》,北宋内科的代表人物朱肱在1107年创作了《南阳活人书》。在这一波寒潮让宋代社会的长期积累和响应机制在医学上结出了丰硕的成果,包括医方的搜集、医学的突破和制度的革新,都发生在徽宗年间。因此,当时发生的医学革命,是响应气候冲击的社会性应对,需要放在气候变化的背景下观察。

信仰危机

伴随着这一次气候变冷带来的经济危机和人口危机,道教获得推崇,佛教得到抑制。宋徽宗个人对道教的推崇上升到国家层面的"政教合一"。至少还有三种本土的民间信仰(妈祖崇拜、关羽崇拜和五显崇拜)得到宋徽宗政府的鼓励和推动,同时崛起,构成了中国社会应对"小冰河期"气候冲击的一种思想领域的应对方式。

此外,摩尼教也在不断争取教徒,时时挑战政权。可以这么说,中国的本土宗教信仰,在借鉴佛教仪式感的基础上,获得了官方的正式认可,始于一次偶然的火山爆发。所以,信仰的起伏是社会面对气候冲击的一种应对方式,需要放到气候脉动的背景下来认识。

货币危机

面对寒潮,北宋政权发生乙类(政府)钱荒,所以蔡京领导的政府,更年号为"崇宁",就是为了重新开始熙宁变法的内容,争取弥补政府支出的亏空。其中货币改革措施包括发行当十钱和改交子为钱引。

发行当十钱(重量加倍,面值乘以十,相当于5倍的通货膨胀),有利于平衡政府因为气候危机带来的支出不平衡难题。但是,大钱(名义面值与铸币成本之差增加)诱发了一轮盗铸的狂潮,不得不让政府把面值改成"当三",以期减少盗铸的经济动力。

改交子为钱引,把当时四川、福建、浙江、湖广和其他仍使用交子的地区的正式名称更改为钱引,并增加了钱引的发行量。这是一种变相的通货膨胀措施,其贬值速度令大部分从事食盐专卖的盐商在交易尚未完成的过程中受到贬值的损失,但政府从通货贬值过程中消解了乙类钱荒,造成了北宋经济的突然高涨。

从表面来看,蔡京领导的货币改革是成功的,成功消解了冷相气候引发的乙类(政府)钱荒。这剂救时猛药对经济的长期发展不利,在后来的纸钞发行中政府都注意到这一点。

经济危机

为了解决乙类钱荒,北宋末年对盐酒茶都进行了重大调整,以期度过经济危机。

崇宁元年之后(1102—1112),蔡京在东南地区恢复榷茶,对交引法和贴射法,去弊就利,改行茶引法。茶引法相当于一种通货,有助于消除乙类钱荒。政和茶法的策略是既不干预茶的生产过程,也不切断茶商和茶园之间的交流,但又加强了对于茶园的控制。政和茶法施行期间,每年收的茶税可达400余万贯。

面对气候带来的寒潮(1110年太湖结冰),徽宗政府改元政和,对政府专营的领域进行了以扩大财源为目标的改革。宋徽宗政和二年(1111),蔡京集团根据变更茶法(从官榷法转入通商法)的经验和成果,在盐法上也实行了类似的改革,取消了官榷法,实行了通商法,又叫作钞引茶盐法。蔡京盐法改革的本质是利用盐引对经济进行通货膨胀,让盐商交易过程加长,让盐引的贬值速度加快,结果是政府收入增加,而盐商承担通货膨胀的损失。

北宋酒业专营的增收措施是政和二年(1111)各地比较务的增置,相当于把一个企业分出若干个小单位,各自包干利润课额,相互竞争,比较盈亏,并且可以从盈利中提取奖金以促使其潜力的发挥,也方便于检查和比较,达到国家增收的目的。这是为了增加政府收入,也是针对乙类钱荒的改革措施。

盐酒茶是宋代土地税之外的主要三种税源,而且酒类和茶叶消费本来就有随着气候变冷而消费量增加的特征,因此榷法得到加深加强,政府收入增加。从本质上说,三种商税改革措施都是为了解决当时冷相气候造成的乙类钱荒,共同解决政府支出不足的难题。

贸易危机

如果这一轮冷相气候是全球性的,应该有一种机制可以把冷源(北冰洋)信息传播到全球的机制。显然,洋流是最好的全球传播机制,其极端的表现形式是潮灾(coastal flood)。确实,位于比利时佛兰德斯(又译为:法兰德斯的海岸)在1113年[①]经历了重大潮灾,而中国的杭州湾在1112年[②]也第一次经历到洋流(吴越王钱镠在10世纪初也曾治理潮灾,这是其后跨越中世纪200年来的第一次)的破坏,之后的杭州湾长期经历潮灾,一直到小冰河期结束。所以,气候变冷是洋流推动的,气候变冷意味着潮灾增加。

因此,伴随着潮灾加剧而来的是海上运输成本和风险的增加,结果也会导致海上贸易量减少。所以宋徽宗大观三年(1109),曾罢提举市舶官,由提举常平官兼管,这意味着当时的海外贸易量减少,经济紧缩,是海上运输条件恶化的结果。宋徽宗政和五年(1115),福建市舶司专门派人到占城和罗斛两国,劝说当地政府和商人到中国来从事贸易。这是冷相气候造成的经济收缩,需要通过海外贸易来补偿。

---

① Lamb, Climate: Present, Past and Future, Volume 2: Climatic History and the Future, Routledge, 2011:121.

② Elvin M.(伊懋可)The Retreat of the Elephants: An Environmental History of China. Yale University Press, 2004:147. 注意,伊懋可认为第一次潮灾出现在1116年,但我查文献发现下列时间点:1112、1116、1122,都出现了潮灾,见陆人骥.中国历代灾害性海潮史料[M].北京:海洋出版社,1984:34—35.

所以,在冷相气候节点,我们经常发现历代政府都会发生"走出去,邀请海外商人"的招商行动,目的是发掘贸易机会,补充通货,解决乙类(政府)钱荒。因此,贸易危机也是洋流危机带来的间接结果,两者都收到气候危机的控制和影响。

另外,潮灾加剧也推动了保护海上贸易的妈祖信仰,海边渔猎文明针对海上交通安全有特殊的需求,通过妈祖信仰来满足,潮灾加剧推动了妈祖信仰的突然兴起。

气候影响经济与社会的因果链,可以用下图(图85)来表达。

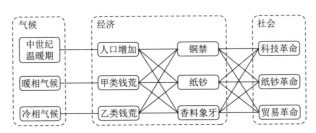

图 85　中世纪温暖期钱荒的成因和对社会的影响

能源危机

宋代的能源危机主要是手工业发展带来的樵采危机所推动的,在 1080 年前后推动了能源革命。但是这一轮冷相气候冲击也导致取暖危机,推动了石炭的减税和普及。当时东京有两个职业与能源有关,"荷大斧斫柴"和"打炭团"[①],前者供应木炭,后者供应石炭。重和二年(公元 1119 年)八月十八日,吏部在"选人任在京窠缺"的官位时,提及"河南第一至第十石炭场,河北第一至第十石炭场,京西软炭场、抽买石炭场、丰济石炭场、京城新置炭场"[②]共二十四个官卖煤炭场的情况。根据《东京梦华录》在记述开封仓储库房时也谈及"河南北十炭场"的情形来看,上述二十四个官卖煤炭场的分布,应当是在开封或京畿地区[③]。这说明北宋后期,开封已成为当时民用煤炭的最大消费区。所以,南宋人自夸说:"昔汴都数百万家,尽仰石炭,无一家燃薪者。"[④]

能源具有自增值属性,用得越多,产生的技术越多,增加了产值越多,所以可以说这一轮能源危机已经让北宋走在工业革命的入口"消费革命"的大道上。

---

① (宋)孟元老,东京梦华录·第 3 卷·诸色杂卖。
② 宋会要·职官·56 之 48。
③ (宋)孟元老,东京梦华录·卷 1·外诸司。
④ (宋)庄绰,鸡肋篇。

火灾危机

与此同时，欧洲经历了一次火灾高发季节。由于当时是温暖潮湿的中世纪最适期，欧洲的建筑方式主要以草木为主，导致了一系列社区大火：比利时蒙斯大火（1113）、英国伍斯特大火（1113）、英国巴斯城大火（1116）、英国彼得伯勒城大火（1116）和法国南特城大火（1118）[①]。水城威尼斯在 1105 年和 1114 年分别遭遇重大火灾，在这两次大火的影响下，新上任的威尼斯总督多门尼科·米凯里[②]（服务期为公元 1116 到 1130 年）为威尼斯市民提供公共照明工程和消防灭火服务，具体内容不详。但这是在西罗马消亡 600 年之后，欧洲第一次出现的公共消防服务，开启了消防灭火的新时代，代表着城市文明的崛起，在文明史上有重要的分水岭意义。

与此同时，宋政府也完善了军巡铺制度。这不是偶然的创新，而是响应气候危机带来火灾危机的做法，在城市文明发展史上有重要的地位。

国防危机

在这一轮气候脉动中，北方的少数民族（渔猎民族）女真首先发难，1115 年完颜阿骨打自称皇帝而定国号"金"。渔猎民族女真的崛起是相当迅速的，在 12 年后就席卷半个中国，几乎颠覆了整个北宋。这一崛起打破了近 500 年来中国北方的民族均势，让实力的天平转向北方。女真崛起对北宋正在进行中的能源革命有干扰，南下后的南宋政权煤铁资源分布太远，导致南宋缺乏金属来完成工业革命，在中国科技发展史上具有重要的分水岭意义。此外，大观年间（1102—1110），宋徽宗分别在西北打败吐蕃，在西南"改土归流"，巩固了边远地区的地方政权，在短短的 6 年里连续恢复和设置了 10 个州，出现了北宋后期极少有的国土扩充的现象。南疆的"改土归流"现象，符合"暖相动改流设土，冷相推动改土归流"的大趋势。

北宋在国势达到顶峰之际被女真突然逆袭，既有偶然性因素，如对外政策失误（联金灭辽政策）、对外对内战争导致国力大伤（消耗了国防力量和经济资源）、抑佛兴道的恶果（导致内政紊乱）等，也有必然性因素，即暖相气候造成渔猎文明（对北宋）和游牧文明（对南宋）的实力扩张，在冷相气候冲击下发动颠覆其他文明的侵略

① Green-Hughes, A., A History of Firefighting：Moorland Publishing，1979：15.
② Hornung, W., Feuerwehrgeschichte：Brandschutz und Löschgerätetechnik von der Antike bis zur Gegenwart，Kohlhammer，1990.

战争(1127年灭北宋,1276年灭南宋),结果是农耕文明的失败。

北宋政权曾经拥有马匹的优势,可以和西夏人代表的游牧和渔猎文明发动骑兵对攻,也有物资的优势,可以发动长期的消耗性战争,如征服河湟的战役打了32年,征服西夏的战斗打了81年,体现了农耕文明的坚忍、计划和科技的优势。然而,在气候变化造成的渔猎文明强势崛起面前,农耕文明的优势被一扫而空,体现了气候变化的突然性和剧烈性。当时的寒潮具有分水岭作用,给全球各大文明带来剧变。靠官僚体系来响应气候危机的宋政权无法及时应对气候变化,宗教的异常繁荣让人们不再关注改进技术,所以政权颠覆的本质是应对气候危机失败。

上述9种社会危机,都来源于一次火山爆发带来的气候冲击。从这些社会的响应措施,我们更理解史学家汤因比在《历史研究》中提出的"挑战带来文明进步"的文明发展基本规律和宋本《清明上河图》的创作背景。在这里,我们看到的是一个积极的、蓬勃发展、昂扬向上、以人为本的商业社会,清明不是节气(城外偏冬,城内偏夏,难以调和),而是"政治清明",是"丰亨豫大"和"社会大观"在市政建设上的表现,是成功应对气候危机之后的自我表扬,是成功"开疆拓土"之后的自我激励,与之后发生的"花石纲危机"和"靖康之耻"一点关系也没有。至少在张择端创作这幅画的时候,北宋的政治、经济、金融、军事、文化事业都发展到了顶点,从图中是看不出未来的政治危机的。

13.2 社会革命的回响

农业革命

农业革命的实质是为环境变化寻找最佳的农作物性状基因,推动人口的增长,并受到人口增长压力的反向推动。因此,宋代的占城稻具有早熟、抗旱和阳光不敏感性而改善了宋代的粮食收成,推动了人口的增长。这一轮人口的增长推动北宋政府在经济、金融、科技、医学等领域不断创新,创造了令人惊讶的科技大跃进。然而,更重要的基因库(抗旱、高产、山区友好)来自美洲,宋代的海上贸易无法解决这些美洲作物的引进[这是重要的环境决定论,美洲只能由追逐捕鱼的欧洲人(渔猎文明)去发现,而不是由追求经商的亚洲人(农耕文明)去发现],因此在农业革命上无法有更大的突破。当南宋进入人口发展的停滞期后,南宋的社会改革、经济和金融压力都消散了,因此科技发展进入停滞状态。所以,科技的最大推动力来自人口的增长,而人口的增长需要通过农业革命和医学革命共同来实现的。

马尔萨斯人口论有一个重大的突破是博斯拉普提出的农业技术的渐变论,即农业总是通过技术突破和效率提升超越人口增长的限制。然而,中国与马尔萨斯同时代的人口学家洪亮吉,则更重视技术突破,而不是农业技术的增长。因为中国的日照和降水条件让农田的利用效率开发殆尽(即早已达到"高水平发展陷阱"),中国的增长只能依靠引进外来物种,而不是效率的逐渐提升。所以,明清时期的社会变革主要发生在外来的技术引进上,而不是改进自有的技术,这对于"中欧科技大分流"也有不小的贡献。由于中国气候的二元模式特征,小冰河期到来影响中国的相对幅度不大(跟年度变化相比),对北方欧洲的影响很大,所以"小冰河期"给欧洲带来的气候挑战,中国基本感受不到,所以逐渐在科技的竞争中落伍。

引进美洲作物,给中国的人口危机带来很大的改善。准确说来,中国的山区开发,始于两次政府发动的政策推动,也是气候危机带来的结果。一是乾隆七年(1742年,1740,暖相)的开荒令,"山头地角止宜种树者听垦,免其升科";二是乾隆三十七年(1772年,1770,冷相),清政府正式废除编审丁口,意味着人口不必束缚在土地上,可以任意流转,给开山拓荒运动提供了许可。所以,山区开发是气候危机引发的,国家政策推动的,对中国人"海外移民,探索世界"的潮流有很大的抑制作用。在欧洲探索全世界,到处殖民的时候,中国正在向南方和山区(火耕地区)进行殖民,化解了人口危机。既然可以在开发南方和开发山区中疏散过度的人口,那么,中国人下南洋、下东洋的殖民压力就减轻了。所以,虽然中国现在有不少海外华裔,但其人口规模与欧洲的海外欧裔相比,不值一提。关键是欧洲没有开荒的空间和开荒的工具,只能向外部发展。当我们把气候分成冷相和暖相之后,中欧社会在地理条件上的差异性开始突出,不同气候模式对中欧社会的影响是不同的。当北宋出现"薅子现象"、应对人口危机的时候,欧洲发动了"十字军东征",借以缓解人口危机。所以,灾情(小冰河期)令中国的发展日益内卷化,而同样的气候模式令欧洲的发展日益全球化,这是另一种形式的"环境决定论",也是导致"中欧科技大分流"的原因之一。

医学革命

宋代虽然绘制了人体解剖图,制作了人体经脉铜人,但这种经验和实证主义的传统没有传承下去,中医发展日益内科化,缺乏对人体的精确认识,因此难以做出更大的突破。此外,由于民族战争消耗了人口,取消商业税、降低城镇化率疏散了人口,中国内部的人口压力没有持续下来,人口密度降低间接导致社会内部的医疗条件改善,导致全社会对医学的投入降低。相对于唐宋时期政府支持的大量医学投入,明清时期对医学的放任自流却导致人口膨胀,说明小冰河期带来的气候模式改变有改善环境、降低瘟疫的决定性效果。

从中国典型的气候相关的瘟疫模式来看,"小冰河期"的到来对中国最大的改变是降低环境温度,减轻了瘴疠的危害,降低了瘟疫的危险,降低"毁林造田,开荒生产"的难度。结果,人们就可以进山开发,毁林造田。这一开源节流的扩张趋势,随着美洲作物的引进而加强,结果就是人口向山区的主动扩张。今天,我们在汶川大地震中损失惨重,就是当年小冰河期和美洲作物共同推动人口扩张,政府鼓励进山开荒,瘟疫发生条件改善的结果,需要放在气候脉动的背景下加以观察。

由于环境条件的改善,瘟疫损失减少,人口危机消除,政府不再关注医学的发展,中华医学走上自发发展而又停滞不前的道路,关键是缺乏市场需求。

人口爆炸

中国人口从公元2年的6 500万,到北宋末年的一亿,然后又掉下去,在明末又超过一亿,然后又在饥荒和战争中消耗不少,终于在清朝迎来大爆发。根据清朝历代皇帝实录中的数据,我们可以观察到清朝人口数据的剧烈变化。

顺治九年(1652年),清朝首次大规模统计全国总人口数据是1 448.385 8万;
顺治十八年(1661年),清朝基本统一中国时,全国总人口数据是1 913.765 2万;
康熙六十一年(1722年),全国总人口数据是2 576.349 8万;
雍正十二年(1734),全国总人口数据是2 735.546 2万;
乾隆六年(1741年),全国总人口数据是14 341.155 9万;
乾隆六十年(1795年),全国总人口数据是29 696.896 8万;
道光十四年(1834年),全国总人口数据是40 100.857 4万。

值得注意的是,清朝在乾隆六年之前统计人口数据单位都是丁(户),不是人(口),而清朝时期一丁实际上是税收意义上的一户,一般代表一家的4—5口人。因此,清初全国人口数据已经达到近9 000万的水平。18世纪清代人口剧增,不过是庞大人口基数上的缓慢增加,经历"康雍乾盛世"之后,到乾隆末期全国人口突破3亿大关,这一长期的人口增加趋势,通常被称作"人口爆炸"。

马尔萨斯在1798年出版《人口原理》之前,洪亮吉已经关注到中国当时的人口暴涨危机。1793年(1800,暖相),洪亮吉在《洪北江全集·意言·治平篇》中提出"人未有不乐为治平之民者也,人未有不乐为治平既久之民者也。治平至百余年,可谓久矣。然言其户口,则视三十年以前增五倍焉,视六十年以前增十倍焉,视百年,百数十年以前不啻增二十倍焉"。也就是说,他比马尔萨斯更早注意到了人口的爆发性增长问题。

清代人口爆炸的原因,通常的解释是美洲作物的引进(即第二次农业革命)。然而,美洲作物并没有成为我国的主粮(即现在进行的主粮计划,仍然旨在把土豆或番薯纳入主粮计划),因此美洲作物入华推广并不是人口增加的主因,更可能是人口增加的结果。

清代人口的增加,主要通过战争、瘟疫、政策开荒来解释。

首先,清入主中原之后,北方民族冲突骤减,同时因为职业兵制限制汉族人当兵,因战争而损失的人口大减。

虽然有一系列对外战争,但战斗是深入国外进行,而且旗兵和绿营兵都是职业兵,所以战争几乎没有对农业生产带来影响。总体而言,小冰河期对游牧文明的伤害更大,雪灾不利于游牧生产方式,雪灾推动宗教大发展(蒙古族接受喇嘛教黄教,大量人口没有结婚,不参与人口生产),所以草原的危险基本消除,这是推动汉族人口增长的最大助力;

其次,随着17世纪的小冰河期加剧,南方瘟疫减少,人们开发南方南方、森林和荒山的动力大增。

在这方面有三次重要的政策推动,都是位于气候节点附近,因此是气候脉动的结果。

A. 康熙五十一年(1712),康熙颁布了一条谕旨:"今海宇承平已久,户口日繁,若按现在人丁加征钱粮,实有不可。人丁虽增,地亩并未加广,应令各省督抚,将现今钱粮州内有名丁数,勿增勿减,永为定额。其自后所生人丁,不必征收钱粮。"[1]这就是清朝有名的"永不加赋",意思就是说:此后出身的人丁,如果你名下

---

[1] 大清历朝实录·清圣祖实录·卷249。

没有土地,就不需要缴纳赋税,相当于给人口税松绑,推动了人口的自然增长。

B.自乾隆五年(1740)以后,清政府推行保甲户口统计法,改变以前每五年一次编审人丁时计丁而不计口的做法,而将人丁、女口全都分别加以统计,人口统计从以前的户口转换为丁口。此外,乾隆七年(1742 年,1740,暖相)正式谕令:"山头地角止宜种树者听垦,免其升科"①,正式鼓励开荒和开山。

C.乾隆三十七年(1772),清朝正式废除编审丁口,意味着人口不必束缚在土地上,可以任意流转,给开山拓荒运动提供了许可(比美国的西进拓荒运动要早了60 年)。

上述三次国内政策鼓励人口生产,都是发生在气候节点,是社会对气候危机的一种应对措施,需要放在气候脉动周期的背景下才能认识。

第三,由于温度降低,环境改善,瘟疫降低,南方和西南方仍然有殖民的空间。

一般说来,在南方温暖的环境中,暖相气候带来的危害更大。随着 17 世纪的小冰河期加剧(即太阳黑子的蒙德最小期),瘟疫减少,政府对医学的投入减少(见5.3 节)。环境温度的降低本身具有降低死亡率,促进人口增长的效果。这表现为:

A.冷相气候有助于开荒,开荒减少疟疾,降低人口非正常死亡率,所以人口压力大;

B.冷相气候增加降水,增加土地产出,也推动人口的增长;

C.冷相气候常常会带来的短期的收成降低,导致年度收成减少,人均资源降低,也会导致内乱内耗的增加,诱发民族冲突,增加农耕文明干涉的机会。在南方的民族冲突中,总是火耕文明失败,农耕生产方式逐渐推广到南方,有利于人口的增长。

所以,小冰河期对中国带来的后果是人口和资源紧张局面,只能通过南方殖民和改土归流才能解决,这一点(人口压力)反映在乾嘉苗民起义的口号"逐客民,复故地"②中。也就是说,南方温暖区的低效农业(刀耕火种)被高效农业(灌溉农业)替代之后,缓解了人口增长的压力。面对人口危机,欧洲殖民海外,中国殖民南方。

第四,美洲作物的引入是开荒的利器,尤其是马铃薯作为最有效的拓荒武器而

---

① 大清历朝实录·清高宗实录。
② 陈曦.明清时期湘西苗族起义频繁发生的原因述论[J].广州技术师范学院学报(社会科学),2011(4):110—114.

得到推广。

四种原产美洲的粮食作物（番薯、玉米、马铃薯和花生）当中，马铃薯的气候依赖性大。马铃薯是喜欢冷凉气候的作物[1]，既怕霜冻，又怕高温。13 ℃—18 ℃是其幼芽生长的理想温度。21 ℃是其茎叶生长的理想温度。16 ℃—18 ℃是其块茎发育的适宜温度，最高不超过 21 ℃。在这样的温度下，养分积累迅速，块茎膨大快，薯皮光滑，食味好。温度超过 25 ℃时，块茎生长缓慢，地温超过 30 ℃时，地上部生长受阻，光合作用减弱，块茎停止膨大，薯皮老化粗糙，淀粉含量低，食味差，块茎不耐贮藏。

18 世纪，人们对马铃薯的看法，透露出马铃薯的气候特征："山田多种玉黍，俗称苞谷。其深山苦寒之区，稻麦不生，即玉黍亦不殖者，则以红薯（番薯）、洋芋（马铃薯）代饭。"[2]也就是说，农民的开荒选择是：稻麦＞玉米＞番薯＝马铃薯。因此，早期马铃薯通过各种途径传入中国之后，其传播区域集中稳定在气候适宜、利于其生长发育和种性保存的高寒山地及冷凉地区，如四川、贵州、云南、湖北、湖南、陕西等地的山区。这说明，马铃薯的引种是伴随着气候变冷和人口扩张进行的。

上述四点原因，本质上都来源于"小冰河期"到来之后，人类社会对气候挑战的自然响应，只不过欧洲通过对海外移民缓解了人口压力，中国通过南方和山区移民缓解了人口压力，在本质上，都是对气候变冷、瘟疫减轻和战争损伤减少的社会响应。

宗教革命

科技史上，有一个著名的难题，为什么中国像欧洲那样发生科学革命？这原来叫作李约瑟难题，现在大家叫作中欧科技大分流（Great Divergence）。这个问题有一个伴生问题，为什么南欧最先发生启蒙运动，但在科学革命中却逐渐落伍？这被称作科技小分流（Little Divergence）。德国哲学家马克斯·韦伯用清教徒伦理来解释[3]资本主义发展过程的原动力，获得普遍的认可和赞扬。按照麦克斯·韦伯的观点，单神信仰（基督教或新教）有利于在发动科学革命，多神信仰（包括欧洲南部的天主教、中国的佛教和印度的印度教）有利于民众采取随波逐流的态度。这

---

[1] 康勇. 马铃薯优质高产栽培技术[M]. 兰州：甘肃科学技术出版社，2006.

[2] 同治 1865 年湖北《宜都县志》卷一，页 23 上下。

[3] 马克斯·韦伯. 新教伦理与资本主义精神[M]. 上海：三联书店，1987.

一点也适用于中国。

宋徽宗期间气候变冷之后,中国的民间信仰突然高涨,缓解了信仰对技术进步的推动作用。欧洲则在小冰河期到来之后,随着气候的恶化,单神信仰趋势得到了加强(尤其是北欧),在新教革命的推动下,科技发展的阻力减少,科学革命是必然的成果。为什么中欧在气候变冷的环境挑战面前,发生不同性质的信仰变化趋势?当然是地理原因,中国本来温暖,变冷之后的环境是有利中国生存的;欧洲本来寒冷,变冷之后的环境更加不利生存,所以套用汤因比的一句话:"文明发展是应对环境挑战的结果。"

清教徒主义是教会改革的成果,大约在 16 世纪初,清教(基督教)与天主教分离,标志着天主教(除了基督,还有玛利亚和众多天使)中一神教部分的独立。几乎同一时间,嘉靖"毁淫祠"并推动儒教崛起。类似于佛教,儒教观念和信仰诞生于暖相气候的火耕文化,也是一种多神教,因此不利于对真理唯一性的认识。而且,儒教并不是政府支持的唯一宗教,(刘猛)将军庙、(妈祖)奶奶庙、关公庙、五显庙、火神庙等地方信仰,从未在宗教冲突中得到根除。因此,多神主义传统得到复兴之后的中国走上了向下的科技发展道路。结果,小冰河期让中国发展了本土宗教(多神教),让欧洲发展了一神教,这是"科技大分流"的重要原因。

当基督教脱离天主教之后,面临小冰河期的气候挑战,终于在医学和技术领域取得突破,现代科学是欧洲一神教不能解决环境挑战问题的附带结果。而守着天主教(天使太多,近似多神教)的南欧,则在科学发现的竞争中败下阵来,原因和中国的落后是类似的,结果就是所谓的"科技小分流"。值得一提的是,欧洲的宗教革命始于 1517 年,中国在 1522 年开始"倡儒教,毁淫祠",其实都是在响应气候危机。

那么,同样持有一神教的伊斯兰教为什么也会在竞争中落伍?中世纪的暖相气候,也不利于中东地区,所以才有中世纪阿拉伯辉煌的科技成果。等小冰河期到来之后,欧洲得到更多的环境挑战,从神学中得不到的安全,只能通过技术来弥补。而土耳其的崛起,压制了阿拉伯游牧文明。中东地区臣服于土耳其(渔猎文明),与北宋灭亡之后臣服于女真(渔猎文明),俄罗斯(渔猎文明)吞并西伯利亚、明政府亡于清(渔猎文明)是类似的。小冰河期有利于渔猎文明的扩张。

总之,小冰河期的到来,气候变冷有利于开发南方,有利于中国社会的发展,导致社会缺乏动力变革,发展减速;而同样的小冰河期不利欧洲北方的生存,让欧洲获得制度创新的动力,发展加速。这是环境变化导致科技分流的环境决定论解释,根源是气候的脉动性和挑战性。宗教问题不过是社会应对气候脉动的一种响应而已。

纸钞革命

由于中国的地理环境（温带和亚热带）适合人口增长，所以，中国人口一直保持在高位运行状态（即随时感受到马尔萨斯人口陷阱临界点，动不动发生消灭人口的饥荒和战争）。但在气候冲击下，政府需要增加的额外救灾支出弹性（即极限支出与常规支出之比）比欧洲大，所以中国货币的"存储保值"功能和"政府支付"（即救灾）功能比欧洲货币要强很多。宋代整体位于"中世纪温暖期"，然而寒潮带来的气候冲击在高运行成本的基础上显得更加突出，带来严重的钱荒问题。在这种超强的救灾弹性下，政府不得不引进信用货币，来弥补实物货币的不足。

宋代金融领域最大的发明是纸钞。纸钞在推动经济发展、增加物资流通等方面发挥了很大的作用。然而，由于对货币的发行机理认识不足，历代政府总是通过超量发行纸钞来挽救经济，缺乏金属货币的后备支持，导致通货膨胀问题一直困扰社会经济运行。随着小冰河期的加剧，明代政府放弃了纸钞和对货币的监管，改为依赖海外的白银作货币，成功渡过了货币危机。然而，当海外的白银供应随着欧洲的气候危机难以提供中国之后，明政府也随着国内货币经济的恶化而灭亡了。

关键的问题是，中国应对气候危机、维持统一团结而支付的官僚集团运行成本太高。为了应付气候挑战，包括水灾、旱灾、战争和瘟疫，政府不得不大量印刷纸钞来化解政府支付危机，结果是造成了未来的信用危机。从某种程度上说，王朝兴衰是应对气候危机不力造成的结果。纸钞革命是应对气候变化的一种方式，但在其他的气候挑战前应对失败了。

铜币和纸钞的最大差别在于，铜币的获取成本高（大约占名义面值的50%，太高则铸币成本高，缺乏铸币的动力；太低在诱发民间私铸，引起市场紊乱），而纸币的获取成本太低（大约占名义面值的0.5%）。所以引入铜币不会造成很大的通货膨胀，而引入纸币则立即冲击市场，造成纸币的信用危机。不幸的是，在1526年日本发现银矿之前，中国的海外贸易对象无法提供铜矿和银矿，只能提供以香料象牙为代表的"准通货"，让海外贸易增长乏力，中国始终缺乏足够的动力去经营海外贸易，这是地理条件决定的结果。

中国发生的纸钞革命是应对中世纪温暖期所引发的经济扩张、人口迁移、自然灾害和战争冲突等外部挑战的社会应对结果。当欧洲发现新大陆,白银贸易给中国带来大量的"真金白银"(贵金属通货),除了明末的社会危机,货币危机较少发生,因此中国在制度和技术的创新中落伍。有挑战,才有应对,才有创新。在白银主导的帝国经济下,中国较少像北宋那样经历周期性的钱荒,因此对制度和经济的改革压力降低,白银帝国进入发展停滞的"滞涨"状态。

税收革命

中国的商业,在法家和儒家思想的交替指引下,一直陷入"榷法"和"商法"的循环。法家重榷法,儒家推商法,都是为了政权的稳定性,但剥削的程度有所不同。其实,政府总是指望在减轻农民负担的前提下,通过榷盐、榷酒、榷茶、榷矾等的垄断贸易榨取额外的利润,商业税征收越多,对农民的直接压榨(通过农业税征收)越少,因此更有利于政府的稳定,即有利于维持"宏寄生"状态的可持续性。

任何税收改革,都是在征税成本、征税获利和民众负担这三者之间进行平衡。由于气候变冷有利于增加酒类和茶类消费,所以行榷法可以获得更好的回报;暖相气候私酿私卖增加,专营成本增加,不利于政府专营,所以行商法可以获得更好的回报。认识气候脉动的规律性之后,我们可以认识到"冷相行榷法,暖相行商法"的一般规律性。

宋元时期是最重视商业税的时段。明代朱元璋有感于元代商业的横征暴敛,把明代政府设计成农业主导的、薪俸微薄的官僚机构。结果导致了工商业的萎缩,官僚机构的横征暴敛和手工业的衰微。很多西方史学家认为,明代的农业税收还可以再高一点,政府才有更大的积累来完成应对气候危机的挑战。和宋代的税收相比,明代的减税减负走到了另一个极端,从宋代政府的横征暴敛转变成明代官僚的横征暴敛,虽然农民负担变化不大,但政府没钱,就不能完成救灾和国防的任务,更不能推动国民经济的发展。就此而论,朱元璋一人制定的税收政策是一道分水岭。之前,社会重视商业,之后,社会重视农业。直到一条鞭法改革,明代社会才重新走上重视工商业发展的道路,经济发展已经积重难返。

当小冰河期来临之际,格陵兰殖民地衰亡(1450年前后),吴哥文明衰亡(1431),欧洲开始海上探险(1421),发现新大陆之后,欧洲经济则开始扩张。而中国则整体走上了经济紧缩的道路,城市化率下降,农业税地位上升,商业税地位下降。清代到1860年前后因为太平天国运动才恢复征收商业流通税,恢复宋代的征税传统。这个一上一下,构成了中欧经济发展的不同道路,来源于"小冰河期"的气候变化,就也是今天李约瑟难题的解答之一。

贸易革命

在著名的经济学著作《国富论》(全称为《国民财富的性质和原因的研究》)中,斯密强调了必须采取合理的财政制度,使国家的收入大于支出,促使资本的积累,才能增加国民财富。那么,如何才能凭空增加财富?最好的方法是引入外国的钱,既得到了超额的利润,又避免了对国民的压榨,是国家富强的根本。绍兴七年(1138),宋高宗赵构曾经总结海外贸易的经验说:"市舶之利最厚,若措置合宜,所得动以百万计,岂不胜取之于民?"贸易的好处,对农业为主的国家尤其重要,可以缓解对民力的索取无度。

伴随纸钞革命的是宋政府的海外贸易革命,其规模和效果都是之前和之后难以匹配的。不过,宋代的海外贸易虽然规模大,但没有找到社会发展的必需商品,不能通过持续进口促进出口。中国出口瓷器和茶叶,进口香料和部分矿石,都属于高附加值的消耗品,对社会的运行和财富的增值没有很大的推动作用。也就是说,当社会不需要依赖这些舶来品之时,海禁就很容易实现了。如果中国的生活像欧洲那样高度依赖香料(用于腌制食物,特别是商业文明所仰赖的鳕鱼),那么海外贸易就不会中断,贸易革命一定会持续到底,中国就不会在对外的交流中落伍。

中国在唐宋时期发动的海外贸易革命,从根本动机上看,是给中国经济运行引入"准通货",解决本土(重金属)硬通货不足的弊端。这些具有稀缺性的通货可以交易,也可以定价,也可以支付,也有一定的保值功能,但没有发挥增值的效果,因此对工业革命没有推动作用。除了航海技术,贸易革命没有给中国带来很大的改变。因此当政府觉得不需要时,可以轻易实现闭关锁国,比如郑和下西洋可以随时停止。

和中国不同的是,欧洲对香料的需求,随着小冰河期的到来日益增加。因为香料是腌制肉类的必需品,进入小冰河期之后,气候越异常,欧洲市场对腌肉的需求越大。当奥斯曼帝国崛起之后(1453 年占领君士坦丁堡),东西方的丝绸之路中断,欧洲不得不开辟通往香料市场的新航路,于是发生"地理大发现"。欧洲的地理大发现反过来给中国提供了更多的银币,让中国对海外市场香料(或者说通货)的依赖进一步降低,于是中国更加忽视对海外市场的利用开发,这是"小冰河期"到来中欧社会产生的不同的响应，结果是"中欧科技大分流"。其根本性的差异是，东南亚的香料对寒冷的欧洲来说是必需品，对温暖的中国来说仅仅是一种准通货，两地不同的地理条件导致对香料的不同依赖性，决定了海上贸易事业的发展目标不同，结果是走上了不同的科技发展道路。人类社会的历史发展道路，就是那么偶然（时间上偶然，对气候变化来说），也是那么必然（空间上必然，对地理条件来说）。

不过，中国的手工业产品缺乏足够的原料市场（来自中东和东南亚地区只有香料，没有值得进一步加工的原料，如棉花）和消费市场（销往中东的只有瓷器、丝绸和茶叶，市场容易饱和，缺乏持续性的刚需），因此虽然南宋的海外贸易量惊人，但仍然属于比较初级的原料加工贸易，缺乏更高层次的技术和市场，这是无法孵化技术革命的关键。宋代已经具有发展工业革命的基本条件，但原料和消费市场条件不成熟，导致宋代的工业革命未能持续到底。

海外贸易给中国带来了一项活塞技术（火油得之大食国），是工业革命发生的核心技术，进入中国（919）比进入欧洲（1400）早了480年（8个气候周期），然而却得不到重视，这种技术锁定现象来源于缺乏市场需求，而市场需求则是气候变化推动的结果，其中的因果链值得后人深思。

消防革命

城市文明的重要标志是城镇化，宋代的城镇化率达到相当高的水平（22%），因此是中世纪文明程度最高的地方。人口密集、燃料众多和坊市开放，让宋代的火灾众多，催生了消防革命，为大众提供无偿的灭火服务。城市文明的标志之一是消防队伍建设，以这一指标来看，宋代的城市文明相当发达。城市文明的另一指标是砖瓦建筑的普及率，就此而论，宋代的城市文明又相当落后，城市大火经常发生，是因为建筑刚刚脱离草木建筑，距离防火保温的砖瓦建筑还有一定的距离。这种矛盾的状态，随着小冰河期的来临而破解，小冰河期期间，中国完全不提供官方的消防服务（从1292年到1902年），恰好伴随着小冰河期的始终（从1285年到1920年，不唯一，有争议）。就此而论，小冰河期通过降低城镇化率，推动砖瓦建筑普及，缓解了中国社区的火灾压力，放弃了消防制度建设，也是导致中国科技发展停滞的原因之一。

不过，中国属于季风影响的二元气候区，雨季旱季差别明显，这导致了中国的宵禁文化。如果管好人，不令失火，那么对消防工作的投入就可以降低了。在这种思路下,中国发展了防火墙、防火巷等被动防火措施,对半年无所事事的消防队伍建设放松了。所以,自从高克恭放弃宵禁,解散消防队伍之后,中国社会再也不愿投入官方主导的消防工作,直到袁世凯偶然发明了警察制度,顺道引进了西方的消防制度。

不过,欧洲工业革命的重要技术是力能转换设备(水泵技术),伴随着消防革命的发生,有水泵技术的持续改进,才有工业革命的成果。宋代消防队伍一直依赖廉价的人力资源,在消防工具上没有很大的创新,因此宋代的城市消防革命虽然发生,却随着中国政治中心的北移而消亡,没有产生应有的技术突破和改进效果。南宋灭亡之后,中国要等600多年才能再次办消防,是政治中心北移、城市化率降低的结果。至少在工业革命期间,中国的消防队伍没有发挥欧洲同行所带来的技术推动作用,气候变化是背后"看不见的和决定性的推手"。

能源革命

能源革命的实质是为新技术寻找满足成本限制的新能源。就此而论,北宋已经发生以石炭炼铜为特征的能源革命。但是由于南宋的能源分布和矿床分布不合理,带来相应的运输成本限制,进一步的廉价能源(煤炭)的扩大使用没有发生。英国工业革命的一条重要地理条件是,煤炭基地和钢铁基地可以用海运紧密结合。对此,南宋的能源分布远远达不到这一要求,因此这一能源革命不得不中断,更无法达到推动工业革命的效果。

宋代发生的工业革命萌芽,来源于三种推动力,其一是以气候冲击导致的燃料危机,外在表现为以管理危机出现的取暖危机,这是文明发展的生存驱动力,来源于宋代建筑技术的落后和环境的易变脉动性;其二是由于气候变暖,生态改善和物种普及,带来的人口扩张及相应的人口危机,这是文明发展的生态决定驱动力;其三是市场扩张导致的燃料危机,来源于暖相气候条件下市场扩张带来的手工业市场繁荣和环境的改善,这是文明发展的科技驱动力。这三种共同作用力的交替作用,推动了宋代的技术发展,已经进入工业革命的门槛。

全球各国的工业革命都是以规模扩大、能源集中、效率提升为特征,都是从棉纺织业开始,这意味着产生市场需求的寒潮是工业革命的原动力。没有外部的市场需求扩张,人们很难有足够的动力和技术去提高效率、扩大生产、占领市场和推广技术。欧洲工业革命的重要技术源头是纺织设备,来自中国的水轮和纺车技术;

中国的纺车技术来自海南,海南的纺织技术很可能来自占城或印度,是 1295 年由黄道婆引进松江,推广到全国。在此之前的北宋,纺织技术还没有发生突破,棉花还缺乏动力普及,所以纺织领域的技术革命没有发生,因此北宋发生的消费革命无疾而终,因为棉花经济还没有形成,缺乏足够的市场力量去推动工业革命。

国防革命

宋代的高效军制,因朝廷和社会的"重文抑武"倾向和"冗官冗兵冗费"等问题而没有发挥应有的效果。不过,职业兵制有利于经验的传承和成果的积累,尤其是因为宋夏战争爆发,曾公亮受命编写的第一部新型兵书《武经总要》,代表着宋代科技的最高成果。宋代国防革命的成果是火药技术,在历次战争中得到改进,成为改变欧洲战场的利器,是中国科技史上的一座丰碑。

然而,各地的文明(或生产方式)都存在一个"暖相气候有利于独立倾向,冷相气候有利于统一趋势"的气候依赖性。所以,宋代国防经常面临内政外交的考验。在冷暖气候危机的交替发生中,宋代依靠社会革命和科技进步维持了 300 多年的历史,成为秦以后唯一超过 300 年的朝代。殷商 273 年,唐代 289 年,明代 276 年,清代 267 年,它们都止步于 4.5 个气候周期。

今天中国社会的发展,基本走在宋代历史的故道上,社会福利、中医制度、职业兵制、政府专营(烟草、酒茶、能源、通信等行业)、信用货币(纸钞和电子货币)、海外贸易、兵役制消防等,都是借鉴宋代的做法,关键的"看不见的手"是当代的气候变暖趋势,让中国走上了宋代社会高速发展的轨道。不过,"不识庐山真面目,只缘身在此山中",气候的经历者未必能够感到气候的周期性,这是情有可原的。从历史上发动战争的频率和社会对气候的依赖性上看,游牧文明大于火耕文明大于渔猎文明大于农耕文明大于商业文明大于工业文明。所以,中国长期受到游牧文明的入侵,无数次遭到火耕文明的反抗(苗族起义),两次受到渔猎文明(女真,满族)的入侵,自身也经常发生农民起义,这些都是气候变化推动的结果,需要从气候模式变化的角度来认识。当中国发生工业革命之后,社会对气候脉动的敏感性降低,是可以理解的,因为游牧、渔猎、火耕更难挑战从农耕文明发展出来的工业文明。在世界某些地方,仍然存在响应气候变化的文明冲突,如 2019 年,非洲马里数次发生整个村庄遭到屠杀,冲突主要集中在游牧部族富拉尼族与从事农耕的班巴拉族和多贡族之间,说明两个文明(或生产方式)对气候变化的响应方式是不同的,发展差距是气候变化造成的,气候变化通过长期的累积效应对不同社会发生影响,并触发文明冲突(战争)。

另一方面,中国仍然发生符合气候变化规律的政治经济改革,如 2006 年废除农业税,2018 年的消防职业化改革(成立应急管理部),2019 年增值税改革和最近一直在推动的货币虚拟化改革,都是应对符合气候变化规律的自发应对措施(虽然是主动选择,仍然是符合气候变化规律的结果)。这些政治经济改革或多或少都是在响应气候危机,只不过"全球变暖"的呼声太高,掩盖了对当前冷相气候周期特征的关注。我们透过气候脉动规律性,可以更好地认识社会的改革现象,这才是《清明上河图》给我们的启示。

在北宋"丰亨豫大"(以宋代 1110 年的寒潮为顶点)900 年后的今天,中国进入另一个"丰亨豫大"周期(以 2008 年的南方雪灾和汶川地震为起点,两者都与冷相气候节点有关),对此我们要警醒,殷鉴不远,气候可期,把握未来,还看环境。

13.3　李约瑟难题

在科技史上有一个疑团,最早是李约瑟提出的,为什么宋元时期的科技发展远超欧洲? 这个提法的另一面,即为什么 15 世纪之后,中欧科技发生大分流? 这两个问题合起来,就是著名的李约瑟难题,又称"中欧科技大分流"。通常,后一个问题吸引较多的科技史家的关注,前一个问题较少有人关注,关键是对科技领先的提法存在较多的争议性。

在研究中国的环境史与灾害史的过程中,伊懋可提出"高水平均衡陷阱论"[①]来解释中国科技的发展停滞。他注意到中国社会的特殊现象:高人口、高发明、高资本积累、低人均土地、低人均产出。也就是说,任何问题一旦出现,很快就得到了解决。物种和技术突破,一旦有政府出面来推动,效率奇高。随着小冰河期的加剧,中国政府的行政管理能力增加,一方有灾,其他地区可以支援,使用相同的技术和多余的人口投入,任何灾情都可以应对了。这样,古代的技术发展到一定程度,就不需要再发展了,进入了"高水平发展陷阱"。欧洲社会动不动就遇到新灾情,产生饥荒和社会动荡,只能移民和逃荒,不得不推动科技的进步。套用李约瑟

---

① Mark Elvin, The Retreat of the Elephant, Yale University, 2004:141—164. 另见:伊懋可,梅雪芹,等,译.大象的退却:一部中国环境史[M].南京:江苏人民出版社,2014.

的观点,中国政府的集权趋势也是一种发明,抵消了西方社会独自作战条件下需要开发的创新动力。

这一观察可以用地理条件来解释,由于气候温暖有利于人口增加,所以宋代社会时时刻刻都生活在"马尔萨斯陷阱"的周围,一旦气候异常,就会发生"薅子危机"。所以,中国的农业技术总是达到现有技术水平下的最大化利用率,因此很难有技术进步带来的改进空间。欧洲社会靠近北冰洋,气候寒冷意味着难以充分利用土地,所以有轮作的空间,给后来的效率提升预留了空间。所以,中国社会总是期望洪亮吉型变革(技术突破),而不是博斯拉普型变革(效率提升),这是地理条件决定的结果。

高水平均衡陷阱论有一个前提假设,即外部条件是均衡的,挑战是相同的,因此没有考虑到小冰河期对中欧社会带来的不同挑战。事实上,小冰河期和地理条件差异结合在一起,对欧洲带来的挑战要远远高于中国,创造了更多的市场需求,这是发明的原动力,才是推动文明发展的外部和主要原因。

本书延续了伊懋可的观点,只不过把气候带来的挑战更加具体化和规则化。本书认为,气候变化是30年的气候脉动(长波周期),而且存在两种性质的气候冲击,一种是气候模式发生转变时往往伴随着寒潮,另一种是某些火山爆发也会导致寒潮。如果这些变冷的气候冲击不明显,温暖期就显得比较漫长,比如960年到1280年之间虽然有寒潮,但没有显著的火山爆发,欧洲人就公认这是中世纪温暖期(950—1300年)。而竺可桢则看到了气候脉动的另一面,认为南宋的气候已经恶化,这是把气候在过渡时期的异常气候(气候冲击)当作气候常态,因此得出了中欧气候在中世纪发生模式不同的结论,其实是中世纪气候脉动在不同地点(地理条件)的不同表现(气候条件)而已,结果中国的变暖推动了宋代的各种革命,而欧洲的变暖抑制了欧洲的创新和进步。

从气候脉动理论来看,小冰河期与几次重要的、非气候节点发生的火山爆发有关,如1280年的奎罗托(Quilotoa)火山爆发、1452年的酷威(Kuwae)火山爆发、1600年的埃纳普蒂纳(Huaynaputina)火山爆发、1815年的坦博拉火山(Tambora)和1883年的喀拉喀托(Krakatau)火山爆发,以及1660年前后的太阳黑子危机,让1300~1920年之间的小冰河期的气候显得异常寒冷且漫长。由于地理位置的原因,欧洲在纬度上位于中国的北方,且靠近北冰洋(气候变冷的源头),所以欧洲更害怕寒潮,寒潮下生存的压力骤增;而中国一年四季明显,更害怕暖相气候带来的干旱,温暖干旱时人口和国防的压力骤增,所以宋代(中世纪温暖期)的中国有更大的压力去创新,小冰河期对欧洲的推动作用更大。由于中欧之间地理条件不同,对相同气候挑战的担心各自不同,所以社会发展响应气候变化的方式不同,结果就是"中欧科技大分流"。

中世纪温暖期的气候条件对靠近北冰洋的欧洲是有利的,所以欧洲的发展比较停滞,不得不通过持续 180 年(3 个气候周期)的十字军东征来消耗过剩的人口。相比之下,中世纪温暖期对中国社会的发展非常不利(环境危机,经济危机和政治危机),所以宋代需要应对 9 种社会危机。在应对危机的过程中,产生了 9 种观念和技术的革命。除此以外,伊懋可还总结了中国在中世纪温暖期曾经发生的农耕革命、水运革命、货币与信用革命、市场结构与城市化革命、科技革命等①。气候变化推动的环境张力是导致中世纪发生社会革命的主要原因。所以,宋代社会的科技发展,主要是在应对气候挑战(与地理条件一起构成了环境危机)的过程中实现的。气候对人类社会的影响,主要通过以下(图 86)的因果链来表达。

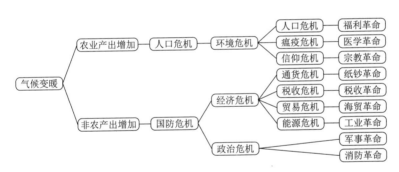

图 86　中世纪气候变暖和脉动对宋代社会的影响

为什么气候变暖会给宋代带来这么多社会危机? 第一,气候变暖导致农业产出增加,导致人口的增加,伴随着环境危机,带来福利革命、医学革命和宗教革命;第二,气候变暖也会导致非农产业,如畜牧业和渔猎业的增加,结果是周边的游牧文明和渔猎文明的崛起,给农耕文明带来很大的国防压力,催动宋代的经济危机和政治危机。由于中国比欧洲相对更温暖一点,因此遇到的环境挑战更多一点,带来了宋代科技的超常发展。宋代的职业兵制,与当时经济的商品化趋势密切相关,可以说为了养兵,不得不从事高额的商业税开发,推动了城市文明的进步。职业兵

---

① Elvin, M., The pattern of the Chinese Past[M], Stanford University Press, 1973:298—316.

制、商品经济、纸钞革命、海外贸易、改流设土(羁縻政策),都是中国社会响应中世纪温暖期带来的气候危机的应对办法。第三,经济的压力推动商业和贸易的超常发展,宋代不得不开发陶瓷技术,积极发展化石能源(石炭),推动了能源革命和工业革命的萌芽。

同样,小冰河期到来之后,气候形势变化,催生了一系列政治经济制度改革,走到了宋代制度的反面:卫所兵制(回归军户制,放弃募兵制)、农业主导(放弃商业税种)、白银经济(放弃纸币金融)、经常封海(放弃海外贸易)、改土归流(放弃改流设土对策)等政策,这是小冰河期大形势对中国政治、经济、文化和国防带来的影响,可以用缺乏环境危机才能解释。也就是说,温暖的中国,在暖相气候中更加危机严重,产生的制度有利于中国的强盛。而寒冷的欧洲,在寒冷的气候模式中更加危机严重,产生的制度有利于欧洲的崛起。政治制度对气候模式的响应见下表(表43)所示。

表43 中世纪温暖期与小冰河期对中国社会和制度的影响

	中世纪温暖期	小冰河期
兵制	职业兵制(募兵制)	卫所制(军户制)
经济	鼓励商品经济	推动小农经济,抑制商品经济
政府	增加政府规模和成本	缩小政府规模和成本
货币	纸钞加香料(铜本位)	贵金属通货(银本位)
科技	火药、印刷术、指南针	几乎没有
贸易	鼓励海外贸易	时断时倡海外贸易
宗教	道教和佛教	多神信仰高涨
南疆	改流设土	改土归流
北疆	扩张性长城	防御性长城

从这张表中我们可以看出,环境的挑战带来科技和制度创新的机会,气候模式的变化会推动政治制度的改革,不同的社会都需要针对气候模式进行政经制度调整,以便应对环境危机带来的社会危机,中世纪温暖期的环境危机推动了唐宋社会的高度发展,而小冰河期的环境改善则抑制了明清社会的科技创新。就此而论,中欧走上不同的发展道路都是当时的人们针对环境危机进行的主动选择,是顺应气候脉动和环境危机的必然选择和最佳决策,因此"中欧科技大分流"是必然的、外因

的和环境决定的结果。认识气候,可以让我们更好地理解环境的挑战与社会的应对。

相同的外部挑战在不同地理环境下的不同环境危机,导致了社会的不同应对模式。结果整合起来,就是不同的发展道路。因此通过认识中世纪温暖期的气候变化特征,我们可以更好地认识气候与社会的互动,以及气候变化带来的环境挑战。这是地理条件和气候条件共同决定的结果,因此仍然是"环境决定论"。不是某一种气候条件决定人种的差异性,而是气候模式的交替作用,对某一地理环境的人口产生不同的推动效果,结果导致了文明发展的差异性。

13.4　当环境史成为一门显学

中国政治家唐太宗在《旧唐书·魏征传》中说:"夫以铜为镜,可以正衣冠;以史为镜,可以知兴替;以人为镜,可以明得失。"其中的假设是,历史是可以重复的,遇到相同的情况可以采取更理智的态度解决政治实体的兴替难题。

英国哲学家培根说:"读史使人明智。"历史对于人们而言最大的好处就是借鉴其中的人与事,不至于重蹈前人覆辙。如果一个人历史读得多了,知道成与败的事情就多了,在实际生活中和没读过历史的人相比,他的成功与失败概率就会不同程度增大与减小,所以说读史使人明智。

法国历史学家安托万·普罗斯特的著作《历史学十二讲》说:"历史学不是要培育关于过去的充满了彼此永远隔阂的怨恨和认同的回忆,而是要努力理解发生了什么,以及为何发生。它是在寻找解释;它试图确定原因和后果。"也就是说,历史给人鉴赏力,用来思考和体会,可以衡量原因、塑造个人和构建人性。

这三种观念,都基于"历史就是人事",给个人带来的经验和收获。然而,当环境史崛起之后,地理和气候常识给个人考察历史添加了一种新武器。察人事,考兴替,是过去的历史观;"仰观天文,俯察地理",是远古的做法,也是未来的做法。历史,不仅仅是某些英雄人物的决策集合,更是地球系统(即司马迁的"天运")推动的气候变化给环境带来改变的结果,因此环境的变化对社会的推动和改变作用成为新的考察对象。本书提供了一套利用环境史来重新解读文明史的全新思路。

举一个例子,说明气候脉动理论可以对历史事件提供一种全新的解读。天宝二年,也就是公元743年,唐代最繁华的外贸城市扬州(相当于今天的上海)大明寺接待了两位日本遣唐使。二人奉天皇之命而来,特意邀请一位大唐高僧前往日本讲经传法。现在我们知道，公元741年，随着长安的一场早雪，当时的气候已经开始变冷，第二年改元天宝。天宝三年（744），由于当时的秋熟期在阴历九月三十（阳历10月29日）结束，较唐初提前了30天，唐代秋粮征收时间不得不加以调整，以适应气候变冷的趋势。所以，遣唐使的邀请代表了当时气候变冷，灾害增加，佛教高涨的社会需求（见6.1节）。同样在天宝三年（744），回纥首领骨力裴罗自立为可汗，建立回鹘政权，符合游牧文明在冷相气候下统一集中的大趋势（见2.3节表2）。回纥帝国拥抱摩尼教，为摩尼教进入中国奠定了基础。

冷相气候通常伴随着洋流的恶化，因为气候的源头是北冰洋，北冰洋的信息需要通过洋流穿越大西洋、印度洋才能传播到太平洋，所以气候变冷意味着洋流加剧，潮灾增加。开元二十九年（741年，750，冷相），在广州城西设置"蕃坊"，供外国商人侨居（见9.1节）。因为气候恶化，阿拉伯商人无法按期准时回国，只能留下暂时居住。这种潮灾加剧的局面，也间接导致了鉴真和尚花了12年时间，经过5次失败，才在第六次东渡中到达日本。所以，一次简单的文化交流事件，因为靠近气候节点推动宗教信仰，因为冷相气候危机带来的潮灾而历经千难万阻，成为文化交流的佳话，背后的气候贡献，不可不察。

除此以外，类似的文化交流事件，如张骞出使西域、班超平定西域、鸠摩罗什传播佛教、达摩传播禅宗、玄奘印度取经、马可波罗游中国、郑和下西洋、利玛窦访华等事件，都发生在气候节点，都有气候变化的影响和推动，都是气候危机推动的文化交流事件。气候脉动理论可以从社会响应气候变化的角度来认识文明发展，为解释这些东西文化交流事件提供了一种全新的视角。可以说，气候危机推动社会方方面面的应对，应对的后果是文明的崛起和衰落。

另一方面，我们也可以看到某些单次气候挑战对人类社会的影响。如公元89年窦宪打败匈奴，靠的是维苏威火山在公元79年爆发带来的气候挑战；公元550年前后，突厥的崛起是公元535年一场火山爆发的后果；公元630年，李靖冒雪打败东突厥，是公元626年一场未知名火山爆发的后果；公元1453年，君士坦丁堡陷落，恰好发生在1452年的酷威火山爆发之后，其后果是原产于希腊文明的科学技术，随着阿拉伯人的翻译，传播到欧洲，推动了古登堡印刷术的发明，并开启了欧洲的启蒙运动；1601年利玛窦访问北京，获得了明神宗万历皇帝的接见，为天主教访华取得了许可证，显然有1600年埃纳普蒂纳火山爆发的贡献。上述重大事件，都是响应某次气候挑战的结果，都给社会带来很大的推动，可以用气候变化理论来解释。

通常文明发展有三种作用力:生存驱动力、生态驱动力和技术驱动力。生存驱动力是人类社会应对气候挑战而采取的战争兼并、技术突破和制度革新,如上述火山爆发推动的环境危机和重大变革;生态驱动力是冷暖相气候带来的农业技术的变化,如军屯、农税改革、农业革命、物种转移、人口迁移等;技术驱动力是人类社会应对气候挑战而发生的技术突破,以及应对冷暖气候交替带来的经济危机而产生的技术交流,两者都会在人类社会发生自发性的演化(即适应环境的本土化改进),从而推动文明的演化。所以,本书提出的气候脉动规律,最大的贡献是解决了文明的演化规律性难题,为 E. 亨廷顿的气候脉动论、汤因比的"文明发展靠挑战"找到了基础性的变化规律,因此是前人学说的继承、突破和发展。

后　记

上一本书《气候、灾情与应急》出版之后，我本写一点学术文章。写着写着，发现困扰我十年的难题依然存在，那就是气候模式的改变是缺乏有效数据支持的。我可以找到洋流的 30 年周期、环太平洋十年波动周期（PDO）的 30 年周期、提伯河洪水的 28 年周期、太阳日食的 29 年 Inex 周期、司马迁的 30 年"天运周期"以及经济学的 60 年康德拉季耶夫周期，以及各种各样的代理数据来证明我的气候周期，但是因为气候的复杂性，可以证明气候 30 年周期的物候学（一类）数据很难找到。我找到的是 60 多套气候变化的生态危机（三类）、社会响应（四类）和社会应对（五类），但仍然无法找到本书最需要的一类二类证据（即气候变化的可测量结果），这也是当代气候模式研究的困境（指标太多，难以用一个指标来表达什么是气候，更缺乏气候与社会的关联）。国外也缺乏这方面的直接数据（一类），只有代理数据（二类），所以很少有人相信气候脉动的周期性，只有 100 多年前亨廷顿的模糊假设，气候是脉动的。我们说气候变化了，是指物候学意义上的变化，然而某一处（代表地理条件差异性）的物候学证据是否可以代表全球的变化？是否可以精确量化全球气候？

为什么要选择《清明上河图》做本书的入口？我曾经听过云南大学苏升乾老师在百家讲坛上讲授该图的内容，提到过宋代消防单位军巡铺，之后我仔细研究了一番该图。图中不仅有我作为消防工程师关注的消防史，还有社会史、货币史、经济史、国防史、医学史等一系列内容。我看过国外史学家的作品《Catastrophe：an investigation into the origins of the modern world》，从一次火山爆发（公元 535 年喀拉喀托火山爆发），来研究全球各个民族（文明代表生产方式，一个民族往往只能属于一种文明）的响应。类似地，宋徽宗时代的繁荣和之后中国社会的发展，貌似全都与 1104 年冰岛赫克拉火山的一次爆发有关。围绕该火山爆发造成的气候冲击,带来的环境危机溢出到社会的方方面面,其涟漪(丧葬危机、人口危机、瘟疫危机、宗教危机、经济危机、货币危机、贸易危机、消防危机、国防危机和能源危机)在该图的众多场景有所反映,通过深入分析各个场景的来龙去脉,构成了本书的主要体系框架。读完本书,你也会有这种感觉,如果假设正确(即气候脉动规律成立),历史上的众多政治经济事件都可以轻松解释;按照这个假设(视角)去看待"中国大历史",很多问题迎刃而解。其最后的验证,当我们有了更好的理论框架之后,有可能很快找到,只不过我不是气候工作者,难以提供最直接、可信的一手证据而已。

作为消防工程师,我长期琢磨火耕文化,火耕生产高度依赖气候,因此火耕文化的变迁就有气候变化的贡献,其他各种文明(农耕、游牧、渔猎和商业)也都高度依赖气候,以此为突破口,我们可以认识到"战争和平来源于文明冲突,文明冲突来源于气候挑战"。通常历史学家从各种证据中总结归纳出历史规律,而工程师则从理论出发,按照预期的规律去发掘历史的经验和教训,殊途而同归。在工程师的眼中,历史就是围绕气候规律发展的、周期性的社会危机推动的文明发展进程,是可预报社会响应的集合,是地理与气候共同决定的文明演化结果。就此而论,本书沟通了自然与社会,是"环境决定论"的进阶与升级版。

从这个角度出发,我们可以更好地认识社会和文明的演化,文化和科技都是层层累积而来,要理解这一次应对,就看你是否理解上一次应对。任何一种社会变化,归根到底都是社会对外部挑战的响应,也是上一次变化的结果并推动下一次的变化,带来科学认识、技术和制度的改进,推动社会的文明发展。就此而论,气候变化是人类文明进步的推手,懂得地理和气候(即环境),你就懂得社会,懂得文明,懂得未来。